細胞の代謝システム
システム生命科学による統合的代謝制御解析

Ph.D. 清水 和幸 著

コロナ社

まえがき

　最近の分子生物学を中心とした生命科学の進展は目覚ましく，遺伝子やタンパク質等の，生命を構成する部品の理解が飛躍的に進んできている。この背景には，ゲノム情報の解読があり，ケンブリッジ大学のワトソンとクリックが，1953年にDNAの二重らせん構造を発見し，DNAが遺伝情報を伝える物質であることを見いだしたのがきっかけである。その後，この生命の設計図である遺伝子の総体，ゲノムの解析が全世界で盛んに行われるようになり，生命科学の進展に大きく寄与してきている。さて，このような背景をもとに，DNAマイクロアレーによる遺伝子発現のハイスループット測定や，2次元電気泳動やマススペクトロメトリーを利用したタンパク質の発現解析，およびタンパク質の構造と機能を明らかにしようとするプロジェクトの推進によって，生命科学も新たな展開を見せ始めている。さらには，分析技術の著しい進歩によって，細胞内の代謝物を網羅的に測定しようとすることも精力的に行われている。このように，オミクス，すなわちゲノミクス，トランスクリプトミクス，プロテオミクス，メタボロミクスといったさまざまなレベルの情報を網羅的に解析しようとする動きが活発になってきているが，それぞれのレベルの情報はスナップショットの情報に過ぎず，細胞の機能に関する情報は含まれていない。このため，細胞の機能解析を行うには，これらの情報を統合的に解析する必要がある。とりわけ，代謝フラックス（流束）の情報はこれらの情報群の最上位に位置し，遺伝子発現，タンパク質発現，細胞内代謝物濃度等の相互作用の結果として具現化したものと考えられる。ゆえに，代謝フラックス解析は生命の代謝をシステムとして解析する上で，また産業応用の点からも非常に重要である。本書のねらいは，生命の代謝をシステムとして解析する上で最も重要な代謝フラックス解析法を中心に，細胞の代謝調節制御機構をシステム生命科学の点からわかりやすく解説することである。

　前述の代謝解析を含む生命科学や工学の進展を背景に，医療をはじめ，エネルギーや食品，環境問題解決のための新しい取組みも始まっている。例えば，グリーンバイオテクノロジーの構想は，現在の石油依存の一部を，バイオ由来のエネルギーや化学製品に変えようとする考えである。しかし，生物を利用したバイオプロセスでは，常温・常圧で反応を行わせるため，環境には優しいが，反応速度がきわめて遅く，まだまだ乗り越えなければならない課題は大きい。これらの課題を克服するには，目的にあった新しい細胞を設計，あるいは創生するといった新しい考えが必要である。

　こういった社会的背景を考えると，新しい生命科学や工学の進展が期待され，これからは

まえがき

細胞あるいは生命を構成する部品の情報や，ハイスループットに得られる遺伝子発現，タンパク質発現，代謝物濃度，代謝フラックス分布等の情報を統合的に解析し，細胞あるいは生命をシステムとして理解するといった視点が重要になってくると思われる。このためには，分子生物学や生化学はもちろん，化学工学，分析学，制御工学，システム科学，数理科学，コンピュータ科学といったさまざまな分野の技術者，研究者が力をあわせる必要がある。

さて，**代謝工学**（metabolic engineering：メタボリックエンジニアリング）に関する研究が最近注目されているが，代謝工学の目的は，目的とする代謝産物の生産性や収率を向上させたり，特定の環境汚染物質を効率よく分解させるために，生物の代謝経路網の調節制御に関する情報を整理し，遺伝子組換えや培養環境の制御といった手段によって代謝経路を操作し，目的とする代謝産物の生産性や収率を向上させることである。DNAレベルでの生物改変，すなわち遺伝子組換えによって，生物が保持している酵素活性を増幅したり，阻害したりすることができ，代謝経路を人為的に変化させることが可能になってきているが，代謝経路網に関する体系的研究の意義は，本来生物がもっている代謝経路をどのように変化させれば，工学的あるいは医学的にどのような効果が期待できるかについての指針を得ることができることである。このような指針が得られれば，つぎは培養環境を制御したり，遺伝子治療をすることによって，目的代謝産物の収率や生産性を著しく向上させたり，治療の改善ができるはずである。特に，生物細胞の代謝をネットワークシステムとして，丸ごととらえるという視点が重要である。このように生命をシステムとしてとらえることによって，従来の生命現象をトップダウン的に解明し，分子レベルで研究するようになってきている分子生物学や生化学の分野にも，生命あるいは生物をシステムとしてとらえることの重要性を改めて指摘するという点で，本書は大きなインパクトを与えるものと思われる。とりわけ，さまざまなレベルのオミクス情報を統合的に解析し，これらを組み込んだ細胞マシンをコンピュータ上に再現することが強く望まれる。

なお，本書は九州工業大学 情報工学部 生命情報工学科（旧 生物化学システム工学科）の博士課程学生および慶應義塾大学の博士研究員との議論や発表論文をベースとしている。また，著者が兼任している慶應義塾大学 先端生命科学研究所の冨田 勝所長をはじめ，同研究所を兼任している京都大学の西岡孝明教授，奈良先端科学技術大学院大学の森 浩禎教授，慶應義塾大学の板谷光泰教授のほか，慶應義塾大学 先端生命科学研究所の所員のかたがたとの議論によるところも大きい。この場を借りて感謝したい。

2007年8月

清水　和幸

目　　次

1. 生物の主要代謝

1.1　はじめに ··· 1
1.2　細胞内のエネルギー ··· 3
1.3　糖の分解 ··· 5
1.4　TCA 回路 ·· 8
1.5　補充反応 ··· 12
1.6　呼吸 ·· 14
1.7　ペントースリン酸経路 ·· 17
1.8　糖新生 ··· 18
1.9　嫌気的代謝の概要とエントナー–ドゥドロフ経路 ·· 19
1.10　光合成とカルビン–ベンソン回路 ·· 22
1.11　アミノ酸の生合成と調節制御 ··· 27
1.12　核酸の生合成と制御 ·· 34
1.13　脂肪酸の代謝と分解 ·· 35
1.14　主要代謝経路の調節制御 ·· 37
引用・参考文献 ·· 39

2. 遺伝子およびタンパク質発現からみた細胞の代謝

2.1　はじめに ··· 40
2.2　細胞の培養特性 ··· 40
2.3　解糖系の遺伝子およびタンパク質発現 ··· 46
2.4　ペントースリン酸経路の遺伝子およびタンパク質発現 ································ 48
2.5　エントナー–ドゥドロフ経路の遺伝子およびタンパク質発現 ······················· 49
2.6　発酵代謝物生成経路の遺伝子およびタンパク質発現 ··································· 49
2.7　TCA 回路およびグリオキシル酸経路の遺伝子およびタンパク質発現 ·········· 51
2.8　タンパク質発現と酵素活性との相関 ·· 53
引用・参考文献 ·· 53

3. 代謝量論式に基づく代謝解析

3.1 はじめに ……………………………………………………………………… 56
3.2 量論式による表現 ……………………………………………………………… 56
3.3 代謝フラックス分布の計算 …………………………………………………… 59
3.4 一般的な場合の代謝フラックス分布の計算および代謝解析例 …………… 60
 3.4.1 代謝フラックス分布の計算 …………………………………………… 60
 3.4.2 水素細菌の代謝解析と PHB の合成 ………………………………… 62
 3.4.3 クロレラ細胞の代謝解析 ……………………………………………… 65
 3.4.4 *Torulopsis glabrata* の代謝解析とピルビン酸発酵 ………………… 70
 3.4.5 遺伝子欠損株大腸菌の嫌気条件での代謝解析と乳酸発酵 ………… 75
引用・参考文献 ……………………………………………………………………… 84

4. NMR や GC-MS を利用した同位体分布の測定と代謝フラックス比解析

4.1 NMR ……………………………………………………………………………… 86
4.2 NMR 信号と確率変数の導入 ………………………………………………… 88
4.3 NMR による代謝フラックス解析 …………………………………………… 92
4.4 代謝フラックス比解析 ………………………………………………………… 102
4.5 NMR を利用した大腸菌細胞の代謝フラックス比解析例 ………………… 105
 4.5.1 同位体を用いた実験 …………………………………………………… 105
 4.5.2 野生株の代謝フラックス比解析 ……………………………………… 105
 4.5.3 *pck* 遺伝子欠損株の代謝フラックス比解析 ………………………… 108
 4.5.4 *pgi* 遺伝子欠損株の代謝フラックス比解析 ………………………… 108
 4.5.5 *zwf* 遺伝子欠損株の代謝フラックス比解析 ………………………… 111
4.6 GC-MS を利用した代謝フラックス比解析 ………………………………… 112
 4.6.1 GC-MS による同位体分布の測定 …………………………………… 112
 4.6.2 GC-MS のデータと天然存在同位体の補正 ………………………… 115
 4.6.3 天然に存在する同位体についての MDV の補正 …………………… 118
 4.6.4 代謝物の MDV ………………………………………………………… 119
 4.6.5 基質断片の MDV ……………………………………………………… 119
 4.6.6 代謝フラックス比の計算 ……………………………………………… 120
 4.6.7 [1-^{13}C] グルコース実験からの代謝フラックス比の計算 ………… 122
引用・参考文献 ……………………………………………………………………… 123

5. 同位体を利用した代謝フラックス分布解析

5.1 はじめに ……………………………………………………………………… 125

| 5.2 | 位置表記に基づく代謝フラックス解析 | 126 |

5.2　位置表記に基づく代謝フラックス解析　126
5.3　同位体表記による代謝フラックス解析　135
5.4　同位体分布の非定常補正　145
5.5　解析的手法による代謝フラックス解析　147
5.6　代謝フラックス分布解析例　150
引用・参考文献　156

6. 統計処理による代謝フラックス分布の信頼限界と実験計画

6.1　は　じ　め　に　159
6.2　統計解析と推定した代謝フラックスの信頼区間　159
6.3　解析的方法による統計解析　160
6.4　フラックスの決定と信頼限界　161
6.5　統　計　解　析　165
6.6　同位体実験の最適実験計画　166
6.7　ピークスケーリングファクタの最適推定　172
6.8　感　度　解　析　174
　　6.8.1　同位体の感度　174
　　6.8.2　自然フラックスの感度　176
　　6.8.3　重み付き出力感度行列　176
6.9　最適実験計画　177
6.10　応　　　　　用　178
　　6.10.1　簡単な代謝ネットワークの解析　178
　　6.10.2　シアノバクテリアの代謝フラックス分布の信頼区間の計算　181
引用・参考文献　184

7. 統合的代謝解析と遺伝子欠損株の代謝特性

7.1　は　じ　め　に　185
7.2　*pck* 遺伝子欠損株の代謝解析　185
　　7.2.1　増殖パラメータ　185
　　7.2.2　細胞内代謝フラックス分布解析　186
　　7.2.3　酵素活性および細胞内代謝物濃度　188
　　7.2.4　Pck フラックスの調節制御　189
　　7.2.5　補充反応の *in vivo* での調節　191
7.3　*pgi* 遺伝子欠損株の代謝解析　194

7.3.1 連続培養での増殖特性 ·· 194
7.3.2 細胞内代謝フラックス分布解析 ·· 195
7.4 *zwf* 遺伝子欠損株の代謝解析 ··· 198
7.5 *ppc* 遺伝子欠損株の代謝解析 ··· 199
7.6 *pyk* 遺伝子欠損株の代謝解析 ··· 208
7.7 *pfl* 遺伝子欠損株の代謝解析 ·· 212
引用・参考文献 ·· 218

8. 遺伝子発現の調節制御

8.1 はじめに ·· 222
8.2 cAMP-CRP と糖消費 ··· 222
  8.2.1 遺伝子発現制御 ··· 222
  8.2.2 グルコース抑制と cAMP モデル ·· 224
  8.2.3 PTS と解糖系 ··· 225
  8.2.4 グルコース抑制と PTS の制御機構 ·· 225
  8.2.5 グルコースによる遺伝子発現の促進 ··· 226
  8.2.6 膜タンパク質 IICB^{glc} による Mlc の活性調節 ····························· 226
  8.2.7 解糖系の阻害に応答した *ptsG* mRNA の不安定化 ····················· 227
8.3 Cra による代謝調節 ··· 227
8.4 Fnr と ArcA/B システム ·· 228
8.5 *fadR* 遺伝子と脂肪酸や酢酸の生成と分解 ······································· 229
8.6 *rpoS* 遺伝子による調節 ·· 230
8.7 酸化ストレス応答 ··· 232
8.8 遺伝子発現調節構造 ··· 233
引用・参考文献 ·· 233

9. バイオインフォマティクスとシステム生命科学からみた代謝解析

9.1 はじめに ·· 238
9.2 データベースとネットワーク ·· 238
9.3 代謝信号線図とその応用 ·· 239
9.4 代謝フラックス分布の最適化と遺伝子組換え大腸菌による PHB 合成 ········ 242
9.5 逆フラックス解析による代謝律速経路の探索 ································· 243
  9.5.1 基礎式の導出 ··· 243
  9.5.2 大腸菌への応用 ··· 245
  9.5.3 代謝量論に基づく代謝フラックス解析 ······································ 247

9.5.4	逆フラックス解析	248
9.5.5	代謝フラックス感度解析	249

9.6 代謝制御解析とリジン生産のための律速代謝経路 …………… 250
   9.6.1 代謝制御解析 …………………………………………………… 250
   9.6.2 リジン合成経路のモデリング ………………………………… 251
   9.6.3 培 養 特 性 ……………………………………………………… 253
   9.6.4 モデルパラメータの推定 ……………………………………… 255
   9.6.5 リジン発酵の代謝制御解析 …………………………………… 256

9.7 代謝調節構造の最適化（設計） ………………………………………… 258
   9.7.1 基礎式の導出 …………………………………………………… 258
   9.7.2 代謝調節構造の最適化 ………………………………………… 262
   9.7.3 酵素活性の影響 ………………………………………………… 262
   9.7.4 酵素の活性化 …………………………………………………… 263

9.8 細胞のモデリングとシミュレーション ……………………………… 265
   9.8.1 モデリングやシミュレーションへの取組み ………………… 265
   9.8.2 大腸菌細胞のモデリング ……………………………………… 266

引用・参考文献 ………………………………………………………………… 268

付　　　録 ……………………………………………………………………… 271

索　　　引 ……………………………………………………………………… 280

略 称 一 覧

【代謝経路】
ED pathway：Entner-Doudoroff pathway（エントナー-ドゥドロフ経路）
EMP pathway：Embden-Meyerhof-Parnas pathway（エムデンマイヤーホフパルナス経路）
PP pathway：pentose phosphate pathway（ペントースリン酸経路）
TCA cycle：tricarboxylic acid cycle（トリカルボン酸回路）

【中心代謝経路の代謝物】
AcCoA：acetyle CoA（アセチル CoA）
Ace：acetate（酢酸）
AcP：acetyle phosphate（アセチルリン酸）
CIT：citrate（クエン酸）
DHAP：dihydroxy acetone phosphate（ジヒドロキシアセトンリン酸）
E4P：erythrose-4-phosphate（エリトロース-4-リン酸）
F6P：fructose-6-phosphate（フルクトース-6-リン酸）
F1,6BP（FDP, FBP）：fructose-1,6-bisphosphate（フルクトース-1,6-ビスリン酸）
FUM：fumarate（フマル酸）
G6P：glucose-6-phosphate（グルコース-6-リン酸）
GAP：glyceraldehyde-3-phosphate（グリセルアルデヒド-3-リン酸）
ICIT：isocitrate（イソクエン酸）
KDPG：2-keto-3-deoxy-6-phosphogluconate（2-ケト-3-デオキシ-6-ホスホグルコン酸）
MAL：malate（リンゴ酸）
OAA：oxaloacetate（オキサロ酢酸）
PEP：phosphoenolpyruvate（ホスホエノールピルビン酸）
2PG：2-phospho glycerate（2-ホスホグリセリン酸）
3PG：3-phospho glycerate（3-ホスホグリセリン酸）
6PG：6-phospho gluconate（6-ホスホグルコン酸）
PYR：pyruvate（ピルビン酸）
R5P：ribose-5-phosphate（リボース-5-リン酸）
RU5P：ribulose-5-phosphate（リブロース-5-リン酸）
S7P：sedoheptulose-7-phosphate（セドヘプツロース-7-リン酸）
SUC：succinate（コハク酸）
SucCoA：succinyl CoA（スクシニル CoA）
X5P：xylose-5-phosphate（キシロース-5-リン酸）
αKG：α-ketoglutarate（α-ケトグルタル酸）
1,3BPG：1,3-bisphosphoglycerate（1,3-ビスホスホグリセリン酸）

【中心代謝経路の酵素】
Ack：acetate kinase（酢酸キナーゼ）
Acs：acetyl CoA synthetase（アセチル CoA シンテターゼ）

ADH：alcohol dehydrogenase（アルコール脱水素酵素）
CS：citrate synthase（クエン酸合成酵素）
Eda：KDPG aldolase（KDPG アルドラーゼ）
Edd：6PG dehydratase（6 PG デヒドラターゼ）
Eno：enorase（エノラーゼ）
6PGDH：6-phosphogluconate dehydogenase（6 PG 脱水素酵素）
FBPase（Fba）：fructose bisphosphatase（フルクトースビスホスファターゼ）
Fum：fumarase（フマラーゼ）
G6PDH：glucose-6-phosphate dehydrogenase（G 6 P 脱水素酵素）
GAPDH：glyceraldehyde-3-phosphate dehydrogenase（GAP 脱水素酵素）
Glk：glucokinase（グルコキナーゼ）
Hxk：hexokinase（ヘキソキナーゼ）
ICDH：isocitrate dehydrogenase（イソクエン酸脱水素酵素）
Icl：isocitrate lyase（イソクエン酸リアーゼ）
LDH：lactate dehydrogenase（乳酸脱水素酵素）
MDH：malate dehydrogenase（リンゴ酸脱水素酵素）
Mez：$NADP^+$-specific malic enzyme（$NADP^+$ 特異的リンゴ酸酵素）
MS：malate synthase（リンゴ酸合成酵素）
Pck：PEP carboxykinase（PEP カルボキシキナーゼ）
PDC：pyruvate decarboxylase（ピルビン酸脱炭酸酵素）
PDH：pyruvate dehydrogenase（ピルビン酸脱水素酵素）
Pfk：phophofructkinase（ホスホフルクトキナーゼ）
Pgi：phosphoglucose isomerase（ホスホグルコースイソメラーゼ）
Pgk：phosphoglucokinase（ホスホグルコキナーゼ）
Pgm：phosphoglucomutase（ホスホグルコムターゼ）
Ppc：PEP carboxylase（PEP カルボキシラーゼ）
Pps：PEP synthase（PEP 合成酵素）
Pta：phospho trans acetylase（ホスホトランスアセチラーゼ）
Pyk：pyruvate kinase（ピルビン酸キナーゼ）
Rpe：ribulose-5-phosphate epimerase（リブロース-5-リン酸エピメラーゼ）
Rpi：ribulose-5-phosphate isomerase（リブロース-5-リン酸イソメラーゼ）
SCS：succinyl CoA synthetase（スクシニル CoA シンテターゼ）
SDH：succinate dehydrogenase（コハク酸脱水素酵素）
Sfc：NAD^+-specific malic enzyme（NAD^+ 特異的リンゴ酸酵素）
Tal：trans aldorase（トランスアルドラーゼ）
Tkt：trans ketorase（トランスケトラーゼ）
Tpi：triose phosphate isomerase（トリオースリン酸イソメラーゼ）
αKGDH：αKG dehydrogenase（α-ケトグルタル酸脱水素酵素）

【その他】
FMDV：fragment mass distribution vector（断片化質量分布ベクトル）
IDV：isotopomer distribution vector（同位体分布ベクトル）
MDV：mass distribution vector（質量分布ベクトル）
MTBST-FA：N-($tert$-butyldimethylsilyl)-N-methyl-trifluoroacetamide
TBDMS：$tert$-butyldimethylsilyl substituent

生物の主要代謝

1.1 はじめに

　代謝を考える上で，まず生命あるいは生物の本質的な特徴について理解しておく必要がある。すなわち，生命システムの本質は非平衡状態にあり，広い意味で**代謝**とは，**エントロピー増大の方向に抗して，自然エネルギーを取り入れ，利用する全過程のこと**と考えられる。また，生物は原理的に開放系で，決して平衡にはないことに注意しておく必要がある。生物はたえず，高エンタルピー，低エントロピーの栄養物を取り込み，低エンタルピー，高エントロピーの物質に分解する過程で自由エネルギーを獲得して，熱力学的仕事を行い，生命特有の秩序を維持している。これができなくなると平衡に達するが，平衡は生命の死を意味する。最近，地球環境問題が表面化しているが，実は地球の営みも非平衡状態にあり，太陽からエネルギーを供給されて非平衡状態を保っている。太陽からのエネルギーがとだえたり，地球環境のバランスが壊れると，地球は平衡状態すなわち死に向かうことになる。

　さて，話を生命に戻して，細胞内の各酵素反応の基質（substrate），中間体（intermediate），生成物（product）を**代謝物質**（metabolite）と呼び，**代謝経路**（metabolic pathway）とは，特定の基質から特定の生成物に至る一連の酵素反応系のことである。典型的な細胞の主要代謝経路を図 1.1 に示す。代謝経路は一般に，糖，脂質，タンパク質等を分解して，低分子の代謝中間物質に分解する反応経路である**異化経路**（catabolic pathway）と異化で得られたエネルギーを利用して，低分子化合物から，より複雑な高分子化合物を合成し，細胞合成を行う経路である**同化経路**（anabolic pathway）に分けて考えられる。この様子を，図 1.2 でみてみると[1]†，グルコース等の糖は分子量の小さいピルビン酸等に分解され，この過程で **ATP**（adenosine triphosphate：アデノシン三リン酸）を生成する。酸素存在下での好気条件では，このピルビン酸は，さらにトリカルボン酸回路（tricarboxylic acid cycle：TCA 回路）で NADH と $FADH_2$ を生成し，これらが電子伝達系で酸素（O_2）により酸化されるとき，酸化的リン酸化で ATP を生成する。1 分子の ATP が加水分

---

† 肩つき数字は章末の引用・参考文献（五十音順，アルファベット順）を表す。

1. 生物の主要代謝

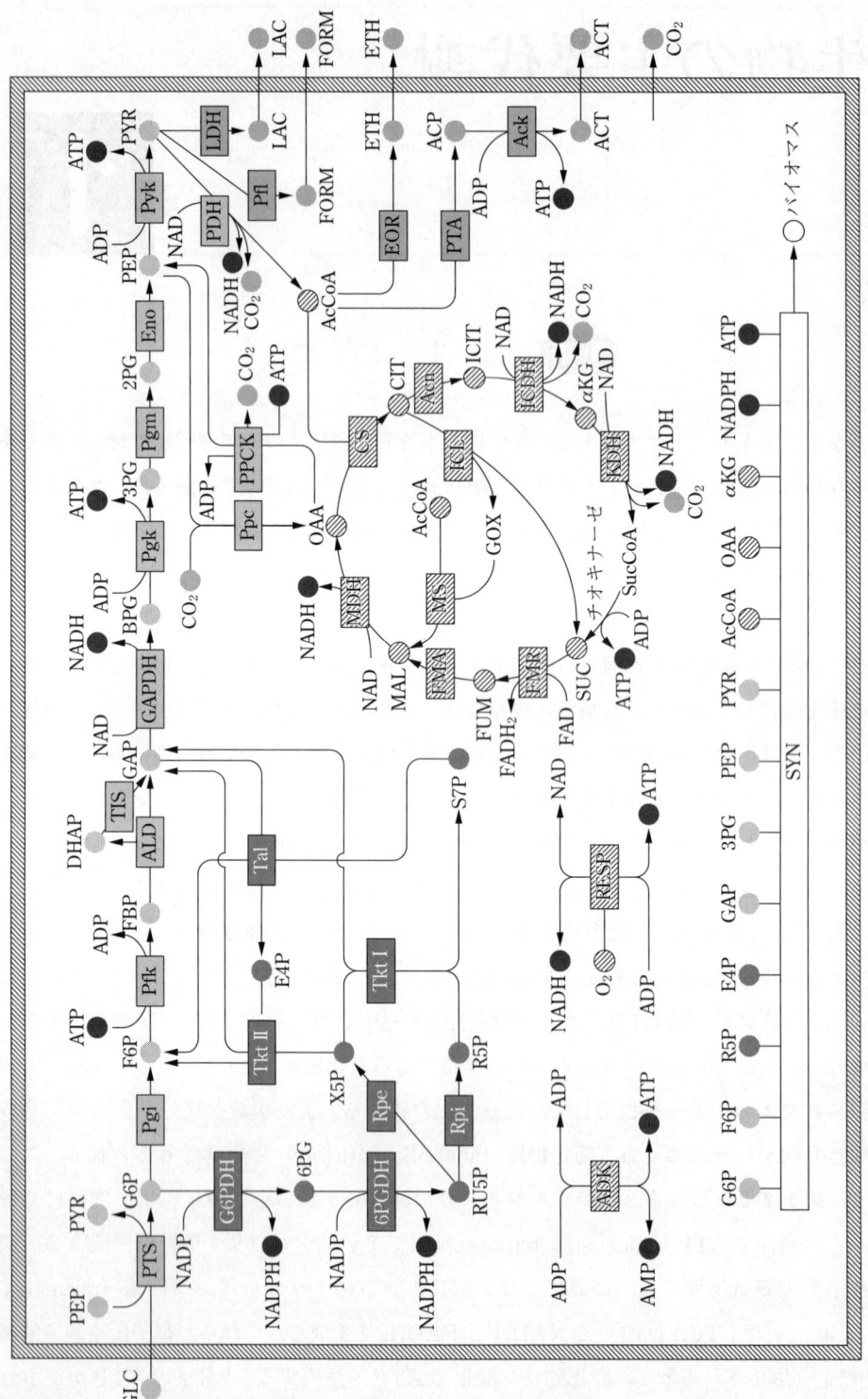

図 1.1 細胞の主要代謝経路[12]

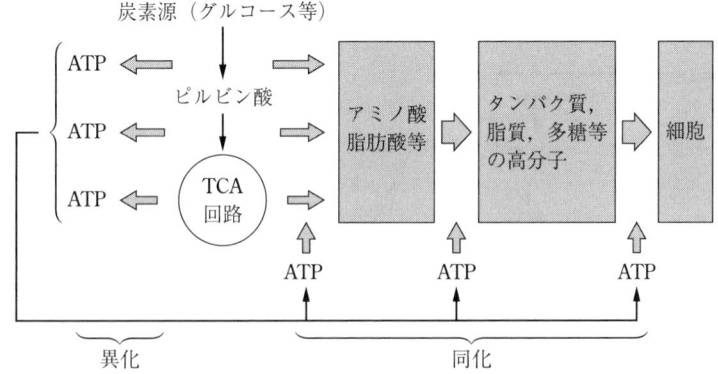

図 1.2 細胞の生合成過程

解されると，約 31 kJ のエネルギーが放出されるが，細胞はエネルギーを ATP の形で蓄えておき，必要に応じて ATP を加水分解し，化学的な仕事，運動，輸送等に利用している。

さて，動物，植物，微生物といったさまざまな種類の生物は，それぞれがもっている異なった代謝機構によって異なる代謝物を生成する。生物の代謝が異なっているのは，一部は生物の進化過程での違い（例えば，遺伝子の違い）と考えられ，一部は自然環境，あるいは培養環境による違いに起因していると考えられる。同じ種類の生物でも，異なった栄養条件や環境条件下で生育した場合は，異なる代謝物を生成する。しかし，主要代謝経路あるいはエネルギー代謝経路そのものは，すべての生物にほぼ共通であり，その代謝反応機構は，特殊な環境下で生育する生物等を除けば，大雑把にいって，ほぼ同じと考えてよい。

生物あるいは細胞の代謝に関しては多くの教科書が出版されているが[5]〜[7],[10],[11]，本章では，2 章以降の準備のために，さまざまな生物に共通な主要代謝経路を中心に，その概略を説明する。

1.2　細胞内のエネルギー

生きている細胞は，生合成や栄養物の輸送，あるいは移動や細胞維持のためにエネルギーを必要とする。このエネルギーは炭素化合物，おもに炭水化物（carbohydrate）の**異化**（catabolism）によって得られる。炭水化物は，光存在下での光合成によって，二酸化炭素と水から合成され，太陽はこの光を供給するという点で，地球上での生命の営みにとって究極のエネルギー源である。

代謝反応全体は，**図 1.3** に示すように，大きく三つに分けて考えるとわかりやすい[9]。図の分類Ⅰは栄養物の消費であり，分類Ⅱは低分子（アミノ酸やヌクレオチド）の合成であり，分類Ⅲは高分子の合成である。これらの反応は細胞の中で同時に行われ，代謝反応の

4 　1. 生物の主要代謝

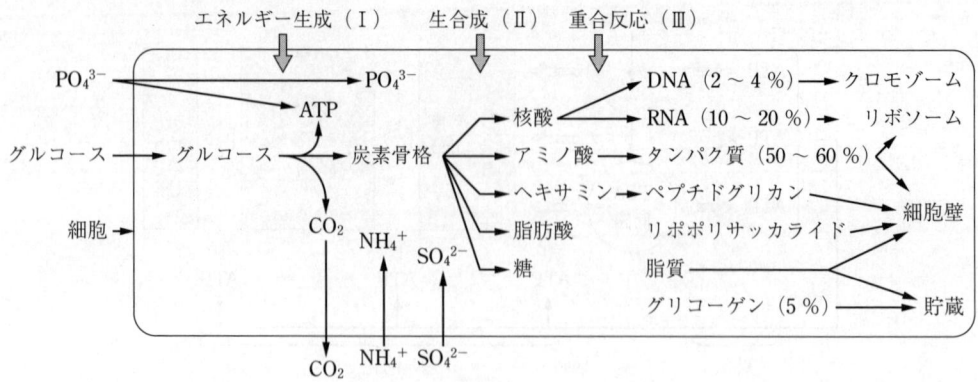

図1.3　細胞合成の概略図

結果，最終代謝産物が生成され，一部は細胞外へ放出される。

　生物システムにおけるエネルギーは，ATPの形で蓄えられたり，輸送されて利用されたりするが，ATPは図1.4に示すように，高エネルギーのリン酸結合を含んでおり，活性型のATPはMg^{2+}を含んでいる。次式に示すように，ATPの加水分解による標準自由エネルギー変化は1分子当り31 kJ（7.3 kcal）である。細胞内でのATP濃度は，一般に**ADP**（adenosine diphosphate：アデノシン二リン酸）や**AMP**（adenosin monophosphate：アデノシン一リン酸）の濃度よりもかなり高いことがわかっている。

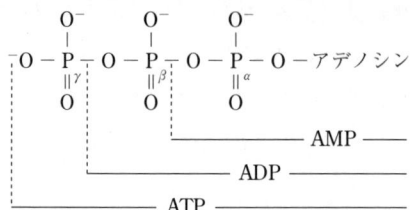

図1.4　ATP，ADP，AMPの構造

$$\text{ATP} + \text{H}_2\text{O} \longrightarrow \text{ADP} + \text{P}_i \quad \Delta G = -7.3 \text{ kcal/mol} \tag{1.1}$$

　生物は，この反応を逆行させて，ADPと無機リン酸であるP_i（HPO_3^{2-}）からATPを生成し，ATPの形でエネルギーを貯蔵する。グアノシン三リン酸（GTP）やウリジン三リン酸（UTP），あるいはシチジン三リン酸（CTP）等のATPの類似化合物もまた，ATPほどではないが，高エネルギーリン酸結合によってエネルギーを蓄えることができる。ホスホエノールピルビン酸（PEP）や1,3-ビスホスホグリセリン酸（1,3 BPG）の代謝によって生成されるATPは，グルコース-6-リン酸（G 6 P）やグリセロール-3-リン酸（G 3 P）のような低エネルギーリン酸化合物に渡される。

　さて，ATPを基質とする酵素の多くは，一方の基質の一部を他の基質に転移させるのに働く酵素である**トランスフェラーゼ**（transferase，転移酵素）に属するが，ATPのγ-リ

ン酸をつぎのように基質 S に転移させる酵素を**キナーゼ**（kinase）という。

$$S + ATP \longrightarrow S\text{-リン酸} + ADP \tag{1.2}$$

例えば解糖系では，ヘキソキナーゼ（Hxk），ホスホフルクトキナーゼ（Pfk），ピルビン酸キナーゼ（Pyk）等がある。

また，細胞内のエネルギー状態を ATP, ADP, AMP の存在比で表すことも考えられ，次式で表されるエネルギーチャージは，電池の充電率に相当するものと考えられる[3]。

$$\text{エネルギーチャージ} = \frac{[ATP] + 0.5[ADP] + 0[AMP]}{[ATP] + [ADP] + [AMP]} \tag{1.3}$$

生物の酸化・還元反応で放出された水素原子は，特に NAD^+ や $NADP^+$ といったヌクレオチド誘導体によって運ばれ，この酸化・還元反応は一般に可逆である。NADH は化合物の酸化・還元電位によって，ある化合物に電子を渡したり，他の化合物から電子を受け取ったりすることができる。一般に，NADPH は生合成に，また，NADH はエネルギー生成に利用される。すなわち，NADPH はアミノ酸合成や脂肪酸合成等の生合成過程での還元力として利用され，NADH は呼吸による代謝によって ATP を生成する役割を果たし，NADH によって運ばれた電子あるいは水素原子は，一連の反応（呼吸鎖）を経て酸素に移される。この電子伝達から放出されたエネルギーは，最大 3 分子（最近では 2.5 分子と書かれている教科書もある）の ATP の形で蓄えられる。別の電子受容体が利用できる場合（例えば NO_3^-）は，酸素がなくても，NADH の還元力によって ATP が生成される。つぎに主要（エネルギー）代謝の詳細を，段階を追って少し詳細にみてみよう。

1.3 糖の分解

グルコースは生物にとって主要な炭素源であり，多くの生物のエネルギー源である。いくつかの異なる代謝経路がグルコースの異化のために使われるが，**解糖系**（glycolysis）もしくは **EMP**（Embden-Meyerhof-Parnas）**経路**でのグルコースの異化は，多くの生物にとって共通の主要なプロセスである。グルコースのような有機化合物の，好気条件での異化反応プロセスは，つぎの三つの異なる段階に分けて考えることができる。

① グルコースからピルビン酸生成のための解糖系あるいは EMP 経路。
② ピルビン酸を CO_2 と NADH に変換するための TCA 回路〔もしくはクレブス（Krebs）回路，あるいはクエン酸（citric acid）回路〕。
③ NADH から電子受容体まで電子を運ぶことによって ATP を生成する呼吸鎖（respiratory chain），もしくは電子伝達系（electron transfer system）。

③の段階での呼吸によって，還元力を生物に有用なエネルギーの形（ATP）に変える

が，呼吸は，最終的な電子受容体によって好気的あるいは嫌気的に行われる。もし，酸素が最終的な電子受容体として使われるなら，その呼吸は特に**好気的呼吸**（aerobic respiration）と呼ばれる。これに対して，NO_3^-，SO_4^{2-}，Cu^{2+}，S 等といった他の電子受容体が使われる場合，その呼吸は特に**嫌気的呼吸**（anaerobic respiration）と呼ばれる。本節では，おもに ① について説明し，② や ③ については後の節で説明する。

まず，解糖系あるいは EMP 経路では，グルコースが分解されて，結果的にピルビン酸 2 分子が生成される。ちなみに，glycolysis という言葉は，ギリシャ語の glykos（甘い）と lysis（分解）からきている。解糖系に関与した一連の酵素反応を図 1.5 に示す。解糖系の最初のステップは，ヘキソキナーゼ（Hxk）による，グルコース（Glc）のグルコース-6-リン酸（G6P）へのリン酸化であり，リン酸化されたグルコースは細胞内に保持される。この反応では，ATP の γ-リン酸基がグルコースの C6 位の酸素原子に転移され，G6P と ADP が生成される。ヘキソキナーゼにはいくつかの**アイソザイム**（isozyme，あるいは**イソ酵素**）があり，このうちの一つがグルコキナーゼ（Glk）である。一般に，ヘキソキナーゼは G6P によってアロステリックに阻害されるが，Glk ではそのような阻害はみられない。

G6P は，ホスホグルコースイソメラーゼ（Pgi）によって，フルクトース-6-リン酸（F6P）に変換される。この反応機構は，後述するトリオースリン酸イソメラーゼによる反

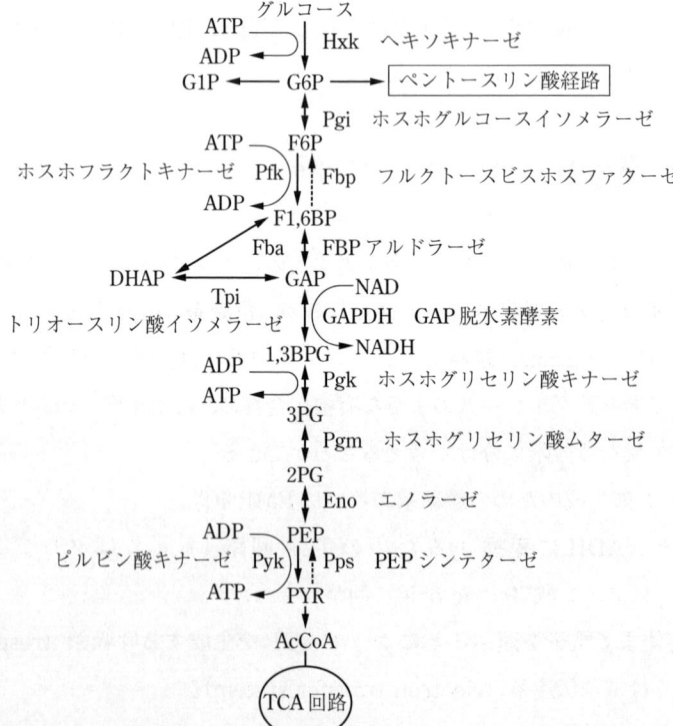

図 1.5　解糖系における
　　　　グルコースの分解

応とよく似ている。Pgi は逆の反応も触媒し，この反応は細胞内では平衡に近い。

　つぎに F6P は，ホスホフルクトキナーゼ（Pfk）によって，フルクトース-1,6-ビスリン酸（F1,6BP）に変換される。Pfk-1 は ATP のリン酸基を F6P の C1 位のヒドロキシル基に転移させて F1,6BP を生成する。解糖系の最初の Hxk の反応と同様に，この Pfk の反応は ATP を消費する反応で，一般に非可逆であり，ほとんどの細胞で解糖の重要な調節部分になっている。Pfk には Pfk-1 のほかに，フルクトース-2,6-ビスリン酸の合成を触媒する Pfk-2 がある。

　F1,6BP はアルドラーゼによって開裂し，ジヒドロキシアセトンリン酸（DHAP）とグリセルアルデヒド-3-リン酸（GAP）という二つのトリオースリン酸を生成する。DHAP は F1,6BP の C1–C3 に由来し，GAP は C4–C6 に由来している。このフルクトース-1,6-ビスリン酸アルドラーゼ（Fba）の反応は平衡に近い。DHAP と GAP は平衡状態にあり，GAP が解糖系で利用されるにつれて，DHAP は GAP に連続的に変換される。すなわち，開裂した1分子の F1,6BP 当り，2分子の GAP が解糖系で供給されることになる。Tpi は立体特異的な触媒反応を行うので，GAP は D 型の異性体のみが生成される。Tpi は Pgi と同様にアルドース-ケトース変換を触媒する。1分子の GAP の C1, C2, C3 はグルコースの C4, C5, C6 に由来しており，DHAP の C1, C2, C3 はそれぞれグルコースの C3, C2, C1 に由来している。

　GAP は，まず無機リン酸（P_i）とグリセルアルデヒド-3-リン酸脱水素酵素（GAPDH）によって，1,3-ビスホスホグリセリン酸（1,3BPG）に酸化される。この過程で1分子の NAD^+ が NADH に還元される。

　1,3BPG は，C1 のリン酸基を ADP に転移して ATP を生成し，3-ホスホグリセリン酸キナーゼ（Pgk）によって3-ホスホグリセリン酸（3PG）に変換される。この1,3BPG 等のような高エネルギー化合物から，ADP へリン酸基を転移させて ATP を生成することを**基質レベルのリン酸化**（substrate-level phosphorylation）と呼ぶ。解糖系の他の三つのキナーゼは調節酵素であるが，この Pgk の反応だけは細胞内では平衡に近く，一般に調節酵素ではない。

　3PG はさらに，ホスホグルコムターゼ（Pgm）によって，2-ホスホグリセリン酸（2PG）に変換される。**ムターゼ**（mutase）は基質分子の，ある部位から別の部位へとリン酸基を転移させる反応を触媒するイソメラーゼ（異性化酵素）のことである。

　つぎに，エノラーゼ（Eno）によって 2PG が脱水し，ホスホエノールピルビン酸（PEP）になる。この反応で，リン酸モノエステルである 2PG は，C2 と C3 からの水の可逆的な脱離によって，エノールリン酸エステルである PEP に変換される。エノラーゼの活性化には Mg^{2+} が必要であり，この反応には Mg^{2+} が関与している。

8   1. 生物の主要代謝

　PEP はさらに，ピルビン酸キナーゼ（Pyk）によって脱リン酸化されてピルビン酸（PYR）になり，同時に ATP を生成する。これは，解糖系での第2の基質レベルのリン酸化で，PEP から ADP へリン酸基を転移する。Pyk は，解糖系での3番目の非可逆な反応を触媒する酵素で，代謝の調節酵素の一つである。

　解糖系の最終生成物であるピルビン酸は重要な代謝物で，嫌気条件下では，ピルビン酸は乳酸やエタノールといった他の代謝産物に変換される。嫌気条件下でのこのような変換を**発酵**（fermentation）という。しかし，発酵という言葉は今日，すべての酵素や微生物による物質変換という広い意味に使われている。嫌気的代謝については，後の節でさらに説明する。さて，解糖系全体の反応式は，つぎのようになる。

$$Glc + 2ADP + 2NAD^+ + 2P_i \longrightarrow 2PYR + 2ATP + 2NADH \qquad (1.4)$$

式 (1.4) で表されるように，解糖系では，グルコース1分子当り2分子の ATP が生成されるが，解糖系での ATP は，前述したように基質レベルのリン酸化によって生成される。このことについてもう少し説明すると，ATP の加水分解よりも大きな負の自由エネルギー変化を伴う反応と共役すると，ADP から ATP が生成される。例えば，ピルビン酸キナーゼの反応では，PEP の加水分解の $\Delta G^{\circ\prime}$ は，ATP の $ADP + P_i$ への加水分解の $\Delta G^{\circ\prime}$（$-7.3\,kcal/mol$）よりも負の値が大きいので，逆反応すなわち ADP のリン酸化を駆動できる。このような機構で ATP が生成されることを，前述したように，基質レベルのリン酸化と呼び，Pgk や Pyk のほかに，酢酸合成経路の酢酸キナーゼ（Ack）や TCA 回路のスクシニル CoA シンテターゼなどで触媒される反応等がこれらの例である。また，基質レベルのリン酸化に対して，酸化的リン酸化は別の機構であるが，このことについては次節で説明する。

1.4　TCA　回　路

　解糖系あるいは EMP 経路で生成されたピルビン酸は，その還元力を TCA 回路で NAD^+ に伝達する。解糖系の反応は一般に**細胞質**（cytosol）内で生じるが，酵母等の**真核生物**（eucariote）では，TCA 回路酵素はミトコンドリア（mitochondria）内にある。これに対して**原核生物**（procariote）では，これらの反応は，膜結合酵素を含めて細胞質で行われる。TCA 回路の出発物質は，ピルビン酸による補酵素 A（CoA）のアシル化によって与えられる。ピルビン酸をアセチル CoA（AcCoA）と CO_2 に変換する反応は，ピルビン酸脱水素酵素（PDH）複合体によって触媒され，次式で表される。

$$PYR + NAD^+ + CoA\text{-}SH \longrightarrow AcCoA + CO_2 + NADH + H^+ \qquad (1.5)$$

PDH 複合体は多酵素複合体で，ピルビン酸脱水素酵素（E_1），ジヒドロリポアミドアセチ

ルトランスフェラーゼ（E_2），ジヒドロリポアミド脱水素酵素（E_3）からなっている。PDH 複合体によるピルビン酸の酸化的脱炭酸反応は，チアミンピロリン酸（TPP）との反応をはじめ5段階の反応で行われ，TPP，リポ酸，CoA-SH，FAD，NAD^+ 等の補酵素が必要である。後述する α-ケトグルタル酸脱水素酵素（αKGDH）複合体は，PDH 複合体とよく似ており，E_1 と E_2 はそれぞれ独自の脱水素酵素とジヒドロリポアミドアシルトランスフェラーゼであるが，E_3 は両複合体に共通のものである。PDH の反応で生成される AcCoA は，脂肪酸合成等の前駆体となる重要な物質である。ただし，AcCoA は TCA 回路には含まれない。

TCA 回路の反応を図1.6に示す。まず，TCA 回路では，AcCoA と4炭素原子をもったオキサロ酢酸（OAA）との縮合によって，6炭素原子をもったクエン酸（CIT）を生成し，さらに，イソクエン酸（ICIT）に変換され，その後 CO_2 を放出して，5炭素原子をもった α-ケトグルタル酸（αKG，あるいは 2-ケトグルタル酸）となる。αKG は脱炭酸化され，さらに酸化されて4炭素原子をもったコハク酸（SUC）になり，つぎに酸化されてフマル酸（FUM）となる。フマル酸の水和によりリンゴ酸（MAL）ができ，MAL の酸化により OAA ができる。TCA 回路では，2分子の CO_2 と，3分子の NADH，そして1分子の $FADH_2$ が生成される。TCA 回路の途中で生成される αKG と OAA は，アミノ酸合成の重要な前駆体である。TCA 回路全体の反応は次式で表される。

$$AcCoA + 3NAD^+ + FAD + ADP(GDP) + P_i$$
$$\longrightarrow CoA + 3NADH + FADH_2 + ATP(GTP) + 2CO_2 \quad (1.6)$$

ここで，GDP や GTP は哺乳類や酵母の場合である。

つぎに，TCA 回路の各反応を，順を追って少し詳しくみてみよう。TCA 回路の最初の

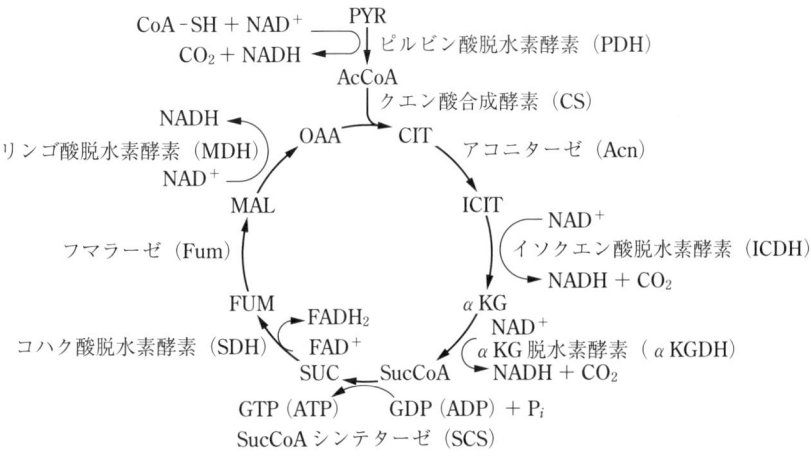

図1.6 TCA 回路の反応

反応は，クエン酸シンターゼ（CS）によって触媒され，オキサロ酢酸（OAA）とAcCoAから，CITと補酵素A（CoA）が生成される。この加水分解反応は，一般に非可逆と考えてよい。

なお，CITは構造対称のようにみえるが，プロキラルな分子，すなわち，3種類の置換基がついた炭素原子をもっており，同じ置換基の一つを第4の置換基に換えるとキラルになり，つぎのアコニターゼによって，ICITの異性体の一方しか生成されない。

アコニターゼ（正式にはアコニット酸ヒドラターゼ）は，CITとICITの間の，ほぼ平衡状態にある反応を触媒する。CITは第三級アルコールであるが，アコニターゼは，これを酸化可能な第二級アルコールに変換する。この酵素の名前は，酵素に結合した反応の中間体 cis-アコニット酸に由来している。

アコニターゼは，[4Fe-4S]鉄-硫黄クラスターをもち，これがC3のカルボキシル基とヒドロキシル基の両方を結合することによって，活性部位にCITが正しく収まるのを助ける。

つぎに，イソクエン酸脱水素酵素（ICDH）は，ICITを酸化的に脱炭酸する反応を触媒し，αKGを生成する。まずC2に結合している水素がNAD^+に移り，ICITのアルコール基は酸化され，補酵素はNADHに還元され，不安定なβ-ケト酸であるオキサロコハク酸を生成する。つぎにオキサロコハク酸は酵素から離れる前に，β脱炭酸反応によってαKGになる。一般にこの反応は非可逆で，後述するように，大腸菌ではNADHではなくNADPHを生成し，リン酸化，脱リン酸化による調節を受ける。

αKGは，ピルビン酸と同様，α-ケト酸である。αKGは酸化的脱炭酸反応によってスクシニルCoA（SucCoA）を生成するが，この反応は，前に述べたPDH複合体が触媒する反応に似ており，αKGDH複合体は，αKGDH（E_1，TPPを含む），ジヒドロリポアミドスクシニルトランスフェラーゼ（E_2），ジヒドロリポアミド脱水素酵素（E_3，PDH複合体のE_3と同じフラビンタンパク質）からなっている。αKGDHはTCA回路の重要な調節酵素である。

SucCoAは高エネルギーチオエステルで，チオエステル基に蓄えられた自由エネルギーは，ADPとP_iからATP（哺乳類と酵母等ではGTP）を合成する。これは，基質レベルのリン酸化である。この反応は，SucCoAシンテターゼ（あるいはコハク酸チオキナーゼ）によって触媒され，SUCを生成する。

SUCは構造対称で，コハク酸脱水素酵素（SDH）複合体によって酸化され，二重結合をもったFUMに変換されるが，このSDH複合体は，真核生物の場合はミトコンドリアの内膜に，また原核生物では細胞膜に埋め込まれている。このSDH複合体は，鉄-硫黄クラスターを含んでおり，電子伝達の補因子であるユビキノン（Q）に電子を移すのにかかわっている。SDH複合体の反応で生成される$FADH_2$はQによって再酸化される。この場合，$FADH_2$がこの反応の生成物というより，FADは酸素に結合したままなので，QH_2（ユビ

キノール）が生成物として放出されるのが実態である。なお，マロン酸はこの反応の基質であるSUCに比べて炭素数は一つだけ少ないが，ジカルボン酸でSUCと構造がよく似ている。そのためSDH複合体の活性部位の陽イオン性アミノ酸残基に結合するが，反応は起こさないので，競争阻害剤（competitive inhibitor）になる。

フマラーゼ（正式にはフマル酸ヒドラターゼ）は，FUMの二重結合に立体特異的に水を付加して，FUMをMALに変換するという平衡に近い反応を触媒する。なお，FUMはCITと同様にプロキラルな分子で，FUMがフマラーゼの活性部位に結合すると，基質の二重結合は一方向からしか結合できず，生成されるのはL型のMALのみである。

つぎに，リンゴ酸脱水素酵素（MDH）によってMALは酸化されて，OAAを生成し，NADHを生成する。この反応はほぼ平衡に近い反応で，乳酸脱水素酵素（LDH）が触媒する反応とよく似ている。

さて，TCA回路はエネルギー代謝の中心的役割を果たしているので，これは厳密に調節されていると考えられる。特に，TCA回路の非可逆な三つの反応，すなわち，CS，ICDH，αKGDH複合体がTCA回路の調節酵素である。CSはATPによって阻害を受けることがわかっているが，それ以外の調節機構はまだ十分にはわかっていない。哺乳類のICDHはCa^{2+}とADPによってアロステリックに活性化され，NADHで阻害される。大腸菌等では，プロテインキナーゼの一種がICDHのセリン残基をリン酸化し，事実上酵素活性が低下するが，脱リン酸化された場合は，このセリン残基がICITのカルボキシル基と水素結合をつくる。ICDHがリン酸化されると，反応基質と静電的に反応し，酵素活性が阻害されるが，キナーゼ活性をもっているこの同じタンパク質が，別のドメインにホスファターゼ活性をもっており，こちらでホスホセリン残基を加水分解し，ICDHを再び活性型にできるようになっている。後述するように，キナーゼとホスファターゼ活性は，同じ物質によって逆向きに調節されている。ICIT，3PG，PEP，PYR（ピルビン酸）はアロステリックにホスファターゼを活性化し，OAA等はキナーゼを活性化する。大腸菌の場合，リン酸化によってICDHの活性が低下すると，ICITは後述するグリオキシル酸経路に流れていく。αKGDH複合体については，Ca^{2+}が反応を促進し，NADHとSucCoAが阻害剤になることがわかっているが，αKGDHの調節機構についてはまだ十分解明されていない。

5章で詳しく説明するが，TCA回路での反応を炭素原子レベルでみてみることを考える。いま，図1.7に示されるように，AcCoAのC1が^{13}Cで標識されていると仮定しよう。この炭素原子は，CITのC5の炭素原子になり，ICITを経て，ICDHによる反応で生成されるαKGのC5の炭素になる。αKGのC5の炭素は，αKGDHの反応でSucCoAのC4の炭素になる。つぎのSucCoAシンテターゼの反応でSUCが生成されるが，これは構造が対称で，C1とC4の区別がなくなり，結局半分ずつが^{13}Cで標識されると考えられる。した

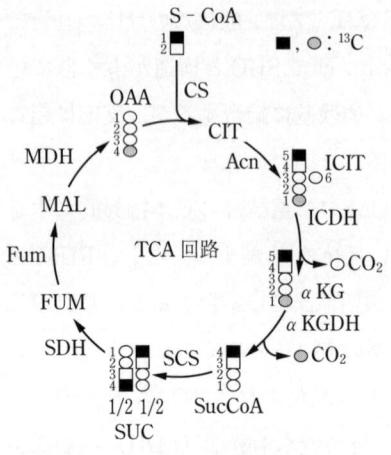

図 1.7 炭素の同位体標識と
TCA 回路での変換

がって，つぎの SDH の反応で生成される FUM も C1 と C4 が 50％ずつ ^{13}C で標識され，つぎのフマラーゼ（Fum）の反応で生成される MAL の C1 と C4 も同様に標識され，結局 OAA の C1 と C4 の 50％ずつが ^{13}C で標識されることになる。この OAA は再度，C1 が ^{13}C で標識された AcCoA と反応して CIT を生成するが，この CIT の標識パターンは，TCA 回路の1回目の反応でできた CIT の標識パターンとは異なっているはずである。

さてつぎに，OAA の C4 だけが ^{13}C で標識され，AcCoA は標識されていない場合について考えてみる。この場合は，CS の反応で生成される CIT の C1 になり，ICIT を経て αKG の C1 となるが，この炭素は，つぎの αKGDH の反応で CO_2 として放出される。このとき，TCA 回路の1回目の反応で CO_2 として失われるのは AcCoA 由来の炭素ではないが，SUC が構造対称で区別ができなくなるため，2回目以降には CO_2 として失われることになる。

1.5 補充反応

1.4 節で述べたように，TCA 回路の中間代謝物，特に OAA や αKG はアミノ酸合成の前駆体として重要であるので，これらの欠乏を防ぐために，何らかの**補充反応**（anaplerotic reaction）機構が存在する。ちなみに，anaplerotic とはギリシャ語で「満たす」という意味である。哺乳動物等では，次式のようにピルビン酸カルボキシラーゼ（Pyc）によって，ピルビン酸から CO_2 を固定して，OAA を生成する（図 1.8 参照）。

$$PYR + CO_2 + ATP + H_2O \longrightarrow OAA + ADP + P_i \tag{1.7}$$

この反応のように，ATP のエネルギーにより，二つの分子を結合させる酵素を**リガーゼ**（ligase）という。Pyc は後述する Ppc と同様に，AcCoA によってアロステリックに活性化されることが知られているが，これは AcCoA の蓄積によって TCA 回路の活性が低下し，TCA 回路の代謝中間体が減少し，これを補充するために Pyc あるいは Ppc が活性化されると考えられる。大腸菌等では Pyc による補充経路はもっていないが，植物や大腸菌等では次式で表されるように，PEP カルボキシラーゼ（Ppc）が触媒する反応によって PEP から CO_2 の固定によって OAA が供給される。

$$PEP + HCO_3^- \longleftrightarrow OAA + P_i \tag{1.8}$$

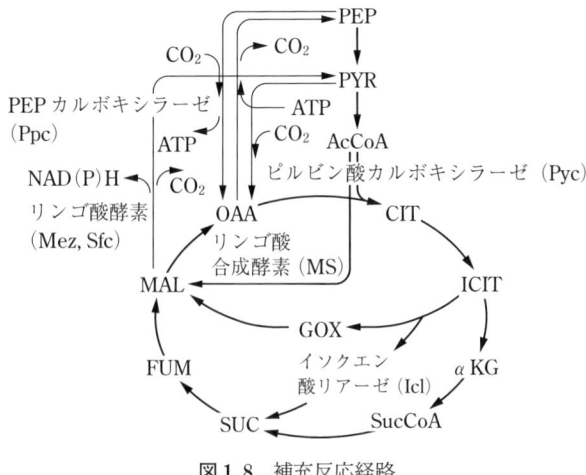

図 1.8　補充反応経路

なお，微生物の中でもコリネ型細菌等ではPpcとPycの両方をもっている。

TCA回路のバイパス経路であるグリオキシル酸経路 (glyoxylate pathway) も補充反応と考えられ，この場合はTCA回路のICITからグリオキシル酸 (GOX) の生成を経て，SUCとMALを生成し，この経路でOAAを補充する。動物細胞等はこの経路をもっていないが，大腸菌や酵母をはじめとした植物細胞等では，酢酸等の2炭素原子のような炭素源から，後述する糖の新生によって，グルコースを生成するときにも重要な役割を果たす。TCA回路に比べて，この経路ではNADHを生成しないので，エネルギー生成には不利であるが，CO_2を生成しないため，細胞収率等の向上には貢献する。一般に，微生物等では，グリオキシル酸経路が活性化されたとしても，同時にTCA回路も活性化されている。ちなみに，ICDHのv_{max} (最大反応速度) およびK_m (飽和定数) はそれぞれ126 mM/minと8 μM (ICITに対して) で，Iclのv_{max}とK_mはそれぞれ289 mM/minと604 μMで，ICITに対する親和性はICDHのほうが著しく高いため，ICITの濃度があまり高くならない限り，通常はICDHの反応，すなわち，TCA回路で処理される。これは細胞にとって，エネルギー生成が優先されているためと考えられる。酵母等では，エタノールを酸化してAcCoAを生成し，これがグリオキシル酸経路を経てOAAになるので，酵母はAcCoAシンテターゼ (Acs) を利用して，エタノールを炭素源として増殖できる。また，大腸菌では，酢酸をAcsあるいは酢酸チオキナーゼが触媒する反応でAcCoAに変換し，グリオキシル酸経路によってOAAを生成できるので，酢酸を炭素源として増殖できる。

グリオキシル酸経路は，油脂を多く含む種子をもつ植物でよく利用される。これらの植物は，蓄えたトリアシルグリセロール等を糖に変換して，出芽に必要なエネルギーを賄っている。図1.8に示すように，この経路では6炭素原子のICITは，Iclが触媒する反応で，4炭素原子のSUCと，2炭素原子のGOXに変換される。このGOXはつぎに，リンゴ酸合成酵

素（MS）が触媒する反応でAcCoAと縮合し，4炭素原子のMALを生成する。真核生物でグリオキシル酸経路が働くには，ミトコンドリア，細胞質，そして一種の膜でできた別の細胞小器官であるグリオキシソーム（glyoxysome）の間で代謝物が輸送される必要がある。発芽中のヒマの種子では，グリオキシソームは蓄えた油の脂肪酸をAcCoAに異化する酵素を含んでいる。

　TCA回路での中間代謝物のいくつかは，生合成の重要な前駆体であり，αKG，SucCoA，OAAは生合成に使用される。CITもまた，脂肪酸やステロイド等の生合成に必要な代謝物の一部であり，ミトコンドリアから細胞質に輸送されたCITはAcCoAになる。αKGはグルタミン酸へ可逆的に変換され，また，SucCoAはグリシンと縮合してポルフィリン生合成の開始剤になる。OAAはグルコースが枯渇したときの糖新生の前駆体であり，OAAはアスパラギン酸と相互変換でき，アスパラギン酸は尿素や他のアミノ酸，ピリジンヌクレオチドの合成に使われる。これらの中間代謝物が欠乏すると，前述したさまざまな補充反応経路が活性化される。

1.6　呼　　吸

　一連の**呼吸反応**（respiratory reaction）は**電子伝達系**（electron transport system）としても知られている。電子伝達系でATPを生成する過程は**酸化的リン酸化**（oxidative phosphorylation）として知られている。NADHやFADH$_2$によって運ばれた電子は，一連の電子運搬体によって酸素に移され，ATPが生成される。酸化的リン酸化には，膜に埋め込まれたいくつかの酵素複合体が必要で，この酵素複合体からなる呼吸の電子伝達鎖で，電子は還元型の補酵素から，電子受容体である分子状酸素（O_2）に渡される。酵素複合体は，NADHとユビキノール（QH$_2$）の酸化によって得られるエネルギーを使って，プロトン（H$^+$）を細胞内部に埋め込まれたマトリックスから内膜を横切って膜間腔へ輸送する。これによってプロトンの濃度勾配ができ，膜間腔に比べて，マトリックスがよりアルカリ性で負に荷電した状態になる。プロトンの濃度勾配に自由エネルギーが蓄えられ，このエネルギーは，膜に埋め込まれた別の酵素複合体であるATP合成酵素（ATPシンターゼ）を通って，プロトンがマトリックスに戻るときに引き出される。この複合体は，プロトンが濃度勾配を流れるときにADPをリン酸化してATPを生成する。

　この酵素複合体は，エネルギー伝達過程の別々の部分を触媒しており，I〜Vの番号がつけられている。複合体I〜IVまでは電子伝達に関与し，複合体VはATPシンターゼである。複合体Iは，NADH-ユビキノンオキシドレダクターゼ（酸化還元酵素），IIはSUC-ユビキノンオキシドレダクターゼ，IIIはユビキノール-シトクロムcオキシドレダクターゼ，

Ⅳはシトクロム c オキシダーゼで，電子は大まかにいって還元電位が増す方向に流れる。各成分の還元電位は，強力な還元剤である NADH と，最終的な酸化剤である O_2 の間の値をとる。移動性の補酵素であるユビキノン（Q）とシトクロム c が，電子伝達鎖の複合体を機能的に連結する役割を果たす。Q は電子を，複合体ⅠとⅡからⅢに，またシトクロム c は電子を複合体ⅢからⅣに運ぶ役割をもっており，複合体Ⅳはその電子を使って，O_2 を水に還元する。図 1.9（a）には，左の縦軸に標準還元電位を，右の縦軸に標準自由エネルギーの相対値をとって，電子伝達の順序を示したものである[6]。コハク酸脱水素酵素複合体でもある複合体Ⅱは，プロトン濃度勾配の形成には貢献しないで，電子を SUC から Q に転移させるが，複合体Ⅰ，Ⅲ，Ⅳは ADP と P_i から ATP を生成するのに十分なエネルギーをもっている。図（a）の上に示したように，NADH と SUC からは，2 個の電子が同時に呼吸鎖に入る。複合体Ⅰではフラビン補酵素 FMN が，また，複合体Ⅱでは FAD が還元さ

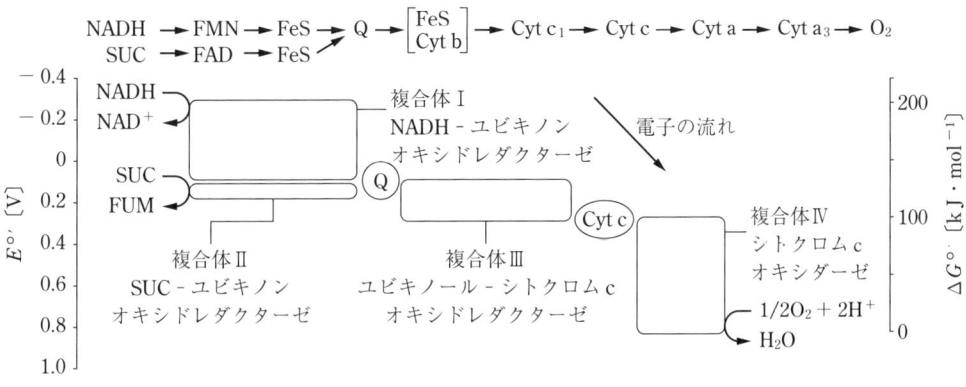

(a)

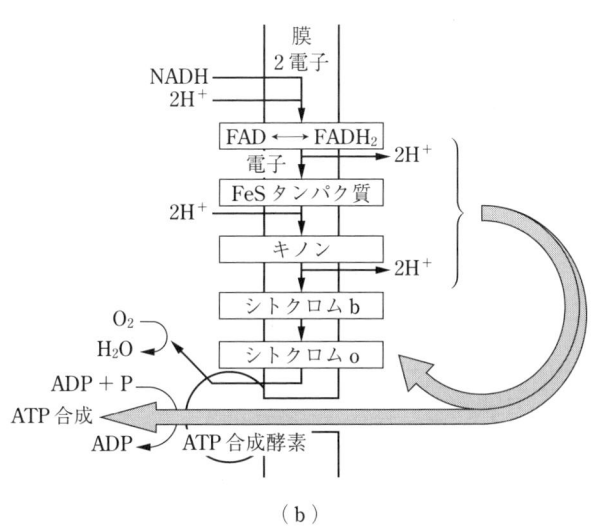

(b)

図 1.9　呼吸鎖での酸化還元電位の変化と呼吸鎖での ATP 生成

れる。還元された FMNH₂ と FADH₂ は 1 個ずつ電子を渡し，この後はすべて一つの電子が伝達される。複合体Ⅴは，プロトン濃度勾配をつくる役割はもたず，そこに蓄えられたエネルギーを使って，ADP と P_i から ATP を生成する。複合体Ⅴは F 型の ATP アーゼで，F_0F_1ATP シンターゼと呼ばれている。この"F"は，ATP シンターゼが ADP のリン酸化と基質の酸化を共役させている共役因子（coupling factor）の F に由来している。F 型の ATP アーゼ類は，ATP の生成に関与しており，膜に結合している。F_1 成分は触媒サブユニットを含んでいて，膜から可溶化して単離したものは ATP の加水分解を触媒する。このため，従来は F_1ATP アーゼと呼ばれていた。F_0 はプロトンチャネルで膜を横断しており，このチャネルをプロトンがマトリックスへ向かって通過していくのに共役して ATP が生成される。ATP 合成と，流入するプロトンの化学量論は，1 分子の ATP 当り 3 H^+ と考えられている。F_0 の下つき文字は，オリゴマイシン（oligomycin）に対する感受性にちなんで名づけられている。この抗生物質は，チャネルに結合してプロトンの流入を妨げ，ATP 合成を阻害する。また，P/O 比という言葉がしばしば使われるが，これは電子受容体である 1 分子の酸素原子〔例えば，$(1/2)O_2 + NADH + H^+ \longrightarrow H_2O + NAD^+$〕に対して結合するリン酸の数（$ADP + P_i \longrightarrow ATP$）を表すのに使われる。すなわち，還元される酸素原子と，リン酸化される ADP 分子との比を P/O 比と呼び，共役した電子伝達複合体が運ぶ 1 電子に対して，膜内腔に移行されるプロトンの数の比は，複合体Ⅰで 4：1，Ⅲで 2：1，Ⅳで 4：1 であることから求められる。P/O 比は理論的には 1 分子の NADH について 3，SUC（FADH₂）については 2 であるが，実際はこれより低い。呼吸（シトクロム）鎖〔respiratory (cytochrome) chain〕の概略を図 1.9（b）に示す。電子伝達鎖のおもな役割は，NAD^+ を再生し，生合成のために ATP を生成することである。

　グルコースを炭素源として，解糖系（EMP 経路）と TCA 回路で生成される ATP 収支を図 1.10 に示す。この図に示されるように，1 分子の NADH から 3 分子の ATP が生成さ

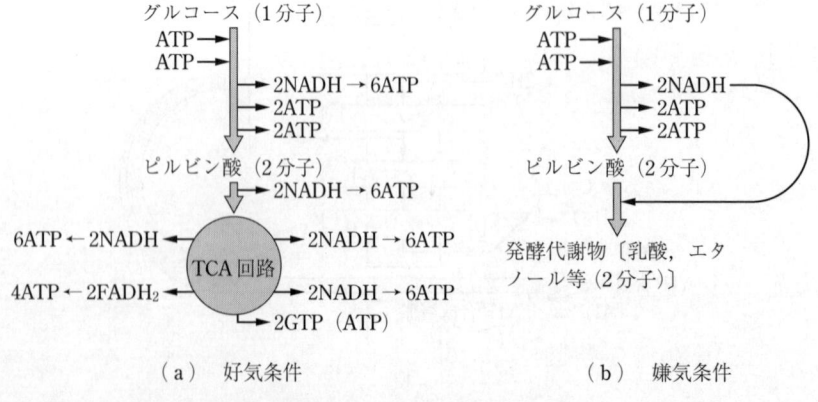

（a）　好気条件　　　　　　　　　（b）　嫌気条件

図 1.10　解糖系および TCA 回路での ATP 収支

れると仮定すると，グルコースを炭素源として細胞を好気的に培養した場合は，理論上最大で38分子のATPがエネルギー源として生成される。なお，嫌気条件では生成されるNADHは乳酸やエタノール等を生成する過程で再酸化され，エネルギー生成には関与しない。

ATPとして蓄積されたエネルギーの効率は60％以上になると見積もられ，これは，人間がつくる機械の効率より著しく高い。グルコースに蓄えられていた残りのエネルギーは，熱として放出される。

1.7 ペントースリン酸経路

ペントースリン酸（pentose phosphate：PP）**経路**，あるいはヘキソースモノホスフェート（hexose monophosphate：HMP）経路を図1.11に示す。この経路では，細胞合成のための還元力であるNADPHを生成すると同時に，生合成のための炭素骨格を与える。一般に，ペントースリン酸経路で生成されるNADPHは生合成に使われ，解糖系やTCA回路で生成されるNADHはエネルギー生成に使われる。ペントースリン酸経路では炭素数が3, 4, 5および7の有機化合物が生成される。これらの化合物は，リボース，プリン系化合物，補酵素，そして芳香族のアミノ酸合成のために特に重要である。

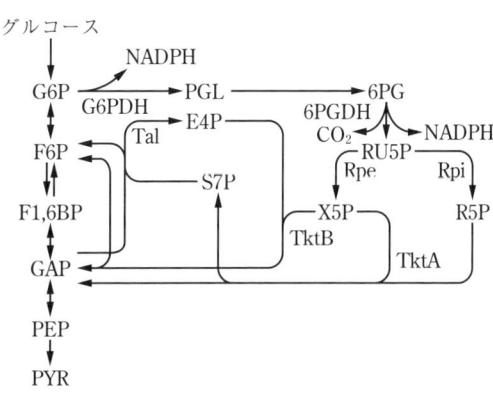

図1.11 ペントースリン酸経路

さて，ペントースリン酸経路は，NADPHを生成するG6Pからリブロース-5-リン酸（RU5P）に至る経路を酸化的経路，それ以外を非酸化的経路に分けて考えることができる。酸化的ペントースリン酸経路では，G6PがRU5Pに変換され，2分子のNADPHが生成される。この反応は，つぎのように表される。

$$G6P + 2NADP^+ + H_2O \longrightarrow RU5P + 2NADPH + CO_2 \tag{1.9}$$

この場合，利用されなかったペントースリン酸は，非酸化的経路によって解糖系のGAPとF6Pに変換され，EMP経路に合流する。

つぎに，ペントースリン酸経路の反応を順にみてみよう。グルコース-6-リン酸脱水素酵素（G6PDH）は，G6Pをエステルである6-ホスホグルコノ（δ）ラクトン（6PGL）に酸化する反応を触媒しているが，G6PDHはNADPHによってアロステリックに阻害され，

NADPHの過剰生成を抑制している。酸化的ペントースリン酸経路のつぎの反応では，グルコノラクトナーゼによって，6PGLは，糖酸である6-ホスホグルコン酸（6PG）に変換される。酸化的ペントースリン酸経路の最後のステップは，6PGDHによって，6PGを酸化的に脱炭酸して，もう1分子のNADPHとCO_2を生成する。一般に，酸化的ペントースリン酸経路の反応は非可逆である。

これに対して，非酸化的ペントースリン酸経路は，すべて平衡に近い反応からなっており，生合成経路にペントースを供給し，解糖系に糖リン酸を供給する。RU5Pはリブロース-5-リン酸イソメラーゼ（Rpi）によるイソメラーゼの反応でR5P（リボース-5-リン酸）になるか，リブロース-5-リン酸エピメラーゼ（Rpe）によるエピメラーゼの反応で，キシロース-5-リン酸（X5P）になる。R5Pはヌクレオチドのリボース部分の前駆体であるので重要である。X5PとR5Pは，チアミンピロリン酸（TPP）依存のトランスケトラーゼ（Tkt）の反応で，X5PのC1とC2の炭素断片がR5Pに転移し，セドヘプツロース-7-リン酸（S7P）とGAPが生成され，炭素の収支は5C+5C ⟷ 3C+7Cである。つぎにS7Pの三つの炭素が，トランスアルドラーゼ（Tal）による反応で，GAPのC1位に転移し，エリトロース-4-リン酸（E4P）とF6Pを生成する。このときの炭素収支は7C+3C ⟷ 4C+6Cである。このE4Pと先に生成されたX5PとはふたたびTktによってGAPとF6Pに変換され，この炭素収支は5C+4C ⟷ 3C+6Cである（図1.12参照）。

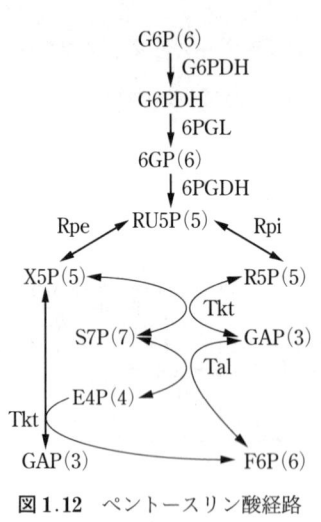

図1.12　ペントースリン酸経路での炭素数の変化

1.8　糖　新　生

グルコースや他のヘキソースは，多くの生物において容易に代謝できる。しかし，炭素源が酢酸等の場合は，特別な反応によって，これらの有機酸から糖を生成する必要があり，このために，EMP経路での代謝反応は逆向きになる必要がある。このような，糖の生成を，**糖新生**（gluconeogenesis）と呼ぶ（図1.13参照）。すでに，解糖系の説明でも述べたように，EMP経路のいくつかの重要なステップは非可逆であるので，細胞はエネルギーを使ってこれらの非可逆反応を克服しなければならない。まず，解糖系の最後の反応であるPEPからPYR（ピルビン酸）を生成するPykの反応について考えてみる。この，PEPからPYRへの変換は非可逆であるため，糖の新生においては，PEPシンテターゼ（Pps）によ

って，PYRから次式の反応を利用して，直接PEPを生成するか

$$PYR + 2ATP + H_2O$$
$$\longrightarrow PEP + 2ADP + 2H^+$$
(1.10)

あるいは，複数のステップでPYRからPEPを生成する必要がある。例えば，Pycをもっているような細胞では，次式に示されるように，PYRからまずPycによってOAAを生成し，つぎにPckによってPEPに変換できる。

$$PYR + CO_2 + ATP + H_2O$$
$$\longrightarrow OAA + ADP + P_i + 2H^+$$
(1.11 a)

$$OAA + ADP$$
$$\longrightarrow PEP + ATP + CO_2$$
(1.11 b)

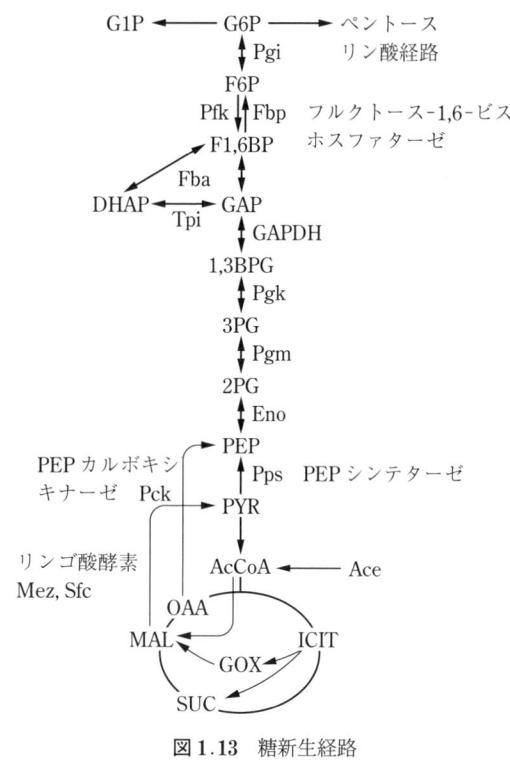

図 1.13 糖新生経路

酢酸等の有機酸からPYRへは，まずグリオキシル酸経路やTCA回路においてMALを生成し，つぎにリンゴ酸酵素（$NADP^+$に特異的なMezあるいはNAD^+に特異的なSfc）によってPYRを生成することができる。また，解糖系ではPfkの反応も非可逆であるので，糖の新生を完結させるためには，さらにフルクトース-1,6-ビスホスファターゼ（Fbp）が必要である。このように，前述の反応を完結できる生物は，六炭糖以外のさまざまな炭素源を利用して増殖できる。また，式（1.11 b）の，OAAからATP（やGTP）とPEPを生成するホスホエノールピルビン酸カルボキシキナーゼ（Pck）のように，もとの分子から一部が脱離し，その結果，二重結合が生じる反応を触媒する酵素を**リアーゼ**（liase）という。

1.9 嫌気的代謝の概要とエントナー–ドゥドロフ経路

これまでは，酸素が豊富に存在する場合の，好気的代謝についておもに考えてきた。しかし，ここまで述べてきた多くの反応は，嫌気条件下でも可能なはずである。嫌気的代謝では，酸素がまったくない状態でもエネルギーを生成することができる。酸素がない状態でのエネルギー生成は嫌気的呼吸によって達成される。好気的代謝で用いられるのと同じ経路を使用することができるが，おもな相違点は別の電子受容体を使う点である。一つの代表的な

例は硝酸塩（NO^{3-}）を使う場合であり，NO^{3-} は電子受容体として働く。反応の生成物，N_2O^- もまた受容体であり，N_2 を生成する。この脱窒反応の過程は環境プロセスでは重要で，多くの生物的廃液処理システムでは脱窒反応を促進させるように操作されている。

多くの生物は電子伝達鎖を使わないでも増殖できる。前にも述べたように，電子伝達鎖を使わないでエネルギーを生成することを発酵と呼ぶ。現在では広い意味で使われているが，これが発酵という言葉の本来の意味である。電子伝達鎖が用いられていないので，有機物等の基質は一連の酸化・還元反応によって収支がとれているはずである。このため，NADHとNADPHからNAD$^+$とNADP$^+$への変換の速度が，NAD$^+$とNADP$^+$からNADHとNADPHへの変換の速度に等しくなければならない。例えば，EMP経路のGAPDHの反応で生成されるNADHは，PYRの酸化によって他の代謝産物が生成されるときに再酸化される。この代表的な例としては乳酸発酵とエタノール発酵がある。乳酸とエタノールは両方とも，バイオプロセスでの重要な製品である。酵母などでは，図1.14に示されるように，PYRはまずピルビン酸脱炭酸酵素（PDC）によってCO_2を放出し，アセトアルデヒドを生成する。つぎに，アルコール脱水素酵素（ADH）によってNADHを使い，アセトアルデヒドをエタノールに変換する。この場合，グルコースを炭素源としたときの全体の反応はつぎのようになり，NADHの生成と消費はバランスがとれていると考え，式には現れていない。

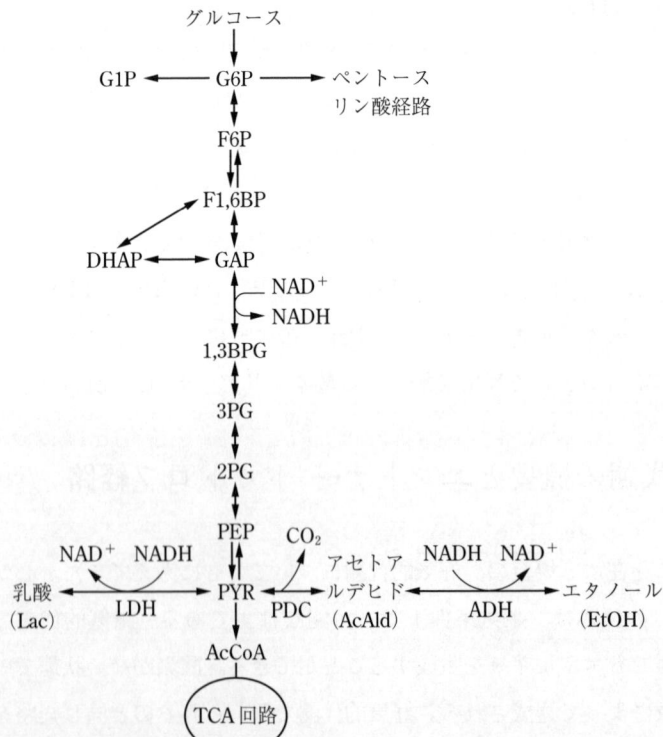

図1.14　エタノールおよび乳酸発酵経路

$$C_6H_{12}O_6 + 2P_i^- + 2ADP^{3-} \longrightarrow 2C_2H_5OH + 2CO_2 + 2ATP + 2H_2O \tag{1.12}$$

この反応では，前でも述べたようにPDCの反応でCO$_2$を生成するが，これはビールの泡としても，パン生地を膨らませるのにも利用されている．ただし，エタノール発酵では，消費したグルコースの一部がCO$_2$として放出されることは，炭素収率という点では不利になる．また，エタノールは中性であるので，一般に酵母は高いエタノール濃度にも耐えられる．最近では，バイオマスを利用した燃料アルコールの生産に関心が高まってきているが，エタノール発酵で生成されるCO$_2$は環境問題を考える上ではマイナスであるが，一般に炭素源として植物由来のバイオマスを利用しており，このバイオマスはすでにCO$_2$を固定していると考えられるので，いわゆるカーボンニュートラルと位置づけられ，マイナスとはならないと考えられている．

これに対して，同じ嫌気条件での乳酸発酵は少し異なっている．一般に哺乳動物や乳酸菌等では *pdc* 遺伝子をもっていないので，PYRからエタノールを生成できない．その代わりに乳酸脱水素酵素（LDH）によって，図1.14に示されるように，NADHを使ってPYRを乳酸に変換できる．この反応では，エタノール発酵と違ってCO$_2$を生成しないので，乳酸発酵は地球環境にも優しいといわれている．ただし，乳酸の生成に伴ってpHが低下するので，乳酸菌等を除けば，細胞は乳酸の濃度に影響を受けやすい．哺乳動物では，骨格筋でつくられる乳酸は，血液によって肝臓に運ばれ，肝臓のLDHでPYRに変換される．このPYRはさらに，血液中の酸素が利用できれば，TCA回路で利用されエネルギーが獲得されるが，酸素があまり利用できないと，乳酸の生成によるpHの低下が問題になる．前述したように嫌気条件では，グルコース1分子当り2分子のATPを生成するが，血液の酸素があまり利用できない目の角膜などでは解糖系で生成されるATPのみを利用している．

これらのほかにも，アセトン，ブタノール，プロピオン酸，酢酸，2,3-ブタンジオール，イソプロパノール，グリセロール発酵等がある．図1.15は，これらの発酵最終産物について共通する経路を要約したものである．この図から，PYRはこれらの経路の中で重要な代謝中間体であることがわかる．ほとんどの場合，PYRは解糖系で生成される．しかしPYRを生成する別の経路もある．これらの最も一般的なものはエントナー-ドゥドロフ（Entner-Doudoroff：ED）経路である（図1.16参照）．ED経路は，ペントースリン酸経路の6PGからKDPG（2-ケト-3-デオキシ-6-ホスホグルコン酸）を経て，GAPとPYRを生成する．この経路は，細菌である *Zymomonas* による，グルコースからのエタノール発酵においてよく知られている．ただし，エントナー-ドゥドロフ経路を使った場合，グルコース1分子につき，GAPを経由してただ1分子のATPだけしか生成されないので，EMP経路を利用する場合に比べて効率が悪い．すなわち，細胞増殖速度は低下する．また，グルコースを炭素源として好気的に増殖している大腸菌等では，通常この経路は活性化されないと考えられて

22   1. 生物の主要代謝

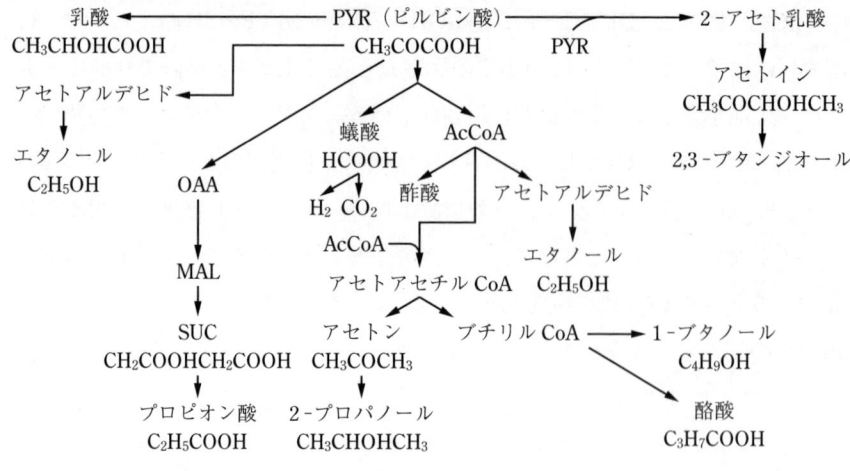

図1.15　発酵による代謝物合成経路

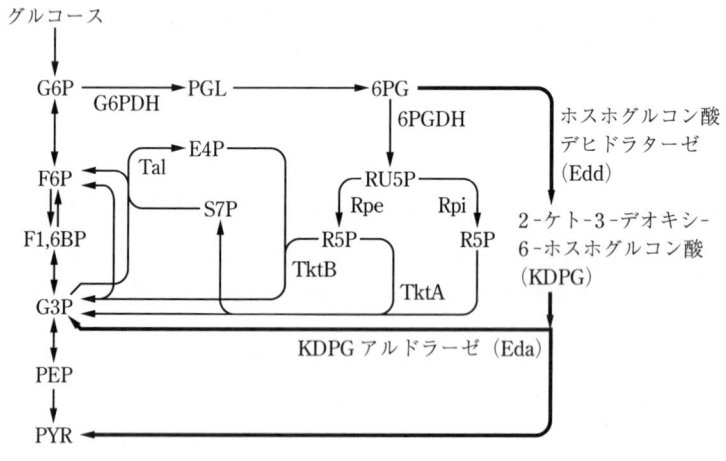

図1.16　エントナー-ドゥドロフ経路

いるが，後の章で述べるように，グルコン酸を炭素源としたり，特定の遺伝子を破壊すると，この経路が活性化される。

1.10　光合成とカルビン-ベンソン回路

植物等では，**光合成**（photosynthesis）の過程で，太陽からの光エネルギーを利用して，大気中の CO_2 と水から炭水化物を合成する。この場合，光エネルギーはATPとNADPHの形で蓄えられ，これらは CO_2 を3PGに変換するために使われ，3PGはつぎにヘキソースリン酸に変換される。植物に限らず光合成を行う生物は，**光栄養生物**（phototrophs）と呼ばれ，光合成微生物，シアノバクテリア（ラン藻），藻類，それに植物等である。

ほとんどの独立栄養生物は，リブロース-2-リン酸カルボキシラーゼによって触媒される

反応によってCO_2を固定し，この反応では，CO_2とH_2Oを3PGに変換する。これは，後述するカルビン〔Calvin，あるいはカルビン-ベンソン（Calvin-Benson）〕回路でのおもなステップである。

光合成は2段階の反応からなっており，光合成全体の反応は，つぎのようになる。

$$6CO_2 + 6H_2O \xrightarrow{\text{光}} C_6H_{12}O_6 + 6O_2 \quad \text{あるいは} \quad CO_2 + H_2O \xrightarrow{\text{光}} (CH_2O) + O_2 \tag{1.13}$$

ここで，(CH_2O)は炭水化物を表している。

光合成の最初の段階は，**明反応**（light reaction）あるいは**光期**（light phase）と呼ばれ，この段階で，光エネルギーがNADPHのような還元剤やATPの形で蓄えられる。この過程では，水素原子が水分子から引きぬかれ，$NADP^+$を還元するのに使われるが，酸素分子はそのまま残される。同時にADPは，リン酸化されてATPとなる。光合成の明反応（光期）での反応式はつぎのようになる。

$$H_2O + NADP^+ + P_i + ADP \xrightarrow{\text{光}} 0.5\,O_2 + NADPH + H^+ + ATP \tag{1.14}$$

光合成の第2段階では，第1段階で得られたNADPHとATPを利用してCO_2を還元し，グルコースあるいは炭水化物が生成される（**図1.17**参照）。この反応と同時に，NADPHは$NADP^+$に再酸化され，ATPはADPとリン酸に変換される。この段階は**暗反応**（dark reaction）あるいは**暗期**（dark phase）と呼ばれ，次式で表される。

$$CO_2 + NADPH + H^+ + ATP \longrightarrow \frac{1}{6}Glc(CH_2O) + NADP^+ + ADP + P_i \tag{1.15}$$

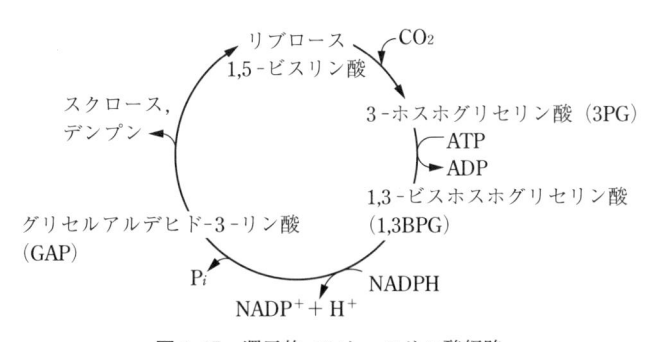

図1.17 還元的ペントースリン酸経路

原核生物と真核生物の両方とも光合成によってCO_2を固定化することができるが，原核生物〔例えば，シアノバクテリア（cyanobacteria）〕では，光合成は積み重なった膜で生じるのに対して，真核生物では**葉緑体**（chloroplast）と呼ばれる**オルガネラ**（organella，細胞小器官）で光合成が行われる。葉緑体は，CO_2を容易に透過させるが，他の代謝物は選択的に透過させるような二重膜で囲まれている。葉緑体は，**チラコイド膜**（thylakoid membrane) と呼ばれる，高度に折りたたまれた網目構造をしており，そこでNADPHとATPが生成される．また，光エネルギーを捕獲するために，さまざまな色素がチラコイド膜に埋め込まれており，緑色の**クロロフィル**（chlorophyll）は最も多く存在する色素であり，クロロフィル分子による光吸収は，結果として電子を励起させる．励起されたクロロフィル分子は，**蛍光**（fluorescence）過程によって，光量子を発することで標準の状態に戻る．励起されたクロロフィルは一連の酵素に電子を提供し，電子がこの（酵素）鎖で運ばれる間にATPが生成される．このATP生成過程は**光リン酸化**（photophosphorilation）と呼ばれる．この過程での**電子運搬担体**（electron carriers）は**フェロドキシン**（ferrodoxin）といくつかの**シトクロム**（cytochromes）である．

光合成の明反応（光期）は二つの光システムからなっている．光システムⅠ（PS Ⅰ）は700 nmより短い波長の光により励起され，NADPHを生成する．光システムⅡ（PS Ⅱ）は680 nmより短い波長の光を必要とし，H_2Oを$(1/2)O_2$と$2H^+$に分解する．ここで，PS ⅠからPS Ⅱへの電子の流れに伴ってATPが生成される．

光合成の第2段階では，明反応で得られたATPとNADPHを利用して，CO_2が炭水化物に変換されるが，この反応は，つぎの三つの反応に分けて考えられる．すなわち，① 大気中のCO_2の固定，② 固定したCO_2の炭水化物への変換，それに ③ CO_2の受容分子の再生である．CO_2を固定する①の代謝経路は，還元的ペントースリン酸回路，C_3回路（この代謝経路の第1の代謝中間体が3炭素原子であることからきている），あるいはカルビン（またはカルビン-ベンソン）回路等と呼ばれている．

植物等では，CO_2は**気孔**（stromata）と呼ばれる葉の表面上の構造体を介して，光合成細胞によって固定されている．CO_2が固定されるカルビン回路の最初の反応では，1分子のCO_2と1分子のリブロース-1,5-ビスリン酸（RU1,5BP）から，2分子の3PGが生成され，この反応は非可逆で，ルビスコ（Rubisco）と呼ばれるリブロース-1,5-ビスリン酸カルボキシラーゼ-オキシゲナーゼによって触媒される．カルビン回路を図**1.18**に示す．3PGは，糖新生に似た経路によって解糖系を逆向きに進み，ATPを使って，3PGからPgkによって1,3BPGを生成し，つぎにGAPDHのアイソザイムによってNADPHを再酸化してGAPを生成する．この反応は糖新生とは違って，NADHの再酸化ではなく，NADPHの再酸化である．GAPの一部はスクロースあるいはデンプンに変換され，残りはRU1,5BPの再生成に使われる．結局，カルビン-ベンソン回路の正味の反応はつぎのようになる．

$$3CO_2 + 9ATP + 6NADPH + 5H_2O$$
$$\longrightarrow 9ADP + 8P_i + 6NADP^+ + Tpi \text{ (GAP or DHAP)} \tag{1.16}$$

なお，ルビスコはカルボキシラーゼ-オキシゲナーゼという名が示すように，カルボキシル化と酸素添加も触媒する．酸素添加反応では，1分子の3PGと1分子のホスホグリセリン

図1.18 カルビン-ベンソン回路

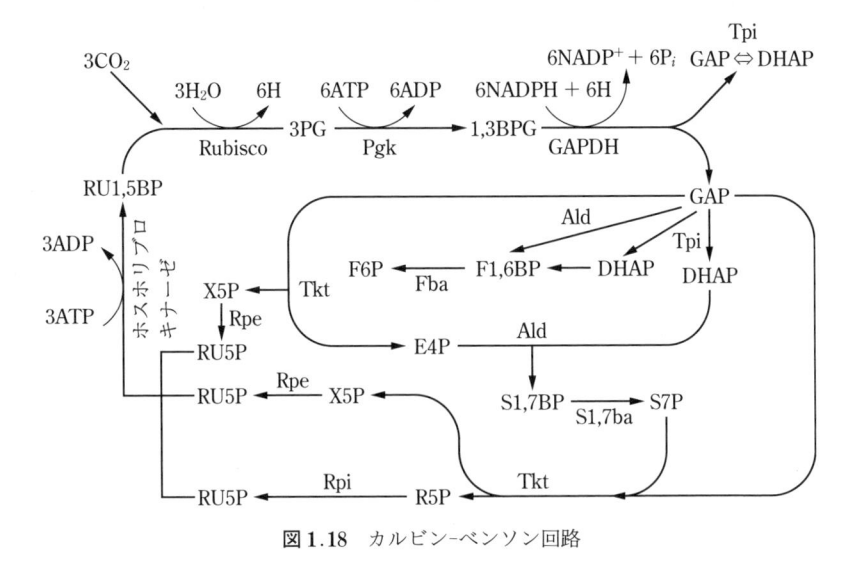

酸ができる。RU1,5BPの酸素添加で生成される3PGはカルビン-ベンソン回路に入り、2分子の2-ホスホグリセリン酸（C_2）は酸化過程で代謝されて、1分子のCO_2と1分子の3PG（C_3）になり、これはまたカルビン-ベンソン回路に入る。酸化過程では、NADHとATPが消費される。ルビスコによって触媒される光依存的な酸素の取り込み後、ホスホグリセリン酸代謝でCO_2が遊離されるが、これは**光呼吸**（photorespiration）と呼ばれている。

いくつかの植物では、第2の炭酸固定経路によって光呼吸が避けられており、**図1.19**に示されるように、PEPからOAAへのPpcによるCO_2の固定反応を利用したC_4経路は、カルビン-ベンソン回路と共存している。このC_4経路という名前は、炭素固定の最初の代謝

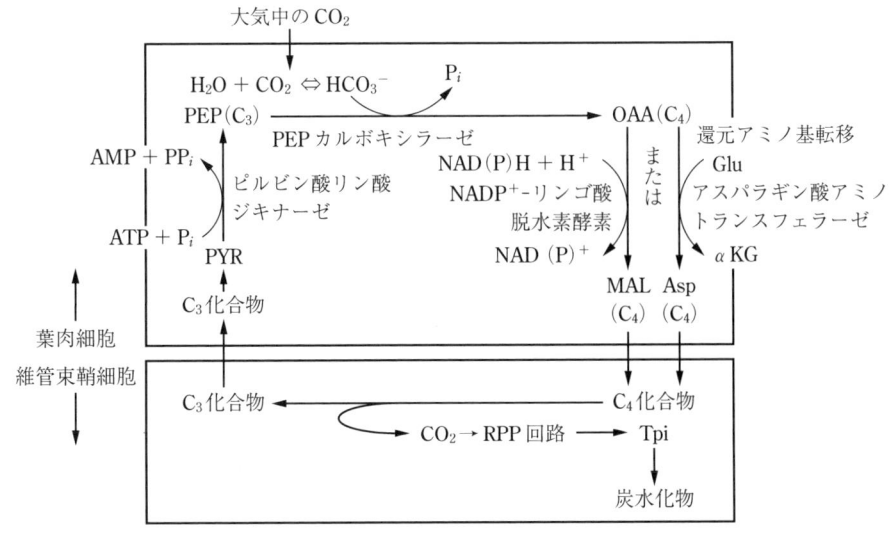

図1.19 C_4代謝経路[6]

物が3炭素ではなく，4炭素のOAAであることに由来している。RU1,5BPの酸素添加とカルボキシル化の比率は温度上昇とともに上昇するので，熱帯植物が光呼吸を避けることは重要である。このような植物では，CO_2 が葉肉細胞でPEPと反応して，C_4 のOAAを生成する。OAAはNADPHによる還元でMALを生成するが，グルタミン酸（Glu）から αKGへの反応を利用して，アミノ酸の転移によってアスパラギン酸（Asp）を生成し，これらの C_4 酸は維管束鞘細胞で脱炭酸され，C_3 化合物を生成し，C_3 化合物は葉肉細胞に入ってPEPを再生する。脱炭酸された CO_2 はカルビン-ベンソン回路のルビスコで固定される。葉肉細胞にはルビスコは存在せず，維管束鞘細胞の CO_2/O_2 比が高くなるので，ルビスコのオキシゲナーゼ活性は最小に抑えられる。C_4 植物（トウモロコシ，サトウキビ等）は基本的に光呼吸はせず，C_4 炭酸固定に必要なPEPを生成するためにエネルギーを消費するが，光呼吸は必要でないため，C_4 植物は C_3 植物に比べて効率的である。一般に，光合成によって CO_2 が固定される際に，多くの水が，開いた気孔を通って葉の組織から失われる。このため，サボテン等の砂漠の植物は，おもに炭酸固定を夜に行い，光合成のための水の損失を大幅に抑えている。これは，図1.20に示されるように，ベンケイソウ型有機酸代謝（crassulacean acid metabolism）あるいはCAMとして知られている。日中，CAM植物は気孔を閉じて水の損失を最少限に抑えているが，夜には気孔を開き，CO_2 をPpcによって葉肉細胞に取り込んで固定し，OAAを生成する。OAAはNADPHを使ってMALを生成し，MALはpHを一定に保つために液胞に貯蔵される。日中では，MALは液胞から遊離し，OAAを生成してNADPHを生成し，さらにPckの反応でPEPを生成して脱炭酸される。日中，葉の気孔は固く閉じられているので，水も CO_2 も葉からあまり放出されない。また，

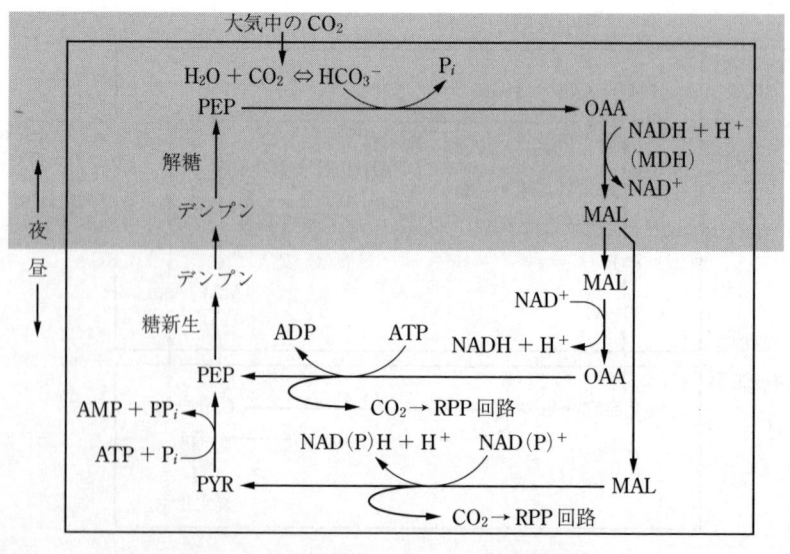

図1.20 CAM（ベンケイソウ型有機酸代謝）[6]

細胞内の CO_2 濃度は大気中の CO_2 濃度よりはるかに高くなり，C_4 植物と同様にこのことが光呼吸を減少させる[6]。

1.11 アミノ酸の生合成と調節制御

細胞合成（cell synthesis）あるいは**生合成**（biosynthesis）の過程で，最も重要なプロセスの一つはアミノ酸合成である。多くのアミノ酸は重要な産業製品でもあり，過剰生成を効果的に誘導することは，工業的に成功するための鍵である。図 1.21 はアミノ酸と，その前駆体との関係をまとめたものである。一般にアミノ酸（amino acid）は，つぎのような構造をしている。

$$R-\underset{\underset{\alpha\text{-炭素原子}}{\uparrow}}{\overset{\overset{NH_2\ (\alpha\text{-アミノ基})}{|}}{CH}}-COOH\ (\text{カルボキシル基})$$

アミノ基（$-NH_2$ あるいは $-NH_3^+$）は，α 炭素（カルボキシル基の炭素の隣の炭素原子）に結合している。このため，ほとんどのアミノ酸は α-アミノ酸である。アミノ酸は，カルボキシル基がプロトンを供給できるので酸である。R 基は，化学構造的にはいろいろあり得るが，天然のタンパク質には，20 種類の異なる R 基をもった 20 種類のアミノ酸が見いだされている。20 種類の R 基は，大きく四つに分けることができる。すなわち，疎水性，非電荷親水性，負電荷（pH 7 で）親水性，正電荷（pH 7 で）親水性である。

疎水性アミノ酸は，炭化水素（脂肪族）鎖あるいは炭化水素（芳香族，ベンゼン様の）環からなる R 基を含んでいる。アラニンは，小さなメチル基（$-CH_3$）のために，これら 8 個

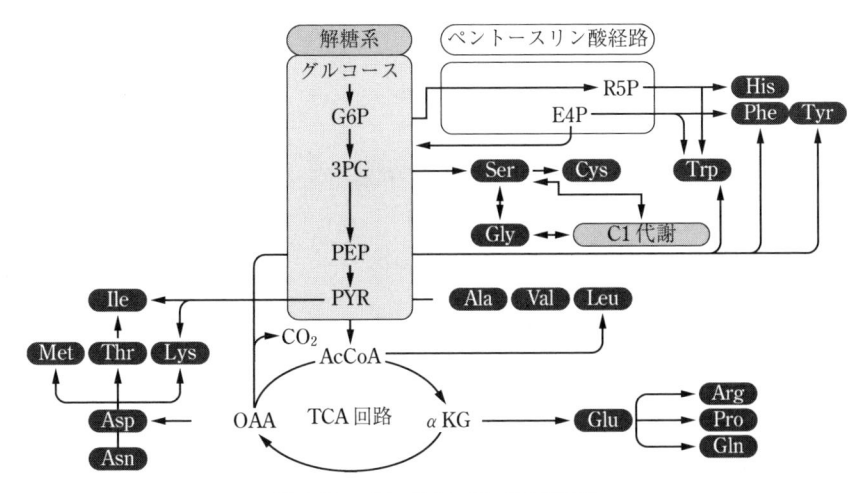

図 1.21 アミノ酸合成とその前駆体

のアミノ酸のうち，疎水性が最も小さい。バリン，ロイシン，およびイソロイシンは，もっと大きな（したがって，より疎水性の）R基をもっている。これら三つのアミノ酸は，分岐した鎖をもっているので，分岐鎖アミノ酸と呼ばれる。メチオニンはR基の炭化水素鎖中に硫黄原子をもつ，珍しいアミノ酸である。フェニルアラニンとトリプトファンは，大きな炭化水素環をもっており，フェニルアラニンは，芳香族（ベンゼン様の）フェニル環を含み，トリプトファンは，インドール系である複素環を含んでおり，プロリンは遊離の α-アミノ酸を含んでいない点で特殊である。プロリンの窒素原子は五員環系の一部をなしている。つぎに，それぞれのアミノ酸の合成についてみてみよう[2]。

（1）**アラニン**　アラニンは，ピルビン酸（PYR）を前駆体として生成され，この代謝経路では，まずピルビン酸からアラニン脱水素酵素による還元的アミノ化，あるいはトランスアミナーゼによるピルビン酸へのアミノ基の転移によって，L-アラニンが生成される。L-アラニンはラセマーゼ反応によってD-アラニンに変換され，細胞壁の構成成分等に利用される（図1.22参照）。

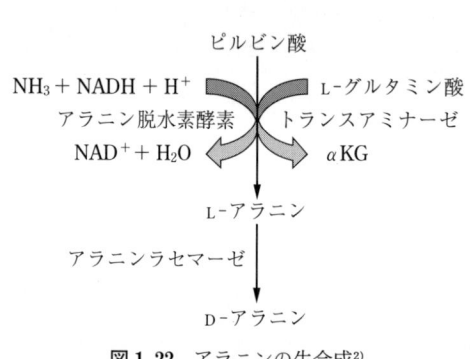

図1.22　アラニンの生合成[2]

（2）**バリン，ロイシン，イソロイシン**
バリン，ロイシン，イソロイシンは分岐鎖アミノ酸で，図1.23に示されるように，2-オキソ酪酸からイソロイシンを合成する経路と，ピルビン酸からバリンを合成する経路の各反応は，同じ酵素で触媒されている。また，バリン，ロイシン，イソロイシン合成の，それぞれの最後のステップの反応は，アミノ基の転移反応で，すべて同じ分岐鎖アミノ酸トランスアミナーゼによって触媒される。また，それぞれのアミノ酸合成経路は，最終代謝産物であるアミノ酸によってフィードバック阻害を受け

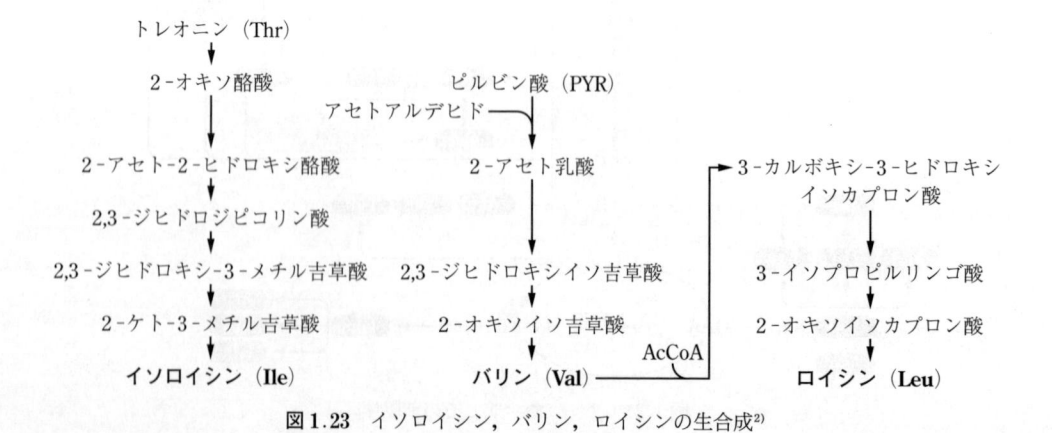

図1.23　イソロイシン，バリン，ロイシンの生合成[2]

ており，イソロイシンはトレオニンデヒドラターゼ，バリンはアセトヒドロキシ酸シンターゼ，ロイシンはイソプロピルリンゴ酸シンターゼを阻害することがわかっている。また，**マルチバレント制御**（multivarent control）と呼ばれる調節が，トレオニンデヒドラターゼ，アセトヒドロキシ酸シンターゼ，分岐鎖アミノ酸トランスアミナーゼで行われている[2]。

（3）**グルタミン酸，グルタミン**　グルタミン酸は，TCA回路の αKG から，グルタミン酸脱水素酵素によって触媒される反応で生成されるが，この反応では NAD(P)H が必要である。生成したグルタミン酸は，グルタミン酸脱水素酵素を阻害し，同時に酵素合成も制御している。また，グルタミン酸は，Ppc と CS の合成も制御している。グルタミンは，グルタミン酸からグルタミンシンターゼによって触媒される反応で生成されるが，この反応には ATP と NH_3 を必要とする。また，動物細胞のようにグルタミンを細胞が利用できる場合は，グルタミナーゼによって，逆にグルタミンから C5位のアミノ基が除かれてグルタミン酸が生成され，この反応では NH_3 が生成される[2]（**図1.24** 参照）。

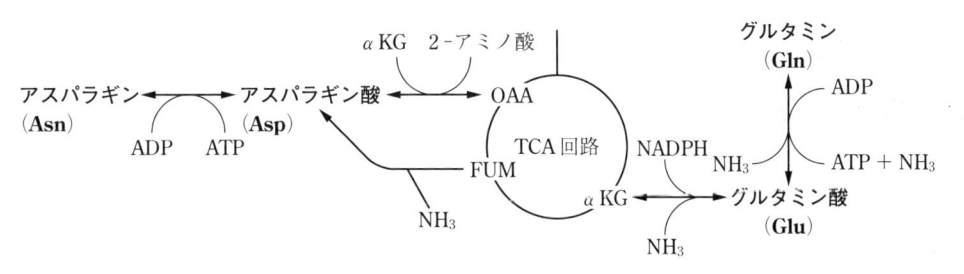

図1.24　アスパラギン酸，アスパラギン，グルタミン酸，グルタミンの生合成[2]

（4）**プ ロ リ ン**　プロリンは，グルタミン酸からグルタミン酸キナーゼ，5-グルタミルリン酸レダクターゼによって，グルタミン酸-5-セミアルデヒドに変換され，これは非酵素反応で閉環し，ピロリン-5-カルボキシル酸になり，つぎにプロリンになる。これらの反応の最初の反応はプロリンによって阻害される[2]（**図1.25** 参照）。

図1.25　プロリンの生合成[2]

（5）**オルニチン，シトルリン，アルギニン**　**図1.26** に示すように，オルニチンはグルタミン酸から5段階の反応で，シトルリンは6段階の反応で，また，アルギニンは8段階の反応で生成される。この一連の反応も，最初の反応はアルギニンによって阻害を受ける[2]。

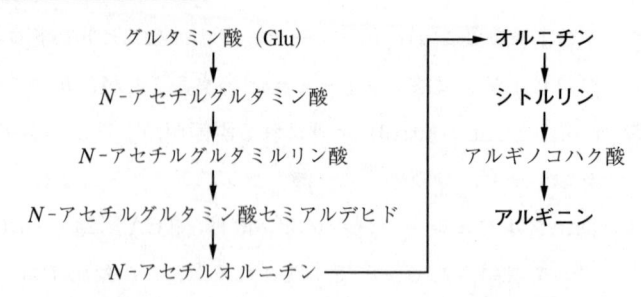

```
グルタミン酸 (Glu) ──────────────→ オルニチン
        ↓                              ↓
N-アセチルグルタミン酸                  シトルリン
        ↓                              ↓
N-アセチルグルタミルリン酸           アルギノコハク酸
        ↓                              ↓
N-アセチルグルタミン酸セミアルデヒド   アルギニン
        ↓
N-アセチルオルニチン ──────────────┘
```

図1.26 アルギニン,オルニチン,シトルリンの生合成[2]

（6）**アスパラギン酸,アスパラギン** アスパラギン酸（Asp）は TCA 回路の OAA から,アスパラギン酸トランスアミナーゼによって合成される。OAA は,TCA 回路の MAL から生成される以外に,すでに述べたように,補充反応の Ppc あるいは Pyc によって,PEP あるいはピルビン酸から CO_2 を固定して合成される。大腸菌等では,後述するように,Ppc は Asp によって阻害されることがわかっている。また,アスパラギン（Asn）は,アスパラギンシンターゼによって合成される[2]（図1.24参照）。

（7）**リ ジ ン** 図1.27に,大腸菌等の微生物によるリジン合成経路を示す。ここで,Asp からアスパラギン酸-4-セミアルデヒド（ASA）までは,トレオニンやメチオニン合成と共通の経路である。Asp は,アスパルトキナーゼ（Ask）によって 4-アスパルチルリン酸に変換されるが,この反応の酵素は生成物によるアロステリックな調節を受ける。コリネ型細菌や枯草菌,*pseudomonas* 等では,これは単一の酵素で,リジンとトレオニンが共存するときに強く阻害され（協調抑制）,リジン単独での阻害は弱い。一方,大腸菌 K 12 等では,トレオニン感受性のⅠ,メチオニン感受性のⅡ,リジン感受性のⅢの三つのアイソザイムが存在し,Ⅰはホモセリン脱水素酵素Ⅰと複合酵素を形成し,トレオニンによって強く阻害

```
アスパラギン酸 (Asp)                              Suc(Ac)CoA
        ↓                                              ↓
4-アスパルチルリン酸 ──────→ ホモセリン ──────→ o-スクシニル（アセチル）
        ↓                        ATP↓                  ホモセリン
アスパラギン酸-4-セミアルデヒド   ADP↑                      ↓  H₂S
        ↓                    o-ホスホホモセリン        シスタチオニン
2,3-ジヒドロジピコリン酸             ↓                    ↓
        ↓                       トレオニン            ホモシステイン
1,Δ-ピペリジン-2,6-ジカルボン酸      ↓                         ← CH₃SH
        ↓                           ↓                    ↓
N-スクシニル-ε-ケト-α-アミノピメリン酸 ↓              メチオニン
        ↓                           ↓                    ↓
N-スクシニル-α,ε-ジアミノピメリン酸   ↓              s-アデノシルメチオニン
        ↓                           ↓
α,ε-ジアミノピメリン酸               ↓
        ↓                        イソロイシン
メソ-α,ε-ジアミノピメリン酸
        ↓
    **リジン**
```

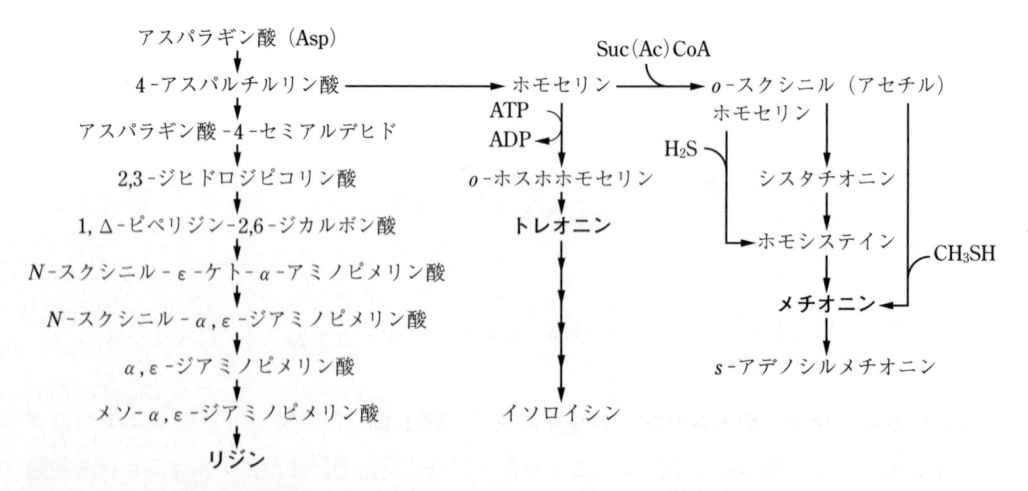

図1.27 リジン,トレオニン,メチオニンの生合成[2]

される。また，トレオニンとイソロイシンによるマルチバレント抑制を受ける。IIはホモセリン脱水素酵素IIと複合酵素を形成し，メチオニンによる酵素合成の抑制を受ける。IIIはリジンによって阻害を受ける。Aspからリジン合成経路の最初の酵素，ジヒドロジピコリン酸シンターゼは，大腸菌の場合，リジンによって阻害されるが，コリネ型細菌等では阻害を受けない。大腸菌におけるAsp由来のアミノ酸生合成制御機構を図1.28に示す[2]。

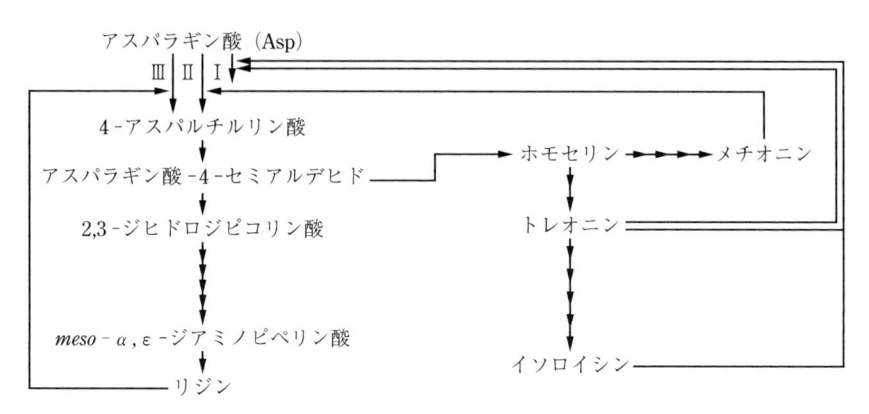

図1.28 リジン，トレオニン，メチオニン生合成の制御[2]

(8) トレオニン トレオニン合成では，リジン合成経路のASAから，ホモセリン脱水素酵素によってホモセリンが合成され，ホモセリンはホモセリンキナーゼ，およびトレオニンシンターゼによってトレオニンに変換される。トレオニン合成の律速経路は，Askとホモセリン脱水素酵素による反応で，すでに述べたように，大腸菌K12では，アイソザイムIがトレオニン感受性の酵素である。また，遺伝子群がオペロンを形成しており，一連の酵素は，トレオニンとイソロイシンのマルチバレント抑制を受けることが知られている。一方，コリネ型細菌では，ASAはトレオニンとリジンが共存するときに協調抑制され，ホモセリン脱水素酵素は，トレオニン単独で強い阻害を受ける[2]（図1.28参照）。

*B. flavum*ではリジン，トレオニン，メチオニンの合成は，代謝経路の分岐点でASAとホモセリンがどう分配されるかが重要で，この場合は，メチオニンが第1，トレオニンが第2，リジンが第3という優先順位があることが示唆されている。すなわち，まずメチオニンが優先的に合成され，メチオニンが過剰になると，メチオニンによるホモセリン-o-スクシニル（アセチル）トランスフェラーゼが抑制され，ついでトレオニンが合成される。トレオニンが過剰生成されると，トレオニンによるホモセリン脱水素酵素の阻害を受け，最後にリジンが合成される。このとき，過剰になったリジンとトレオニンによってAskが協調的に阻害を受けるようになっている[2]。

(9) メチオニン メチオニンは，図1.28に示されるように，ホモセリンからホモセリン-o-スクシニル（アセチル）トランスフェラーゼによって，まずアシル化（一般に，大腸菌

等ではスクシニル化，コリネ型細菌や酵母等ではアセチル化）され，シスタチオニン-γ-シンターゼでシステインから硫黄分子が導入されてシスタチオニンに変換され，さらに，ホモシステインを経由し，これにメチル基が導入されてメチオニンが合成される。一般に，ホモセリン-o-スクシニル（アセチル）トランスフェラーゼはメチオニンによって抑制される[2]。

（10） 芳香族アミノ酸　芳香族アミノ酸であるトリプトファン（Trp），フェニルアラニン（Phe），チロシン（Tyr）は，ペントースリン酸経路のE4Pと，解糖系のPEPから生成される。この最初の反応は，デオキシアラビノヘプツロン酸リン酸シンターゼ（DAHPS）によって触媒され，これは重要な調節酵素である。この最初の反応から，4段階の反応を経て，シキミ酸（shikimic acid）が生成され，最初の反応から7段階の反応を経てコリスミン酸（CM）が生成される（図1.29参照）。

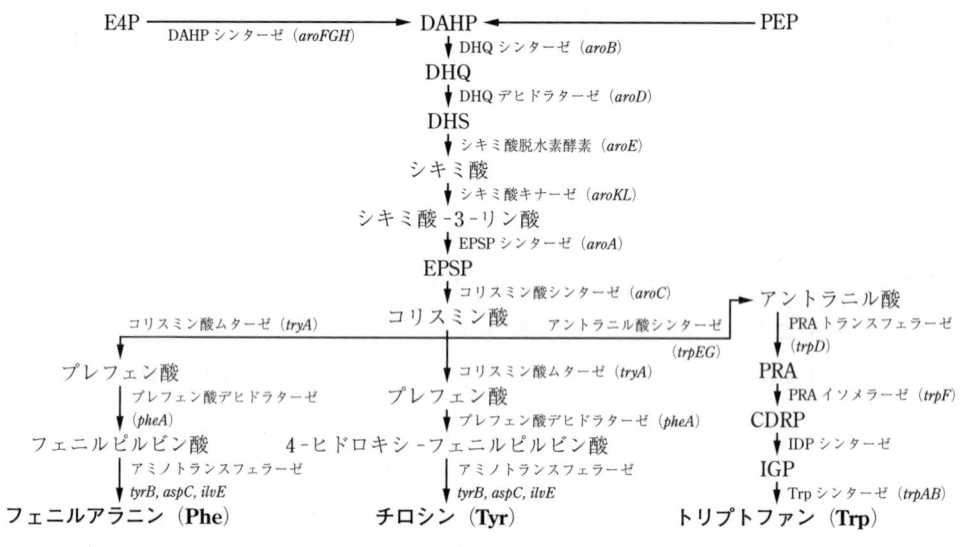

```
E4P ─── DAHPシンターゼ(aroFGH) ───→ DAHP ←─────────── PEP
                                    ↓ DHQシンターゼ(aroB)
                                   DHQ
                                    ↓ DHQデヒドラターゼ(aroD)
                                   DHS
                                    ↓ シキミ酸脱水素酵素(aroE)
                                   シキミ酸
                                    ↓ シキミ酸キナーゼ(aroKL)
                                   シキミ酸-3-リン酸
                                    ↓ EPSPシンターゼ(aroA)
                                   EPSP
                                    ↓ コリスミン酸シンターゼ(aroC)                アントラニル酸
         コリスミン酸ムターゼ(tryA)   コリスミン酸   アントラニル酸シンターゼ        ↓ PRAトランスフェラーゼ
                                    ↓           (trpEG)                          (trpD)
         プレフェン酸               コリスミン酸ムターゼ(tryA)                    PRA
         ↓ プレフェン酸デヒドラターゼ  プレフェン酸                               ↓ PRAイソメラーゼ(trpF)
           (pheA)                   ↓ プレフェン酸デヒドラターゼ(pheA)           CDRP
         フェニルピルビン酸         4-ヒドロキシ-フェニルピルビン酸              ↓ IDPシンターゼ
         ↓ アミノトランスフェラーゼ   ↓ アミノトランスフェラーゼ                  IGP
           tyrB, aspC, ilvE           tyrB, aspC, ilvE                          ↓ Trpシンターゼ(trpAB)
         フェニルアラニン（Phe）    チロシン（Tyr）                             トリプトファン（Trp）
```

図1.29　芳香族アミノ酸の生合成過程[2]

CMからは，アントラニル酸シンターゼによってアントラニル酸が生成され，その後，数ステップの反応を経てトリプトファンが合成される。一方，CMからは，コリスミン酸ムターゼによってプレフェン酸（PA）が生成され，PAから，プレフェン酸脱水素酵素とチロシントランスアミナーゼによってチロシンが合成され，PAからプレフェン酸デヒドラターゼとチロシントランスアミナーゼによってフェニルアラニンが合成される[2]。

芳香族アミノ酸の合成では，細胞によって異なった調節機構があることがわかっている。図1.30に，三つの代表的な制御パターンを示す[2]。まず図（a）は *B. subtilis* 等にみられる逐次制御（sequential control）と呼ばれるパターンで，PheやTyrはPAから分岐して生成される，それぞれの最初の酵素を阻害し，CMの蓄積がDAHPSとシキミ酸キナーゼを阻害する。代謝の下流から逐次上流へ向かって制御が働いている方式である[2]。

1.11 アミノ酸の生合成と調節制御　33

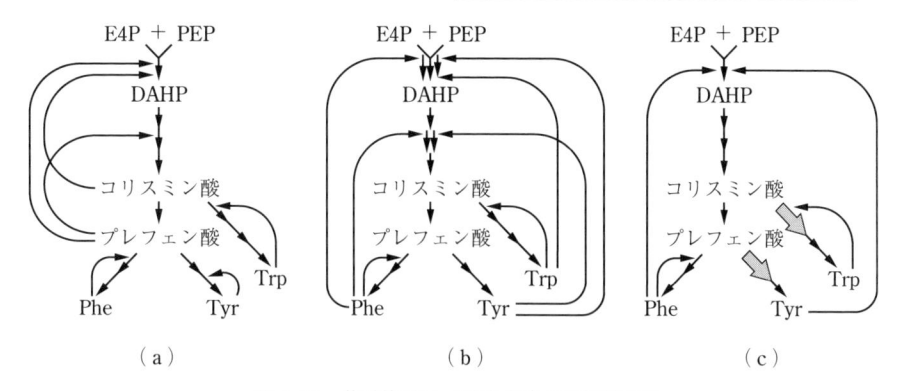

図1.30　芳香族アミノ酸生合成の制御様式[2]

つぎに，図（b）は大腸菌等でみられる方式で，E4PとPEPからの最初の酵素DAHPSには三つのアイソザイムⅠ，Ⅱ，Ⅲがあり，それぞれPhe，Tyr，Trpに感受性がある。

一方，コリネ型細菌のB. flavum等では，これらのようなアイソザイムは存在せず，図1.30（c）に示されるような優先合成という方式で制御されている。すなわち，Trpの蓄積によって，アントラニル酸シンターゼが阻害され，つぎにPheの蓄積によってプレフェン酸デヒドラターゼが阻害され，DAHPSはPheとTyrが共存するときに阻害される[2]。

（11）セリン，グリシン，システイン　システインは，含硫アミノ酸である。セリン，グリシン，システインの合成経路を**図1.31**に示す。図に示すように，解糖系の3PGから，3段階の反応でセリンが生成される。3PGからの最初の酵素，ホスホグリセリン酸脱水素酵素はセリンによって阻害を受ける。セリンからは，アセチルトランスフェラーゼによって生成されるアセチルリンにH_2Sが取り込まれてシステインが生成される。また，セリンヒドロキシメチルトランスフェラーゼによって，セリンとグリシンの相互変換が行われる。一

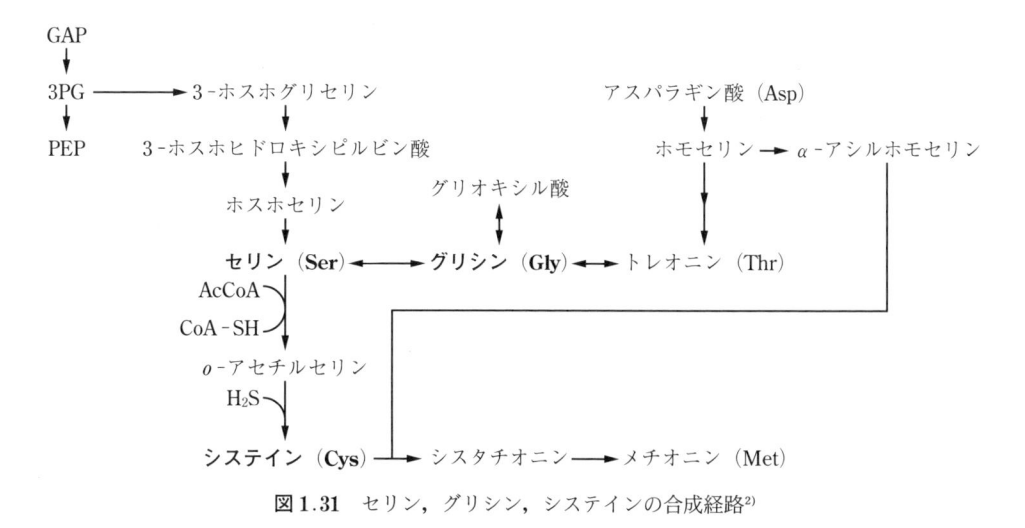

図1.31　セリン，グリシン，システインの合成経路[2]

方，トランスアルドラーゼによって，トレオニンからもグリシンが生成される。さらに，グリシンシンターゼによって，無機アンモニウム塩と 5,10-メチレンテトラヒドロ葉酸からグリシンが生成される[2]。

(12) ヒスチジン　図 1.32 に示すように，ヒスチジンはペントースリン酸経路の R5P から生成されるが，R5P からリボースリン酸ピロホスホキナーゼによって触媒される反応で，ホスホリボシルピロリン酸（PRPP）を生じ，これから ATP-ホスホリボシルトランスフェラーゼによって，ホスホリボシル ATP が生成されるが，このヒスチジン合成のはじめの段階の酵素である ATP-ホスホリボシルトランスフェラーゼはヒスチジンによってフィードバック阻害を受けることがわかっている[2]。

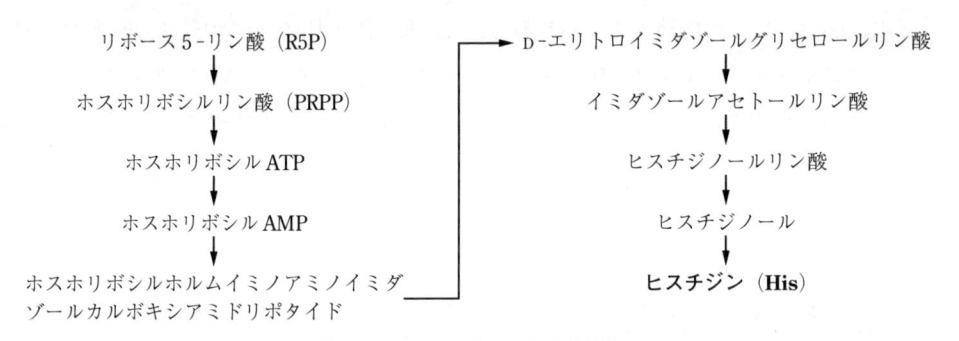

```
リボース 5-リン酸（R5P）
        ↓
ホスホリボシルリン酸（PRPP）              D-エリトロイミダゾールグリセロールリン酸
        ↓                                      ↓
ホスホリボシル ATP                        イミダゾールアセトールリン酸
        ↓                                      ↓
ホスホリボシル AMP                        ヒスチジノールリン酸
        ↓                                      ↓
        ↓                                 ヒスチジノール
ホスホリボシルホルムイミノアミノイミダ          ↓
ゾールカルボキシアミドリボタイド           ヒスチジン（His）
```

図 1.32　ヒスチジンの生合成経路[2]

1.12　核酸の生合成と制御

（1）プリン系核酸の生合成　ATP や GTP 等は，図 1.33 に示すように，ペントースリン酸経路の R5P から生成される。5-ホスホリボシルピロリン酸(PRPP)が生成され，PRPP から 9 段階の反応で，イノシン-5′-モノリン酸（イノシン酸，IMP）が生成される[2]。

図 1.34 に示すように，プリン系化合物生合成の調節もフィードバック制御によって行われている。

（2）ピリミジン系核酸の生合成と制御　ピリミジン系核酸の生合成反応の最初の酵素はカルバミルリン酸シンターゼである。この反応を含めて 6 段階の反応で，ウリジン-5′-モノリン酸（ウリジル酸：UMP）が生成される。UMP やシチジル酸（シチジン-5′-モノリン酸：CMP）は 5′-ヌクレオチダーゼやホスファターゼにより脱リン酸化されて，それぞれヌクレオシドに，またピリミジンヌクレオシドホスホリラーゼにより，対応する塩基に分解される。逆に塩基は，ホスホリラーゼの逆反応でヌクレオシドに，またそれぞれのキナーゼによるサルベージ合成で，ヌクレオチドが生成される。また，UTP から CTP をはじめシトシン誘導体が生成されるが，これらはそれぞれでアミナーゼによってウラシル誘導体に変換

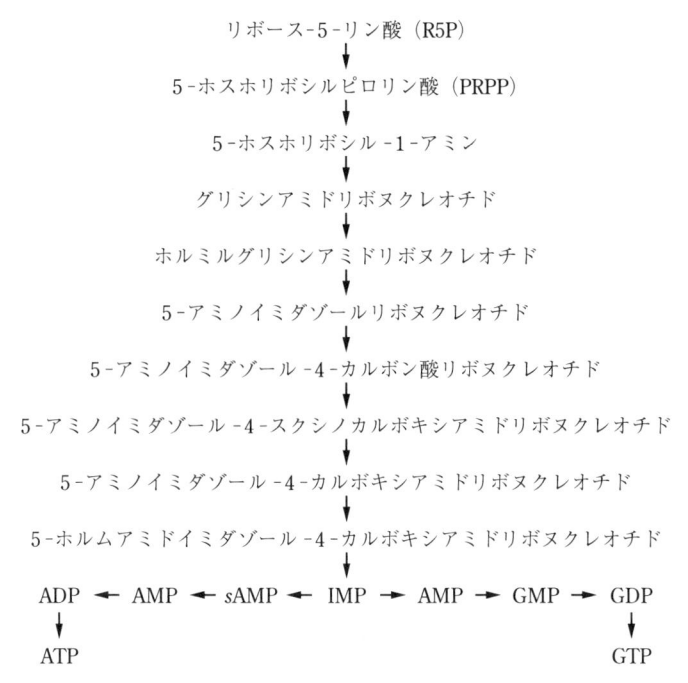

リボース-5-リン酸（R5P）
↓
5-ホスホリボシルピロリン酸（PRPP）
↓
5-ホスホリボシル-1-アミン
↓
グリシンアミドリボヌクレオチド
↓
ホルミルグリシンアミドリボヌクレオチド
↓
5-アミノイミダゾールリボヌクレオチド
↓
5-アミノイミダゾール-4-カルボン酸リボヌクレオチド
↓
5-アミノイミダゾール-4-スクシノカルボキシアミドリボヌクレオチド
↓
5-アミノイミダゾール-4-カルボキシアミドリボヌクレオチド
↓
5-ホルムアミドイミダゾール-4-カルボキシアミドリボヌクレオチド
↓
ADP ← AMP ← sAMP ← IMP → AMP → GMP → GDP
↓   ↓
ATP   GTP

図 1.33 核酸の生合成経路

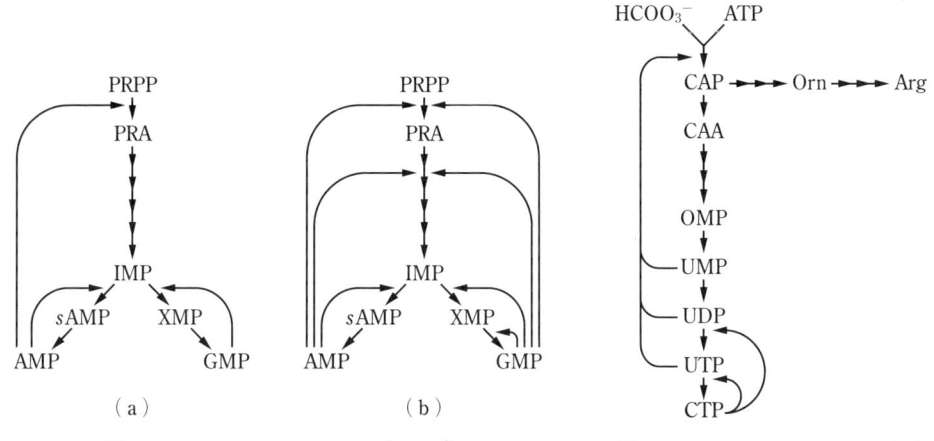

図 1.34 *B. subtilis* におけるプリン系化合物生合成の制御[2]

（a）　（b）

図 1.35 *B. subtilis* におけるピリミジン化合物生合成の制御[2]

される[2]（図 1.35 参照）。

1.13　脂肪酸の代謝と分解

（1）**脂肪酸の β 酸化**　脂肪酸は，まずアシル CoA シンターゼの作用で，ATP によって活性化され，アシル CoA に変換される。長鎖アシル CoA は，順次 AcCoA を放出して分解される。この分解経路は，脂肪酸の β 炭素（C 3）が酸化されるので β 酸化経路（βoxidation pathway）と呼ばれる。脂肪酸は還元状態の高い物質で，**図1.36**に示されるように，β酸化によってFADH$_2$やNADHを生成し，これらは酸化的リン酸化によってATP合成に利用される。このようにして，酸素数が偶数である脂肪酸は，β酸化によって，すべてAcCoAに変換されTCA回路に入るが，奇数鎖脂肪酸の場合は，β酸化によってプロピオニルCoAを生成する。これはカルボキシル化され，メチルマロニルCoAを経てSucCoAに変換され，TCA回路に入る[2]。

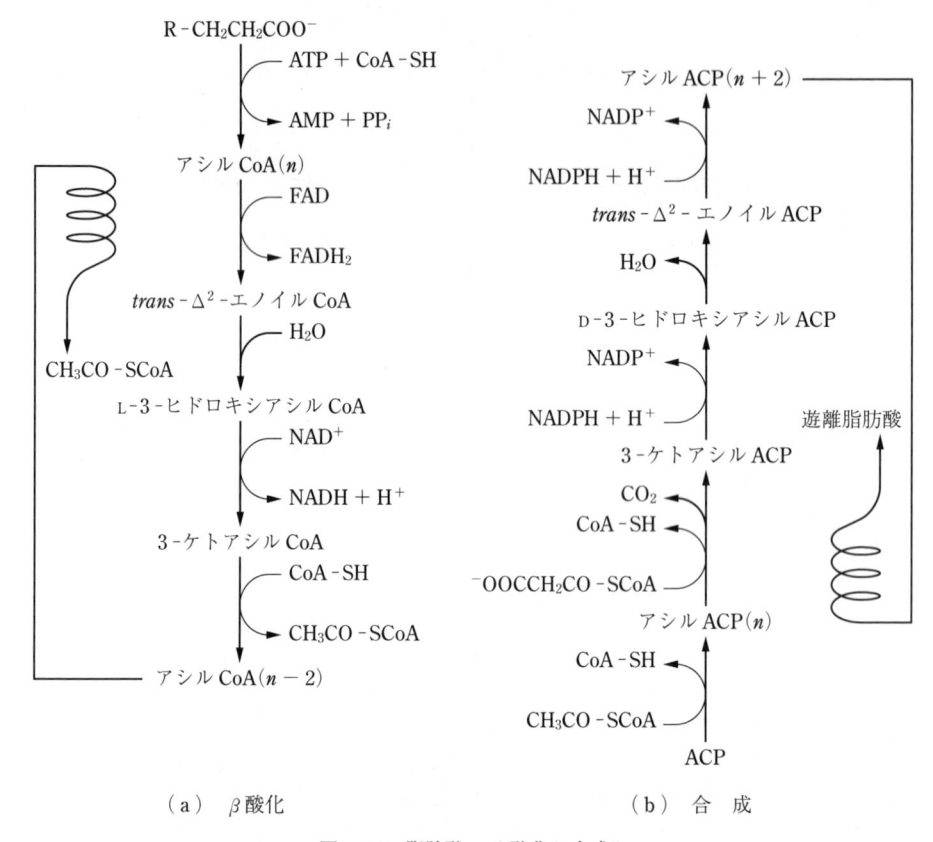

（a）β酸化　　　　　　　　　　（b）合成

図1.36　脂肪酸のβ酸化と合成[2]

（2）脂肪酸の生合成　　哺乳類の脂肪酸合成は，主として肝細胞と脂肪細胞で行われるが，例外的に，授乳期における乳腺細胞のような特殊な細胞でも行われる。脂肪酸の合成と分解は，まったく別の経路で行われる。哺乳類では，脂肪酸の酸化はミトコンドリアで行われるが，合成は細胞質ゾルで行われる。脂肪酸酸化の場合のチオエステルはCoA誘導体であるが，脂肪酸合成の場合は，アシルキャリヤタンパク質（ACP）に，中間体がチオエステル結合している。合成と分解の両方とも2炭素単位で進行し，酸化反応では2炭素産物であるAcCoAが生成されるが，合成反応では3炭素基質であるマロニルCoAが要求され，これが鎖に2炭素単位を付加して鎖長を伸ばしている。この過程でCO$_2$が遊離し，合成の

還元力は，ペントースリン酸経路で生成されるNADPHである[6]。

1.14 主要代謝経路の調節制御

微生物，特に大腸菌の主要代謝経路の代謝調節については後の章で詳しく述べるが，ここでは一般的な場合の代謝調節制御について簡単に触れておこう。

生体触媒である酵素の特徴は，その特異性と同時に，その活性の制御にある。一部の酵素は，細胞内代謝物，例えばATP等が酵素活性等の制御因子として重要な役割を果たしており，調節酵素はいわゆる**アロステリック酵素**（allosteric enzyme）が多い。アロステリックとは「異なる立体構造」を意味し，アロステリック酵素とは，活性部位のほかに制御因子が結合する部位（アロステリック部位）をもっており，この部位に制御因子が結合すると，酵素分子の立体構造が変化して，活性が調節されるタイプの酵素のことである。アロステリック酵素はほとんどが複数のタンパク質で構成されており，構成タンパク質はサブユニット（subunit），またはプロトマーと呼ばれる。

典型的なアロステリック酵素の例としては，解糖系のヘキソキナーゼ（Hxk）や，ホスホフルクトキナーゼ（Pfk）等があり，これらは解糖系の律速酵素である。グルコース代謝全体の調節を行っているHxkとあわせて，Pfkの活性は，ほとんどの細胞で解糖速度の調節の役割を果たしており，HxkおよびPfkの反応は事実上非可逆である。ATPはPfkの反応基質であるから，**図1.37**に示すようにATPの濃度が低い場合は，ATPの濃度が高くなるにつれて反応速度は高くなるが，図に示すようにATPの濃度が高くなりすぎると，Pfkを阻害し，反応速度は低下する。このことは，pHの値によっても影響を受け，pH 7.1以下では強く，pH 7.5～8.5では弱く，pH 9.0以上ではほとんど影響を受けない。これは，プロトン化された形がATPによる阻害を強く受けるためである。

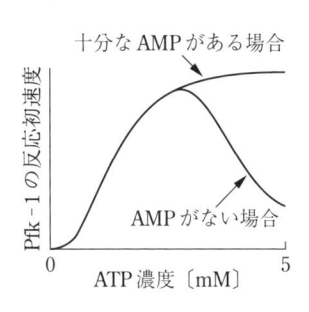

図1.37 ATPとAMPによるPfk-1の調節[8]

図1.38 ADPおよびF6PがPfk-1の反応に及ぼす影響[4]

Pfkの反応では，ATPのほかにF6Pも基質であるが，**図1.38**に示すように，ATPによる阻害がない状態ではミカエリス-メンテン型の曲線を示すのに対し，ATPが高濃度の場合は，F6Pに対する親和性が，ATPのアロステリック部位への結合によって低下する。さて，Pfkによる反応の基質であるATPは，正確にいうとMg·ATP^{2-}の形であるので，ATPによるア

ロステリック制御は $Mg \cdot ATP^{2-}$ よりも遊離の ATP^{4-} のほうが強く，後者の場合は Mg^{2+} の添加によって緩和される．ちなみに，微生物の Pfk は ATP による制御をあまり受けないことが知られている．微生物の場合は，後述するように，PEP 等によって阻害される．

　解糖の主目的は異化によって ATP を生成することであるから，必要以上に ATP が生成された場合は，律速酵素の活性低下によって調節される．したがって，この制御は ATP という解糖系の最終産物による一種のフィードバック制御といえる．この性質は，一般に図 1.38 に示されるように，ADP, AMP, P_i, cAMP 等の ATP 分解物，あるいは ATP に由来する物質によって解除されることがわかっているが，これらの濃度が増加すると，解糖を促進させて ATP の生成を増加させる働きがある．

　さて，Pfk は TCA 回路の CIT によってもフィードバック阻害を受ける．この作用は ATP 存在下で顕著で，一種の相乗効果と考えられる．このほか，3PG, 2PG, PEP 等も Pfk を阻害し，その作用は ATP 存在下で大きい．また，解糖系の最後のステップであるピルビン酸キナーゼ（Pyk）も解糖系の律速酵素である．この酵素は Mg^{2+} 等の 2 価のカチオンに加えて，K^+ を必要とする．この酵素は，基質である PEP の濃度を変えるとシグモイド型の反応速度変化を示す．アロステリック酵素である Pyk は，前でも述べたように高濃度の ATP で阻害され〔$K_i=0.15$ mM（L 型），$K_i=$ 約 3 mM（M 型）〕，L 型アイソザイム（イソ酵素）はアラニンによっても阻害されるが，これはアラニンのアミノ基が取れればピルビン酸になることと関係していると考えられる．L 型では，F 1,6 BP によって活性化されるが，リン酸化されると，PEP への親和性が低下することがわかっている．

　溶存酸素の濃度あるいは酸素分圧には，解糖速度の調節効果があり，これは**パスツール効果**（Pasteur effect）として知られている．嫌気条件下での解糖速度は好気条件下よりも高い．酸素存在下では，TCA 回路と電子伝達鎖が作動しているので ATP 収率が高いが，ATP が高いレベルにあるため，ADP と P_i の量が限られ，Pfk は阻害される．また，セリン残基をもった解糖のいくつかの酵素は，高い酸素レベルによって阻害される．高い $NADH/NAD^+$ の比もまた，解糖速度を減少させる．

　ピルビン酸脱水素酵素（PDH）は，ATP や NADH, AcCoA によって阻害され，ADP や AMP, NAD^+ によって活性化される．同様に，TCA 回路のクエン酸シンターゼ（CS）は ATP により不活性化され，ADP や AMP によって活性化される．SucCoA シンテターゼは NAD^+ によって阻害される．一般に，高い ATP/ADP, $NADH/NAD^+$ 比は TCA 回路を不活性化させる方向に調節される．

　さて前で述べたように，細胞の代謝調節は，最終産物による律速酵素のフィードバック制御等によって効果的に行われていることがわかるが，一部の代謝反応では合成反応と分解反応が同時に起き，一見無駄にみえる．このような反応を**無益回路**（futile cycle）と呼ぶ．

例えば，ATPに関連する例がよく知られており，Pfkの反応である

$$F6P + ATP \longrightarrow F1,6BP + ADP \qquad (1.17\,a)$$

と，FBPaseによる

$$F1,6BP \longrightarrow F6P + P_i \qquad (1.17\,b)$$

の反応や，Ppcによる

$$PEP + CO_2 \longrightarrow OAA + ADP \qquad (1.17\,c)$$

とPckによる

$$OAA + ADP \longrightarrow PEP + ATP \qquad (1.17\,d)$$

等の反応が同時に起これば，結果的にはATPがADPとP_iに分解されるだけで，いかにも無駄にみえる。しかし，後の章でも述べるように，これらの反応はそれぞれ独立に調節制御されており，ATPの分解はこれら調節制御の代償ともいえる。

引用・参考文献

1) 合葉修一，永井史郎：生物化学工学，科学技術社 (1975)
2) 永井和夫，中森 茂，虎谷哲夫，堀越弘毅：微生物工学，講談社サイエンティフィク (1996)
3) Atkinson, D. E.: The energy charge of the adenylate pool as a regulatory parameter. Interaction with feedback modifiers, Biochemistry, **7**, pp.43030 43034 (1968)
4) Blangy, D., Buc, H. and Monod, J.: Kinetics of the allosteric interactions of phosphofructokinase from *Escherichia coli*, J. Mol. Biol., **31**, pp.13-35 (1968)
5) Conn, E. E., Stumpf, P. K., Bruening, G. and Goi, R. H.: Outlines of Biochemistry, John Wiley & Sons, New York (1987) 〔田宮信雄，八木達彦訳：生化学 第5版，東京化学同人 (1996)〕
6) Horton, H. R., Morgan, L. A., Ochs, R. S., Rawn, J. D. and Serimgeour, K. G.: Principles of Biochemistry, Prentice-Hall Inc. (1996) 〔鈴木紘一，笠井献一，宗川吉江訳：ホートン 生化学，東京化学同人 (1998)〕
7) Lehninger, A. L., Nelson, D. L. and Cox, M. C.: Principles of Biochemistry, Worth publishers, NewYork (1993) 〔山科郁男監修：レーニンジャーの新生化学，廣川書店 (1993)〕
8) Martin, B. R.: Metabolic Regulation — A Molecular Approach, p.222, Blackwell Scientific Publications, Oxford (1987)
9) Shulet, M. L. and Kargi, F.: Bioprocess Engineering, p.129, Prentice Hall, New Jersey (1992)
10) Stryer, L.: Biochemistry (4th ed.), W. H. Freeman and Company NewYork (1995) 〔入村達郎，岡山博人，清水孝雄監訳：ストライヤー 生化学 第4版，トッパン (1996)〕
11) Voet, D. and Voet, J. G.: Biochemistry (2nd ed.), John Wiley & Sons, NewYork (1995) 〔田宮信夫，八木達彦，村松正美，吉田 浩訳：ヴォート 生化学，東京化学同人 (1997)〕
12) Yang, C., Private communication (2003)

遺伝子およびタンパク質発現からみた細胞の代謝 2

2.1 はじめに

1章では，細胞の主要代謝について概略をみてきたが，本章では，大腸菌細胞を例にとり，この細胞の主要代謝が，培養環境によってどのような影響を受けるかを，培養特性およびタンパク質発現や遺伝子発現の点から解説する。遺伝子レベルの調節制御については，8章でさらに解説する。

2.2 細胞の培養特性

図 2.1（a）は，グルコースを炭素源とした天然培地〔LB（Luria-Bertani）培地〕を用いて，大腸菌の野生株 K 12 を，2 l 規模のバイオリアクターを用いて，溶存酸素（dissolved oxygen：DO）濃度が 3 ppm 以上の好気条件で培養を行ったときの結果である[29]。この図から，培養開始 6.5 時間目くらいまでは，おもな炭素源であるグルコースを消費して細胞が増殖し，同時に酢酸を生成していることがわかる。また，グルコースが枯渇した 6.5 時間目以降は，それまでに蓄積された酢酸が消費され，さらに細胞が若干増殖していることがわかる。

図（b）は好気条件ではなく，通気を止めて，溶存酸素濃度が 0.5 ppm 以下になるような微好気条件で培養を行ったときの実験結果である。この結果から，溶存酸素濃度を下げると，好気条件の場合に比べて細胞増殖速度は低下し，乳酸，酢酸，蟻酸等の有機酸のほか，エタノールまでが生成されていることがわかる。一般に，嫌気条件という言葉は，窒素ガス等を流して完全に酸素を除いた場合を指すので，図（b）のような場合，酸素はほとんどないと考えられる場合でも微好気条件と呼ぶことにする。

図（c）は，好気条件で，グルコースではなく，グルコン酸を炭素源として培養を行った結果である。この結果から，グルコン酸を炭素源とした場合は，グルコースを炭素源とした場合と同様に酢酸がおもに生成され，グルコン酸が消費しつくされた後は，酢酸を炭素源と

2.2 細胞の培養特性　41

(a) グルコースを炭素源とした好気条件

(b) グルコースを炭素源とした嫌気（微好気）条件

(c) グルコン酸を炭素源とした好気条件

(d) グリセロールを炭素源とした好気条件

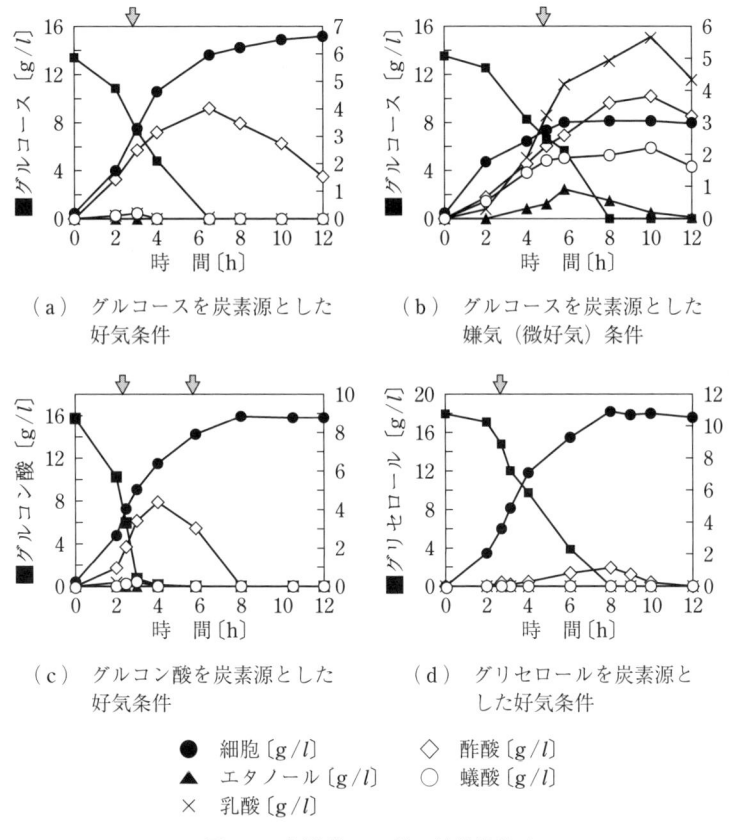

● 細胞〔g/l〕　　◇ 酢酸〔g/l〕
▲ エタノール〔g/l〕　○ 蟻酸〔g/l〕
× 乳酸〔g/l〕

図2.1 大腸菌 K 12 株の培養特性[29]

して，さらに細胞が増殖していることがわかる。

図（d）は，好気条件で，別の炭素源であるグリセロールを用いて培養を行った結果である。この場合も酢酸が生成されているが，酢酸の生成はかなり少ないことがわかる。

ここまでは培養環境，すなわちさまざまな炭素源や溶存酸素濃度レベルが，培養特性に及ぼす影響をみたものであるが，つぎに，それぞれの図の矢印を示した時間で採取したサンプルについて，2次元電気泳動（2-dimensional electrophoresis：2 DE）によるタンパク質の発現解析を行い，培養条件の変化によって，代謝関連タンパク質の発現がどのように変化するかをみてみる。

図2.2は，それぞれの培養条件での 2 DE の結果を示しており，横軸が等電点（pI）で，縦軸が分子量（MW）である。2 DE では，タンパク質分子を pI と MW によって分離し，同定しているが，タンパク質が一部分解したり，翻訳後修飾を受けたりしている場合もあるので，2 DE の結果の扱いには注意が必要である[13],[14]。図2.2は，同定したタンパク質のいくつかを示しているが，好気条件から微好気条件に培養条件を変えたり，炭素源を変えると，多くのタンパク質が新たに発現したり，抑制されたりしていることがわかる。このこと

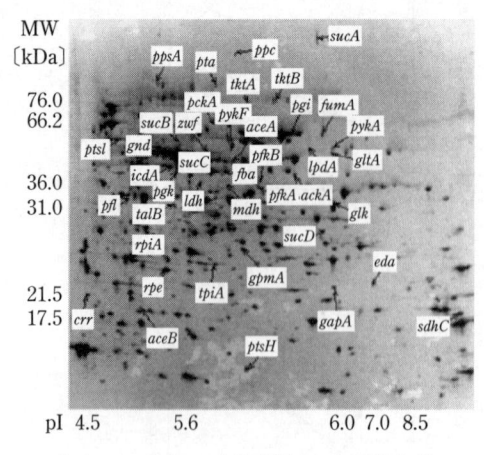

42　　2. 遺伝子およびタンパク質発現からみた細胞の代謝

（a）グルコースを炭素源とした好気条件

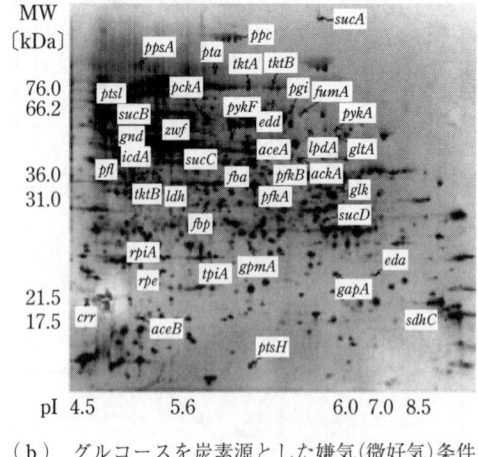

（b）グルコースを炭素源とした嫌気（微好気）条件

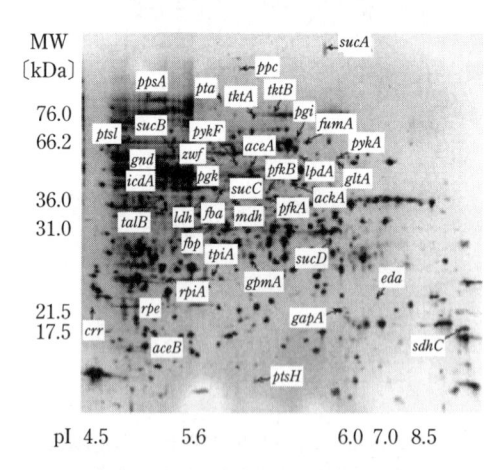

（c）酢酸を炭素源とした好気条件

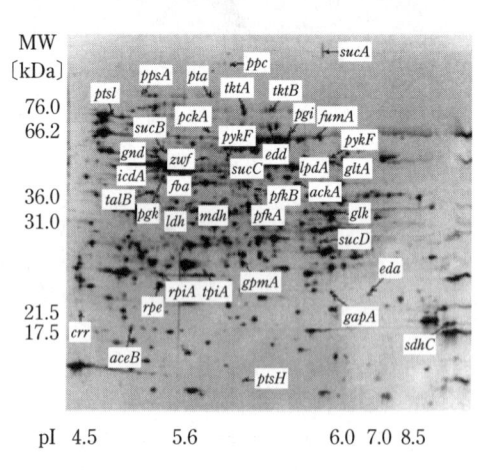

（d）グルコン酸を炭素源とした好気条件

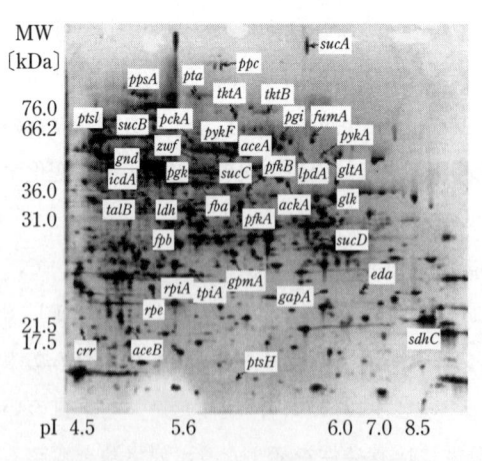

（e）グリセロールを炭素源とした好気条件

図 2.2　2 次元電気泳動の結果[29]

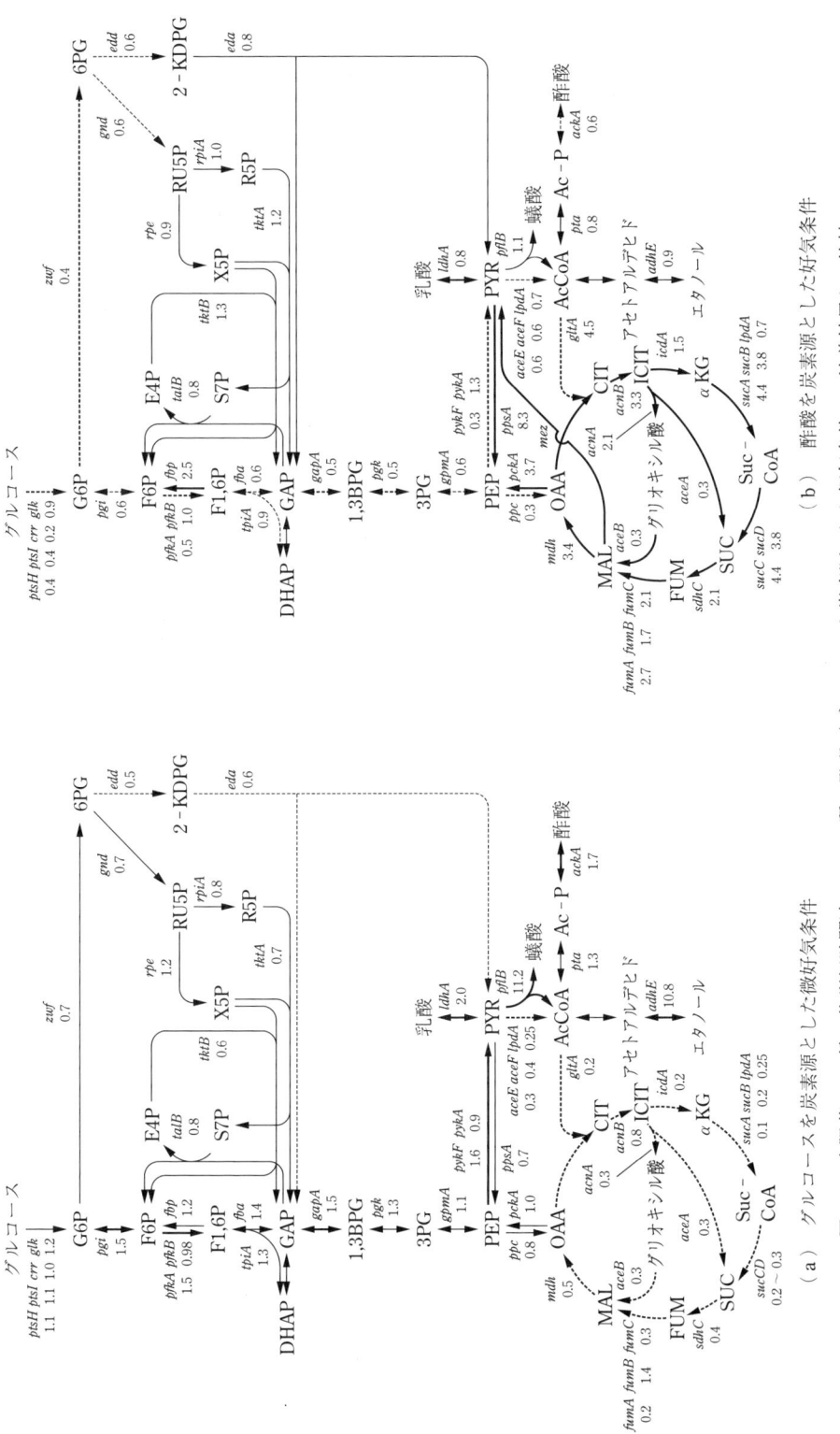

図 2.3 大腸菌 K12 株の代謝経路関連タンパク質の発現（グルコースを炭素源とした好気条件での培養結果との比較．太い実線は発現が増加した場合で，点線は発現が減少した場合）[29]

(a) グルコースを炭素源とした微好気条件

(b) 酢酸を炭素源とした好気条件

44   2. 遺伝子およびタンパク質発現からみた細胞の代謝

(d) グリセロールを炭素源とした好気条件

(c) グルコン酸を炭素源とした好気条件

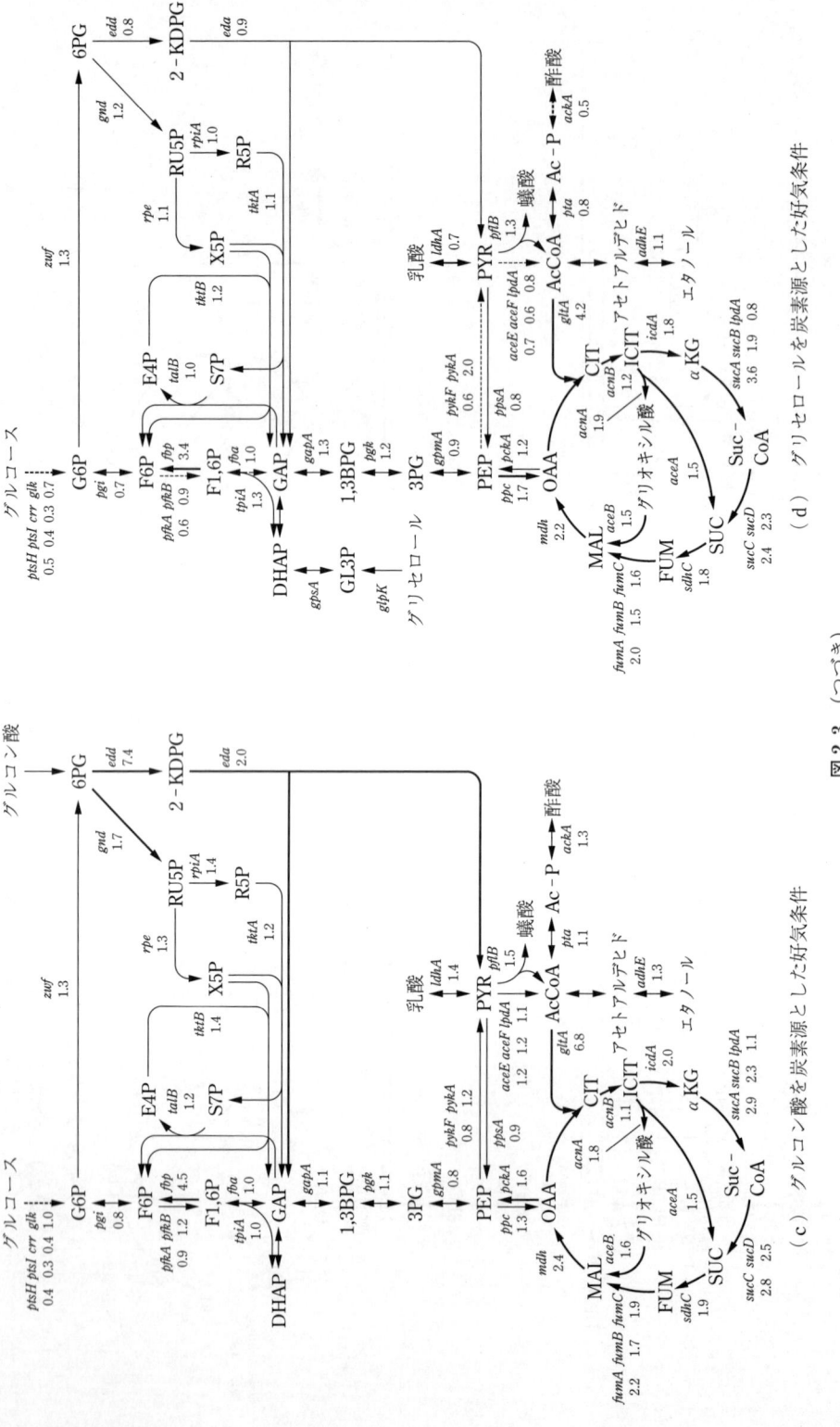

図 2.3 (つづき)

をもっと定量的に調べてみるために，グルコースを炭素源とし，好気条件で培養した場合のタンパク質の発現量を基準として，培養条件を変化させると，どのような代謝関連タンパク質が，どれくらい変化するかを調べ，これを代謝図に書き込んだものが**図2.3**である．図2.3では，グルコースを炭素源として，好気条件で培養した場合に比べて，タンパク質の発現量が増加した場合は太い実線で，また減少した場合は点線で示してある．図（a）は，グルコースを炭素源として微好気条件で培養を行った結果である．同様に，図（b）は酢酸を炭素源として好気条件で培養を行った場合，図（c）はグルコン酸を炭素源として，また，図（d）はグリセロールを炭素源として，それぞれ，好気条件で培養を行った場合の結果である．また，代謝関連タンパク質のうち，いくつかの酵素活性を測定し，同様の比較検討を行ったものが**表2.1～2.4**に示してある．

次節からは，これらの結果について，代謝関連遺伝子の発現およびタンパク質発現の点から，詳しく解説する．

表2.1 さまざまな炭素源・溶存酸素濃度が解糖系および補充反応関連の酵素活性に及ぼす影響

炭素源	グルコース				酢 酸		グルコン酸		グリセロール	
好気/嫌気	好 気		嫌気（微好気）		好 気		好 気		好 気	
酵 素	比活性	基準	比活性	比	比活性	比	比活性	比	比活性	比
PTS	0.015 ± 0.001*	1	0.017 ± 0.001	1.13	ND	～	ND	～	ND	～
Hxk	0.032 ± 0.002	1	0.039 ± 0.001	1.22	0.022 ± 0.002	0.71	0.027 ± 0.002	0.85	0.014 ± 0.002	0.44
Pgi	3.29 ± 0.05	1	4.66 ± 0.04	1.41	2.88 ± 0.02	0.62	2.86 ± 0.05	0.87	2.18 ± 0.04	0.66
Pfk	0.34 ± 0.01	1	0.54 ± 0.02	1.64	0.19 ± 0.02	0.56	0.17 ± 0.02	0.70	0.22 ± 0.01	0.64
FBPase	0.024 ± 0.001	1	0.033 ± 0.001	1.37	0.052 ± 0.001	2.16	0.12 ± 0.02	5.00	0.077 ± 0.001	3.21
Fba	1.60 ± 0.01	1	1.92 ± 0.01	1.20	0.93 ± 0.02	0.58	1.35 ± 0.04	0.84	1.02 ± 0.02	0.66
Tpi	2.80 ± 0.02	1	3.50 ± 0.02	1.25	2.27 ± 0.02	0.81	3.57 ± 0.02	1.02	4.14 ± 0.02	1.48
GAPDH	0.036 ± 0.001	1	0.051 ± 0.002	1.40	0.018 ± 0.001	0.51	0.039 ± 0.002	1.05	0.045 ± 0.001	1.25
Pgk	0.061 ± 0.01	1	0.080 ± 0.01	1.32	0.28 ± 0.01	0.46	0.068 ± 0.01	1.11	0.076 ± 0.02	1.25
Pyk	0.054 ± 0.001	1	0.084 ± 0.001	1.56	0.016 ± 0.001	0.29	0.058 ± 0.001	1.07	0.036 ± 0.002	0.67
Ppc	0.22 ± 0.02	1	0.13 ± 0.01	0.59	0.050 ± 0.001	0.23	0.26 ± 0.02	1.17	0.40 ± 0.01	1.82
Pck	0.037 ± 0.001	1	0.040 ± 0.003	1.08	0.11 ± 0.03	2.97	0.066 ± 0.003	1.78	0.047 ± 0.004	1.29
Mez	ND**	～	ND	～	0.008 ± 0.001	～	ND	～	ND	～

* 酵素活性の単位：$\mu mol\ min^{-1}\ (mg\ protein)^{-1}$
** ND：検出限界以下

表2.2 さまざまな炭素源・溶存酸素濃度がペントースリン酸経路およびエントナー–ドゥドロフ経路の酵素活性に及ぼす影響

炭素源	グルコース				酢 酸		グルコン酸		グリセロール	
好気/嫌気	好 気		嫌気（微好気）		好 気		好 気		好 気	
酵 素	比活性	基準	比活性	比	比活性	比	比活性	比	比活性	比
G 6 PDH	0.35 ± 0.02*	1	0.22 ± 0.01	0.64	0.14 ± 0.01	0.40	0.50 ± 0.01	1.42	0.44 ± 0.01	1.25
6 PGDH	0.28 ± 0.02	1	0.21 ± 0.01	0.74	0.19 ± 0.02	0.68	0.45 ± 0.02	1.61	0.33 ± 0.02	1.18
ED経路酵素	0.45 ± 0.02	1	0.15 ± 0.02	0.33	0.26 ± 0.01	0.57	3.01 ± 0.02	6.69	0.38 ± 0.04	0.85

* 酵素活性の単位：$\mu mol\ min^{-1}\ (mg\ protein)^{-1}$

表2.3 さまざまな炭素源・溶存酸素濃度が発酵関連経路の酵素活性に及ぼす影響

炭素源	グルコース				酢酸		グルコン酸		グリセロール	
好気/嫌気	好 気		嫌気(微好気)		好 気		好 気		好 気	
酵素	比活性	基準	比活性	比	比活性	比	比活性	比	比活性	比
Ack	0.48±0.02*	1	0.75±0.01	1.56	0.34±0.02	0.70	0.55±0.04	1.15	0.13±0.02	0.27
LDH	0.66±0.05	1	1.22±0.04	1.85	0.34±0.03	0.51	1.01±0.05	1.53	0.61±0.04	0.92
ADH	0.005±0.002	1	0.062±0.04	12.40	ND	〜	0.009±0.002	〜	0.005±0.002	〜
Pfl	ND**	〜	0.021±0.02	〜	ND	〜	ND	〜	ND	〜

* 酵素活性の単位：μmol min^{-1} (mg protein)$^{-1}$
** ND：検出限界以下

表2.4 さまざまな炭素源・溶存酸素濃度がTCA回路および
グリオキシル酸経路関連の酵素活性に及ぼす影響

炭素源	グルコース				酢酸		グルコン酸		グリセロール	
好気/嫌気	好 気		嫌気(微好気)		好 気		好 気		好 気	
酵素	比活性	基準	比活性	比	比活性	比	比活性	比	比活性	比
Glt (CS)	0.051±0.000	1	0.0076±0.0001	0.15	0.25±0.01	4.90	0.32±0.01	6.27	0.23±0.02	4.51
ICDH	1.15±0.02	1	0.14±0.02	0.12	0.26±0.02	0.23	2.20±0.04	1.91	1.88±0.04	1.63
Icl	0.013±0.002	1	0.006±0.002	0.46	0.12±0.02	9.23	0.019±0.001	1.46	0.017±0.003	1.31
αKGDH	0.022±0.002	1	ND	〜	0.058±0.001	2.91	0.060±0.001	2.73	0.065±0.001	2.95
Fum	0.061±0.004	1	0.017±0.002	0.28	0.20±0.01	3.27	0.11±0.01	1.80	0.10±0.01	1.64
MDH	0.056±0.00	1	0.030±0.001	0.54	0.15±0.01	2.68	1.78±0.01	1.96	0.10±0.01	1.78

* 酵素活性の単位：μmol min^{-1} (mg protein)$^{-1}$
** ND：検出限界以下

2.3 解糖系の遺伝子およびタンパク質発現

図2.3をみてみると，グルコース輸送の遺伝子 *ptsHI-crr* のタンパク質の発現量は，好気条件で，炭素源としてグルコース以外のものを用いた場合は，グルコースを用いた場合に比べて約2〜5倍低下しているが，グルコースを炭素源として微好気条件で培養した場合は，わずかではあるが発現量が増加していることがわかる。また，ホスホトランスフェラーゼシステム（phospho transferase system：PTS）の酵素活性は，グルコースを炭素源としたときのみにみられることが表2.1からわかる。遺伝子 *ptsHI* は，グルコースを炭素源とした場合はcAMP-CRPによって正に調節され，PTSの中の *crr* プロモーターは，cAMP-CRPによって負に調節されていると考えられている[10),32)]。また，これらの遺伝子が同じオペロンにあり，遺伝子 *mlc* によって調節され，グルコースがない場合は，*mlc* がこのオペロンを抑制することがわかっている[30)]。細胞のまわりにグルコースが存在する場合は，EIIBC^{glc} タンパク質の立体配座が変化し，その結果，*mlc* に強力に結合し，そのオペロンはもはや抑制されなくなる。また，PTSのリン酸供与体はPEPであり，ATPではないことに注意しておく必要がある。グルコース取込みの遺伝子制御については，8章でさらに詳しく説明する。

2.3 解糖系の遺伝子およびタンパク質発現

グルコースを解糖系に取り込む最初の酵素，グルコキナーゼ（Glk）は培養条件の変化に対して，あまり変化していないことがわかるが，ヘキソキナーゼ（Hxk）の活性は，グルコースを炭素源とした微好気条件下で上昇し，グルコース以外の炭素源を用いて，好気条件で培養した場合は低下していることがわかる（表2.1参照）。この酵素は反応物であるG6Pによってアロステリックに阻害されることがわかっている。微好気条件下では，解糖系の多くの遺伝子（*pgi*, *pfkA*, *fba*, *gapA*, *pgk*, *eno*, *pykF*）によってコードされたタンパク質の発現量，および酵素活性が増加し，グルコース消費速度の増加と符合しているが，TCA回路の酵素活性は大きく低下し（表2.4参照），この場合は，有機酸やエタノール合成関連経路の酵素活性が高くなっている（表2.3参照）。

遺伝子 *pfk* は，カタボライト抑制/活性のCra(FruR)によって遺伝子レベルで抑制調節されているが，酵素Pfk-1はADPによってアロステリックに活性化され，PEPとATPによって阻害される。ATPによる阻害の影響は，AMPの濃度の増加によって低下し，TCA回路でのATPの生成を意味するクエン酸（CIT）の濃度の増加によって大きくなる[19]。この制御は，嫌気条件下でのPfk-1の合成速度の増加と関連している。ATPによる阻害の影響を受けないPfk-2は，Pfk-1とは独立して調節されている[4),11)]。

酢酸を炭素源とした場合は，解糖系のいくつかの遺伝子（*pgi*, *pfkA*, *fba*, *gapA*, *eno*, *pykF*）や，補充反応の *ppc* によってコードされたタンパク質Ppcの酵素活性は，グルコースを炭素源とした場合に比べて，著しく低下していることがわかる。一方，糖新生経路関連の遺伝子 *fbp*, *pckA*, *ppsA* によってコードされたタンパク質の発現量は，それぞれ2.5，3.7，8.3倍と増加しており，これらの遺伝子は，調節遺伝子である *cra*(*fruR*) によって正に調節されていることがわかっている[31),33)]。表2.1からも，Pckの酵素活性は約3倍増加し，Ppcは約4.3倍減少していることがわかる。また，酢酸を炭素源とした場合，*pfkA* によってコードされたPfk-1は約2倍抑制されており，*pfkB* によってコードされたPfk-2はあまり変化していない。結局，酢酸を炭素源とした場合は，Pfkの酵素活性が約1.8倍低下し，逆にFBPaseは2.2倍増加していることがわかる〔図2.3（b）および表2.1参照〕。Pfkと同様に，Pykも代謝調節酵素である。アイソザイム（イソ酵素）であるPykAとPykFは別々に制御されており，*pykF* はCra(FruR)によって抑制されることが知られている。Craによる調節制御については，8章でさらに詳しく説明する。さらに表2.1から，TCA回路のリンゴ酸（MAL）からピルビン酸（PYR）を合成する酵素Mezの活性は，酢酸を炭素源とした場合にのみわずかにみられる。酢酸を炭素源とした場合，*mez* と *ppsA* が発現することは，DNAマイクロアレーによっても確認されている[22)]。

グルコン酸を炭素源とした場合は，図2.3（c）からもわかるように，*fbp* によってコードされたタンパク質が顕著に増加（約4.5倍）しており，表2.1から，FBPaseの活性も約

5倍増加していることがわかる。これは，グルコン酸の一部が，6PGとKDPG（2-keto-3-deoxy-6-phosphogluconate）を経てGAPに変換され，糖新生経路を通ってG6Pを生成したためと考えられる。グルコン酸およびグリセロールを炭素源とした場合，図2.3（c），（d），表2.1からもわかるように，Pckのタンパク質発現量，および活性が高くなっていることがわかる。一般に，グルコース以外の炭素源を用いて細胞を培養した場合，cAMPの濃度が上昇することが知られており，特に，グリセロールを炭素源として，大腸菌を培養した場合は，グルコースを炭素源とした場合に比べて，著しく細胞内cAMPの濃度が上昇することが報告されている[8),37)]。グリセロールを炭素源とした場合は，図2.3（d）からもわかるように，グルコースを炭素源とした場合に比べて，PykAが約2倍増加している。グリセロールを炭素源とした場合は，PEPからPYRへの反応では，PTSではなくピルビン酸キナーゼが利用されるが，この場合，PykFはあまり変化せず，PykAが活性化されていることがわかる。PykFは，F1,6BPによって活性化されると考えられているが，グリセロールを炭素源とした場合は，この濃度はあまり高くないことが知られている[18)]。このため，PykFは，F1,6BPによるアロステリックな影響はあまり受けないと思われる。一方，PykAは，グリセロールを炭素源とした場合は，cAMPによって影響を受け，グリセロールを炭素源とした場合は，cAMPの上昇によって活性化されたと考えられる[8),37)]。

2.4 ペントースリン酸経路の遺伝子およびタンパク質発現

図2.3（a）および表2.2から，グルコースを炭素源として，微好気条件で大腸菌細胞を培養した場合は，好気条件で培養した場合に比べて，酸化的ペントースリン酸経路の（*zwf*によってコードされた）G6PDHおよび（*gnd*によってコードされた）6PGDHのタンパク質発現，および酵素活性が著しく低下していることがわかる。酢酸を炭素源として，好気条件で培養した場合も，これらの酵素活性は低下しているが，グルコン酸やグリセロールを炭素源とした場合は，わずかに増加していることがわかる。実際，グルコン酸によって6PGDHの酵素が誘導されることが知られている[9)]。G6PDHや6PGDHは，細胞の増殖速度に関係していることが知られているが[28),40)]，実際，図2.1でもわかるように，グルコースを炭素源とした微好気条件や，好気条件で酢酸を炭素源とした場合は，細胞増殖速度が著しく低下していることがわかる。

なお，非酸化的ペントースリン酸経路のRpe，Rpi，Tal，Tkt等の発現量は，あまり培養環境の影響を受けていないことが図2.3からわかる。

2.5 エントナー-ドゥドロフ経路の遺伝子およびタンパク質発現

　エントナー-ドゥドロフ（Entner-Doudoroff：ED）経路のタンパク質発現量および酵素活性は，グルコン酸を炭素源とした場合のみ，著しく大きくなっていることがわかる（図2.3および表2.2参照）。図2.3（c）から，グルコン酸を炭素源とした場合は，グルコースを炭素源とした場合に比べて，6PG脱水酵素（Edd）の発現量が7.4倍と大きく増加し，KDPGアルドラーゼ（Eda）の発現量の増加は約2倍になっていることがわかる。また，表2.2から，グルコン酸を炭素源とした場合は，グルコースを炭素源とした場合に比べて，ED経路の酵素活性が7倍高くなっていることがわかる。この場合，EddとEdaをあわせた活性が測定されており，6PGを基質としたピルビン酸の生成を利用して測定したものである[9),17)]。この方法では，Eddに比べて，通常過剰に存在するEdaの活性レベルを過少評価しているが，一般には，ED経路では，Eddの活性が律速であることを考えれば，ED経路の活性を代表していると考えられる。遺伝子 *edd* は調節領域をもっており，これはグルコン酸によって誘導される。また，遺伝子 *edd* は，タンパク質であるEDGPによって誘導されていると考えられており[6),35)]，この二つの遺伝子はCra（FruR）によって抑制調節されている。

2.6 発酵代謝物生成経路の遺伝子およびタンパク質発現

　グルコースを炭素源として，好気条件と微好気条件での発酵関連経路のタンパク質発現をみてみると，図2.3から，後者の場合，前者に比べてPflが約11.2倍，AdhEが約10.8倍と著しく増加していることがわかる。表2.3からも，Pflの酵素活性は微好気条件のときのみみられ，好気条件では，いずれの炭素源でも検出されていない。Pflの発現は，*fnr* と *arcA/B* の2コンポーネントシステムによって調節されており，酸素感受性の調節遺伝子である *fnr* は，鉄-硫黄依存のDNA結合タンパク質で，遺伝子 *pfl* のプロモーター領域の特殊な配列モチーフを認識でき，酸素制限下で転写活性因子の役割を果たす[12),16)]。*arcA/B* システムは，微好気条件での転写調節の役割を担っており，微好気条件や嫌気条件での *pfl* オペロンの著しい発現は，FnrとArcA/Bによって調節されたオペロンの転写活性のためと考えられる[1),34)]。ArcA/BやFnrによる調節機構については8章でさらに詳しく解説する。また，酢酸，グルコン酸，グリセロールを炭素源として，好気条件で培養した場合は，*pfl* の発現量および酵素活性はほとんどみられないことがわかる[34)]。

　さらに，NADH依存のADHの酵素活性も，微好気条件では，好気条件の場合に比べ

て，12.4倍と大きく増加していることがわかる。溶存酸素濃度を低下させると，adhE も多く発現するが，この遺伝子の発現は，転写因子 fnr や arcA のためではない。NADH/NAD$^+$ 比と，この酵素の合成とは直接的な相関がみられており，この比が高くなれなるほど，ADH の発現量が多くなる。adhE の誘導は，溶存酸素濃度を低下させると，NADH/NAD$^+$ の比が著しく大きくなることからも理解できる[1]。また，8章でも述べるように，Cra(FruR)によって調節されていることが報告されている[33]。

グルコースを炭素源として，微好気条件で細胞を培養した場合は，好気条件で培養した場合に比べて，遺伝子 ldhA によってコードされた NAD$^+$ に特異的な酵素 LDH が約2倍発現していることがわかる。この結果は，Mat-Jan らによる研究結果[20]とも符合し，かれらは LDH が嫌気条件および酸性の pH で，ともに発現することを示している[16]。大腸菌のような微生物の場合，嫌気条件下では，解糖系の基質レベルのリン酸化でエネルギー（ATP）を獲得する必要があり，このためグルコース消費速度は増加する。いわゆる，パスツール効果である。この場合，同時に GAPDH で過剰生成された NADH は，再酸化されて，NAD$^+$ に変換されなければならない。酸素存在下では，NADH の酸化は酸素分子によって，呼吸鎖で行われるが，酸素がない場合は有機酸の還元によって行われ，この場合は PYR から，LDH によって触媒される乳酸生成経路が優先的に利用される。LDH の活性は，用いた炭素源によっても異なる。

AcCoA の可逆的な代謝に関与する Pta および Ack のタンパク質発現は，微好気条件下で，それぞれ1.3倍および1.7倍増加していることが，図2.3（a）からわかる。また，表2.3から，Ack の酵素活性も1.56倍と増加していることがわかる。遺伝子 pta と ackA は，構成的（constitutively）に発現し，同じオペロンに存在するが，異なるプロモーターによって，別々に制御されている。Pta と Ack の反応の中間代謝物であるアセチルリン酸は，遺伝子制御の重要なエフェクターと考えられているが，この濃度は，用いた炭素源によって大きく変化する。例えば，リン酸律速条件の合成培地で細胞を培養した場合，このアセチルリン酸濃度は，グリセロールを炭素源とした場合では非常に低く（40 μM），グルコースを用いた場合は，300 μM 程度で，PYR を用いた場合は，著しく高くなることが報告されている[21],[39]。表2.3からは，グリセロールを炭素源としたときは，グルコースを用いた場合に比べて，Ack が約3倍低くなっていることがわかる。これは，グリセロールを用いた場合は，酢酸生成が少ないことと符合している。しかし，Pta はあまり変化していないこともわかる。これは，アセチルリン酸が，調節のために生成されるからだと思われる。酢酸を炭素源とした場合は，グルコースを炭素源とした場合に比べて，Pta と AckA の発現量は低下している。このことは，酢酸消費には，他の遺伝子が関与していることが考えられる。実際，AcCoA シンテターゼをコードしている遺伝子 acs が，酢酸消費に関与しており，Pta-AckA

経路は，おもにグルコースを炭素源としたときの酢酸生成に関与していると思われる[23]。

2.7 TCA回路およびグリオキシル酸経路の遺伝子およびタンパク質発現

　TCA回路の遺伝子発現は，溶存酸素濃度レベルや，用いた炭素源によって大きな影響を受ける。図2.3（d）から，微好気条件下では，好気条件下に比べて，TCA回路関連タンパク質の発現量が2～10倍低下していることがわかる。また，好気条件下で，炭素源として，酢酸，グルコン酸，あるいはグリセロールを用いた場合は，グルコースを用いた場合に比べて，TCA回路関連タンパク質のほとんどは2～6倍増加していることが図2.3からわかる。

　gltAによってコードされたクエン酸シンターゼ（CS）は，TCA回路の入口酵素で，微好気条件下では活性が低下し，好気条件下で酢酸やグルコン酸，グリセロールを炭素源とした場合は，グルコースを用いた場合に比べて，4～7倍増加していることが図2.3からわかる。

　aKGDH複合体は，sucA，sucBおよびPDH複合体の一部をコードしているlpdA遺伝子によってコードされている。これらの遺伝子によってコードされたタンパク質は，微好気条件下で発現が抑制され，好気条件下で酢酸，グルコン酸，グリセロールを用いた場合には多く発現することが，図2.3からわかる。実際，表2.4から，グルコースを炭素源とした微好気条件下では，aKGDHの酵素活性が検出できないほど低いことがわかる[2]。

　TCA回路関連遺伝子の発現は，cAMP-CRPによって調節されるカタボライト抑制および，arcA，fnr，soxRSといった酸化ストレス調節システムによって制御されており，好気・嫌気条件での誘導，抑制が行われている[7]。前述したように，グルコースを炭素源として微好気条件で細胞を培養した場合は，好気条件で培養した場合に比べて，一般に，TCA回路関連の遺伝子やタンパク質の発現は抑制されるが，それぞれの遺伝子は，別々の調節機構で，別々に調節されている。例えば，酸素の濃度に関して，fumA，fumB，fumCは別々に調節されている。すなわち，図2.3（a）からわかるように，fumBは微好気条件下でわずかに増加しているが，これは嫌気条件下での転写活性因子Fnrによって制御されているからである。しかし，FumAとFumCは，図2.3（a）からわかるように，微好気条件では3～5倍低下している。これは，嫌気条件下では，fumAのプロモーターは，ArcAとFnrによって抑制され，fumCの発現は，ArcAによって抑制されており，SoxRS調節タンパク質が必要である。soxRSは，酸化的ストレスに対して，タンパク質の合成を正に調節する因子である[25],[36]。さらに，fumCよりfumAが約4倍多く発現していることは，好気条件下では，fumAがおもな役割を果たしているからだと考えられる。しかし，fumCは

fumA に比べ，異なる炭素源に対して比較的影響を受けていないので，*fumA* はカタボライト制御を受けていると考えられる。*fumC* は *rpoS* の影響も受けており，培養後期や静止期では *rpoS* が活性化し，*fumA* より *fumC* の発現量が多くなる（8章でさらに詳しく説明する）。

　AcnA は，カタボライト抑制および嫌気抑制によって，2, 3 倍発現が低くなっているが，AcnB の発現は比較的一定である。ただし，酢酸を炭素源とした場合は 3 倍程度発現量が増加している。これは，*acnA* が *rpoS* によって調節され，主として培養後期の，グリオキシル酸経路のために利用され，*acnB* は *acnA* とは別々に調節されているからである。*acnA* は，*soxRS* 酸化ストレス調節システムおよび Fnr によっても活性化されることがわかっている[7]。

　また，ArcA は，好気および嫌気両条件での *gltA* の発現を抑制する機能をもっている[26]。*mdh* や *gltA* や *sdhC* の相対的な発現量の変化はほぼ同様である。しかし，酸素が遺伝子 *mdh* や *gltA* の発現に及ぼす影響は，*sdhC* に比べて大きい。この違いは，MDH や GltA タンパク質（CS）が，好気および嫌気両条件で機能するのに対し，*sdhCDAB* はおもに，好気条件で利用されるためだと思われる[12],[27]。

　TCA 回路とグリオキシル酸経路の分岐点での調節制御も重要である。図 2.3（b）から，好気条件で，酢酸を炭素源とした場合は，グルコースを炭素源とした場合に比べて，AceA（Icl）と AceB（MS）の発現量が，ともに 10 倍以上増加しており，表 2.4 から，Icl の酵素活性も 9 倍以上増加していることがわかる。この場合は，酢酸から 4 炭素原子の OAA を，このバイパス経路を利用して生成している[5]。一方，ICDH をコードしている *icdA* の発現は，Icl と同じ基質であるイソクエン酸（ICIT）を取り合うが，図 2.3 から，酢酸，グルコン酸，グリセロールを炭素源とした場合は，それぞれ，約 1.5, 2.0, 1.8 倍増加していることがわかる。しかし，酵素活性は，これらの結果と著しく異なっており，例えば，酢酸を炭素源とした場合は，表 2.4 から，ICDH の酵素活性は，グルコースを炭素源とした場合に比べて，約 4.3 倍減少している。このことは，つぎのように考えられる。すなわち，酢酸によって誘導された *icdA* は，比例して酵素タンパク質を発現させる。しかし，この酵素活性は，*aceK* によってコードされたキナーゼ/ホスファターゼによって調節されており，ICDH のリン酸化された酵素は不活性である[15]。ただし，酢酸を炭素源とした場合，ICDH の酵素活性は低下するが，NAD(P)H や ATP への要求から，それでも ICDH によって TCA 回路で処理される割合は，グリオキシル酸経路による処理量と比べて大きいことに注意しておく必要がある（表 2.4 参照）。すなわち，ICIT に対する ICDH の K_m 値は 8 μM（V_m=126 mM/min，$NADP^+$ に対する K_m=22 μM）で，Icl の K_m 値（=604 μM，V_m=289 mM/min）と比べて著しく小さく，ICIT は TCA 回路で処理されるのが優先されるようになっている[38]。

2.8 タンパク質発現と酵素活性との相関

図2.4は，タンパク質の発現量と，対応するタンパク質の酵素活性を比較して対数プロットしたものである[29]。この図から，2次元電気泳動（2DE）によるタンパク質の発現量と酵素活性とはよい相関関係にあることがわかるが，ICDHだけは例外である。これは，前述したように，ICDHの酵素活性が，リン酸化によって影響を受けるからである。

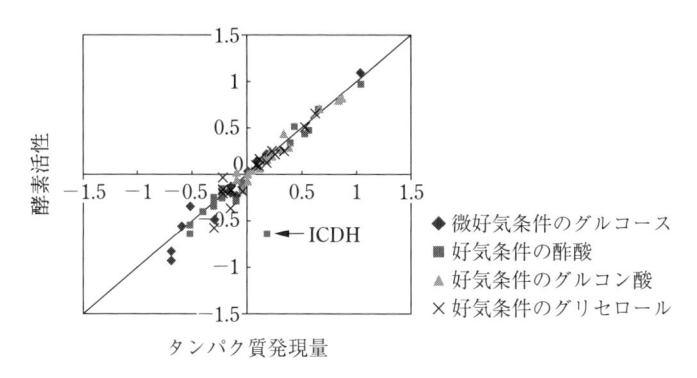

図2.4 2次元電気泳動によるタンパク質発現と酵素活性との相関[29]

引用・参考文献

1) Alexeeva, S., Kort, B., Sawers, G. and Hellingwerf, K. J.：Effect of limited aeration and of the *arcAB* system on intermediary pyruvate catabolism in *Escherichia coli*, J. Bacteriol., **182**, pp. 4934-4940 (2000)
2) Amarasingham, C. R. and Davis, B. D.：Regulation of α-ketoglutarate dehydrogenase formation in *Escherichia coli*, J. Biol. Chem., **240**, pp.3664-3667 (1965)
3) Bock, A. and Sawers, G.：Fermentation. In Frederick, C. (ed.)：*Escherichia coli* and *Salmonella* — Cellular and Molecullar Biology, AMS, Washington D. C., Adobe and Mira Digital publishing, p. 1, p.2 (1999)
4) Campos, G., Guixe, V. and Babul, J.：Kinetic mechanism of phosphofructokinase-2 from *Escherichia coli*. A mutant enzyme with a different mechanism, J. Biol. Chem., **259**, pp.6147-6152 (1984)
5) Chung, T., Klumpp, D. J., LaPorte, D. C.：Glyoxylate bypass operon of *Escherichia coli* — cloning and determination, J. Bacteriol., **170**, pp.386-392 (1988)
6) Conway, T.：The Entner-Doudoroff pathway：history, physiology and molecular biology, FEMS Microbiol. Rev., **103**, pp.1-27 (1992)
7) Cronan Jr., J. E. and Laporte, D.：Tricarboxylic acid cycle and glyoxylate bypass. In Neidhardt, F. (ed.) *Escherichia coli* and *Salmonella* — Cellular and Molecular Biology. AMS, Washington D. C., Adobe and Mira Digital Publishing, pp.1-16 (1999)
8) Epstein, W., Rothman-Denes, L. and Hesse, J.：Adenosine 3′, 5′-cyclic monophosphate as mediator of catabolite repression in *Escherichia coli*, Proc. Natl. Acad. Sci., USA, **72**, pp.2300-2304 (1975)
9) Eisenberg, R. C. and Dobrogosz, W. J.：Gluconate metabolism in *Escherichia coli*, J. Bacteriol., **93**, pp.941-949 (1967)
10) Fox, D. K., Presper, K. A., Adhya, S., Roseman, S. and Ganges, S.：Evidence for two promoters upstream of the *pts* operon — regulation by the cAMP receptor protein regulatory complex, Proc.

Natl. Acad. Sci., USA, **89**, pp.7056-7059 (1992)

11) Guixe, V. and Babul, J.: Effect of ATP on fructokinase-2 from *Escherichia coli*. A mutant enzyme altered in the allosteric site for M$_q$ATP^{2-}, J. Biol. Chem., **260**, pp.1101-1106 (1985)

12) Gunsalus, R. P. and Park, S. J.: Aerobic-anaerobic gene regulation in *Escherichia coli* — control by *arcAB* and *fnr* regulons, 12th Forum in Microbiology, pp.437-450 (1996)

13) Gygi, S. P., Rist, B. and Aebersold, R.: Measuring gene expression by quantitative proteome analysis, Current Opinion in Biotechnology, **11**, pp.396-401 (2000)

14) Gygi, S. P., Corthals, G. L., Zhang, Y., Rochon, Y. and Aebersold, R.: Evaluation of two-dimensional gel electrophoresis-based proteome analysis technology, PNAS, **97**, pp.9390-9395 (2000)

15) Holms, W. H.: Control of flux through the citrate acid cycle and the glyoxylate bypass in *Escherichia coli*, Biochem. Soc. Symp., **54**, pp.17-31 (1988)

16) Kiley, P. J. and Beinert, H.: Oxygen sensing by the global regulator, FNR — the role of the iron-sulfur cluster, FEMS, Microbiol. Rev., **22**, pp.341-352 (1999)

17) Lessie, T. G. and Whiteley, H. R.: Propertied of threonine deaminase from a bacterium able to utilize threonine as sole source of carbon, J. Bacteriol., **100**, pp.878-889 (1969)

18) Lowry, O. H., Carter, J., Ward, J. B. and Glaser, L.: The effect of carbon and nitrogen source on the level of metabolite intermediates in *Escherichia coli*, J. Biol. Chem., **246**, pp.6511-6521 (1971)

19) Martin, B. R.: The regulation of enzyme activity. In Martin, B. R. (ed.): Metabolic regulation, Oxford London Edinburgh, Boston Palo Alto Melbourne, pp.12-27 (1987)

20) Mat-Jan, F., Alam, K. Y. and Clark, D. P.: Mutants of *Escherichia coli* deficient in the fermentative lactate dehydrogenase, J. Bacteriol., **171**, pp.342-348 (1989)

21) McCleary, W. R. and Stock, J. B.: Acetyl phosphate and the activation of two-component response regulators, J. Biol. Chem., **269**, pp.31572-31576 (1994)

22) Oh, M. K. and Liao, J. C.: Gene expression profiling by DNA microarray and metabolic fluxes in *Escherichia coli*, Biotechnol. Prog., **16**, pp.278-286 (2000)

23) Oh, M. K., Rohlin, L., Kao, K. and Liao, J. C.: Global expression profiling of acetate-grown *E. coli*, J. Biol. Chem., **277**, pp.13175-13183 (2002)

24) Park, S. J., Cotter, P. A. and Gunsalus, R. P.: Regulation of malate dehydrogenase (*mdh*) gene expression in *Escherichia coli* in response to oxygen, carbon, and heme availability, J. Bacteriol., **177**, pp.6652-6656 (1995 a)

25) Park, S. J. and Gunsalus, R. P.: Oxygen, iron, carbon, and supertoxide control of the fumarase *fumA* and *fumC* genes of *Escherichia coli*-role of the *arcA*, *fnr*, and *soxR* gene products, J. Bacteriol., **177**, pp.6255-6262 (1995)

26) Park, S. J., McCabe, J., Turna, J. and Gunsalus, R. P.: Regulation of citrate synthase (*gltA*) gene of *Escherichia coli* in response to anaerobic and carbon supply, J. Bacteriol., **176**, pp.5086-5091 (1994)

27) Park, S. J., Tseng, C. P. and Gunsalus, R. P.: Regulation of succinate dehydrogenase (*sdhCDAB*) operon expression in *Escherichia coli* in response to carbon supply and anaerobicsis — role of *ArcA* and *Fnr*, Mol. Microbiol., **15**, pp.473-482 (1995 b)

28) Pease, A. J. and Wolf Jr., R. E.: Determination of the growth rate-regulated steps in expression of the *Escherichia coli* K-12 *gnd* gene, J. Bacteriol., **176**, pp.115-122 (1994)

29) Peng, L. and Shimizu, K.: Global metabolic regulation analysis for *E. coli* K-12 based on protein expression by 2D electrophoresis and enzyme activity measurement, Appl. Microbiol. Biotechnol., **61**, pp.163-178 (2003)

30) Plumbridge, J.: Expression of the phosphotransferase system both mediates and is mediated by *mlc* regulation in *Escherichia coli*. Mol Microbiol., **33**, pp.260-273 (1999)

31) Ramseier, T. M., Bledig, S., Michotey, V., Feghali, R. and Saier Jr., M. H.: The global regulatory protein *fruR* modulating the direction of carbon flow in *Escherichia coli*, Mol. Microbiol., **16**, pp.1157-1169 (1995)

32) Reuse, H. D. and Danchin, A.: The *ptsH*, *ptsI*, and *crr* genes of the *Escherichia coli* phosphoenolpyruvate-dependent phosphotransferase system — a complex operon with several modes of transcription, J. Bacteriol., **170**, pp.3827-3837 (1988)

33) Saier, M. H. and Ramseier, T. M.: The catabolite repressor/activator (*cra*) protein of enteric bacteria, J. Bacteriol., **178**, pp.3411-3417 (1996)

34) Sawers, G. and Suppmann, B. : Anaerobic induction of pyruvate formate-lyase gene expression is mediated by the *arcA* and *fnr* protein. J. Bacteriol., **174**, pp.3474-3478 (1992)
35) Sugimoto, S. and Shiio, I. : Regulation of 6-phosphogluconate dehydrogenase in *Brevibacterium flavum*, Agric. Biol. Chem., **51**, pp.1257-1263 (1987)
36) Tseng, C. P., Yu, C. C., Lin, H. H., Chang, C. Y. and Kuo, J. T. : Oxygen-and growth rate-dependent regulation of *Escherichia coli* fumarase (*fumA*, *fumB*, and *fumC*) activity, J. Bacteriol., **183**, pp. 461-467 (2001)
37) Unden, G. and Duchene, A. : On the role of cyclic AMP and *fnr* protein in *Escherichia coli* growing anaerobically, Arch. Microbiol., **147**, pp.195-200 (1987)
38) Walsh, K. and Koshland Jr., D. E. : Determination of flux through the branch point of two metabolic cycle, J. Biol. Chem., **259**, pp.9646-9654 (1984)
39) Wanner, B. L. and Wilmes-Riesenberg, M. R. : Involvement of phosphotransacetylase, acetate kinase, and acetyl phosphate synthesis in control of the phosphate regulon in *Escherichia coli*, J. Bacteriol., **174**, pp.2124-2130 (1992)
40) Wolf Jr., R. E., Prather, D. M. and Shea, F. M. : Growth-rate-dependent alteration of 6-phosphogluconate dehydrogenase and glucose 6-phosphate dehydrogenase levels in *Escherichia coli* K-12, J. Bacteriol., **139**, pp.1093-1096 (1979)

代謝量論式に基づく代謝解析 3

3.1 はじめに

ここでは，同位体を利用しない古典的な代謝フラックス（流束）分布の推定法について解説する．すなわち，代謝量論式と測定できる比速度から，物質収支を利用して細胞内代謝フラックス分布を求める方法について説明し，そのいくつかの応用についても紹介する．同位体を利用した，より詳細な代謝フラックス分布解析法については 4～6 章で詳しく説明する．

3.2 量論式による表現

図 3.1 に，グルコースを炭素源とした場合の中心代謝経路を示す．好気条件での細胞の代謝反応は，一般につぎのように記述することができる．

$$\text{炭素源} + \text{窒素源} + \text{酸素} \longrightarrow \text{菌体} + \text{代謝物} + \text{二酸化炭素} + \text{水} \tag{3.1}$$

ただし，嫌気培養の場合には，左辺の酸素の項は含まれない．式 (3.1) の各物質の比消費速度あるいは比生成速度，すなわち比速度 (specific rate) を r_i で表し，量論係数行列を E とすると，物質収支から次式が成り立つ．ここで比速度とは，単位細胞当りの消費速度あるいは生成速度のことである．

$$E \cdot r = 0 \tag{3.2}$$

ここで，r は比速度を要素として含むベクトルである．いま，r を測定できるもの r_m と，そうでないもの r_c に分けると，式 (3.2) は次式のように表される．

$$E \cdot r = E_m r_m + E_c r_c = 0 \tag{3.3}$$

ここで，E_m, E_c は E を r_m と r_c に対応して E を分割した小行列である．式 (3.13) から r_c は次式によって r_m から理論的には推定できることがわかる．

$$r_c = -E_c^{-1} E_m r_m \tag{3.4}$$

ここで，E_c は逆行列 (inverse matrix) が存在しなければならないので，正則行列 (non-singular matrix) であることを仮定している．

3.2 量論式による表現　57

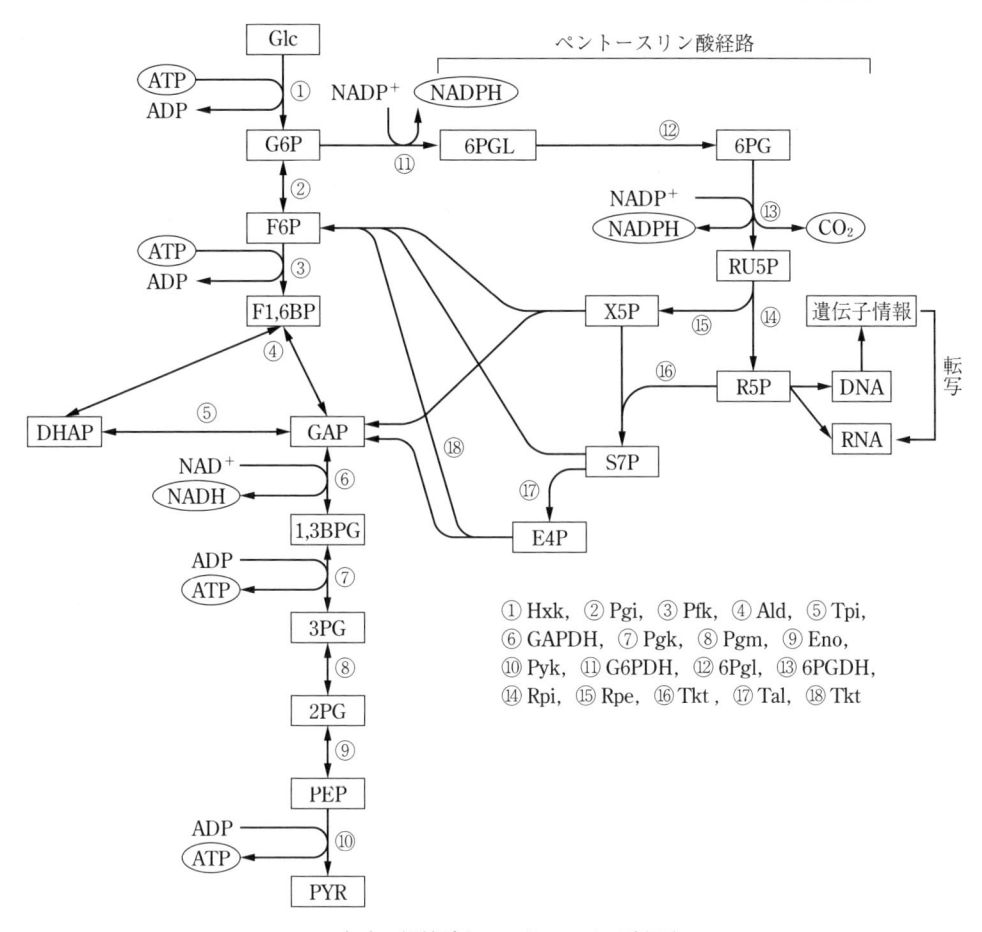

(a) 解糖系とペントースリン酸経路

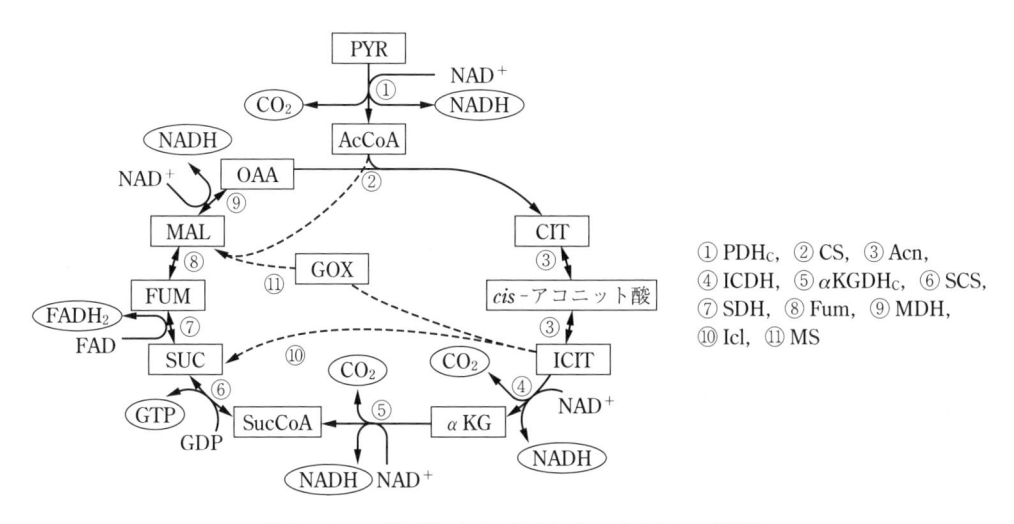

① Hxk, ② Pgi, ③ Pfk, ④ Ald, ⑤ Tpi,
⑥ GAPDH, ⑦ Pgk, ⑧ Pgm, ⑨ Eno,
⑩ Pyk, ⑪ G6PDH, ⑫ 6Pgl, ⑬ 6PGDH,
⑭ Rpi, ⑮ Rpe, ⑯ Tkt, ⑰ Tal, ⑱ Tkt

(b) クエン酸回路（TCA回路）とグリオキシル酸経路

① PDH_C, ② CS, ③ Acn,
④ ICDH, ⑤ $\alpha KGDH_C$, ⑥ SCS,
⑦ SDH, ⑧ Fum, ⑨ MDH,
⑩ Icl, ⑪ MS

図 3.1　細胞の主要代謝経路

例として，グルコースを主炭素源として酵母を培養した場合について考えてみる。この場合の量論式をつぎに示す。

$$C_6H_{12}O_6 + O_2 + NH_3 \longrightarrow CH_{1.8}O_{0.5}N_{0.15} + C_2H_5OH + CO_2 + H_2O \qquad (3.5)$$

この場合の，各 C, H, O, N の元素についての収支式をまとめると次式のようになる。

$$\begin{bmatrix} 6 & 0 & 0 & 1 & 1 & 2 & 0 \\ 12 & 0 & 3 & 1.8 & 0 & 6 & 2 \\ 6 & 2 & 0 & 0.5 & 2 & 1 & 1 \\ 0 & 0 & 1 & 0.15 & 0 & 0 & 0 \end{bmatrix} \begin{bmatrix} r_s \\ r_{O_2} \\ r_n \\ r_x \\ r_{CO_2} \\ r_e \\ r_w \end{bmatrix} = 0 \qquad (3.6)$$

ここで，グルコース比消費速度 r_s，酸素比消費速度 r_{O_2}，窒素源比消費速度 r_n は負で，細胞比増殖速度 r_x，CO_2 比生成速度 r_{CO_2}，エタノール比生成速度 r_e，水比生成速度 r_w は正である。いま，実際的なことを考え，r_s，r_x，r_{CO_2} が測定できたとすると，他の比速度はつぎのようにして求めることができる。すなわち，まず行列 E を分解して，式 (3.6) を書き直すとつぎのようになる。

$$E_m \boldsymbol{r}_m + E_c \boldsymbol{r}_c = \begin{bmatrix} 6 & 1 & 1 \\ 12 & 0 & 1.8 \\ 6 & 2 & 0.5 \\ 0 & 0 & 0.15 \end{bmatrix} \begin{bmatrix} r_s \\ r_{CO_2} \\ r_x \end{bmatrix} + \begin{bmatrix} 0 & 0 & 2 & 0 \\ 0 & 3 & 6 & 2 \\ 2 & 0 & 1 & 1 \\ 0 & 1 & 0 & 0 \end{bmatrix} \begin{bmatrix} r_{O_2} \\ r_n \\ r_e \\ r_w \end{bmatrix} = 0 \qquad (3.7)$$

ここで式 (3.4) を利用すると，r_s，r_{CO_2}，r_x から他の比速度を次式で計算することができる[1)]。

$$\begin{bmatrix} \hat{r}_{O_2} \\ \hat{r}_n \\ \hat{r}_e \\ \hat{r}_w \end{bmatrix} = - \begin{bmatrix} 3 & 1.5 & 0.4125 \\ 0 & 0 & 0.15 \\ 6 & 1 & 0.5 \\ -3 & -1.5 & -0.15 \end{bmatrix} \begin{bmatrix} r_s \\ r_{CO_2} \\ r_x \end{bmatrix} \qquad (3.8)$$

この推定値は，あくまで式 (3.5) が成り立つものと仮定して求めた値であるので，エタノール以外の代謝物，例えば酢酸等が少なからず生成されていると，式 (3.8) による推定値の精度は低下することになる。

3.3 代謝フラックス分布の計算

3.2節で考えたモデルは，各物質の組成と量論収支に基づいたもので，ブラックボックスモデル（black box model）といわれる。つぎに，細胞内代謝フラックス分布を求める方法を考えてみる。例として，酵母の代謝経路を骨格だけを残して簡略化する。この簡略化したそれぞれの代謝反応は，表3.1のように整理でき，$r_1 \sim r_5$ をそれらの反応速度とする。

表3.1 代 謝 反 応

代謝反応	反応速度	反 応 式
解糖系	r_1	$C_6H_{12}O_6 \to 2PYR + 2ATP + 2NADH_2$
エタノール生成	r_2	$PYR + NADH_2 \to C_2H_6O + CO_2$
TCA回路	r_3	$PYR \to 3CO_2 + ATP + 4.7NADH_2$
酸化的リン酸化	r_4	$O_2 + 2NADH_2 \to 2(P/O)ATP$
同化反応	r_5	$0.68C_6H_{12}O_6 + 0.2PYR + NH_3 + 14.7ATP$ $\to C_{5.6}H_{10.6}O_{3.3}N$

3.2節で述べたのと同様にして，測定できる比速度から代謝フラックスを推定することができる。すなわち3.2節の E を代謝反応行列 A に置き換えると次式が得られる。

$$A \cdot r = 0 \tag{3.9a}$$
$$A \cdot r = A_m r_m + A_c r_c = 0 \tag{3.9b}$$
$$r_c = -A_c^{-1} A_m r_m \tag{3.9c}$$

前述した酵母の場合はつぎのようになる。

$$\begin{bmatrix} 0 & 0 & 0 & 0 & 1 & -1 & 0 & 0 & 0 & 0 & 0 \\ -1 & 0 & 0 & 0 & -0.8 & 0 & -1 & 0 & 0 & 0 & 0 \\ 0 & 1 & 0 & 0 & 0 & 0 & 0 & -1 & 0 & 0 & 0 \\ 0 & 0 & 0 & -1 & 0 & 0 & 0 & 0 & -1 & 0 & 0 \\ 0 & 1 & 3 & 0 & 0 & 0 & 0 & 0 & 0 & -1 & 0 \\ 0 & 0 & 0 & 0 & -1 & 0 & 0 & 0 & 0 & 0 & -1 \\ 2 & -1 & -1 & 0 & -0.2 & 0 & 0 & 0 & 0 & 0 & 0 \\ 2 & 0 & 1 & 2P/O & -14.7 & 0 & 0 & 0 & 0 & 0 & 0 \\ 2 & -1 & 4.7 & -2 & 0 & 0 & 0 & 0 & 0 & 0 & 0 \end{bmatrix} \begin{bmatrix} r_1 \\ r_2 \\ r_3 \\ r_4 \\ r_5 \\ r_X \\ r_S \\ r_e \\ r_O \\ r_C \\ r_n \end{bmatrix} = 0 \tag{3.10}$$

いま，細胞の比増殖速度 r_X および基質比消費速度 r_S が測定できたとすると，式（3.9b）はつぎのようになる。

$A \cdot r = A_m r_m + A_c r_c$

$$\begin{bmatrix} -1 & 0 \\ 0 & -1 \\ 0 & 0 \\ 0 & 0 \\ 0 & 0 \\ 0 & 0 \\ 0 & 0 \\ 0 & 0 \\ 0 & 0 \end{bmatrix} \begin{bmatrix} r_x \\ r_s \end{bmatrix} + \begin{bmatrix} 0 & 0 & 0 & 0 & 1 & 0 & 0 & 0 & 0 \\ -1 & 0 & 0 & 0 & -0.8 & 0 & 0 & 0 & 0 \\ 0 & 1 & 0 & 0 & 0 & -1 & 0 & 0 & 0 \\ 0 & 0 & 0 & -1 & 0 & 0 & -1 & 0 & 0 \\ 0 & 1 & 3 & 0 & 0 & 0 & 0 & -1 & 0 \\ 0 & 0 & 0 & 0 & -1 & 0 & 0 & 0 & -1 \\ 2 & -1 & -1 & 0 & -0.2 & 0 & 0 & 0 & 0 \\ 2 & 0 & 1 & 4 & -14.7 & 0 & 0 & 0 & 0 \\ 2 & -1 & 4.7 & -2 & 0 & 0 & 0 & 0 & 0 \end{bmatrix} \begin{bmatrix} r_1 \\ r_2 \\ r_3 \\ r_4 \\ r_5 \\ r_e \\ r_o \\ r_c \\ r_n \end{bmatrix} = 0$$

(3.11)

この場合 r_x, r_s から,他の比速度を推定する式は式 (3.9 c) からつぎのようになる[1]。

$$\begin{bmatrix} r_1 \\ r_2 \\ r_3 \\ r_4 \\ r_5 \\ r_e \\ r_o \\ r_c \\ r_n \end{bmatrix} = \begin{bmatrix} -0.68 & -1 \\ -2.8 & -2.16 \\ 1.27 & 0.16 \\ 3.7 & 0.46 \\ 1 & 0 \\ -2.8 & -2.16 \\ -3.7 & -0.45 \\ 1 & -1.67 \\ -1 & 0 \end{bmatrix} \begin{bmatrix} r_x \\ r_s \end{bmatrix}$$

(3.12)

3.4 一般的な場合の代謝フラックス分布の計算および代謝解析例

3.4.1 代謝フラックス分布の計算

培養環境や時間の経過に伴って,代謝フラックス分布がどのように変化するかがわかれば,代謝調節制御機構を明らかにすることができ,これらの情報をもとに,より高度で精密な培養制御を行うことができるはずである。

例として,図 3.2 に示すような野生株の水素細菌 (*Ralstonia eutropha*) の主要代謝経路について考えてみよう。この図の各経路に対応する代謝反応 (量論式) を書きおろしてみると表 3.2 のようになる[14]。

また,表 3.2 の代謝反応をまとめて,式 (3.9) とは少し異なった表現をするとつぎのよ

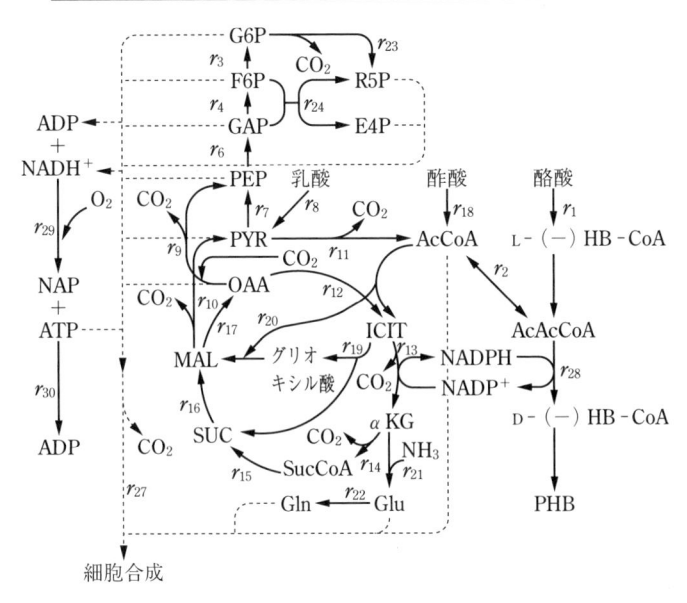

図 3.2 水素細菌の代謝経路[14]

うになる。

$$A \cdot r = q \tag{3.13}$$

ここで，A は代謝量論係数行列，r は n 次元代謝フラックスベクトル，q は基質比消費速度あるいは代謝産物比生成速度といった比速度のベクトルである。いま，図3.2のような代謝経路を仮定すると，行列 A は既知であり（表3.2参照），q の各比速度も測定できたとすると，問題はこれらの値をもとに，式 (3.13) を利用して細胞内代謝フラックス分布 r を推定することである。ただし，細胞内の代謝物は生成と消費が短時間で行われるため，対応する q の要素は 0 とする。これは一般に，細胞内での代謝反応は数秒ないし数分のオーダーであり，基質消費速度や代謝産物生成速度のデータは数時間間隔で得られるので，細胞内の代謝反応については（擬）定常状態を仮定してもあまり問題はないからである。行列 A は一般に正方行列とは限らないので，式 (3.13) の両辺に左から A^T を乗じ，さらに $(A^T A)^{-1}$ を乗じると r はつぎのように求められる。

$$r = (A^T A)^{-1} A^T q \tag{3.14}$$

ただし実際には，q の測定誤差を考慮してつぎの最尤(ゆう)推定式を利用する。

$$\hat{r} = (A^T \Sigma A)^{-1} A^T \Sigma q \tag{3.15}$$

ここで，Σ は測定データの誤差共分散行列である。

表 3.2 水素細菌の代謝反応[14]

【β酸化】
① BUT+ATP+NAD+FAD=AcAcCoA+ADP+NADH+FADH
② AcAcCoA+CoA=2AcCoA

【解糖系】
③ F6P=G6P
④ 2GAP+ADP=F6P+ATP
⑤ 3PG+ATP+NADH=GAP+ADP+NAD
⑥ PEP+H_2O=GAP
⑦ PYR+ATP=PEP+ADP
(⑧ LAC+NAD=PYR+NADH)*
⑨ OAA+ATP=PEP+CO_2+ADP
⑩ MAL+NAD=PYR+CO_2+NADH

【TCA回路】
⑪ PYR+CoA+NAD=AcCoA+CO_2+NADH
⑫ AcCoA+OAA+H_2O=ICIT+CoA
⑬ ICIT+NADP=αKG+NADPH+CO_2
⑭ αKG+CoA+NAD=SucCoA+CO_2+NADH
⑮ SucCoA+ADP=SUC+CoA+ATP
⑯ SUC+H_2O+FAD=MAL+FADH
⑰ MAL+NAD=OAA+NADH

【酢酸】
(⑱ AC+CoA+ATP=AcCoA+ADP)

【グリオキシル酸転換】
⑲ ICIT=SUC+GOX
⑳ AcCoA+GOX+H_2O=MAL+CoA

【グルタミン酸,グルタミン生成】
㉑ NH_3+αKG+NADPH=Glu+H_2O+NADP
㉒ Glu+NH_3+ATP=Gln+ADP

【ペントースリン酸経路】
㉓ G6P+H_2O+2NADP=R5P+CO_2+2NADPH
㉔ F6P+GAP=R5P+E4P

【ATP生成 (P/O=2)】
㉕ 2NADH+O_2+4ADP=2H_2O+4ATP+2NAD
㉖ 2FADH+O_2+2ADP=2H_2O+2ATP+2FAD

【細胞合成〔仮定:MW(細胞)=100;$C_4H_{69}O_{1.64}N_{0.98}$;5%灰〕】
㉗ 0.021G&P+0.007F6P+0.09R5P+0.036E4P+0.013GAP+0.15G3P+0.052PEP+0.283PYR+0.374AcCoA+0.179OAA+0.832Glu+0.025Gln+4.11ATP+0.826NADPH+0.312NAD=細胞+4.11ADP+0.701αKG+0.826NADP+0.312NADH+0.261CO_2

【PHB合成】
㉘ AcAcCoA+NADPH=PHB+NADP

【ATP生成を考慮しなかった分】
㉙ NADPH+NAD=NADH+NADP
㉚ ATP=ADP

* ( )は乳酸および酢酸を炭素源とした場合

3.4.2 水素細菌の代謝解析とPHBの合成

酪酸(butyric acid)を炭素源として水素細菌を培養し,生分解性プラスチックの原料であるPHB(ポリ-β-ヒドロキシ酪酸)を生合成する場合について考えてみる[14]。**図3.3**は水素細菌を培養したときの実験データである[14]。いま,図3.3に示すように,培養期間を窒素源が豊富に培地中に存在する細胞増殖期(Ⅰ),遷移期(Ⅱ),窒素源が枯渇するPHB合

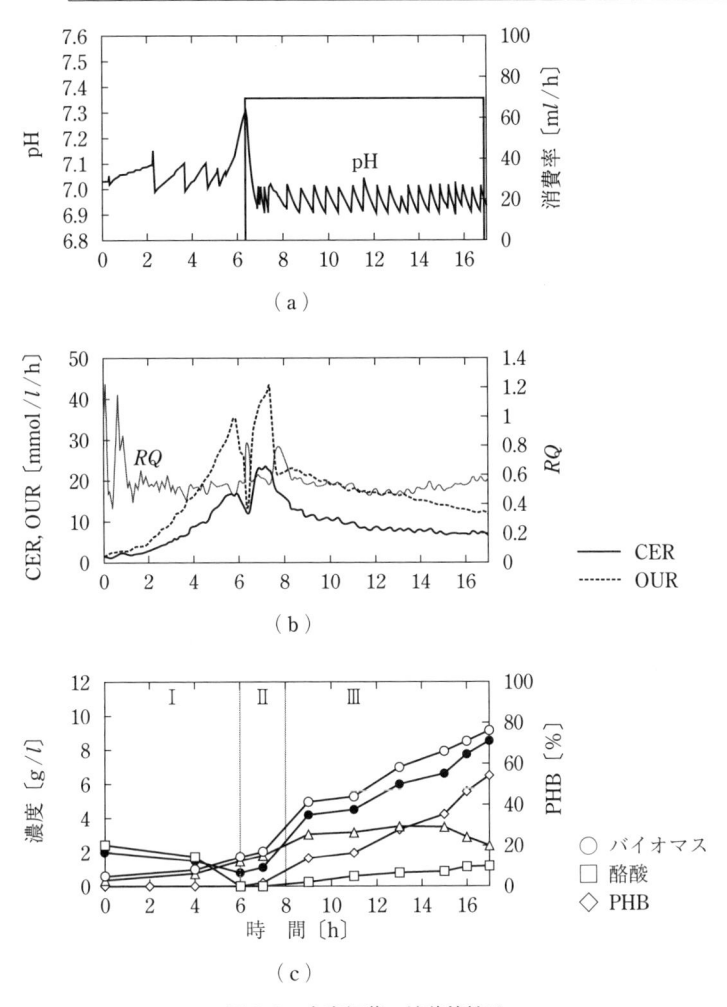

図 3.3 水素細菌の培養特性[14]

成期(Ⅲ)に分けて考えてみる。水素細菌を酪酸や乳酸,酢酸等を炭素源として培養すると,TCA回路のICDHでNADPHが生成される。この場合,期間ⅠではNH$_3$の濃度が比較的高く,このNH$_3$はおもにTCA回路のα-ケトグルタル酸(aKG)からグルタミン酸(Glu)を生成する過程で利用され,ICDHで生成されたNADPHをこの経路で消費する。このようにして,生合成あるいは細胞増殖にNH$_3$が利用されると,徐々に培養液のNH$_3$濃度が低下する。期間Ⅱではこれと同時にNADPHが蓄積することになるが,PHB合成経路でこのNADPHが使われ,PHBが合成されることになる。このことを代謝フラックス分布の点からみてみるために,それぞれの期間について,式(3.15)を用いて代謝フラックス分布を求めてみると,細胞増殖期(Ⅰ)とPHB合成期(Ⅲ)では図3.4のようになる。このフラックス分布の変化をみてみると,前述した定性的な現象を数値的に定量的に理解できる。このように代謝フラックス分布が計算できれば,これをもとにATPやNADH,

(a) 4時間目（期間Ⅰ）

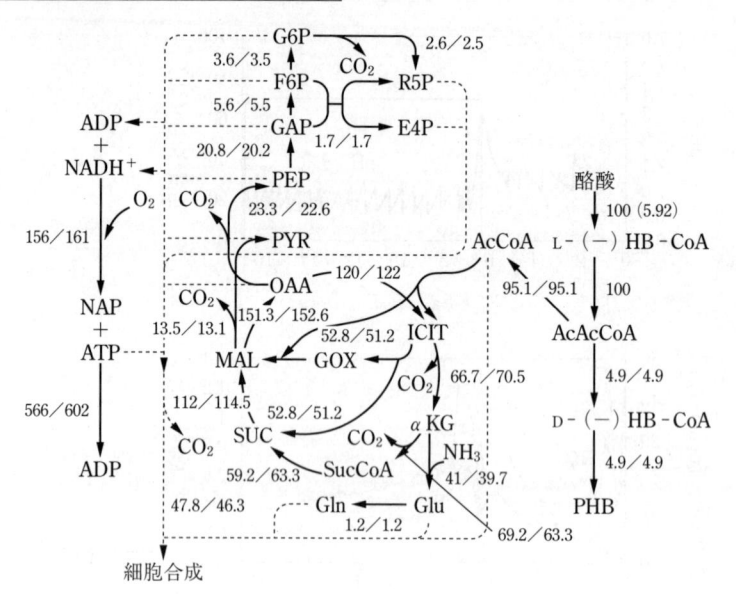

```
                G6P  —— 2.6/2.5
         3.6/3.5  ↑ CO₂ → R5P
              F6P
         5.6/5.5  ↓       E4P
ADP ←         GAP ← 1.7/1.7
 +       20.8/20.2
NADH⁺         ↓
         O₂ CO₂ PEP
156/161  ↙   23.3/22.6
              ↓
         NAP  PYR                               酪酸
          +                    120/122           ↓
         ATP  OAA ————————— AcCoA         100(5.92)
566/602  13.5/13.1  151.3/152.6       95.1/95.1  L-(−)HB-CoA
              MAL ← 52.8/51.2  ICIT              ↓ 100
              ↓    GOX         CO₂              AcAcCoA
              112/114.5      66.7/70.5           ↓ 4.9/4.9
              CO₂  SUC ← 52.8/51.2               D-(−)HB-CoA
                   59.2/63.3  αKG NH₃            ↓ 4.9/4.9
              47.8/46.3  SucCoA  41/39.7        PHB
                          Gln ← Glu
                          1.2/1.2         69.2/63.3
細胞合成
```

(a) 4時間目（期間Ⅰ）

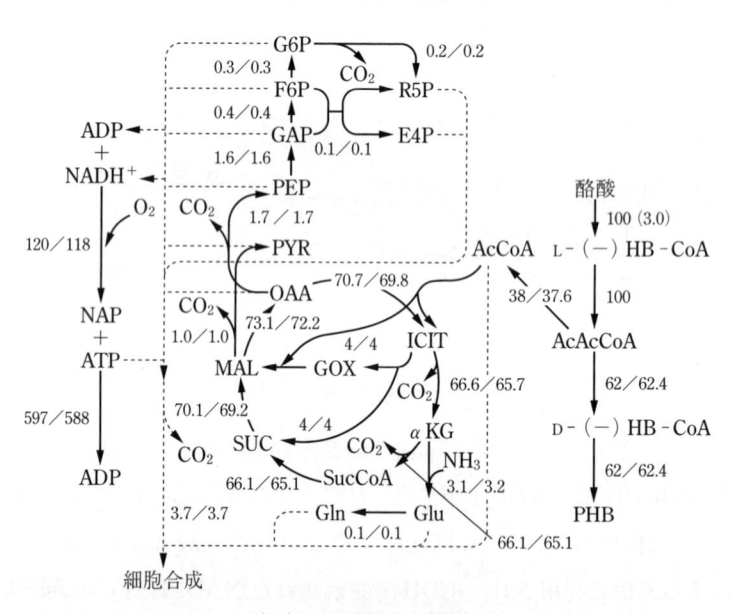

(b) 15時間目（期間Ⅲ）

```
                G6P  —— 0.2/0.2
         0.3/0.3  ↑ CO₂ → R5P
              F6P
         0.4/0.4  ↓       E4P
ADP ←         GAP ← 0.1/0.1
 +        1.6/1.6
NADH⁺         ↓
         O₂ CO₂ PEP
120/118  ↙   1.7/1.7
              ↓
         NAP  PYR                               酪酸
          +                    70.7/69.8          ↓
         ATP  OAA ————————— AcCoA         100(3.0)
597/588  1.0/1.0  73.1/72.2        38/37.6  L-(−)HB-CoA
              MAL ← 4/4  ICIT                    ↓ 100
              ↓    GOX         CO₂              AcAcCoA
              70.1/69.2      66.6/65.7           ↓ 62/62.4
              CO₂  SUC ← 4/4                    D-(−)HB-CoA
                   66.1/65.1  αKG NH₃            ↓ 62/62.4
              3.7/3.7  SucCoA  3.1/3.2          PHB
                          Gln ← Glu
                          0.1/0.1         66.1/65.1
細胞合成
```

(b) 15時間目（期間Ⅲ）

図3.4 異なる培養時間での代謝フラックス分布[14]（フラックスの右側の数字は水素転移反応を考慮した場合）

NADPHがどこでどれだけ生成もしくは消費されているかを計算できる。例として，得られた代謝フラックス分布をもとに，NADPHの生成と消費について計算した結果を**図3.5**に示す。この図より，三つの期間ともほぼ同じ量のNADPHが生成されているが，ペントースリン酸（PP）経路でのNADPHの生成は非常に少なく，ほとんどはTCA回路の

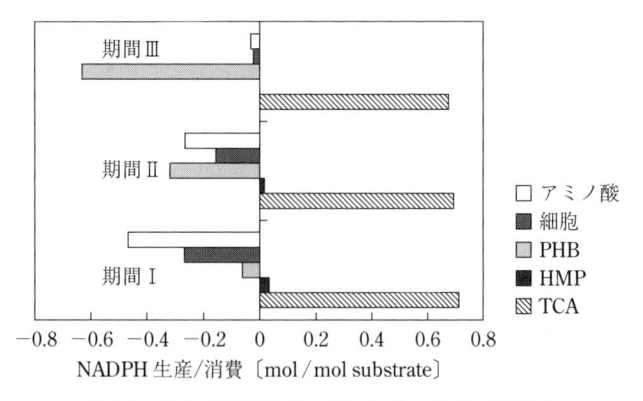

図 3.5 異なる培養期での NADPH の生成と消費[14]

ICDH の反応で生成されていることがわかる。特に重要なことは，期間 I と II では NH_3 が豊富に存在するので，NADPH が TCA 回路の αKG からグルタミン酸生成を経て細胞生合成の反応に利用され，PHB 合成にはあまり利用されていないが，窒素源が枯渇する期間 III では αKG からアミノ酸生成への代謝反応が低下し，生成されるほとんどの NAPDH が PHB 合成経路のアセトアセチル CoA（AcAcCoA）レダクターゼの反応に利用されていることがわかる。このように代謝フラックス分布を計算することによって，培養環境（この場合は NH_3 濃度），さらには NADPH が細胞の調節制御に及ぼす影響を定量的に把握することができ，こういったことがわかれば逆に，効率的 PHB 合成のための NH_3 変化パターンや溶存酸素濃度，用いる炭素源の種類等についての戦略を立てることができる。

3.4.3 クロレラ細胞の代謝解析

別の例として，クロレラ細胞の代謝経路を**図 3.6** に示す。この図に示すように，クロレラ細胞は，解糖系，ペントースリン酸（PP）経路，TCA 回路のほかにカルビン-ベンソン回路をもっており，この回路で光エネルギーを利用して CO_2 を固定する。**図 3.7** は，*Chlorella prenoidosa* C-212 の細胞を培養したときの培養データと，**表 3.3** に示す 67 次元の代謝量論式，および**表 3.4** の比速度を用いて，比増殖速度が約 $0.066\,h^{-1}$ のときの代謝フラックス分布を計算した結果である[21]。図 3.7（a）は光照射下で CO_2 のみを炭素源とした場合の代謝フラックス分布で，図（b）は暗条件でグルコースを炭素源として培養した場合の代謝フラックス分布で，図（c）はグルコースを供給し，周期的に光を照射した場合の代謝フラックス分布である。これらのフラックス分布を比較検討してみると，いくつかの興味深い調節制御機構がみえてくる。一般に植物では，光照射下で ATP/ADP 比が高くなり，その結果，ミトコンドリアでの酸化的リン酸化を阻害することが知られているが，代謝フラックス分布の解析結果から，藻類等では必ずしも光が直接的に影響を与えているわけではないこと

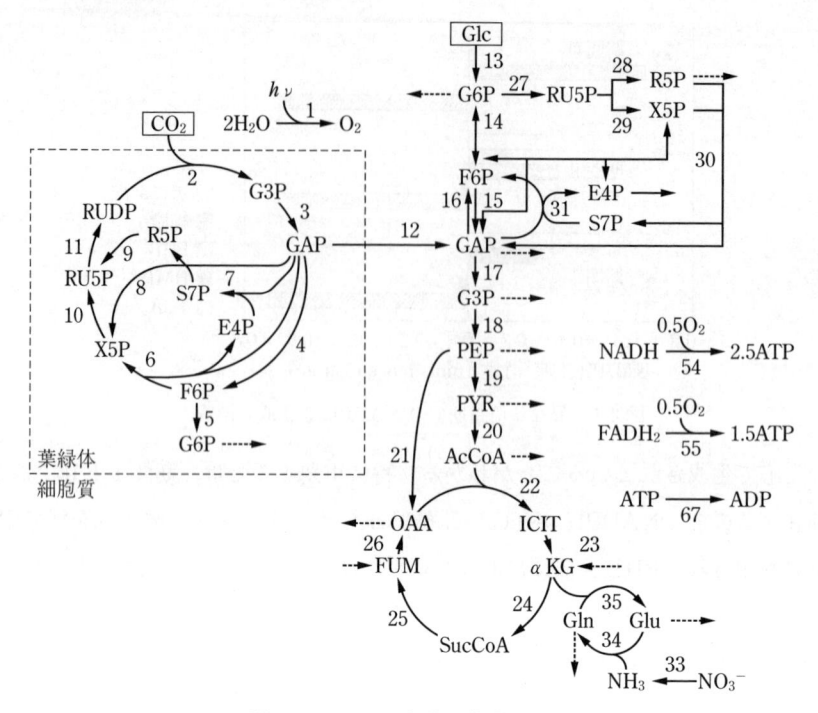

図 3.6 クロレラ細胞の代謝経路[21]

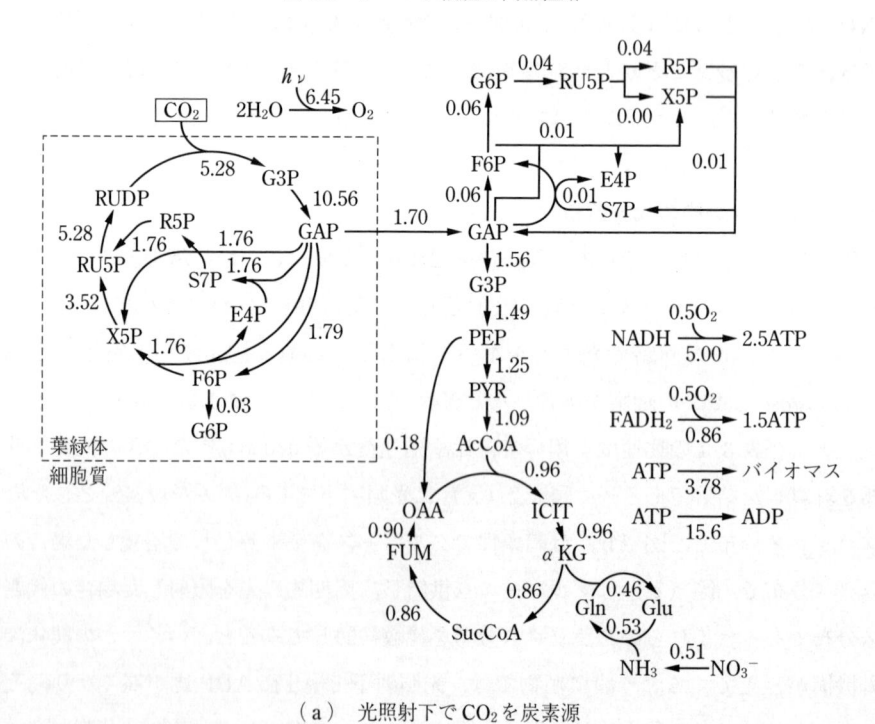

(a) 光照射下で CO_2 を炭素源

図 3.7 クロレラ細胞のさまざまな条件での代謝フラックス分布[21]

3.4 一般的な場合の代謝フラックス分布の計算および代謝解析例 67

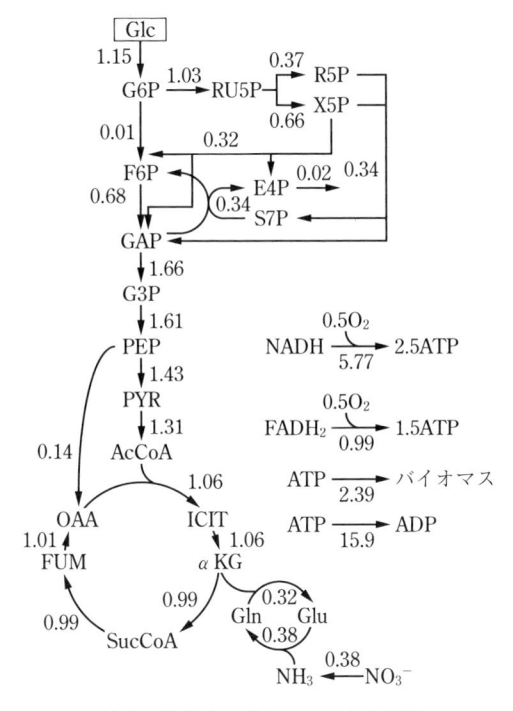

(b) 暗条件でグルコースを炭素源

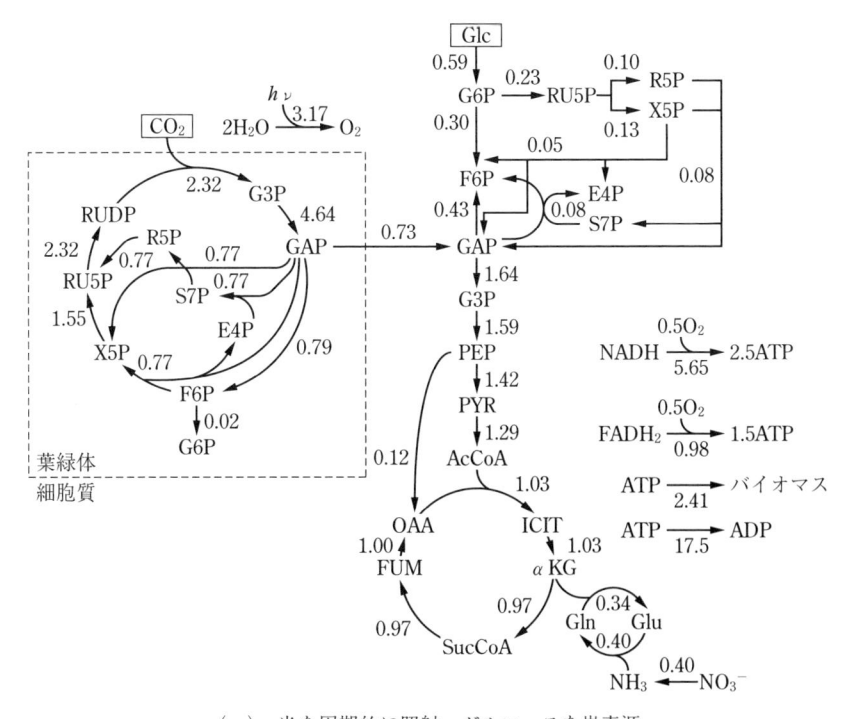

(c) 光を周期的に照射，グルコースを炭素源

図 3.7 （つづき）

表 3.3 クロレラ細胞の代謝反応[21]

【光反応】

① $2H_2O + 2NADP + 2ADP + 2P_i + 0.125APF \Rightarrow 2NADPH + 2H + 2.6ATP + O_2$

【カルビン-ベンソン回路】

② $H_2O + CO_2 + RUDP \Rightarrow 2G3P_{chl}*$
③ $G3P_{chl} + ATP + NADPH + H \Rightarrow GAP_{chl} + ADP + NADP + P_i$
④ $2GAP_{chl} + H_2O \Rightarrow F6P_{chl} + P_i$
⑤ $F6P_{chl} \Leftrightarrow G6P_{chl}$
⑥ $F6P_{chl} + GAP_{chl} \Rightarrow X5P_{chl} + E4P_{chl}$
⑦ $E4P_{chl} + GAP_{chl} + H_2O \Rightarrow S7P_{chl} + P_i$
⑧ $S7P_{chl} + GAP_{chl} \Rightarrow R5P_{chl} + X5P_{chl}$
⑨ $R5P_{chl} \Rightarrow RU5P_{chl}$
⑩ $X5P_{chl} \Rightarrow RU5P_{chl}$
⑪ $RU5P_{chl} + ATP \Rightarrow RUDP + ADP$

【トリオースリン酸の葉緑体から細胞質への輸送】

⑫ $GAP_{chl} \Rightarrow GAP$

【解糖系および TCA 回路】

⑬ $Glc + ATP \Rightarrow G6P + ADP + H$
⑭ $G6P \Leftrightarrow F6P$
⑮ $F6P + ATP \Rightarrow 2GAP + ADP + H$
⑯ $2GAP + H_2O \Rightarrow F6P + P_i$
⑰ $GAP + NAD + P_i + ADP \Leftrightarrow G3P + ATP + NADH + H$
⑱ $G3P \Leftrightarrow PEP + H_2O$
⑲ $PEP + ADP \Rightarrow PYR + ATP$
⑳ $PYR + NAD + CoA \Rightarrow AcCoA + NADH + CO_2 + H$
㉑ $PEP + CO_2 + ADP \Rightarrow OAA + ATP$
㉒ $OAA + AcCoA + H_2O \Leftrightarrow ICIT + CoA + H$
㉓ $ICIT + NAD \Leftrightarrow \alpha KG + NADH + CO_2$
㉔ $\alpha KG + CoA + NAD \Rightarrow SucCoA + NADH + CO_2 + H$
㉕ $SucCoA + ADP + P_i + FAD \Leftrightarrow FUM + FADH_2 + ATP + CoA$
㉖ $FUM + NAD + H_2O \Leftrightarrow OAA + NADH + H$

【ペントースリン酸経路】

㉗ $G6P + 2NADP + H_2O \Rightarrow RU5P + CO_2 + 2NADPH + 2H$
㉘ $RU5P \Leftrightarrow R5P$
㉙ $RU5P \Leftrightarrow X5P$
㉚ $R5P + X5P \Leftrightarrow S7P + GAP$
㉛ $S7P + GAP \Leftrightarrow F6P + E4P$
㉜ $X5P + E4P \Leftrightarrow F6P + GAP$

【窒素源の資化（消費）】

㉝ $NO_3 + NADH + 3NADPH + 5H \Rightarrow NH_3 + 3NADP + NAD + 3H_2O$
㉞ $Glu + NH_3 + ATP \Rightarrow Gln + ADP + P_i$
㉟ $\alpha KG + NADPH + Gln \Rightarrow 2Glu + NADP$

【アミノ酸合成】

㊱ $Glu + ATP + 2NADPH + 2H \Rightarrow Pro + ADP + P_i + H_2O + 2NADP$
㊲ $Glu + AcCoA + Asp + Gln + CO_2 + NADPH + 5ATP + 3H_2O \Rightarrow Arg + \alpha KG + CoA + AC + 5ADP + FUM + 5P_i + NADP + 6H$
㊳ $Asp + PYR + 2NADPH + SucCoA + Glu + ATP + 2H \Rightarrow Lys + SUC + \alpha KG + CO_2 + 2NADP + CoA + ADP + P_i$
㊴ $G3P + Glu + NAD + H_2O \Rightarrow Ser + \alpha KG + P_i + H + NADH$
㊵ $Ser + THF \Rightarrow Gly + METHF + H_2O$
㊶ $Ser + AcCoA + SO_4 + 4NADPH + 4H + ATP \Rightarrow Cys + AC + CoA + 4NADP + ADP + 3H_2O + P_i$
㊷ $OAA + Glu \Rightarrow Asp + \alpha KG$
㊸ $Asp + Gln + 2ATP + H_2O \Rightarrow Asn + Glu + 2ADP + 2P_i$
㊹ $Asp + 2ATP + 2NADPH + H + H_2O \Rightarrow Thr + 2ADP + 2P_i + 2NADP$
㊺ $Asp + 2NADPH + SucCoA + Cys + MYTHF + ATP \Rightarrow Met + CoA + SUC + PYR + NH_3 + ADP + P_i + THF + 2NADP$
㊻ $Thr + PYR + NADPH + Glu + 2H \Rightarrow Ile + NH_3 + NADP + H_2O + CO_2 + \alpha KG$
㊼ $PYR + Glu \Rightarrow Ala + \alpha KG$

表 3.3　（つづき）

㊽　2PYR＋NADPH＋2H＋Glu⇒Val＋αKG＋CO_2＋NADP＋H_2O

㊾　2PYR＋NADPH＋AcCoA＋Glu＋NAD＋H_2O
⇒Leu＋αKG＋CoA＋2CO_2＋NADP＋NADH

㊿　2PEP＋E4P＋NADPH＋ATP＋Glu＋H
⇒Phe＋αKG＋CO_2＋H_2O＋ADP＋4P_i＋NADP

(51)　2PEP＋E4P＋NADPH＋ATP＋Glu＋NAD
⇒Tyr＋αKG＋CO_2＋NADH＋ADP＋4P_i＋NADP

(52)　2PEP＋E4P＋NADPH＋Gln＋R5P_{cyt}＋3ATP＋Ser
⇒Trp＋6P_i＋CO_2＋GAP＋Glu＋2H＋PYR＋H_2O＋3ADP＋NADP

(53)　R5P＋6ATP＋Gln＋2NAD＋Asp＋FTHF
⇒His＋αKG＋FUM＋2NADH＋6ADP＋7P_i＋THF

【酸化的リン酸化】

(54)　NADH＋0.5O_2＋2.5ADP＋2.5P_i＋3.5H⇒3.5H_2O＋NAD＋2.5ATP

(55)　$FADH_2$＋0.5O_2＋1.5ADP＋1.5P_i＋2.5H⇒2.5H_2O＋FAD＋1.5ATP

【高分子合成】

(56)　G6P_{chl}＋2ATP⇒STA

(57)　G6P＋2ATP⇒CAR

(58)　G6P_{chl}＋2ATP⇒0.3STA

(59)　G6P＋2ATP⇒0.7STA

(60)　R5P＋1.2Asp＋2.1Gln＋0.54Gly＋1.1FTHF＋0.54CO_2＋8.2ATP＋0.79NAD＋2.2H_2O
⇒RNA＋2.1Glu＋0.75FUM＋1.1THF＋8.2ADP＋8.2P_i＋0.79NADH＋9.3H

(61)　R5P＋1.2Asp＋0.25Ser＋2Gln＋0.25Gly＋FTHF＋0.5CO_2＋2.3H_2O＋NADPH＋0.76NAD
＋8ATP⇒DNA＋0.75FUM＋2Glu＋THF＋8ADP＋8P_i＋0.76NADH＋NADP＋9H

(62)　0.099 59Ala＋0.034 2Arg＋0.020 58Asn＋0.047 56Asp＋0.010 46Cys＋0.053 54Glu＋0.023 22Gln
＋0.084 06Gly＋0.027 4His＋0.029 88Ile＋0.070 03Leu＋0.053 09Lys＋0.015 55Met＋0.031 76Phe
＋0.042 68Pro＋0.019 3Ser＋0.040 24Thr＋0.009 932Trp＋0.025 83Tyr＋0.050 44Val＋4ATP
⇒PROT

(63)　GAP＋NADH＋17AcCoA＋33NADPH＋34H＋15ATP＋3O_2
⇒DG＋NAD＋33NADP＋15ADP＋15P_i＋17CoA＋4H_2O

(64)　GAP＋NADH＋17AcCoA＋32.4NADPH＋34H＋15ATP＋2.2O_2
⇒DG＋NAD＋32NADP＋15ADP＋15P_i＋17CoA＋2.4H_2O

(65)　GAP＋NADH＋17AcCoA＋32.6NADPH＋34H＋15ATP＋2.5O_2
⇒DG＋NAD＋33NADP＋15ADP＋15P_i＋17CoA＋2.7H_2O

(66)　8Glu＋12AcCoA＋21ATP＋24NADPH＋Mg^{2+}＋MYTHF＋3O_2
⇒CHLO＋4NH_3＋10CO_2＋24NADP＋THF＋21ADP

【その他の反応】

(67)　ATP⇒ADP

＊　添え字の chl はクロロフィルの意

異なる培養条件で用いる式		
CO_2 を炭素源（明条件）	グルコールを炭素源（暗条件）	グルコースを炭素源（明条件，暗条件）
①,②〜⑪,⑫,⑭,⑯〜㉖,㉗〜㉜,㉝〜㉟,㊱〜(53),(54),(55),(56),(57),(60)〜(62),(63),(66),(67)	⑬〜⑮,⑰〜㉖,㉗〜㉜,㉝〜㉟,㊱〜(53),(54),(55),(57),(60)〜(62),(64),(66),(67)	①,②〜⑪,⑫,⑬〜⑮,⑰〜㉖,㉗〜㉜,㉝〜㉟,㊱〜(53),(54),(55),(57)〜(62),(65)〜(67)

が示唆される。また，図 3.7（a）の場合，PP 経路のフラックスが非常に小さくなっているが，これは光合成によって多くの NADPH が合成され，高くなった NADPH/$NADP^+$ 比が G6PDH の活性を阻害し，G6P から PP 経路に向かう反応を抑制していることが示唆される。

表 3.4　異なる培養条件での *C. pyrenoidosa* の比速度[21]

実　験	$Y_{Glc/X}$ 〔mol/g〕	$Y_{CO_2/X}$ 〔mol/g〕	$Y_{O_2/X}$ 〔mol/g〕
光照射下で CO_2 を炭素源として培養	—	-0.0398	-0.0556
暗条件でグルコースを炭素源として培養	0.0179	0.0653	0.0478
光を周期的に照射し，グルコースを炭素源として培養	0.0170	0.0585	0.0384

一方，図 3.7（b）の場合は，約 90％ものグルコースが G6P から PP 経路に向かっているが，これは細胞生合成のために多くの NADPH が必要になっているためと思われる。また，図（c）をみてみると，光合成で生成されたグリセルアルデヒド-3-リン酸（GAP）は，解糖系および TCA 回路に取り込まれて NADH と $FADH_2$ の合成にあずかるため，ATP 合成には光とグルコース両方が関与していると思われる。

さて光照射下では，約 40％もの ATP がミトコンドリアでの酸化的リン酸化で生成されることがわかるが，CO_2 を取り込むための ATP 要求は 77％にものぼり，生成された ATP のほとんどはカルビン-ベンソン回路で利用されることがわかる。このため光照射下での ATP 収率はかなり低くなる。前述のフラックス分布をもとに三つのケースについて ATP 収率を計算してみると，図 3.7 の（b）＞（c）＞（a）の順になることがわかる。また，細胞維持に多くの ATP（50〜70％にも達する）が利用されていることもわかる。これは微生物細胞と異なり，植物や藻類では多くのコンパートメントが存在し，このため多くの ATP が細胞内輸送や無益回路等に用いられているためと考えられる。

3.4.4　*Torulopsis glabrata* の代謝解析とピルビン酸発酵

他の例として，ビタミン要求性酵母 *Torulopsis glabrata* によるピルビン酸発酵について説明する。ピルビン酸は生物内に普遍的に存在する重要な有機酸であり，解糖系と TCA 回路やエタノール，乳酸生成系との重要な接点に位置する代謝産物である。ピルビン酸は医農薬の合成原料であり，これまで細菌，酵母，担子菌，カビ等を利用して，その効率的生産が検討されている。ここでは図 3.8 に示されるように，チアミン（B_1），ニコチン酸（NA），ピリドキシン（Pdx），ビオチン（Bio）を要求する酵母 *T. glabrata*[11),24)] に着目し，その代謝経路をピンポイントで制御することを考える。特に NA が NAD^+/NADH 収支に影響し，B_1 の濃度によってピルビン酸脱炭酸酵素とピルビン酸脱水素酵素の活性を調節できることから，溶存酸素（DO）濃度等の培養環境や B_1 の添加量や添加の時期がピルビン酸発酵に及ぼす影響を代謝フラックス分布の観点から解析することができる[6)〜8)]。図 3.9 は DO 濃度を 30〜40％に保った場合について，表 3.5 の代謝量論式をもとに，代謝フラックス分布を時間の関数として求めた結果である。図 3.9 から，培養初期では PP 経路が活性化し，細胞増殖が促進され，エタノールの生成も高いことがわかる。培養後期になると PP 経路のフラ

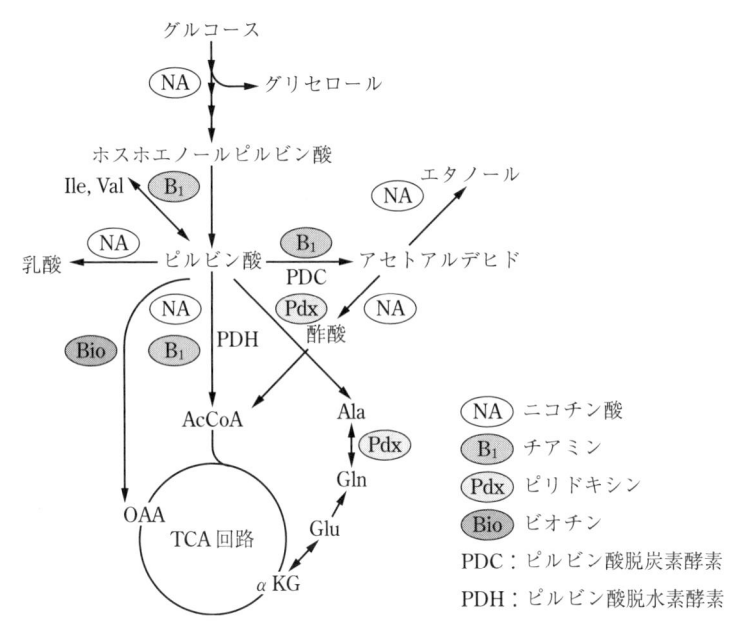

図3.8 各種ビタミン依存の酵素と *T. glabrata* の代謝経路

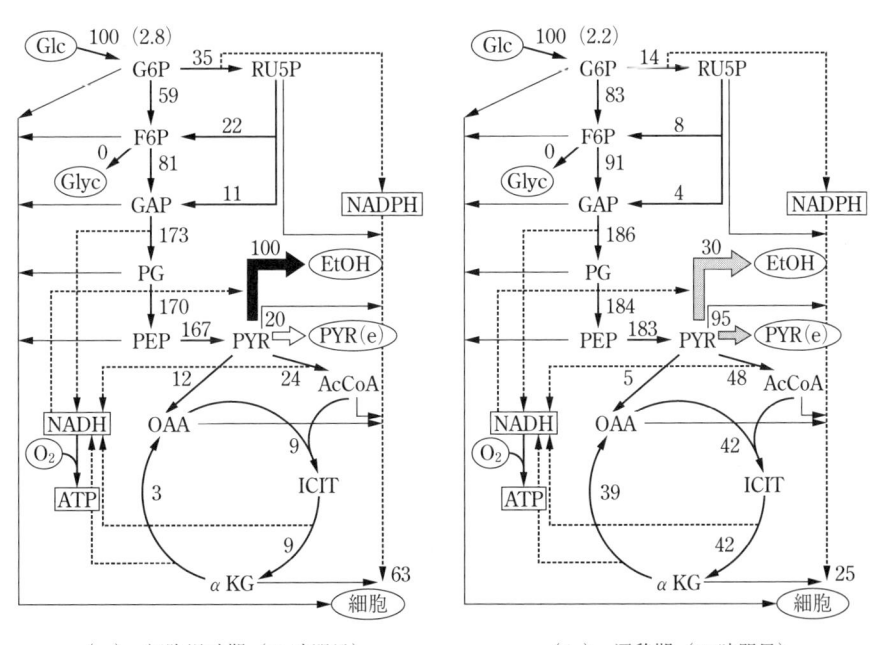

(a) 細胞増殖期（10時間目） (b) 遷移期（25時間目）

図3.9 好気条件（DO濃度 30〜40％）で，*T. glabrata* IFO 0005 を培養したときの代謝フラックス分布[6]

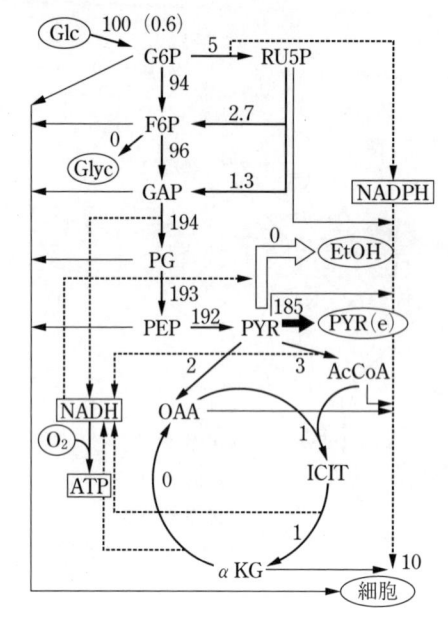

(c) ピルビン酸生成期（36時間目）

図3.9 （つづき）

表3.5　*T. glabrata* の代謝量論式[8]

【解糖系】
① Glu+ATP→G6P+ADP
② G6P→F6P
③ F6P+ATP→2GAP+ADP
④ GAP+NAD+ADP→PG+NADH+ATP
⑤ PG→PEP
⑥ PEP→PYR+ATP

【ペントースリン酸経路】
⑦ G6P+2NADP→RU5P+CO_2+2NADPH
⑧ RU5P→0.67F6P+0.33GAP

【TCA回路】
⑨ PYR+NAD→AcCoA+CO_2+NADH
⑩ AcCoA+OAA→ICIT
⑪ ICIT+NAD→KG+CO_2+NADH
⑫ KG+FAD+GDP+2NAD
　　→OAA+CO_2+FADH+GTP+2NADH

【補充経路】
⑬ PYR+CO_2+ATP→OAA

【ピルビン酸と代謝物生成】
⑭ PYR→PYR_{Ext}
⑮ F6P→2Glyc+ATP
⑯ PYR+NADH→EtOH+NAD+CO_2

【酸化的リン酸化】*
⑰ FADH+0.5(P/O)ADP+0.5O_2→0.5(P/O)ATP+FAD
⑱ NADH+(P/O)ADP+0.5O_2→(P/O)ATP+NAD

【生合成反応】
⑲ 0.067G6P+0.064RU5P+0.009GAP+0.065PG+0.050PEP+0.176PYR+0.095OAA
　　+0.102KG+0.249AcCoA+1.142NADPH+0.157NAD+3.82ATP→細胞+1.142NADP
　　+0.157NADH+0.127CO_2+3.82ADP

【ATP分解反応】
⑳ ATP→ADP

＊　P/O比として2を用いるが，一般に微好気条件ではこの値は2より小さい。

3.4 一般的な場合の代謝フラックス分布の計算および代謝解析例   73

ックスが低下し,ピルビン酸合成経路のフラックスが高くなっていることがわかる。

図 3.10 は,DO 濃度が代謝フラックス分布に及ぼす影響を培養後期で比較したものである。この図から,DO 濃度を低くしすぎるとエタノールが過剰生成され,DO 濃度を上げるに従ってピルビン酸生成が促進されており,DO 濃度が 30〜40 % と 60 % 以上を比較する

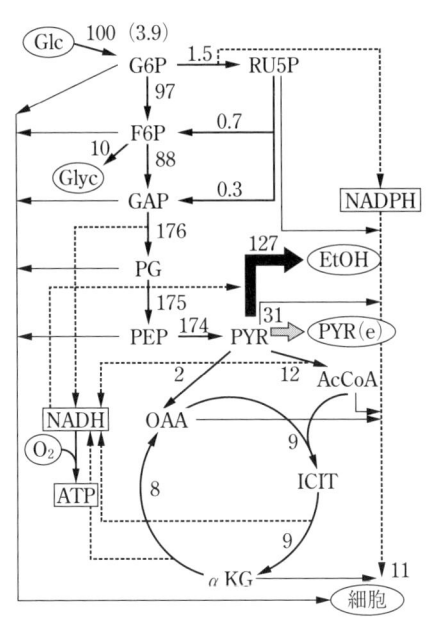

(a) DO 濃度 0.5〜1 %

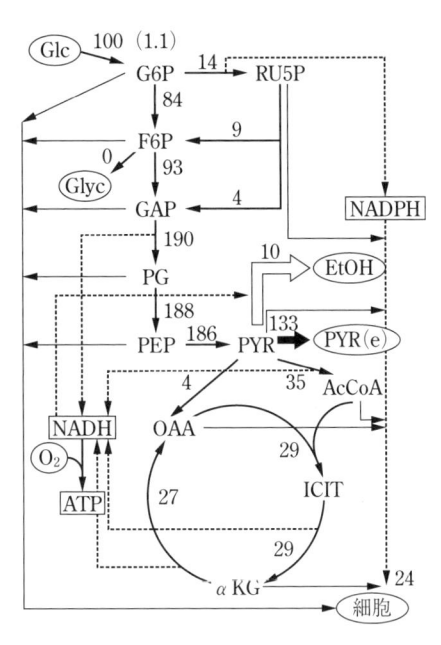

(b) DO 濃度 5〜10 %

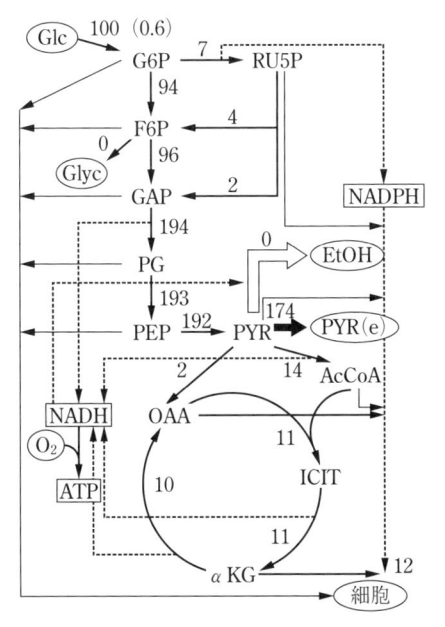

(c) DO 濃度 60 % 以上

図 3.10 DO 濃度が代謝フラックス分布に及ぼす影響[6]

と，前者のほうが細胞合成は低下するが，ピルビン酸生成は高いことがわかる。これらの結果をもとに，**図3.11**は，培養開始30時間目まではDO濃度を高くして細胞合成を促進させ，30時間目にDO濃度を40％から5％程度に低下させ，ピルビン酸を効率よく生成させた結果である[8]。DO濃度を低下させると，NADH/NAD$^+$収支のために，エタノール合成経路が活性化されるが，図3.11の実験では，同時にNAを添加することによってNAD$^+$を供給し，NADH/NAD$^+$比を低下させることでエタノールの生成を抑制できている。この場合の3～6時間目と39～42時間目での代謝フラックス分布を計算した結果を**図3.12**に示す[8]。この二つの代謝フラックス分布を比較してみると，培養初期にはPP経路が活性化されており，細胞合成に必要なNADPHを大量に補給していることがわかる。また，同時にエネルギー獲得のためにTCA回路が活性化されており，エタノール合成も少なくない。一方，DO濃度を低下させた後は，NADHの過剰蓄積のためにPDH複合体の酵素活性が阻害を受けてTCA回路のフラックスが低下しており，その結果，多くのピルビン酸が培養液中に放出されていることがわかる。

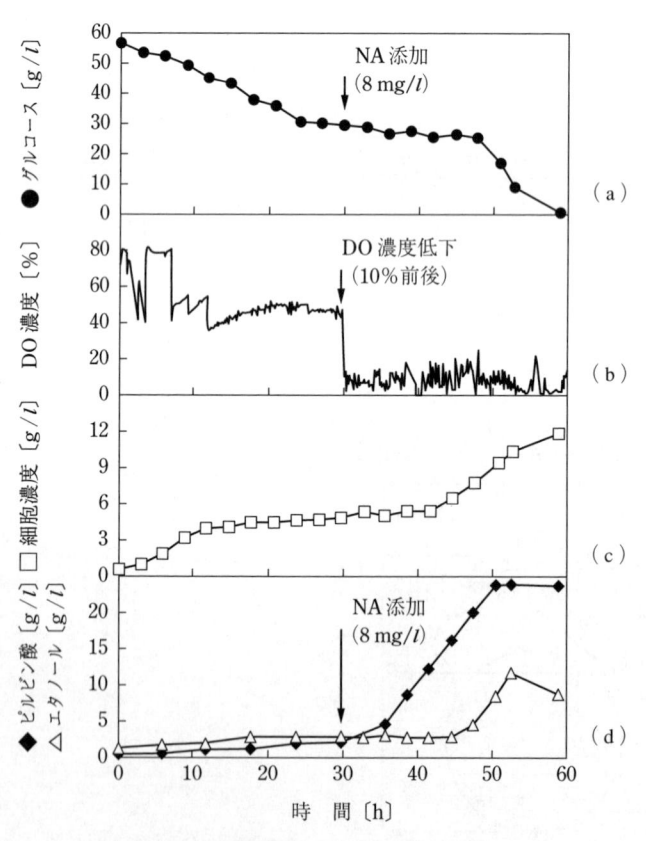

図3.11 2段階培養によるピルビン酸発酵[8]

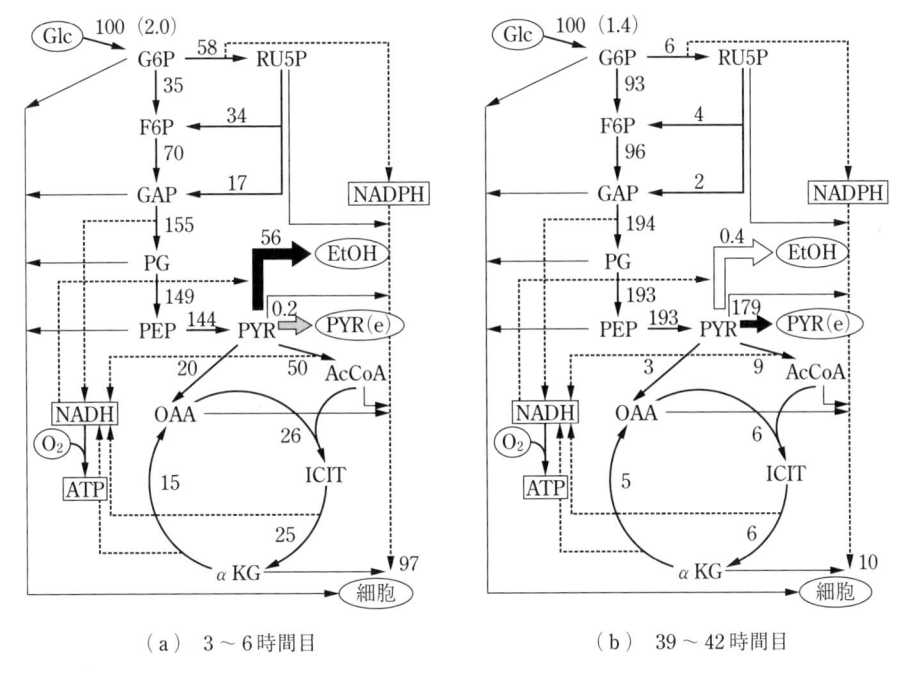

図3.12 *T. glabrata* の代謝フラックス分布[8]

(a) 3〜6時間目   (b) 39〜42時間目

3.4.5 遺伝子欠損株大腸菌の嫌気条件での代謝解析と乳酸発酵

微生物等の細胞を好気条件で培養した場合は，主要代謝経路だけでも，TCA回路や補充反応等の回路を含む複雑な経路が存在するため，そのまま量論行列を用いて代謝フラックス分布を求めようとすると，量論行列の行列式が特異(singular)になって解くことができない。このため，これまでの例では，一部の経路をまとめることによってこのような問題を回避している。より厳密な代謝フラックス分布を求めるには，4章以降で述べる，同位体を利用した方法が必要になってくる。ただし，これから述べる嫌気あるいは微好気条件で細胞を培養したときの代謝経路は，一般に回路を含まないと考えられるので，代謝量論行列だけでも比較的正確な代謝フラックス分布を求めることができる。本項では，いくつかの1遺伝子欠損株大腸菌を嫌気（微好気）条件で培養した場合の代謝解析例と乳酸発酵について説明する[25),26)]。

（1）統計的な視点で考えた代謝フラックス分布の求め方　比速度の測定データからフラックス分布を求める別の方法について考える[19)]。式(3.13)を，測定できる比速度 q_m と，細胞内代謝物の比速度 q_c に分けて表現するとつぎのように表現できる。

$$\begin{bmatrix} q_m \\ q_c \end{bmatrix} = \begin{bmatrix} A_{11} & A_{12} \\ A_{21} & A_{22} \end{bmatrix} \begin{bmatrix} r_1 \\ r_2 \end{bmatrix} \tag{3.16}$$

ここで，A_{22} は正方行列で正則だと仮定する。一般に，細胞内代謝物の比速度 q_c は0とお

けるので，式 (3.16) はそれぞれつぎのように表せる。

$$q_m = A_{11}r_1 + A_{12}r_2 \tag{3.17a}$$

$$0 = A_{21}r_1 + A_{22}r_2 \tag{3.17b}$$

式 (3.17b) から次式を得る。

$$r_2 = -A_{22}^{-1}A_{21}r_1 \tag{3.18}$$

この式を式 (3.17a) に代入すると次式となる。

$$q_m = Br_1 \tag{3.19}$$

ここで

$$B \equiv A_{11} - A_{22}^{-1}A_{21}A_{12} \tag{3.20}$$

である。B は正方行列とは限らないので，式 (3.19) から r_1 の最小2乗推定を求めると，つぎのようになる。

$$\hat{r}_1 = (B^T B)^{-1} B^T q_m \tag{3.21}$$

いま，測定誤差共分散行列 Σ が与えられているときは，r_1 の最尤推定はつぎのようになる。

$$\hat{r}_1 = [B^T \Sigma^{-1} B]^{-1} B^T \Sigma^{-1} q_m \tag{3.22}$$

また，式 (3.18) から次式が成り立っている。

$$\hat{r}_2 = -A_{22}^{-1}A_{21}\hat{r}_1 \tag{3.23}$$

（2） 遺伝子欠損株大腸菌の培養特性　表3.6は，野生株の大腸菌 BW 25113 と，その *pflA*, *pta*, *ppc*, *adhE*, *pykF* 遺伝子欠損株を，グルコースを炭素源とした嫌気（微好気）条件で培養したときの比増殖速度および代謝産物の対糖収率をまとめたものである[26]。この表をみてみると，野生株の大腸菌 BW 25113 の場合は，消費したグルコースのほとん

表3.6　嫌気（微好気）条件での大腸菌細胞の培養結果の比較[26]

(a) 対グルコース収率	菌株	対グルコース収率〔(g/g)%〕*						
		細胞	乳酸	酢酸	蟻酸	コハク酸	エタノール	ピルビン酸
	BW 25113	30.1	1.2	24.3	30.0	5.0	14.7	0.2
	pflA⁻	8.1	72.5	1.1	0.0	0.0	1.0	1.1
	pta⁻	6.9	51.3	1.6	2.1	4.5	0.0	0.0
	ppc⁻	4.6	32.2	13.5	9.4	0.3	6.2	4.6
	adhE⁻	11.4	9.7	42.4	12.1	3.2	0.2	0.0
	pykF⁻	13.0	2.1	34.0	22.9	6.9	12.0	0.0

(b) 比速度の比較	菌株	比速度〔mmol/g DCW/h〕						
		グルコース	乳酸	酢酸	蟻酸	コハク酸	エタノール	ピルビン酸
	BW 25113	−6.30	0.15	4.59	7.40	0.48	3.63	0.00
	pflA⁻	−8.15	11.01	0.27	0.00	0.00	0.25	0.00
	pta⁻	−6.51	6.53	0.31	0.65	0.45	0.03	0.00
	ppc⁻	−1.59	1.03	0.64	0.59	0.00	0.39	0.15
	adhE⁻	−1.10	0.21	1.40	0.52	0.05	0.19	0.00
	pykF⁻	−9.02	0.38	9.19	8.09	0.95	0.93	0.00

*　対数増殖期での値

どが，蟻酸や酢酸，コハク酸等の有機酸やエタノール等に変換されており，乳酸やピルビン酸等の生成は非常に少ないことがわかる。

一般に ppc 遺伝子欠損株は，グルコースを炭素源とした合成培地では増殖できないと報告されているが[10]，表3.6の結果からも，増殖速度がきわめて低くなっていることがわかる。ただし表3.6から，pflA, pta, ppc 遺伝子欠損株では，エタノールの対糖収率がきわめて高いことがわかる。また，pflA や pta の遺伝子欠損株では，Pfl によって触媒される反応の代謝物である蟻酸や酢酸，エタノールの生成がきわめて低いことがわかる。また，adhE 遺伝子欠損株については，酢酸が多く生成されていることがわかる。pykF 遺伝子欠損株も比較的多く酢酸が生成されているが，この場合はコハク酸（SUC）やエタノールもかなり生成されている。

（3）酵素活性 つぎに，野生株および1遺伝子欠損株について，細胞増殖途中で採取したサンプルについて測定した酵素活性を**表3.7**に示す。表3.7をみてみると，pflA 遺伝子欠損株では野生株に比べて，GAPDH の活性が約9倍，LDH の活性が約3倍，Ppc の活性が約100倍，Ack の活性が約100倍高くなっていることがわかる。GAPDH と LDH の活性が高くなっているのは，この経路の反応で NADH の生成と再酸化が行われ，結果として，乳酸の過剰生成に寄与しているからと思われる。ATP は解糖系，および Pta-Ack 経路での基質レベルのリン酸化でのみ生成されるので，Pyk と Ack の比活性の増加は ATP 要求からきているものと思われる。pflA 遺伝子欠損株と同様に乳酸を比較的多く生成する pta 遺伝子欠損株でも，GAPDH と LDH の活性が高くなっていることがわかる。pta 遺伝子欠損株と pflA 遺伝子欠損株の違いは Ppc の活性にある。pflA 遺伝子欠損株では，Ppc の活性が非常に高くなっているが，pta 遺伝子欠損株では，Ppc の活性は野生株と同じくらい低いが，コハク酸の生成では，むしろ pta 遺伝子欠損株のほうが高い。これは後で述

表3.7 酵素活性の比較[26]

菌株	酵素比活性〔mmol/min mg protein〕*								
	G6PDH	6PGDH	GAPDH	Pyk	LDH	Ppc	Pfl	Ack	ADH
BW 25113	0.152 ±0.023	0.18 ±0.002	0.008 ±0.001	0.657 ±0.102	0.503 ±0.120	0.008 ±0.003	0.071 ±0.012	0.038 ±0.006	0.006 ±0.000
pflA⁻	0.252 ±0.061	0.079 ±0.010	0.076 ±0.011	0.726 ±0.170	2.093 ±0.512	0.343 ±0.122	0.004 ±0.004	4.088 ±0.200	0.011 ±0.002
pta⁻	0.187 ±0.027	0.001 ±0.001	0.060 ±0.008	0.512 ±0.006	1.621 ±0.306	0.005 ±0.001	0.013 ±0.001	3.465 ±0.195	0.005 ±0.001
ppc⁻	0.017 ±0.002	0.000 ±0.000	0.014 ±0.001	0.183 ±0.060	0.164 ±0.020	0.003 ±0.002	0.025 ±0.006	0.629 ±0.035	0.040 ±0.009
adhE⁻	0.013 ±0.002	0.004 ±0.001	0.008 ±0.003	0.108 ±0.021	0.000 ±0.000	0.005 ±0.001	0.043 ±0.001	0.536 ±0.035	0.000 ±0.000
pykF⁻	0.052 ±0.006	0.017 ±0.003	0.020 ±0.005	0.009 ±0.003	0.069 ±0.030	0.013 ±0.001	0.050 ±0.004	0.293 ±0.016	0.001 ±0.001

* 3回測定の平均値

べるように，細胞内の PEP が蓄積したためと考えられ，pykF 遺伝子欠損株でも同様である。ppc 遺伝子欠損株では，AcCoA を消費する反応の酵素 Ack と ADH の活性が高くなっているが，AcCoA を生成する反応の酵素 Pfl の活性は野生株に比べて非常に低くなっている。このため，酢酸やエタノールの生成は，野生株に比べて少なくなっている。これに対して，ppc 遺伝子欠損株の LDH 活性は野生株に比べて低いが，乳酸生成は増加している。ppc 遺伝子欠損株の Pyk 活性は野生株の約 1/4 で，adhE 遺伝子欠損株でもこの活性が低下している。ただし，これらの二つの欠損株および pykF 遺伝子欠損株では Ack の活性が高くなっているが，これは ATP 生成のためと思われる。adhE 遺伝子欠損株では，LDH と Pfl の活性がともに低下しており，これは乳酸や蟻酸の生成速度の低下と一致している。pykF 遺伝子欠損株では Ppc の活性が高く，LDH と ADH の活性がともに低下していることもわかる。

（4） 細胞内代謝物濃度　表 3.8 には，細胞内代謝物濃度を測定した結果が示してある[26]。この表から，pflA 遺伝子欠損株では，野生株に比べて G6P，FDP，ピルビン酸（PYR）の濃度が 3〜20 倍増加しているが，PEP の濃度は低下していることがわかる。PEP は PTS の基質でもあるので，高い基質消費速度と，高い Pyk の活性とが符合している。PEP の濃度が低いために，Ppc の活性が高くても，コハク酸の生成は低くなったものと考えられる。pta 遺伝子欠損株も pflA 遺伝子欠損株と同様であるが，この場合は PEP が著しく蓄積していることがわかる。また，pykF 遺伝子欠損株の場合は，すべての解糖系の代謝物の濃度が，野生株や他の変異株に比べて増加していることがわかる。過剰の乳酸を生成する pflA 遺伝子欠損株や pta 遺伝子欠損株では，野生株に比べて高い $NADH/NAD^+$ 比を示しており，このことが乳酸生成を促進したと考えられる。遺伝子欠損株の ATP/AXP

表 3.8　細胞内代謝物濃度の比較[26]

菌株	細胞内代謝物濃度 [mM/g DCW]*											
	G6P	FBP	PEP	PYR	AcCoA	ATP	ADP	AMP	ATP/AXP	NADH	NAD	NADH/NAD
BW 25113	0.05 ±0.01	4.59 ±0.02	0.32 ±0.12	8.21 ±0.01	0.07 ±0.00	3.06 ±0.17	0.38 ±0.01	0.21 ±0.01	0.84	0.018 ±0.002	0.143 ±0.001	0.126
$pflA^-$	1.09 ±0.01	16.41 ±0.11	0.12 ±0.04	25.49 ±0.01	0.05 ±0.00	1.69 ±0.11	0.20 ±0.01	0.20 ±0.01	0.81	0.056 ±0.001	0.060 ±0.002	0.933
pta^-	0.54 ±0.03	15.08 ±0.03	1.27 ±0.20	21.83 ±0.55	0.01 ±0.00	1.82 ±0.16	1.17 ±0.08	1.12 ±0.17	0.44	0.047 ±0.001	0.129 ±0.007	0.680
ppc^-	0.84 ±0.03	24.46 ±0.04	0.96 ±0.07	38.72 ±2.26	0.05 ±0.02	4.19 ±1.14	3.71 ±0.01	1.16 ±0.43	0.53	0.018 ±0.004	0.170 ±0.010	0.106
$adhE^-$	0.32 ±0.01	11.41 ±0.03	0.46 ±0.08	18.40 ±0.25	0.01 ±0.00	1.38 ±0.04	0.69 ±0.02	0.46 ±0.04	0.55	0.010 ±0.006	0.058 ±0.009	0.167
$pykF^-$	1.15 ±0.02	30.90 ±0.90	3.67 ±0.06	46.96 ±1.98	0.08 ±0.02	2.65 ±0.10	2.27 ±0.05	1.01 ±0.08	0.47	0.002 ±0.005	0.177 ±0.008	0.010

＊ 3 回の測定値の平均

（ATP＋ADP＋AMP）比は，野生株に比べてすべて低くなっていることも示しており，特に pta や $pykF$ 遺伝子欠損株で低くなっている。

（5） 代謝フラックス分布 図3.13の代謝経路について，本節で説明した代謝量論式を用いて代謝フラックス分布を求めてみると，**表3.9**のようになる。表3.9から，$pykF$ や $pflA$ 遺伝子欠損株では，野生株に比べてグルコース比消費速度（v_1）が高くなっていることがわかる。GAPDH のフラックス（v_3）は NADH/NAD$^+$ 比によって調節されていることが報告されているが[4),5)]，これは，NADH が GAPDH に結合して競争阻害を示すことからきている。表3.7から，$pflA$，pta，$pykF$ 遺伝子欠損株の GAPDH 活性は，野生株に比べて，9倍，7.5倍，2.5倍になっている。$pykF$ 遺伝子欠損株では，細胞内の NADH/NAD$^+$ 比は，表3.8から著しく低くなることがわかり，高いグルコース比消費速度は，GAPDH の活性が NADH によって阻害されなかったためと考えられる。これに対して，$pflA$ 遺伝子欠損株や pta 遺伝子欠損株で NADH/NAD$^+$ 比が高いのは，GAPDH が阻害されたためと考えられる。

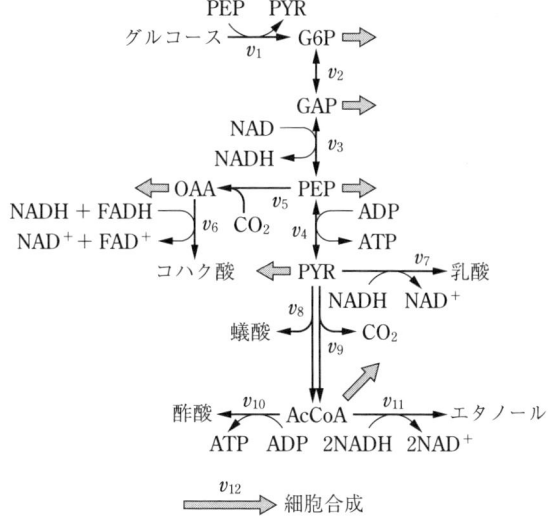

図3.13 嫌気条件での大腸菌細胞の代謝経路[26)]

表3.9 代謝フラックス分布の比較[26)]

菌株	代謝フラックス〔mmol/g DCW/h〕					
	v_1	v_2	v_3	v_4	v_5	v_6
BW 25113	6.30 ±0.06	5.90 ±0.07	11.73 ±0.10	3.85 ±0.09	1.39 ±0.09	0.42 ±0.06
$pflA^-$	8.15 ±0.06	7.58 ±0.07	14.93 ±0.10	5.71 ±0.10	0.78 ±0.10	0.18 ±0.11
pta^-	6.51 ±0.06	5.79 ±0.06	11.27 ±0.10	3.03 ±0.10	1.37 ±0.10	0.77 ±0.10
ppc^-	1.59 ±0.02	1.48 ±0.02	2.90 ±0.03	1.12 ±0.02	0.14 ±0.02	0.00 ±0.03
$adhE^-$	1.10 ±0.02	1.04 ±0.02	2.05 ±0.03	0.76 ±0.04	0.15 ±0.03	0.07 ±0.02
$pykF^-$	9.02 ±0.07	7.05 ±0.07	13.21 ±0.07	0.00 ±0.00	3.21 ±0.33	1.54 ±0.23

菌株	代謝フラックス〔mmol/g DCW/h〕					
	v_7	v_8	v_9	v_{10}	v_{11}	v_{12}
BW 25113	0.09 ±0.06	7.28 ±0.35	1.97 ±0.23	4.47 ±0.12	3.52 ±0.11	3.94 ±0.10
$pflA^-$	11.69 ±0.7	0.00 ±0.00	1.64 ±0.11	0.46 ±0.2	0.45 ±0.10	1.62 ±0.11
pta^-	7.36 ±0.83	0.70 ±0.06	0.92 ±0.10	0.61 ±0.3	0.31 ±0.12	1.26 ±0.12
ppc^-	1.13 ±0.1	0.62 ±0.07	0.66 ±0.03	0.72 ±0.08	0.45 ±0.06	0.20 ±0.02
$adhE^-$	0.23 ±0.03	0.53 ±0.06	1.03 ±0.05	1.45 ±0.05	0.00 ±0.02	0.27 ±0.04
$pykF^-$	0.13 ±0.2	7.82 ±0.29	2.56 ±0.43	7.75 ±0.4	2.93 ±0.31	2.48 ±0.23

表3.10は，いくつかの代謝分岐点でのフラックス比を示したものである。この表から，*ppc* 遺伝子欠損株について，ピルビン酸での乳酸生成のフラックス比は野生株に比べて著しく高く，*pflA* 遺伝子欠損株や *pta* 遺伝子欠損株では，もっと高くなっている。LDH と Pfl での反応は，ピルビン酸を取り合って競争しており[3]，高い NADH/NAD$^+$ 比が LDH の活性を高くしていると考えられる（表3.7，表3.8参照）。

表3.10 代謝分岐点でのフラックス比[26]

菌株	PEPでのピルビン酸生成のフラックス比 $\left(\dfrac{v_1+v_4}{v_1+v_4+v_4}\times 100\right)$	ピルビン酸での乳酸生成のフラックス比 $\left(\dfrac{v_7}{v_7+v_8+v_9}\times 100\right)$	AcCoAでの酢酸生成のフラックス比 $\left(\dfrac{v_{10}}{v_{10}+v_{11}}\times 100\right)$
BW 25113	88.0	1.0	55.9
pflA$^-$	94.7	87.7	50.5
pta$^-$	87.4	82.0	66.3
ppc$^-$	95.1	46.9	61.5
adhE$^-$	92.5	12.8	100.0
pykF$^-$	73.8	0.0	72.6

表3.9から，*pykF* 遺伝子欠損株の Ppc のフラックス（v_5）は野生株の約2.6倍であり，酵素活性のデータでは，*pykF* 遺伝子欠損株の Ppc 活性は約60％増加している。Ppc のフラックスは，Ppc の酵素活性に比べて高くなっているが，これは PEP の蓄積と，FBP のシナジー効果のためと考えられる[10),16)]。また，表3.10から，*ppc* 遺伝子欠損株や *adhE* 遺伝子欠損株では，野生株に比べて PEP での Ppc のフラックスが低く，ピルビン酸合成経路のフラックスが高くなっている。さらに，*pflA* 遺伝子欠損株や *pta* 遺伝子欠損株での Ack の活性は著しく高いが，AcCoA から酢酸合成へのフラックス比は，それぞれ50.5％と66.3％にとどまっていることがわかる。

（6）ピルビン酸でのフラックスの分配　　図3.14は，酵素活性や細胞内代謝物濃度が，乳酸生成のフラックスに及ぼす影響をみたものである[26]。この図から，LDH の活性が高くなるにつれて，また，Pfl の活性が低くなるにつれて，乳酸生成のフラックスが高くなっていることがわかる。酵素活性の変化に対するフラックスの変化を $(\Delta J/\Delta E)\cdot(E^r/J^r)$ でみてみよう[15]（表3.11参照）。これは，9章で述べる**制御係数**（control coefficient）と関係しており[17),23)]，肩つき文字の r は基準値あるいは参照値（reference）の意味である。表3.11では，この指数は基準値からの摂動をみている。この表から，*pflA* 遺伝子欠損株での乳酸生成には，LDH の活性が支配的であることがわかる。これに対して *adhE* 遺伝子欠損株では，Pfl 活性が支配的であることがわかる。このことが，野生株に比べて *adhE* 遺伝子欠損株の LDH 活性は低いが，乳酸生成が高くなった理由だと考えられる。LDH 活性が支配的であるということは，LDH の活性を高めてやれば，LDH のフラックスも高くなることからもわかる[23]。これらのことから，乳酸生成には LDH と Pfl の活性がともに重要であるこ

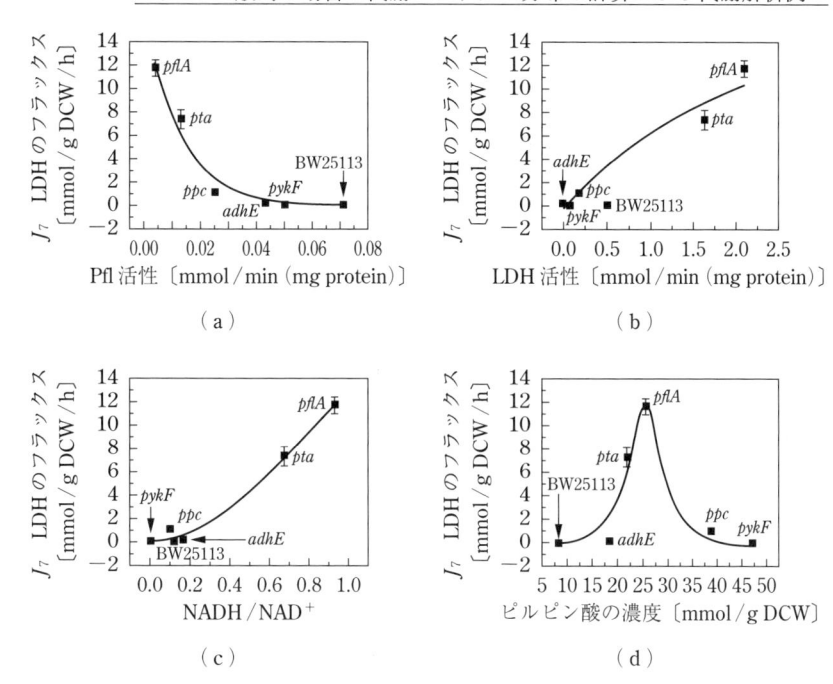

図 3.14 酵素活性および細胞内代謝物濃度が乳酸脱水素酵素（LDH）の
フラックスに及ぼす影響[26]

表 3.11 LDH 活性および Pfl 活性の LDH フラックスに対する感度[26]

新しい状態	もとの状態	$\left(\dfrac{\Delta J_7}{\Delta LDH}\right)\left(\dfrac{LDH^r}{J_7^r}\right)$	$\left(\dfrac{\Delta J_7}{\Delta Pfl}\right)\left(\dfrac{Pfl^r}{J_7^r}\right)$
$pflA^-$	pta^-	1.64	-0.16
pta^-	ppc^-	0.94	-0.92
ppc^-	$adhE^-$	0.80	-1.11
$adhE^-$	ppc^-	0.00	-9.35
$pykF^-$	BW 25113	-0.05	-0.73

とがわかる。図 3.14（c）から，LDH のフラックス（v_7）と NADH/NAD$^+$ 比の関係をみてみると，乳酸生成（あるいは LDH の酵素活性）は，高い NADH/NAD$^+$ 比によって決まっていることがわかる。また，細胞内代謝物濃度のフラックスに及ぼす影響をみるための $(\Delta J/\Delta p)\cdot(p^r/J^r)$ の値を考えてみる[15),22)]。ここで，p は細胞内代謝物の濃度を表している。

$pflA$ および pta 遺伝子欠損株では，NADH/NAD$^+$ 比に対する LDH のフラックスの感度は，それぞれ 1.37 と 1.28 であり，高い酸化還元の圧力が乳酸生成を促進していると考えられる。ピルビン酸の濃度が，v_7 に及ぼす影響をみたものが，図 3.14（d）に示してある。この図から，ピルビン酸の濃度が低い場合は，この濃度が増加するにつれて LDH のフラックスが増加するが，ピルビン酸の濃度が高くなりすぎると ppc や $pykF$ 遺伝子欠損株のように低下することがわかる。なお，$pflA$ や pta 遺伝子欠損株では，ピルビン酸の濃度より，NADH/NAD$^+$ 比が乳酸生成を促進していると思われる。

（7） AcCoA でのフラックス比　嫌気条件で大腸菌を培養した場合，酢酸とエタノールの生成比は約1：1といわれている[2),20)]。この比は，残存の PDH の活性によってもたらされる酸化還元バランスによって影響を受ける[2),4)]。*pflA*，*pta*，*ppc* 遺伝子欠損株では，AcCoA でのフラックス比はあまり変わっていない（50.5％〜66.3％）が，*pykF* および *adhE* 遺伝子欠損株では異なっている（表3.10参照）。*adhE* 遺伝子欠損株では，エタノール合成経路がブロックされているので，ほとんど酢酸合成に向かっているが，*pykF* 遺伝子欠損株でも，酢酸合成経路のフラックスが72.6％とかなり大きい。細胞内 AcCoA 濃度が Pta-Ack 経路のフラックスに及ぼす影響を**図3.15**（a）に示す。*pykF* 遺伝子欠損株と野生株の AcCoA 濃度に関する Pta-Ack フラックスの感度は，それぞれ0.93と0.79である。このことは，AcCoA が利用できるかどうかが酢酸生成の律速になっていることを意味している。図3.15（b）は，Pfl の活性が増加するにつれて，Pta-Ack のフラックスが増加することを示しており，Pfl が Pta-Ack のフラックスに及ぼす影響が大きくない *pflA* および *pta* 遺伝子欠損株では酢酸の生成が少ない。*pflA* および *pta* 遺伝子欠損株についての，Pfl 活性に関する Pta-Ack フラックスの感度は，それぞれ0.15と0.36と小さい。しかし，これらの二つの欠損株の LDH のフラックスは LDH の活性が律速であるので，これらの変異株では，LDH と競合的な Pfl のフラックスが，高い LDH 活性のために低くなっている。それゆえ，Pta-Ack のフラックスは Pfl のフラックス，すなわち AcCoA の供給がどれくらいできるかにかかっている。

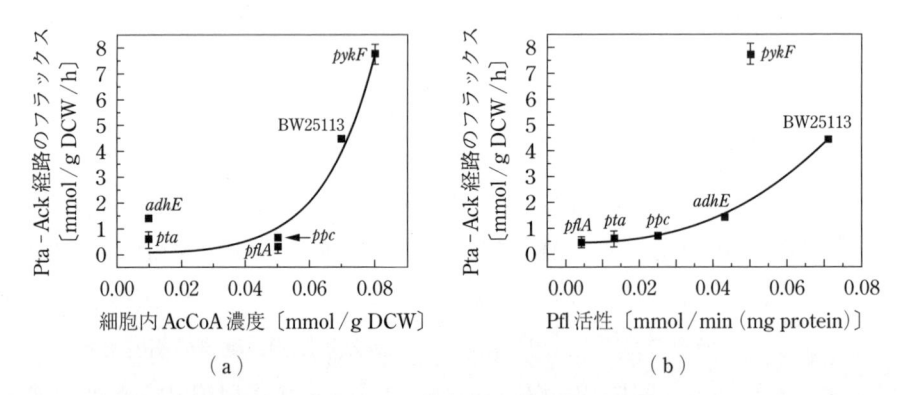

図3.15　細胞内 AcCoA 濃度および Pfl 活性が酢酸合成経路（Pta-Ack）のフラックスに及ぼす影響[26)]

（8） PEP でのフラックス比　微好気あるいは嫌気条件では，細胞合成の前駆体である OAA は PEP から Ppc の反応で供給される[20)]。また，コハク酸は OAA から生成され，1分子のコハク酸合成には2分子の NADH が必要になる。

一般に，微生物細胞を好気条件で培養した場合より，嫌気条件で培養した場合のほうが，グルコース消費速度，すなわち解糖系のフラックスは増加する。大腸菌等では，解糖系のフ

ラックスはATP要求によって制御されていると考えられている。このため，ATPの加水分解を最適化することによって，さらに解糖系のフラックスを向上させることも可能である[9]。嫌気条件では，ATPの生成はPgkのほかにPykとAckの反応で生成される。この場合，AckのフラックスはI，酵素Ackの活性よりもPflの活性によって支配されている。図3.16（a）と（b）には，Pykの活性が，Pykのフラックス（J_4）および解糖系のフラックス（J_3）への影響を示したものである。Pykのフラックスの，Pyk活性に対する感度はほぼ1であり，このフラックスはPykの活性によって制御されていることがわかる。図3.16（b）からもわかるように，Pykの活性は解糖系のフラックスに大きな影響を与えていることがわかる。Pykの活性に関する解糖系のフラックス（v_3）の感度は0.6〜1.16であるが，$pykF$ 遺伝子欠損株だけは例外で，あまり関係ないようである。

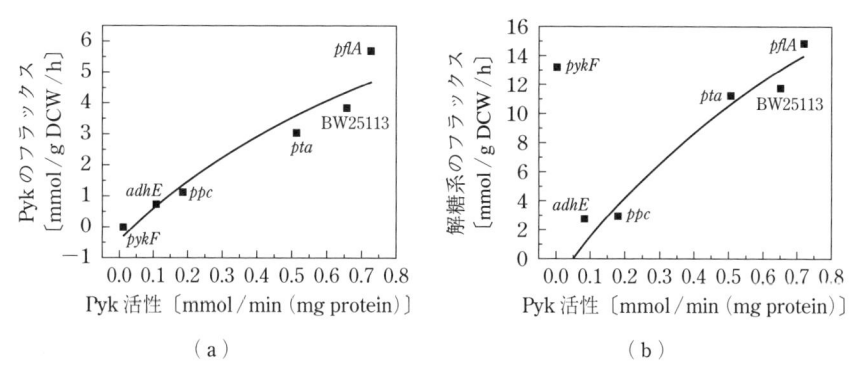

図3.16 Pykの活性がPykのフラックスおよび解糖系のフラックスに及ぼす影響[26]

PTSの調節は，8章で述べるように，cAMP-CRP複合体とCra（カタボライト抑制/活性化タンパク質）によって行われていると考えられている[13),18)]。リン酸化されたⅡA^{glc}は細胞の状態に応じてcAMPレベルを制御し，大腸菌の場合，cAMP-CRP複合体は，$ptsH$ や crr 遺伝子を含む100近い遺伝子を調節していると考えられている[12),18)]。

OAAは細胞合成の前駆体であるので，図3.17に示されるように，Ppcのフラックス（v_5）

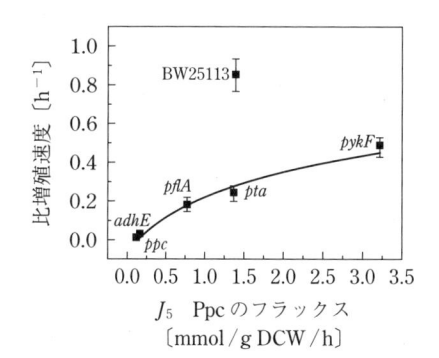

図3.17 Ppcのフラックスが比増殖速度に及ぼす影響[26]

は細胞増殖に影響があると思われる。表3.7でみたように，*pflA*遺伝子欠損株ではPpcの活性が非常に高くなっている。これは，酸化還元（の因子）が支配的と考えられる。一方，PpcのフラックスはあまりほどくないがけいないPEPの濃度が低いからだと思われる。

引用・参考文献

1) 清水和幸：バイオプロセス解析法—システム解析原理とその応用—，コロナ社 (1997)
2) Alexeeva, S., de Kort, B., Sawers, G., Hellingwere, K. J. and de Mattos, M. J. T. : Effects of limited aeration and of the ArcAB system on intermediary pyruvate catabolism in *Escherichia coli*, J. Bacteriol., **182**, pp.4934-4940 (2000)
3) Böck, A. and Sawers, G. : Fermentation. In Neidhardt, F. C., Curtiss III, R., Ingraham, J. L. Lin, E. C. C., Low, K. B., Magasanik, B., Reznikoff, W. S., Riley, M. Schachcter, M. and Umbarger, H. E. (ed.) : *Escherichia coli* and *Salmonella*, Cellular and molecular biology (2nd ed.), ASM Press, Washington, D. C. (1996)
4) De Graef, M. R., Alexeeva, S., Snoep, J. L. and de Mattos, M. J. T. : Steady-state internal redox state (NADH/NAD) reflects the external redox state and is correlated with catabolic adaptation in *Escherichia coli*, J. Bacteriol., **181**, pp.2351-2357 (1999)
5) Garrigues, C., Loubiere, P., Lindley, N. D. and Cocaign-bousquet, M. : Control of the shift from homolactic acid to mixed-acid fermentation in *lactococcus lactis* — predominant role of the NADH/NAD$^+$ ratio, J. Bacteriol., **179**, pp.5282-5287 (1997)
6) Hua, Q., Yang, C. and Shimizu, K. : Metabolic flux analysis for efficient pyruvate fermentation using vitamin-auxotrophic yeast of *T. glabrata*, J. Biosci. Bioeng., **87**, pp.206-213 (1999)
7) Hua, Q., Yang, C. and Shimizu, K. : Metabolic control analysis for lysine synthesis using *Corynebacterium glutamicum* and experimental verification, J. Biosci. Bioeng., **87**, pp.184-192 (2000)
8) Hua, Q., Araki, M., Koide, Y., Shimizu, K. : Effects of glucose, vitamins, and DO concentrations on pyruvate fermentation using *Torulopsis glabrata* IFO 0005 with metabolic flux analysis, Biotech. Prog., **17**, pp.62-68 (2001)
9) Koebmann, B. J., Westerhoff, H. V., Snoep, J. L., Nilsson, D. and Jensen P. R. : The glycolytic flux in *Escherichia coli* is controlled by the demand for ATP, J. Bacteriol., **184**, pp.3909-3916 (2002)
10) McAlister, L. E., Evans, E. L. and Smith, T. E. : Properties of a mutant *E. coli ppc* deficient in coreregulation by intermediary metabolites, J. Bacteriol., **146**, pp.200-208 (1981)
11) Miyata, R. and Yonehara, T. : Improvement of fermentation production of pyruvate from glucose by Torulopsis glabrata IFO 0005, J. Ferment. Bioeng., **82**, pp.475-479 (1996)
12) Reuse, H. D. and Danchin, A. : The *pts*H, *pts*I, and *crr* genes of the *E. coli* PEP-dependent phosphotransferase system — a complex operon with several modes of transcription, J. Bacteriol., **170**, pp.3827-3837 (1988)
13) Saier Jr., M. H. and Ramseier, T. M. : The catabolite repressor/activator (Cra) protein of enteric bacteria, J. Baceriol., **178**, pp.3411-3417 (1996)
14) Shi, H., Shiraishi, M. and Shimizu, K. : Metabolic flux analysis for biosynthesis of poly-β-hydroxybutyric acid in *A. eutropha* from various carbon sources, J. Ferment. Bioeng., **84**, pp.579-587 (1997) 〔Shi, H. : Metabolic Systems engineering approach for the efficient metabolite production，博士論文，九州工業大学 (1999)〕
15) Small, J. R. and Kacser, H. : Response of metabolic systems to large changes in enzyme activities and effectors (I. The linear treatment of unbranched chains), Eur. J. Biochem., **213**, pp.613-624 (1993)
16) Smith, T. E., Balasubramanian, K. A. and Beezley, A. : *E. coli ppc* — studies on the mechanism of synergistic activation by nucleotides, J. Biol. Chem., **255**, pp.1635-1642 (1980)
17) Stephanopoulos, G. N., Aristidou, A. A. and Nielsen, J. : Metabolic control analysis. In Stephanopoulos, G. N., Aristidou, A. A. and Nielsen, J. (eds.) : Metabolic Engineering — Principles and methodologies, Academic press, New York, pp.461-533 (1998)

18) Titgemeyer, F. and Hillen, W.：Global control of sugar metabolism — a gram-positive solution, Antonie van Leeuwenhoek, **82**, pp.59-71（2002）
19) Tsai, S. P. and Lee, Y. H.：Application of metabolic pathway stoichiometry to statistical analysis of bioreactor measurement data, Biotechnol. Bioeng., **32**, pp.713-716（1988）
20) Vemuri, G. N., Eiteman, M. A. and Altman, E.：Effects of growth mode and pyruvate carboxylase on succinic acid production by metabolically engineered strains of *Escherichia coli*, Appl. Environ. Microbiol. **68**, pp.1715-1727（2002）
21) Yang, C., Hua, Q. and Shimizu, K.：Energetics and carbon metabolism during growth of microalgal cells under photoautotrophic, mixotrophic, and cyclic-autotrophic/ dark-heterotrophic conditions, J. Biochem. Eng., **6**, pp.87-102（2000）
22) Yang, Y. T., Bennett, G. N. and San, K. Y.：The effects of feed and intracellular pyruvate levels on the redistribution of metabolic fluxes in *Escherichia coli*, Metab. Eng., **3**, pp.115-123（2001）
23) Yang, Y. and San, K. Y.：Redistribution of metabolic fluxes in *E. coli* with fermentative lactate dehydrogenase overexpression and deletion, Metabolic Eng., **1**, pp.141-152（1999）
24) Yonehara, T. and Miyata, R.：Fermentation production of pyruvate from glucose by *Torulopsis glabrata*, J. Ferment. Bioeng., **78**, pp.155-159（1994）
25) Zhu, J. and Shimizu, K.：The effect of *pfl* genes knockout on the metabolism for optically pure D-lactate production by *Escherichia coli*, Appl. Microbiol. Biotechnol., **64**, pp.367-375（2004）
26) Zhu, J. and Shimizu, K.：Effect of a single-gene knockout on the metabolic regulation in *E. coli* for D-lactate production under microaerobic condition, Metabolic Eng., **7**, pp.104-115（2005）

NMRやGC-MSを利用した同位体分布の測定と代謝フラックス比解析 4

4.1 NMR

　NMRとは核磁気共鳴（nuclear magnetic resonance）の略である。NMR装置は空調設備を必要とし，一般に実験室を一部屋占有するくらいの大きな装置である。装置の価格は，数千万円から1億円を超えるものまであり，維持費も年間数十万円から数百万円かかる。NMR装置を製造する会社としては，日本電子（株）やドイツのブルッカー社（Bruker社）等が有名である。ほとんどはパルスFT-NMRと呼ばれる種類の装置で，図4.1に示されるように，磁石，分光計，およびデータ処理用のコンピュータで構成される。磁石としては，ほとんど超伝導磁石が使われており，これは液体ヘリウムで冷却し，さらに液体窒素によって保温された魔法瓶のような容器に入れられている。ヘリウムや液体窒素は定期的な補充が必要であり，魔法瓶の部分には，磁石のほかにコイルが入っており，この磁石の中心にサンプルを上部から入れて回転させる。NMR測定用のサンプルは，一般に均一な溶液に調整し，ガラスチューブに入れて使用する[1),5),15),25)]。

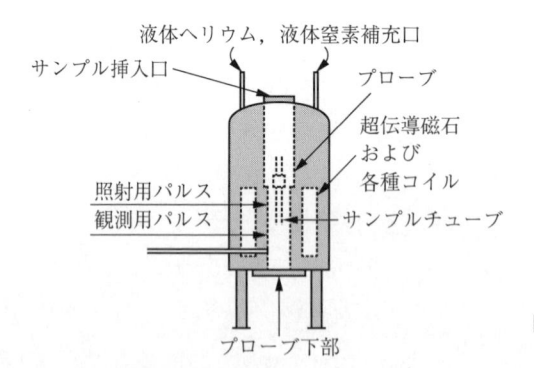

図4.1　NMR装置

　NMRは後述するように，代謝解析に大変有効であるが[7)]，後述するマススペクトルを利用する場合に比べて，ある程度のサンプル量が必要で，数十mgあるいは数百mg程度のサンプル量が必要になる。また，FT-NMRでは，サンプルの濃度が低いと，測定に要する時

間が非常に長くなって，数日から数週間かかる場合もあるので，測定計画にあたっては注意が必要である。

NMR の原理について述べておくと，まず，原子核は正の電荷をもち，自転しているため，量子的な意味で磁場を発生する。このため，原子核は方向をもつ「磁石」と考えることもでき，これが静磁場下に置かれると，さらにエネルギー（電磁波）を吸収・放出する。これが核磁気共鳴現象である。原子核は核スピンと固有の角運動量，およびそれによって生じる核磁気モーメントをもっているが，NMR 装置の中で一定方向に強力な磁場をかけると，核スピンの向きは，磁場方向と，その反対方向に向いたものに分かれる。ただし，すべての原子の核がこのような現象を起こすわけではない。すなわち，核スピン量子数が 0 の核は，NMR 装置でも測定できない。例えば，^{13}C は核スピン量子数の値が 1/2 なので観測できるが，^{12}C の核スピン量子数は 0 なので観測できない。おもな原子核について，スピン量子数とその天然存在比を**表 4.1** に示す。

表 4.1 スピン量子数と天然存在比

核　種	スピン量子数（I）	天然存在比〔%〕	共鳴周波数（MHz，^{1}H を 100.0 としたとき）
^{1}H	1/2	99.984	100.0
^{12}C	0	98.892	100.0
^{13}C	1/2	1.108	25.1
^{14}N	1	99.635	7.2
^{15}N	1/2	0.365	10.1
^{17}O	5/2	0.037	13.6
^{19}F	1/2	100	94.1
^{31}P	1/2	100	40.5
^{35}Cl	3/2	75.4	9.8
^{38}Cl	3/2	24.6	8.2

さて，核のまわりの電子の状態は，化学的な環境の変化によって異なり，その結果，核の位置の磁場の強さが外部磁場と異なるため，共鳴周波数も相対的に異なり，その差を示す数値を**化学シフト**（chemical shift）という。これは**図 4.2** に示すように，NMR チャートの横軸方向の数値で示される。

また，**スピン-スピン結合（スピンカップリング）**は，単純な信号を

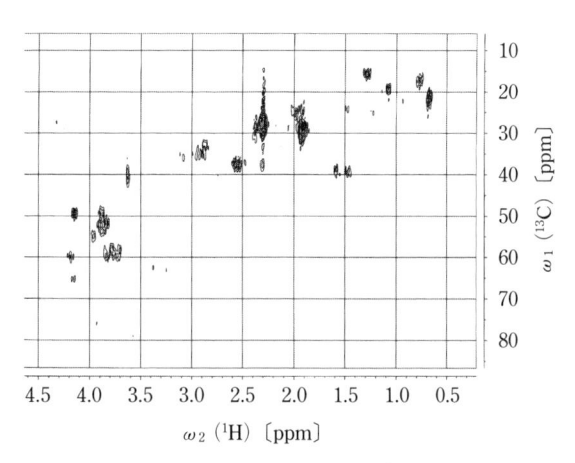

図 4.2 2 次元 NMR による測定結果[31]

より複雑な信号に分裂させる働きをする．NMRでは，隣接した原子核によって信号の分裂が生じる．このため，スピン-スピン結合は，近くの核どうしの構造的なつながりを表す重要な情報を与えてくれる．スピン結合の大きさ，すなわち分裂した信号の間隔は J 値（スピン-スピン結合定数）と呼ばれ，J 値の大きさは，エネルギー的に二つの核スピンがどれだけ強く結合しているかを示しているといってよい．

4.2 NMR信号と確率変数の導入

代謝解析では，2次元 $[^{13}C,^1H]$ COSY（2-dimensional $[^{13}C,^1H]$ correlation spectroscopy）NMRがよく用いられるが，図4.2に，シアノバクテリアを培養したときのアミノ酸のHMQC（hetero nuclear multiple quantum correlation）スペクトルを示している[31]．この場合は，縦軸である ω_1 軸についてスキャンすると ^{13}C の共鳴スペクトルパターンが得られる．図4.3は，^{13}C 同位体の標識パターンと，対応する ^{13}C-NMRスペクトルのマルチプレットパターンを表している．着目している ^{13}C で標識した炭素原子が，その化合物の端に位置している場合，隣の炭素原子が ^{12}C である場合はシングレット（s）で，^{13}C の場合は $^1J_{CC}$ だけダブレット分裂（d）を示す〔図4.3（a）参照〕．NMRのチャート上では，この二つのスペクトルピークが，その相対強度（relative intensity）（I_s と I_d）に応じてあわさった3本のスペクトルピークとして現れる．一般に，2次元 $[^{13}C,^1H]$ COSY NMR では，ω_1 軸に現れるこのピークの強度 I_s と I_d を基準化（$I_s+I_d=1$）して，$I_{term}=[I_s, I_d]^T$ のようにベクトルで表す．

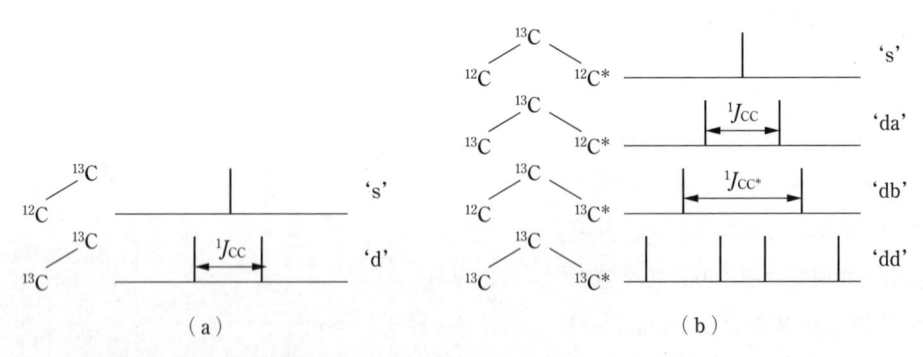

図4.3 ^{13}C 同位体標識パターンとNMRのマルチプレットスペクトルパターン

さて，基質の一部を ^{13}C で標識し，これを用いて細胞を培養した後，細胞内の主要代謝経路の中間代謝物，例えば，ホスホエノールピルビン酸（PEP）やピルビン酸（PYR）等の同位体分布がわかれば，代謝フラックス解析には非常に有効である．しかし，こういった細胞内の代謝物濃度は非常に低く，NMRや後述するGC-MSを用いて，これら代謝物の同位

体分布を測定することは非常に困難である。そこで，一般には細胞（のタンパク質）をHCl等で加水分解して，豊富に得られるアミノ酸の同位体分布を測定し，この結果から逆に，アミノ酸の前駆体の同位体分布を推定し，細胞内代謝フラックス分布を求めている（ただし，最近ではLC-MS/MSやCE-MS，CE-TOF-MS等を利用して細胞内中間代謝物の同位体分布を直接測定できるようになってきている）。

図4.4には，8個の前駆体物質のどの炭素骨格が，アミノ酸のどの部分になるかを示してある[28]。3PG，PEP，PYRは解糖系，OAA，αKGはTCA回路，R5P，E4Pはペントースリン酸経路でそれぞれ生成される。また，グリシンとセリンは3PGから生成される。

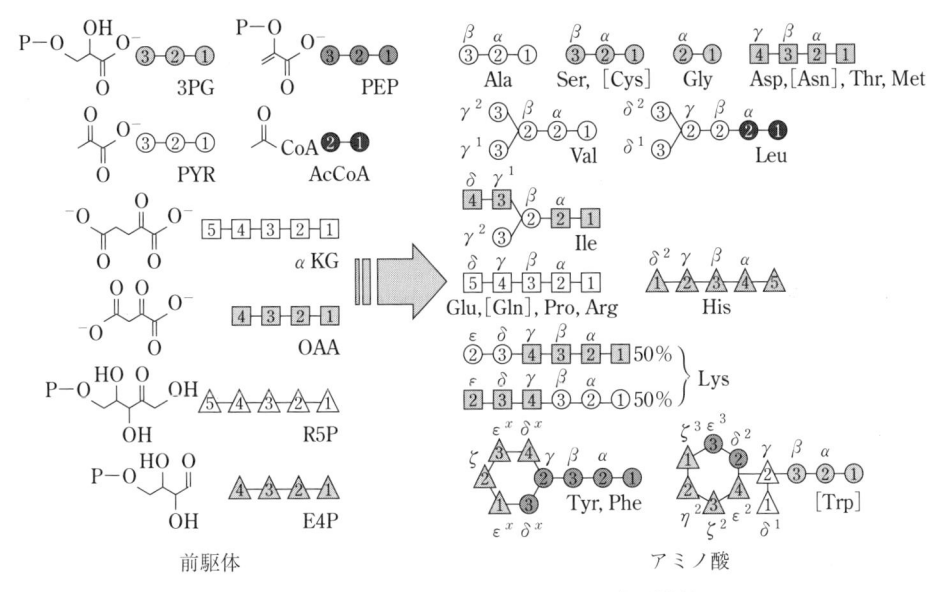

図4.4 アミノ酸とその前駆体との原子の位置関係[28]

さて，図4.4に示すように，β-Val，β-Ile，γ-Leuを除けば，炭素が三つの場合の真ん中の炭素に着目すると，結合している他の炭素との結合定数が異なる場合（$^1J_{CC} \neq {}^1J_{CC}^*$）は，図4.3（b）に示すように，シングレット（s），小さい結合定数をもったダブレット（da），大きい結合定数をもったダブレット（db），それに二重ダブレット（dd）の，四つのパターンが考えられる。このため，NMRのスペクトルのチャートには，これら四つのスペクトルパターンが，その相対強度に応じてあわさった9本のピークが検出されるはずである（図4.3参照）。この場合の相対強度をI_s, I_{da}, I_{db}, I_{dd}とすると，$I_s+I_{da}+I_{db}+I_{dd}=1$となるように基準化し，相対強度ベクトルは$I_{central-1}=[I_s, I_{da}, I_{db}, I_{dd}]^T$で表される。図4.4で，AspのC$_\alpha$-C$_\beta$-C$_\gamma$やGluのC$_\beta$-C$_\gamma$-C$_\delta$の真ん中の炭素や，TyrやHisの$\beta$炭素等がこのパターンを示し，それ以外は隣接する両炭素原子に対する結合定数は等しくなり，この場合は，シングレット（s）とダブレット（d）およびトリプレット（t）のスペクトルパター

ンがあわさって五つのスペクトルピークが現れ，相対強度ベクトルは $I_{\text{central-2}}=[I_s, I_d, I_t]^T$ で表される（$I_s+I_d+I_t=1$）。

つぎに，これらの NMR の測定データを利用して代謝解析を行うために，つぎの三つの確率変数を導入する。

P_n：自然界に存在する ^{13}C の割合。

P_f：細胞に与えられるグルコース等の炭素源のうち，^{13}C で標識されている割合。

P_l：細胞が ^{13}C で標識されている割合。

このことについて，もう少し説明するとつぎのようになる。すなわち，一般に同位体を用いた実験は，連続培養（ケモスタット：chemostat）の定常状態を考え，定常状態の途中で，通常の炭素源を，その一部が ^{13}C の同位体で標識されたものに切り換えることによって行う。この場合，供給炭素源として通常の市販のグルコース等を用いても，表 4.1 に示される天然存在比で，それぞれの炭素原子の一部がごくわずかに ^{13}C で標識されているので，この割合を P_n としている。表 4.1 から，炭素原子については $P_n=0.01108$ である。また，^{13}C で標識した炭素源は一般に高価であるので，例えば供給基質の 20 ％だけを 6 個の炭素すべてが ^{13}C で標識された［U-^{13}C］(uniformly labeled) グルコースを用い，残りの 80 ％は通常の（unlabeled or naturally labeled）グルコースを用いることが行われるが，この場合は $P_f=0.2$ となる。この場合，細胞に取り込まれる炭素は，外から供給される ^{13}C で標識された炭素の割合 P_f と，標識されていない炭素源のうちで，自然界の存在比で標識されている割合 $(1-P_f)P_n$ を足しあわせたものであるから，次式が成り立つ。

$$P_l = P_f + (1-P_f)P_n \tag{4.1}$$

ここで，標識された炭素源の純度 P_p が与えられている場合は，$P_l = P_f \cdot P_p + (1-P_f)P_n$ となる。

着目している化合物の炭素骨格のうち，分子の端に位置している炭素について考えると，この場合は，隣接する炭素が供給炭素源の同じ分子由来のものか，別の分子由来のものかの 2 通りが考えられる。前者の割合を $f^{(2)}$，後者の割合を $f^{(1)}$ と表すことにする。

着目している分子の炭素原子が二つの炭素骨格の場合を考えると，ダブレットの相対強度は，標識された供給炭素源の割合 P_f の場合と，二つの炭素がともに標識されていないグルコース由来（自然界の存在比で）の ^{13}C の場合 $(1-P_f)P_n \times P_n$ であるから，$K_d^{(2)}=[P_f+P_n^2(1-P_f)]/P_l$ で表される。シングレットの場合は，標識された供給炭素源（ここでは［U-^{13}C］の場合のみを考える）由来のものはないので，標識されていない炭素源由来のみを考える。着目している端の炭素は ^{13}C で，これに結合している炭素は ^{12}C の場合であるので，この相対強度は $K_s^{(2)}=P_n(1-P_n)(1-P_f)/P_l$ となる。これらをベクトルで表すと，$\boldsymbol{K}^{(2)}=[K_s^{(2)}, K_d^{(2)}]$ のようになる。同様に，$\boldsymbol{K}^{(1)}=[K_s^{(1)}, K_d^{(1)}]$ も定義でき，つぎのようになる。

$$I_{\text{term}} = f^{(1)}K^{(1)} + f^{(2)}K^{(2)} \tag{4.2}$$

また，炭素が三つの場合，三つの炭素原子が同じ分子由来のものである割合を $f^{(3)}$ で表すと，前述と同様に相対強度は $K^{(3)} = [K_s^{(3)}, K_{da}^{(3)}, K_{db}^{(3)}, K_{dd}^{(3)}]$ で表される。この場合，着目している ^{13}C が，隣接する三つの炭素原子の中央に位置している場合は，NMR のスペクトルで，両側の ^{13}C に対する結合定数が異なる場合と，同じ場合が考えられる。前者の場合，小さい結合定数をもった二つの炭素原子が同じ分子由来のものである割合を $f^{(2a)}$ で表し，相対強度は $K^{(2a)} = [K_s^{(2a)}, K_{da}^{(2a)}, K_{db}^{(2a)}, K_{dd}^{(2a)}]$ で表す。大きい結合定数をもった二つの炭素原子についても同様に $f^{(2b)}$ および $K^{(2b)} = [K_s^{(2b)}, K_{da}^{(2b)}, K_{db}^{(2b)}, K_{dd}^{(2b)}]$ で表す。また，三つの炭素がそれぞれ別の分子由来である場合を $f^{(1)}$ で表し，相対強度を $K^{(1)} = [K_s^{(1)}, K_{da}^{(1)}, K_{db}^{(1)}, K_{dd}^{(1)}]$ で表すと，式 (4.2) と同様に次式が成り立つ。

$$I_{\text{central-1}} = f^{(1)}K^{(1)} + f^{(2a)}K^{(2a)} + f^{(2b)}K^{(2b)} + f^{(3)}K^{(3)} \tag{4.3}$$

結合定数が同じ場合も同様に，次式が成り立つ。

$$I_{\text{central-2}} = f^{(1)}K^{(1)} + f^{(2)}K^{(2)} + f^{(3)}K^{(3)} \tag{4.4}$$

K のそれぞれの式を**表 4.2**[28] に示す。NMR によって測定した，代謝物のすべての ^{13}C 原子に対して，確率係数 $K_j^{(i)}$ は，^{13}C で標識された同じ基質に由来する i の ^{13}C をもった分子の

表 4.2 マルチプレットスペクトル信号の相対強度を計算するための確率変数

(a)

炭素原子の位置	K	式	
端末炭素原子	$K^{(1)}$	$K_s^{(1)} = 1 - P_1$	$K_d^{(1)} = P_1$
	$K^{(2)}$	$K_s^{(2)} = \dfrac{P_n(1-P_n)(1-P_f)}{P_1}$	$K_d^{(2)} = \dfrac{P_n^2(1-P_f) + P_f}{P_1}$
C$_3$ 断片の中心炭素原子	$K^{(1)}$	$K_s^{(1)} = (1-P_1)^2$	$K_{da}^{(1)} = P_1(1-P_1)$
		$K_{db}^{(1)} = K_{da}^{(1)}$	$K_{dd}^{(1)} = P_1^2$
	$K^{(2a)}$	$K_s^{(2a)} = \dfrac{P_n(1-P_n)(1-P_1)(1-P_f)}{P_1}$	$K_{da}^{(2a)} = \dfrac{P_n^2(1-P_f)(1-P_1) + P_f'(1-P_1)}{P_1}$
		$K_{db}^{(2a)} = P_n(1-P_n)(1-P_f)$	$K_{dd}^{(2a)} = P_n^2(1-P_f) + P_f$
	$K^{(2b)}$	$K_s^{(2a)} = K_s^{(2a)}$	$K_{db}^{(2b)} = K_{db}^{(2a)}$
		$K_{da}^{(2b)} = K_{da}^{(2a)}$	$K_{dd}^{(2b)} = K_{dd}^{(2a)}$
	$K^{(3)}$	$K_s^{(3)} = \dfrac{P_n(1-P_n)^2(1-P_f)}{P_1}$	$K_{da}^{(3)} = \dfrac{P_n^2(1-P_n)(1-P_f)}{P_1}$
		$K_{db}^{(3)} = K_{da}^{(2a)}$	$K_{dd}^{(3)} = \dfrac{P_n^3(1-P_f) + P_f}{P_1}$

(b)

炭素原子の位置	f	炭素原子の位置	f
端末炭素原子 ↓ C—C	$f^{(1)}$	C$_3$ 断片の中心炭素原子 C*—↓C—C	$f^{(1)}$
↓ C—C	$f^{(2)}$	C*—↓C—C	$f^{(2a)}$
		C*—↓C—C	$f^{(2b)}$
		C*—↓C—C	$f^{(3)}$

うち，隣の原子との関係がjのものの割合を示している。iは，集合$\{1,2,2a,2b,3\}$のどれかで，jはNMRスペクトルパターンのシングレット，ダブレットa，ダブレットb，二重ダブレット，トリプレットにそれぞれ対応する$\{s,d,da,db,dd,t\}$のうちのどれかを示している。表4.2には，供給基質が均一に^{13}Cで標識されている場合について示してある[28]。

基質の一部が均一な［U-^{13}C］ではなく，例えば［1-^{13}C］等のように，非均一の基質を含んだ場合も同様にして一般化した式を導くことができる。

炭素骨格断片の相対的な量（abundance，f値）は，測定した相対マルチプレット強度（I値）から次式を用いて計算できる[28]。

$$\boldsymbol{f} = \boldsymbol{K}^{-1} \cdot \boldsymbol{I} \tag{4.5}$$

詳細はつぎのようになる。

$$\begin{bmatrix} f^{(1)} \\ f^{(2)} \end{bmatrix} = \begin{bmatrix} K_s^{(1)} & K_s^{(2)} \\ K_d^{(1)} & K_d^{(2)} \end{bmatrix}^{-1} \cdot \begin{bmatrix} I_s \\ I_d \end{bmatrix}$$

$$\begin{bmatrix} f^{(1)} \\ f^{(2a)} \\ f^{(2b)} \\ f^{(3)} \end{bmatrix} = \begin{bmatrix} K_s^{(1)} & K_s^{(2a)} & K_s^{(2b)} & K_s^{(3)} \\ K_{da}^{(1)} & K_{da}^{(2a)} & K_{da}^{(2b)} & K_{da}^{(3)} \\ K_{db}^{(1)} & K_{db}^{(2a)} & K_{db}^{(2b)} & K_{db}^{(3)} \\ K_{dd}^{(1)} & K_{dd}^{(2a)} & K_{dd}^{(2b)} & K_{dd}^{(3)} \end{bmatrix}^{-1} \cdot \begin{bmatrix} I_s \\ I_{da} \\ I_{db} \\ I_{dd} \end{bmatrix}$$

$$f^{(2)} = f^{(2a)} + f^{(2b)}$$

$$\begin{bmatrix} K_d^{(1)} \\ K_d^{(2)} \\ K_d^{(3)} \end{bmatrix} = \begin{bmatrix} K_{da}^{(1)} + K_{db}^{(1)} \\ K_{da}^{(2)} + K_{db}^{(2)} \\ K_{da}^{(3)} + K_{db}^{(3)} \end{bmatrix}, \quad \begin{bmatrix} K_t^{(1)} \\ K_t^{(2)} \\ K_t^{(3)} \end{bmatrix} = \begin{bmatrix} K_{dd}^{(1)} \\ K_{dd}^{(2)} \\ K_{dd}^{(3)} \end{bmatrix}$$

$$\begin{bmatrix} f^{(1)} \\ f^{(2)} \\ f^{(3)} \end{bmatrix} = \begin{bmatrix} K_s^{(1)} & K_s^{(2)} & K_s^{(3)} \\ K_d^{(1)} & K_d^{(2)} & K_d^{(3)} \\ K_t^{(1)} & K_t^{(2)} & K_t^{(3)} \end{bmatrix}^{-1} \cdot \begin{bmatrix} I_s \\ I_d \\ I_t \end{bmatrix}$$

4.3　NMRによる代謝フラックス解析

培養途中で採取したサンプルを，6N HCl等で加水分解すると，システイン（Cys）とトリプトファン（Trp）は酸化されて失われ，グルタミン（Gln）とアスパラギン（Asn）も脱アミノ化されるため，NMRで最大測定できるのは，20個のアミノ酸から，これら4個を除いた16個である。また，メチオニン（Met）のε-メチル基の炭素と，ヒスチジン（His）のε'炭素は隣接する炭素原子をもっておらず，代謝に関する情報を与えてくれないため，これらは考える必要はない。

図 4.5 には，主要代謝経路とアミノ酸合成の概略を示してある．この図からもわかるように，加水分解によって Cys と Trp が失われても，代謝解析には問題ないことがわかる．なぜなら，Cys の二つの残基の C_α-C_β-C' 断片は，セリン（Ser）から直接得られ，Trp とフェニルアラニン（Phe）環上の炭素に対する ^{13}C の結合構造はチロシン（Tyr）の芳香族炭素から得られ，分岐炭素原子（β-Ile，β-Val，γ-Leu）は，これらのメチル基から解析できるからである．これらのメチル基は NMR で著しく高い，固有の感度をもっており，Met の β 炭素と γ 炭素は，アスパラギン酸（Asp）とトレオニン（Thr）から同じ情報が得られる（図 4.4 参照）．

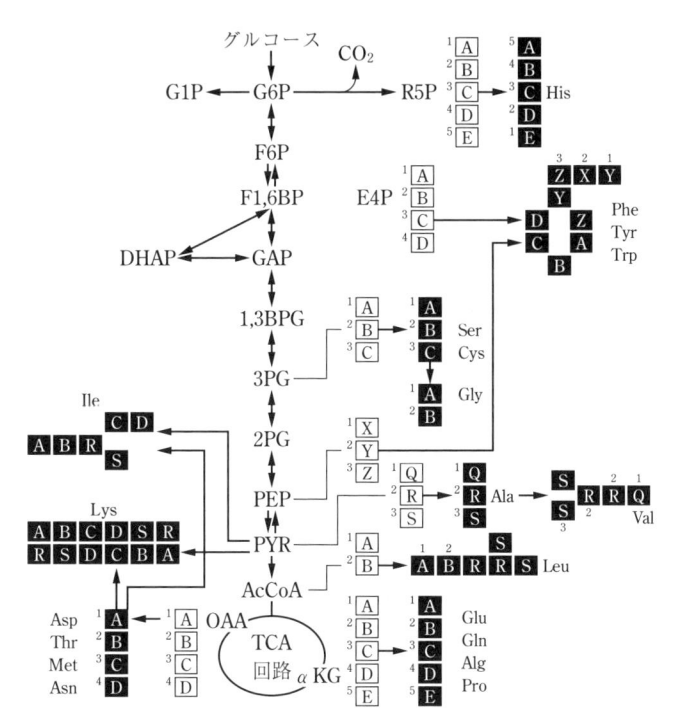

図 4.5 主要代謝経路とアミノ酸の合成[14]

さらに，Gln と Asn の ^{13}C 結合構造（fine structure）をグルタミン酸（Glu）と Asp について，それぞれ比較すると，アミド化や脱アミド化されても ^{13}C の結合構造は同じであることがわかる．アルギニン（Arg）の炭素の結合構造は，Glu とプロリン（Pro）の α 炭素の構造と同じであるが，リジン（Lys）の α 炭素はアラニン（Ala）と Asp の α 炭素が 1：1 で混ざりあわさったものになっている．

結局，測定した相対強度 I_{term}，$I_{central-1}$，$I_{central-2}$ は式 (4.2)～(4.4) を使って分解でき，結合している C_n 断片の相対強度 $f^{(i)}$ を求めることができる．

つぎに，大腸菌細胞をグルコースを炭素源として連続培養し，培養途中で 20％

[U-^{13}C] グルコースと 80％の通常のグルコースの混合物に切り換えて培養した場合の代謝解析について考えてみる[28]。

（1）解糖系 グルコースを炭素源として細胞を培養した場合，グルコースは解糖系（EMP 経路）を経てピルビン酸を生成するので，ほとんどのピルビン酸は，グルコースの結合情報を保持しているはずである。すなわち，α-Ala と α-Val は，ピルビン酸の C_2 由来で，β-Ala, γ^1-Val, γ^2-Ile と δ^1-Leu はピルビン酸の C_3 由来である。[U-^{13}C] グルコースを用いた場合，$f^{(2)}$[β-Ala, γ^1-Val, γ^2-Ile, δ^1-Leu] の値は 1 に近いはずである。ただし，3PG からの C_1 代謝やアミノ酸の分解によって，一部これらの影響を受けている可能性もある。

ピルビン酸の C3-C2 断片は，解糖系だけではなくペントースリン酸経路を通って生成された場合も変化しないので，解糖系とペントースリン酸経路をそれぞれ，どれくらいの割合で通ってきたかはわからない。この区別をするには，C3-C2-C1 結合をみなければならない。すなわち，$f^{(3)}\{\alpha\text{-Ala}\}$ が，グルコースから解糖系によってのみピルビン酸が生成された割合を示している。C3-C2 結合の割合が 0.95 で，$f^{(3)}\{\alpha\text{-Ala}\}$ が 0.85 だとすると，ピルビン酸の C2-C1 結合のほとんどは，もとのグルコースの結合状態を保持していることがわかる。しかし，C3-C2 結合の保持率と比較し，$f^{(2a)}\{\alpha\text{-Ala}\}≒0.1$ だとすると，0.95 から 0.85 への減少は，多くの C2-C1 炭素原子がペントースリン酸経路を通ったために切れた（cleaved）ものであることがわかる。

表 4.3 に示された α-Tyr, β-Tyr, α-Phe, β-Phe のデータをみてみると，好気条件では，PEP はピルビン酸とほぼ同じ C_3 同位体分布を示すことがわかる。一方，嫌気条件では，PYR に関して，$f^{(3)}\{\alpha\text{-Ala}\}=0.66$ および $f^{(2a)}\{\alpha\text{-Ala}\}=0.31$ となっているが，PEP に関する α-Tyr と α-Phe はほぼ好気条件と同じ値を示していることがわかる。すなわち，嫌気条件では，グルコース由来の炭素結合のうち，C2-C1 炭素結合が切れていることがわかるが，PEP はグルコースの結合状態を保持していることがわかる。この C2-C1 炭素結合が切れた原因としては，ATP を酢酸合成経路で生成するための Pfl の反応のため[22]と考えられ，ペントースリン酸経路を通ったためではないことがわかる。$f^{(2a)}\{\alpha\text{-Tyr}\}$ の値を基準にして考えると，ピルビン酸の C2-C1 結合の約 25％が Pfl によって，少なくとも一度は切れていることがわかる。同様のことが $f^{(1)}\{\alpha\text{-Val}\}$ のデータをみてもわかる。

また，γ^2-Val, δ^2-Leu, β-Leu はピルビン酸から生成されるが，グルコースの同じ分子由来のものではないので，好気・嫌気条件にかかわらず，$f^{(1)}\{\gamma^2\text{-Val}, \delta^2\text{-Leu}, \beta\text{-Leu}\}≒1$ になることが予想されるが，β-Leu を除くと必ずしもそうはなっていない[28]。

（2）ペントースリン酸経路 ペントースリン酸経路の R5P と E4P は，Tyr の芳香環と His の情報とともに代謝解析では重要である。いま，G6P からの酸化的ペントースリン

表 4.3 ^{13}C マルチプレットスペクトルの相対強度と C2 と C3 断片が結合している割合[28]

(a)

炭素原子の位置	前駆体/経路	培養条件	相対強度 $I_{term}=$		炭素断片の相対存在量	
			I_s	I_d	$f^{(1)}$	$f^{(2)}$
β-Ala	PYR の C3/解糖系	好気	0.18	0.82	0.05	0.95
		嫌気	0.12	0.88	0.03	0.97
γ^1-Val	PYR の C3/解糖系	好気	0.17	0.83	0.04	0.96
		嫌気	0.13	0.87	0.04	0.96
γ^2-Val	PYR の C3/解糖系	好気	0.83	0.17	0.89	0.11
		嫌気	0.86	0.14	0.96	0.04
δ^1-Leu	PYR の C3/解糖系	好気	0.18	0.82	0.05	0.95
		嫌気	0.17	0.83	0.09	0.91
δ^2-Leu	PYR の C3/解糖系	好気	0.79	0.21	0.83	0.17
		嫌気	0.86	0.14	0.96	0.04
γ^2-Ile	PYR の C3/解糖系	好気	0.17	0.83	0.04	0.96
		嫌気	0.13	0.87	0.04	0.96
δ-Pro	αKG の C5/TCA 回路	好気	0.18	0.82	0.05	0.95
		嫌気	0.12	0.88	0.03	0.97
δ-Arg	αKG の C5/TCA 回路	好気	0.19	0.81	0.06	0.94
		嫌気	0.13	0.87	0.04	0.96
β-Ser	3PG の C3/解糖系, C1 代謝	好気	0.36	0.64	0.28	0.72
		嫌気	0.55	0.45	0.57	0.43
α-Gly	3PG の C3/解糖系, C1 代謝	好気	0.23	0.77	0.12	0.88
		嫌気	0.31	0.69	0.27	0.73
γ-Thr	OAA の C4/TCA 回路	好気	0.50	0.50	0.46	0.54
		嫌気	0.61	0.39	0.65	0.35
δ-Ile	OAA の C4/TCA 回路	好気	0.52	0.48	0.49	0.51
		嫌気	0.84	0.16	0.94	0.06
ε-Lys	PYR の C2 あるいは OAA の C2/TCA 回路	好気	0.40	0.60	0.33	0.67
		嫌気	0.13	0.87	0.04	0.96
δ^2-His	RU5P の C1/PP 経路	好気	—	—	—	—
		嫌気	—	—	—	—

(b)

炭素原子の位置	前駆体/経路	培養条件	$I_{central-1}=$				$f^{(1)}$	$f^{(2a)}$	$f^{(2b)}$	$f^{(3)}$
			I_s	I_{da}	I_{db}	I_{dd}				
α-Ala	PYR の C2/解糖系	好気	0.17	0.09	0.01	0.73	0.04	0.11	0.01	0.84
		嫌気	0.12	0.25	0.01	0.62	0.03	0.31	0.00	0.66
α-Tyr	PYR の C2/解糖系	好気	0.16	0.06	0.01	0.77	0.03	0.07	0.01	0.89
		嫌気	0.13	0.08	0.01	0.78	0.05	0.09	0.01	0.85
β-Tyr	PYR の C3/解糖系	好気	0.16	0.78	0.00	0.06	0.06	0.97	−0.02	−0.01
		嫌気	0.14	0.86	*	*	0.05	0.95	*	*
α-Phe	PYR の C2/解糖系	好気	—	—	—	—	—	—	—	—
		嫌気	0.15	0.05	0.01	0.79	0.07	0.06	0.00	0.87
β-Phe	PYR の C3/解糖系	好気	—	—	—	—	—	—	—	—
		嫌気	0.12	0.88	*	*	0.03	0.97	*	*
α-Leu	AcCoA の C2	好気	0.12	0.02	0.75	0.11	0.00	0.01	0.94	0.05
		嫌気	0.13	0.02	0.77	0.08	0.06	0.01	0.95	−0.02
α-Val	PYR の C2/解糖系	好気	0.17	0.03	0.70	0.10	0.07	0.02	0.87	0.04
		嫌気	0.33	0.03	0.54	0.10	0.34	−0.01	0.63	0.04
α-Asp	OAA の C2/TCA 回路	好気	0.33	0.10	0.33	0.24	0.28	0.10	0.38	0.24
		嫌気	0.11	0.20	0.01	0.68	0.02	0.25	0.00	0.73
β-Asp	OAA の C3/TCA 回路	好気	0.33	0.24	0.32	0.11	0.28	0.27	0.37	0.08
		嫌気	0.12	0.75	0.01	0.12	0.04	0.93	0.00	0.03

表 4.3 (つづき)

					$I_{central-1}=$				$f^{(1)}$	$f^{(2a)}$	$f^{(2b)}$	$f^{(3)}$
					I_s	I_{da}	I_{db}	I_{dd}				
(b)	α-Met	OAA の C2/TCA 回路	好気	0.34	0.10	0.33	0.23	0.29	0.10	0.38	0.23
			嫌気	0.12	0.21	0.01	0.66	0.03	0.26	0.01	0.70
	α-Tyr	OAA の C2/TCA 回路	好気	0.32	0.13	0.30	0.25	0.26	0.14	0.35	0.25
			嫌気	0.11	0.24	0.01	0.64	0.02	0.29	0.01	0.68
	α-Ile	OAA の C2/TCA 回路	好気	0.37	0.03	0.55	0.05	0.34	0.00	0.66	0.00
			嫌気	0.30	0.03	0.58	0.09	0.30	0.00	0.68	0.02
	α-Glu	αKG の C2/TCA 回路	好気	0.33	0.25	0.30	0.12	0.28	0.28	0.35	0.09
			嫌気	0.13	0.73	0.00	0.14	0.06	0.90	−0.02	0.06
	γ-Glu	αKG の C4/TCA 回路	好気	0.19	0.01	0.73	0.07	0.09	0.00	0.90	0.01
			嫌気	0.09	0.02	0.80	0.09	0.00	0.01	1.00	−0.01
	α-Pro	αKG の C2/TCA 回路	好気	0.31	0.20	0.31	0.18	0.25	0.23	0.36	0.16
			嫌気	0.09	0.68	0.01	0.22	0.00	0.85	0.00	0.15
	α-His	RU5P の C4/PP 経路	好気	—	—	—	—	—	—	—	—
			嫌気	0.10	0.00	0.01	0.89	0.00	0.00	0.01	0.99
	β-His	RU5P の C3/PP 経路	好気	—	—	—	—	—	—	—	—
			嫌気	0.14	0.86	*	*	0.05	0.95	*	*
	α-Ser	3PG の C2/解糖系, C1 代謝	好気	0.17	0.05	0.18	0.60	0.05	0.05	0.22	0.68
			嫌気	0.22	0.06	0.32	0.40	0.18	0.05	0.37	0.40

				$I_{central-2}=$			$f^{(1)}$	$f^{(2)}$	$f^{(3)}$
				I_s	I_d	I_t			
(c)	β-Leu	PYR の C2/解糖系	好気	0.87	0.13	0.00	1.01	−0.01	0.00
			嫌気	0.78	0.22	0.00	1.00	−0.01	0.01
	β-Thr	OAA の C3/TCA 回路	好気	0.32	0.54	0.14	0.27	0.62	0.11
			嫌気	0.06	0.74	0.10	0.10	0.89	0.01
	γ^1-Ile	OAA の C3/TCA 回路	好気	0.49	0.43	0.08	0.50	0.45	0.06
			嫌気	0.78	0.20	0.02	0.99	0.00	0.01
	β-Glu	αKG の C3/TCA 回路	好気	0.62	0.37	0.01	0.68	0.34	−0.02
			嫌気	0.12	0.82	0.06	0.04	1.00	−0.04
	β-Pro	αKG の C3/TCA 回路	好気	0.60	0.37	0.03	0.65	0.35	0.00
			嫌気	0.11	0.75	0.14	0.03	0.91	0.06
	β-Arg	αKG の C3/TCA 回路	好気	0.59	0.37	0.04	0.63	0.35	0.02
			嫌気	0.14	0.77	0.09	0.07	0.93	0.00
	γ-Pro	αKG の C4/TCA 回路	好気	0.11	0.82	0.07	−0.01	1.01	0.00
			嫌気	0.10	0.82	0.08	0.01	1.01	−0.02
	γ-Arg	αKG の C4/TCA 回路	好気	0.11	0.80	0.09	−0.01	0.99	0.02
			嫌気	0.10	0.81	0.09	0.01	0.99	−0.01
	β-Lys	PYR+αKG の C3/解糖系+TCA 回路	好気	0.21	0.65	0.14	0.12	0.78	0.10
			嫌気	0.13	0.72	0.15	0.06	0.87	0.07
	γ-Lys	αKG の C4/TCA 回路	好気	0.54	0.42	0.04	0.57	0.42	0.01
			嫌気	0.76	0.20	0.04	0.96	0.01	0.03
	δ-Lys	PYR+αKG の C3/解糖系+TCA 回路	好気	0.27	0.67	0.06	0.20	0.79	0.01
			嫌気	0.09	0.81	0.10	0.00	1.00	0.00
	δ^x-Tyr	PYR の C3 あるいは E4P の C4/解糖系+PP 経路	好気	—	—	—	—	—	—
			嫌気	—	—	—	—	—	—
	ε^x-Tyr	E4P の C1 あるいは C3/解糖系+PP 経路	好気	—	—	—	—	—	—
			嫌気	—	—	—	—	—	—

酸経路が主で，R5P から His を生成する速度に比べて，Tal や Tkt による反応は著しく遅いと考えると，His はグルコースの分子由来の結合した C_5 断片からなっていると考えられる。しかし，表 4.3 の β-His のデータをみてみると，R5P の C1-C2，および C3-C4-C5 断片は，ほとんどすべて二つの異なる分子由来のものであることがわかる。なぜなら，嫌気条件では，$f^{(2a)}\{\beta\text{-His}\} \fallingdotseq 1$ で，$f^{(3)}\{\beta\text{-His}\} \fallingdotseq f^{(2b)}\{\beta\text{-His}\} \fallingdotseq 0$ となっているからである。逆に，ペントースリン酸経路は非酸化的経路によって F6P と GAP からも供給できるので，この場合は，$f^{(i)}\{\alpha\text{-His}\} \fallingdotseq f^{(i)}\{\alpha\text{-Ala}, \alpha\text{-Tyr}\}$ で，$f^{(2)}\{\delta^2\text{-His}\} = 0.66$ が成り立っているはずである。しかし，嫌気条件では，$f^{(2a)}\{\alpha\text{-His}\} \fallingdotseq 0$ となっており，酸化的ペントースリン酸経路が主であることがわかる。このとき，おもにグルコースの酸化によって生成される R5P の C2-C3 結合が切れた原因は，X5P と R5P が，Tkt によって触媒される反応で GAP と S7P に可逆的に変換されたためと思われる。通常，C2-C3 結合は実質上完全に切れているので，ペントースの相互変換は，最初のペントースの合成と同様，5-phosphoribosyl diphosphate（PPRiBP）による反応で，R5P 分子が失われる速度に比べて非常に速いと考えられる[17]。

ペントースリン酸経路の 2 番目に重要な反応は，Tal による S7P と G3P から E4P と F6P を生成する反応である。前で述べた Tkt の反応と関連して考えると，この反応では R5P の C1-C2 結合（これは，S7P の C3-C4 結合に対応している）を最終的には切ることになる。R5P の C1-C2 断片は δ^2-His によって解析でき，$f^{(1)}\{\delta^2\text{-His}\} = 0.2$ となった場合は，S7P 分子の 20 % 以下が Tal の反応で R5P になることを意味している。Tal による反応は Tkt による反応に比べて著しく遅いと考えられるが，このことは，多くのグルコースが R5P に酸化され，解糖系に合流することを否定するものではない[17]。一般に，酸化的ペントースリン酸経路は，細胞合成に必要な NADPH の量に応じて利用されると思われるが，結果として生成されたペントースは，必ずしもそのすべてが核酸やアミノ酸の合成に使われるわけではなく，余った分は解糖系（EMP 経路）に合流して PEP やピルビン酸（PYR）を生成する。この量がどれくらいかを推定するにはつぎのような考察をすればよい。すなわち三つのペントース分子の相互変換は，グルコースの異なる同一分子から派生した C1-C2 が結合した断片，および C3-C4-C5 が結合した断片からなっており，最終的には PEP の 5 分子を生じる。このうちの三つの分子は C3-C2-C1 断片を保持しており，三つの分子は同一分子由来の C1-C2 断片を保持している。後者の断片がどれくらいあるかは，$f^{(2a)}\{\alpha\text{-Phe}, \alpha\text{-Tyr}\}$ の分率から推定できる。$f^{(1)}\{\delta^2\text{-His}\}$ で与えられる C1-C2 結合の一部は，Tal の反応で切れていると考えると，過剰のペントースから生成される PEP の割合は $(5/2) \times f^{(2a)}\{\alpha\text{-Phe}, \alpha\text{-Tyr}\}/f^{(1)}\{\delta^2\text{-His}\}$ の式から推定できる。$f^{(1)}\{\delta^2\text{-His}\}$ が 0.2 とすると，$f^{(2a)}\{\alpha\text{-Phe}, \alpha\text{-Tyr}\}$ の測定データから，約 20〜30 % がペントースリン酸

経路を経て PEP を生成したことがことがわかる。また，解糖系を経て生成された PEP と，ペントースリン酸経路を経て生成された PEP の割合は，好気条件でも嫌気条件でもほぼ同じくらいだと考えられる。

E4P については，Tyr のデータから考察できる。しかし，解析はそう簡単ではなく，Tyr の δ^x 炭素および ε^x 炭素は唯一の ^{13}C 結合構造の情報を示しており，δ^x 炭素共鳴の分率 $f^{(i)}$ は，E4P の C4 と PEP の C3 が重ねあわさったものになっているのに対し，ε^x 炭素の分率は，E4P の C1 と C3 が重ねあわさったものになっている。E4P が R5P から合成されると仮定すると，次式が成り立つと考えられる[28]。

$$f^{(1)}\{\delta^x\text{-Tyr}\}=0.5[f^{(1)}\{\beta\text{-Tyr}\}+f^{(1)}\{\alpha\text{-His}\}+f^{(2a)}\{\alpha\text{-His}\}]$$
$$f^{(2)}\{\delta^x\text{-Tyr}\}=0.5[f^{(2)}\{\beta\text{-Tyr}\}+f^{(3)}\{\alpha\text{-His}\}+f^{(2b)}\{\alpha\text{-His}\}]$$
$$f^{(3)}\{\delta^x\text{-Tyr}\}=0$$

および，次式が成り立つ。

$$f^{(1)}\{\varepsilon^x\text{-Tyr}\}=0.5[f^{(1)}\{\alpha\text{-His}\}+f^{(2a)}\{\beta\text{-His}\}+f^{(1)}\{\beta\text{-His}\}]$$
$$f^{(2)}\{\varepsilon^x\text{-Tyr}\}=0.5[f^{(3)}\{\beta\text{-His}\}+f^{(2b)}\{\beta\text{-His}\}+f^{(2a)}\{\alpha\text{-His}\}+f^{(2b)}\{\alpha\text{-His}\}]$$
$$f^{(3)}\{\varepsilon^x\text{-Tyr}\}=0.5f^{(3)}\{\alpha\text{-His}\}$$

ここで，β-Tyr は PEP の C3 を表している。表4.3 の δ-Tyr の実験データは，予想される値の8％以内で一致している。また，予測されるように，分率 $f^{(3)}\{\varepsilon^x\text{-Tyr}\}$ は，$f^{(1)}\{\varepsilon^x\text{-Tyr}\}$ にほぼ等しいことがわかる。すなわち，E4P を解析すると，ペントースリン酸経路のうち，酸化的経路がおもにペントースと E4P の合成に重要で，芳香族アミノ酸と核酸合成のために炭水化物が失われるのに比べて，ペントースリン酸経路の最初のステップは速くなければならない。実験データから，$f^{(2)}\{\varepsilon^x\text{-Tyr}\}\fallingdotseq 0.15$ であることを考えると，E4P 分子の約15％が，グルコースの単一分子由来の C1-C2 断片を有しているはずである。これは，Tkt によって触媒される GAP と，F6P から E4P と X5P への相互変換からきている。このようにして，F6P の C3-C4 結合は，E4P の C1-C2 結合を調べることで解析できる。一般に，微好気条件や嫌気条件ではこの分率は小さく，この場合は非酸化的ペントースリン酸経路はあまり重要ではないことを意味している。

（3）**エントナー-ドゥドロフ経路** エントナー-ドゥドロフ（ED）経路は，ペントースリン酸経路をバイパスして，6PG から G3P と PYR を生成する経路である。このため，結合した三つの炭素原子 C3 断片は，解糖系と同じように GAP と PYR になる。結局，グルコースを炭素源とした場合，解糖系（EMP 経路）を通ってきた割合と ED 経路を通ってきた割合は区別できないことになる。

（4）**C1代謝** C1代謝を解析するには，Ser とグリシン（Gly）を調べる必要がある。図4.4 に示されるように，この影響を調べるには，3PG の同位体分布が PEP のそれと

同じということに注意しておく必要がある．このことは，解糖系の項目でも述べたように，3PG のような三つの炭素原子をもつ解糖系の C_3 代謝物の約 95 ％が，グルコース由来の C 3-C 2 結合を保持していることからきている．Ser-Gly 経路では，Ser を Gly と C_1 化合物に分解し，細胞が要求する C_1 化合物を供給している．表 4.3 に示されるように，Tyr あるいは Phe の C_α-C_β 断片の同位体組成を基準にすると，Ser の C_α-C_β 結合が少なくとも 1 回は切れたとすると，その分率は $f^{(1)}\{\beta\text{-Ser}\} - f^{(1)}\{\beta\text{-Tyr}, \beta\text{-Phe}\}$ に等しくなる．表 4.3 から，この分率は好気条件では 20 ％，嫌気条件では 50 ％となっており，一般に Ser が Gly と C_1 化合物に変換される反応は，通気条件によらず可逆であることがわかる．これに対して，Ser の C_α-C_β 結合が切れることは，Tyr や Phe の同位体情報からはわからず，このことは 3PG からの Ser の合成は非可逆であることを意味している[28]．

Gly は Ser から合成されるので，$f^{(1)}\{\alpha\text{-Gly}\} = f^{(1)}\{\alpha\text{-Tyr}, \alpha\text{-Phe}\} + f^{(2a)}\{\alpha\text{-Tyr}, \alpha\text{-Phe}\}$ が成り立つと考えられる．表 4.3 をみてみると，好気条件ではこの式が成り立っていることがわかるが，嫌気条件では，$f^{(1)}\{\alpha\text{-Gly}\}$ は予測値より 2 倍も大きくなっており，このことは，Gly の C_α-C' 結合の約 15 ％は少なくとも 1 回は切れていることを意味している．この部分が切れるのは，Gly 分解経路のためで[26]，この Gly の分解過程は，細胞における Gly と C_1 の要求と，Gly を CO_2 と C_1 化合物に変換することから決まってくる．表 4.3 から，嫌気条件では $f^{(1)}\{\alpha\text{-Ser}\}$ が比較的増加しているが，このことは Ser の可逆的な分解が，嫌気条件では Gly の分解に比べて速いことを意味している．また，このことは Gly 分解酵素の活性が，Ser 分解を触媒するヒドロキシメチルトランスフェラーゼ活性の約 1/10 であるということからもわかる[21]．さらに，Gly 分解経路を止めると，Gly が細胞外に出されることがわかっており[24]，このことは，好気条件での C 1 代謝の重要性を示している．このため，好気条件で得られる α-Gly の構造に Gly 分解過程が現れないのは，おそらく，好気条件では非可逆のためと考えられる．これに対して嫌気条件では，CO_2 濃度が高いので，反対方向の反応が進みやすいためだと考えられる．最後に，Gly は Thr からも生成される可能性がある．この経路が働いている場合は $f^{(1)}\{\alpha\text{-Gly}\}$ の値が増加するはずであるが，これは外から Thr を加えた特別な場合だけに限られる[13]．このことは，表 4.3 をみてもわかるように，好気条件では $f^{(1)}\{\alpha\text{-Gly}\}$ の値は増加していない．結局，嫌気条件での $f^{(1)}\{\alpha\text{-Gly}\}$ の増加は，Gly 分解のためと考えてよい[28]．

（5）**アセチル CoA**　アセチル CoA（AcCoA）の C 2 由来のロイシン（Leu）の α 炭素を調べてみると，PYR の C 3-C 2 結合は，AcCoA の C 2-C 1 結合に変換されていることがわかる．これは，いずれの通気条件でも，$f^{(2b)}\{\alpha\text{-Leu}\} = f^{(2)}\{\beta\text{-Ala}\}$ が成り立っており，グルコースを炭素源とした場合は，AcCoA のほとんどが PYR からきていることがわかる．

（6）**TCA 回路**　細胞を加水分解して得られる 16 個のアミノ酸のうち，6 個は TCA

回路のOAAおよびαKGから生成される。すなわち、Asp、Met、ThrはOAAから、またGlu、Pro、ArgはαKGから生成される。また、イソロイシン(Ile)とLysの一部もTCA回路の重要な中間代謝物由来である。αKGのもとになるCITは、OAAとAcCoAからCSの反応で、非可逆的に生成されるが、1章でも述べたように、OAAのC_1はICDHでの酸化的脱炭酸反応で失われる。このことから、αKGのC3-C2-C1断片はOAAのC4-C3-C2に対応し、αKGのC4-C5断片は、AcCoAの$f^{(i)}$と同じになると考えられる。このことは、表4.3から実際に$f^{(2)}\{\delta\text{-Pro}, \delta\text{-Arg}, \gamma\text{-Pro}, \gamma\text{-Arg}, \gamma\text{-Glu}\} \fallingdotseq f^{(2)}\{\alpha\text{-Leu}\}$であることを確かめることでわかる。さらに、$f^{(i)}\{\alpha\text{-Glu}\}$と$f^{(i)}\{\beta\text{-Asp}\}$は実質的に等しく、$f^{(2)}\{\beta\text{-Glu}\} \fallingdotseq f^{(2)}\{\beta\text{-Pro}\} \fallingdotseq f^{(2)}\{\beta\text{-Arg}\} \fallingdotseq f^{(3)}\{\beta\text{-Asp}\} + f^{(2a)}\{\beta\text{-Asp}\}$が成り立つことが確かめられる。このようにして、表4.3からは明らかにαKGのC4-C5とC1-C2-C3断片は、AcCoAとOAA由来であることを示している。また、このことからαKGの酸化的脱炭酸によってSucCoAを生成する反応は非可逆と考えられる[28]。

OAAはAcCoAと反応することによって、TCA回路にC_2分子を導入する一方、PEPからPpcの補充反応で、C3断片をTCA回路に導入する。TCA回路を支配する炭素骨格を調べてみると、この補充反応によってのみ、グルコースの同一分子由来のC2-C3結合がOAAに導入されることになる。このようにして、PEPとCO_2から生成されるOAAの割合は、$f^{(3)}\{\alpha\text{-Asp}, \beta\text{-Asp}, \alpha\text{-Glu}, \alpha\text{-Pro}\} + f^{(2a)}\{\alpha\text{-Asp}, \beta\text{-Asp}, \alpha\text{-Glu}, \alpha\text{-Pro}\}$から得られ、OAAとAcCoAからのCIT合成は非可逆で、立体特異的であることを考えると$f^{(2)}\{\beta\text{-Glu}, \beta\text{-Pro}, \beta\text{-Arg}\}$にも等しいことがわかる。表4.3から好気条件では、約30%のOAAが補充反応で生成されるのに対し、嫌気条件ではTCA回路が切れて、実質上100%のOAAが補充反応で生成されることがわかる[28]。

つぎに、OAAからFUMに変換される割合、あるいは逆にFUMからOAAを生成する割合は簡単に求められる。FUM分子は対称であるので、この反応によって、同一分子由来の結合したC4-C3-C2断片をOAAに導入することになる。ただし、嫌気条件ではこのFUMからOAAへの変換が行われない。すなわち、$f^{(3)}\{\beta\text{-Asp}\} \fallingdotseq f^{(2b)}\{\beta\text{-Asp}\} \fallingdotseq f^{(2b)}\{\alpha\text{-Asp}\} \fallingdotseq 0$で、$f^{(2a)}\{\alpha\text{-Asp}\} + f^{(3)}\{\alpha\text{-Asp}\} \fallingdotseq 1$が成り立っていることでわかる。ただし、嫌気条件では$f^{(2a)}\{\alpha\text{-Asp}\}$が比較的大きな値を示しているが、これはPflの反応を反映しているからである[28]。

Courtrightら[9]によると、嫌気条件での大腸菌の増殖にMDHは必ずしも必要ではなく、FUMはAspを経由するバイパス経路で生成されることがわかっている。また、嫌気条件ではαKGDHは発現しないので、αKGからSucCoAが生成される可能性はないと思われる[6]。結局、嫌気条件ではOAA分子からAspあるいはMALを経由してSucCoAが生成される。好気条件では、OAAからαKGへの反応、およびαKGからSucCoAへの反応は非

可逆と考えてよいので，可逆的に FUM 分子に変換される OAA 分子の割合は次式から求められる[28]。

$$2\times \frac{f^{(3)}\{\beta\text{-Asp}\}}{[f^{(3)}\{\alpha\text{-Asp}\}+f^{(3)}\{\beta\text{-Asp}\}]}$$

表 4.3 から，この式を用いて求めてみると，好気条件では約 50％が OAA から FUM（あるいは SUC）に変換され，再度 OAA に変換されていることがわかる。好気条件での定常状態では，この OAA から FUM への反応は，OAA から αKG やアミノ酸合成への反応と競合することになる。また，SUC は構造対称であるので，$f^{(2b)}\{\alpha\text{-Asp}\}\fallingdotseq f^{(2b)}\{\beta\text{-Asp}\}$ が成り立っているはずである。なぜなら，対応する炭素断片は PEP 由来ではなく，αKG 由来だからである[28]。

Thr, Met, Ile, Lys のいくつかの炭素原子は OAA 由来であり，生合成経路や Asp の同位体標識パターンを確認するのに利用できる。Thr と Met は Asp から直接合成されるので，$f^{(i)}\{\alpha\text{-Asp}\}\fallingdotseq f^{(i)}\{\alpha\text{-Met}\}\fallingdotseq f^{(i)}\{\alpha\text{-Thr}\}$ および $f^{(2)}\{\beta\text{-Thr}\}\fallingdotseq f^{(2a)}\{\beta\text{-Asp}\}+f^{(2b)}\{\beta\text{-Asp}\}$ が成り立っているはずであり，実際，表 4.3 を見てみると，ほぼ成り立っている。また，$f^{(i)}\{\alpha\text{-Met}\}$ がよく一致していることは，β 炭素と γ 炭素の強い結合は，α 炭素の解析に影響を及ぼしていないことを示している。さらに，Ile の δ 炭素と γ^1 炭素は Asp 由来で，$f^{(2)}\{\gamma\text{-Thr}\}\fallingdotseq f^{(2)}\{\delta\text{-Ile}\}\fallingdotseq f^{(2)}\{\gamma^1\text{-Ile}\}\fallingdotseq f^{(3)}\{\beta\text{-Asp}\}+f^{(2b)}\{\beta\text{-Asp}\}$ が成り立っている。表 4.3 から，嫌気条件での $f^{(2)}\{\gamma\text{-Thr}\}$ だけが大きくずれているが，ほかはよく一致していることがわかる[28]。また，α-Ile についてはつぎの関係がある[28]。

$$f^{(1)}\{\alpha\text{-Ile}\}=f^{(1)}\{\alpha\text{-Asp}\}+f^{(2a)}\{\alpha\text{-Asp}\}$$
$$f^{(2)}\{\alpha\text{-Ile}\}=f^{(2b)}\{\alpha\text{-Asp}\}+f^{(3)}\{\alpha\text{-Asp}\}$$
$$f^{(3)}\{\alpha\text{-Ile}\}=0$$

表 4.3 から，これらはほぼ成り立っている。また，大腸菌での Lys の生合成経路から，Lys に関して次式が成り立っている[28]。

$$f^{(1)}\{\beta\text{-Lys}\}=f^{(1)}\{\delta\text{-Lys}\}=0.5[f^{(1)}\{\beta\text{-Asp}\}+f^{(1)}\{\beta\text{-Ala}\}]$$
$$f^{(2)}\{\beta\text{-Lys}\}=f^{(2)}\{\delta\text{-Lys}\}=0.5[f^{(2)}\{\beta\text{-Ala}\}+f^{(2a)}\{\beta\text{-Asp}\}+f^{(2b)}\{\beta\text{-Asp}\}]$$
$$f^{(3)}\{\beta\text{-Lys}\}=f^{(3)}\{\delta\text{-Lys}\}=0.5f^{(3)}\{\beta\text{-Asp}\}$$
$$f^{(1)}\{\gamma\text{-Lys}\}=f^{(1)}\{\beta\text{-Asp}\}+f^{(2a)}\{\beta\text{-Asp}\}$$
$$f^{(2)}\{\gamma\text{-Lys}\}=f^{(3)}\{\beta\text{-Asp}\}+f^{(2b)}\{\beta\text{-Asp}\}$$
$$f^{(3)}\{\gamma\text{-Lys}\}=0$$
$$f^{(1)}\{\varepsilon\text{-Lys}\}=0.5[f^{(1)}\{\alpha\text{-Asp}\}+f^{(1)}\{\alpha\text{-Ala}\}+f^{(2b)}\{\alpha\text{-Asp}\}+f^{(2b)}\{\alpha\text{-Ala}\}]$$
$$f^{(2)}\{\varepsilon\text{-Lys}\}=0.5[f^{(3)}\{\alpha\text{-Asp}\}+f^{(3)}\{\alpha\text{-Ala}\}+f^{(2a)}\{\alpha\text{-Asp}\}+f^{(2a)}\{\alpha\text{-Ala}\}]$$

ここで，Asp と Ala はそれぞれ OAA と PYR の同位体分布を示すものとして選んである。

表4.3から，これらの式はほぼ成り立っていることがわかり，このことは Lys が対称中間代謝物 meso-ジアミノピメリン酸から合成されていることを示している[23]。

4.4 代謝フラックス比解析

測定した同位体分布から，細胞内代謝フラックス分布を求める方法については5章で述べるが，本節では，代謝経路の主要な分岐点でのフラックス比を求める解析法について説明し，次節では，いくつかの解析例を示す[16),32]。

（1） OAA まわりのフラックス比　まず，OAA について考えると，OAA には補充反応の Ppc によって PEP から生成されるフラックス，TCA 回路の αKG から MAL を経て生成されるフラックス，さらには ICIT からグリオキシル酸経路を経て生成されるフラックスの三つの場合が考えられる。

まず，PEP から Ppc によって OAA を生成する場合，OAA の C2-C3 結合が導入されることに着目すると，その分率は次式で表される。

$$X^{\mathrm{ppc}}=X(\mathrm{OAA} \leftarrow \mathrm{PEP})=\frac{f^{(2\mathrm{a})}\{\alpha\text{-Asp}\}+f^{(3)}\{\alpha\text{-Asp}\}}{f^{(2\mathrm{a})}\{\alpha\text{-Phe},\alpha\text{-Tyr}\}+f^{(3)}\{\alpha\text{-Phe},\alpha\text{-Tyr}\}}$$

$$=\frac{f^{(2\mathrm{a})}\{\beta\text{-Asp}\}+f^{(3)}\{\beta\text{-Asp}\}}{f^{(2\mathrm{a})}\{\alpha\text{-Phe},\alpha\text{-Tyr}\}+f^{(3)}\{\alpha\text{-Phe},\alpha\text{-Tyr}\}} \quad (4.6)$$

また，OAA から Pck によって PEP を生成する分率は次式のように表せる。

$$X(\mathrm{PEP} \leftarrow \mathrm{OAA})=\frac{f^{(2\mathrm{b})}\{\alpha\text{-Phe},\alpha\text{-Tyr}\}}{f^{(2\mathrm{b})}\{\alpha\text{-Asp}\}} \quad (4.7)$$

リンゴ酸酵素によって MAL から PYR を生成する分率は次式で表される。

$$X^{\mathrm{lb}}(\mathrm{PYR} \leftarrow \mathrm{MAL})=\frac{f^{(2\mathrm{b})}\{\alpha\text{-Ala}\}-f^{(2\mathrm{b})}\{\alpha\text{-Phe}\}}{1-f^{(2\mathrm{b})}\{\alpha\text{-Phe}\}} \quad (4.8)$$

$$X^{\mathrm{ub}}(\mathrm{PYR} \leftarrow \mathrm{MAL})=\frac{f^{(2\mathrm{b})}\{\alpha\text{-Ala}\}-f^{(2\mathrm{b})}\{\alpha\text{-Phe}\}}{f^{(2\mathrm{b})}\{\alpha\text{-Ala}\}-f^{(2\mathrm{b})}\{\alpha\text{-Phe}\}} \quad (4.9)$$

ここで，肩つき文字の lb と ub は下限（lower bound）と上限（upper bound）を意味している。さらに，グリオキシル酸経路を経て OAA を生成する分率は次式で表される。

$$X^{\mathrm{glyo}}=\frac{f^{(2\mathrm{b})}\{\alpha\text{-Asp}\}-X^{\mathrm{ppc}}\cdot(1-0.5\cdot X^{\mathrm{exch}})\cdot f^{(2\mathrm{b})}\{\alpha\text{-Phe}\}-(1-X^{\mathrm{ppc}})\cdot D}{0.5\cdot(A+B)-D}$$

あるいは次式で表せる。

$$X^{\mathrm{glyo}}=\frac{f^{(2\mathrm{b})}\{\beta\text{-Asp}\}-X^{\mathrm{ppc}}\cdot 0.5\cdot X^{\mathrm{exch}}\cdot f^{(2\mathrm{b})}\{\alpha\text{-Phe}\}-(1-X^{\mathrm{ppc}})\cdot D}{0.5\cdot(A+C)-D}$$

$$A=0.5\cdot[f^{(2\mathrm{b})}\{\alpha\text{-Leu}\}+f^{(2\mathrm{b})}\{\alpha\text{-Asp}\}+f^{(3)}\{\alpha\text{-Asp}\}]$$

$$B=(1-0.5\cdot X^{\mathrm{exch}})\cdot[f^{(2\mathrm{b})}\{\beta\text{-Asp}\}+f^{(3)}\{\beta\text{-Asp}\}]+0.5\cdot X^{\mathrm{exch}}\cdot f^{(2\mathrm{b})}\{\alpha\text{-Leu}\}$$

$$C = 0.5 \cdot X^{\text{exch}} \cdot [f^{(2b)}\{\beta\text{-Asp}\} + f^{(3)}\{\beta\text{-Asp}\}] + (1 - 0.5 \cdot X^{\text{exch}}) \cdot f^{(2b)}\{\alpha\text{-Leu}\}$$
$$D = 0.5 \cdot [f^{(2)}\{\beta\text{-Glu}\} + f^{(2b)}\{\gamma\text{-Glu}\}]$$

$$(4.10)$$

もし，グリオキシル酸経路が使われていないとすると，OAA の C1-C2 と C3-C4 断片は，αKG と PEP からのみ生成されたものであるので，次式が成り立つはずである。

$$f^{(2b)}\{\alpha\text{-Asp}\} = X^{\text{ppc}} \cdot f^{(2)}\{\alpha\text{-Phe}\} + (1 - X^{\text{ppc}}) \cdot 0.5 \cdot [f^{(2)}\{\beta\text{-Glu}\} + f^{(2b)}\{\gamma\text{-Glu}\}]$$
$$f^{(2b)}\{\beta\text{-Asp}\} = (1 - X^{\text{ppc}}) \cdot 0.5 \cdot [f^{(2)}\{\beta\text{-Glu}\} + f^{(2b)}\{\gamma\text{-Glu}\}]$$

$$(4.11)$$

式 (4.11) で，PEP から OAA に至る分率 X^{ppc} は，式 (4.6) から計算でき，$(1-X^{\text{ppc}})$ は SUC あるいは FUM の対称性を考慮して求められる。しかし，ここでは OAA から FUM に至る可逆反応による相互変換に基づいた ^{13}C 標識パターンの対称性については考えないことにする。OAA 分子のうち，少なくとも一度，可逆的に FUM に相互変換された分率 $X^{\text{exch}} = X(\text{OAA} \leftrightarrow \text{FUM})$ は，式 (4.12) で表される。式 (4.12) は，この反応が FUM の対称性のために，C4-C3-C2 結合断片が OAA に導入されることからきている。

$$X^{\text{exch}} = X(\text{OAA} \leftrightarrow \text{FUM}) = \frac{2 \cdot f^{(2b)}\{\beta\text{-Asp}\}}{f^{(3)}\{\alpha\text{-Asp}\} + f^{(3)}\{\beta\text{-Asp}\}} \qquad (4.12)$$

このようにして，OAA から FUM への可逆的な相互変換から生じる対称的な ^{13}C 標識パターンを考慮すると，次式が得られる。

$$f^{(2b)}\{\alpha\text{-Asp}\} = X^{\text{ppc}} \cdot (1 - 0.5 \cdot X^{\text{exch}}) \cdot f^{(2b)}\{\alpha\text{-Phe}\}$$
$$+ (1 - X^{\text{ppc}}) \cdot 0.5 \cdot [f^{(2)}\{\beta\text{-Glu}\} + f^{(2b)}\{\gamma\text{-Glu}\}]$$
$$f^{(2b)}\{\beta\text{-Asp}\} = X^{\text{ppc}} \cdot 0.5 \cdot X^{\text{exch}} \cdot f^{(2b)}\{\alpha\text{-Phe}\}$$
$$+ (1 - X^{\text{ppc}}) \cdot 0.5 \cdot [f^{(2)}\{\beta\text{-Glu}\} + f^{(2b)}\{\gamma\text{-Glu}\}] \qquad (4.13)$$

式 (4.13) は，グリオキシル酸経路がどれくらい活性化されているかを同定するのに利用できる。もしグリオキシル酸経路が働いていないとすると，式 (4.13) は実験誤差や測定誤差の範囲内で満足されるが，グリオキシル酸経路が利用されているとすると，式 (4.13) で計算される $f^{(2b)}\{\alpha\text{-Asp}\}$ と $f^{(2b)}\{\beta\text{-Asp}\}$ より明らかに高い値を示すはずである。

もし，グリオキシル酸経路が活性化されている場合は，グリオキシル酸経路によって過剰の C1-C2 および C3-C4 結合が導入され，次式が成り立つと考えられる。

$$f^{(2b)}\{\alpha\text{-Asp}\} = X^{\text{ppc}} \cdot (1 - 0.5 \cdot X^{\text{exch}}) \cdot f^{(2b)}\{\alpha\text{-Phe}\} + X^{\text{glyo}} \cdot 0.5 \cdot (A + B)$$
$$+ (1 - X^{\text{ppc}} - X^{\text{glyo}}) \cdot D$$
$$f^{(2b)}\{\beta\text{-Asp}\} = X^{\text{ppc}} \cdot (1 - 0.5 \cdot X^{\text{exch}}) \cdot f^{(2b)}\{\alpha\text{-Phe}\} + X^{\text{glyo}} \cdot 0.5 \cdot (A + C)$$
$$+ (1 - X^{\text{ppc}} - X^{\text{glyo}}) \cdot D$$
$$A = 0.5 \cdot [f^{(2b)}\{\alpha\text{-Leu}\} + f^{(2b)}\{\alpha\text{-Asp}\} + f^{(3)}\{\alpha\text{-Asp}\}]$$

$$B = (1-0.5 \cdot X^{\mathrm{exch}}) \cdot [f^{(2b)}\{\beta\text{-Asp}\} + f^{(3)}\{\beta\text{-Asp}\}] + 0.5 \cdot X^{\mathrm{exch}} \cdot f^{(2b)}\{\alpha\text{-Leu}\}$$
$$C = 0.5 \cdot X^{\mathrm{exch}} \cdot [f^{(2b)}\{\beta\text{-Asp}\} + f^{(3)}\{\beta\text{-Asp}\}] + (1-0.5 \cdot X^{\mathrm{exch}}) \cdot f^{(2b)}\{\alpha\text{-Leu}\}$$
$$D = 0.5 \cdot [f^{(2)}\{\beta\text{-Glu}\} + f^{(2b)}\{\gamma\text{-Glu}\}]$$
(4.14)

式 (4.10),式 (4.14) において,A,B,および C は,グリオキシル酸経路によって OAA に導入される C1-C2 あるいは C3-C4 断片を表し,MAL から FUM への可逆相互変換による対称の ^{13}C 標識パターンも考慮してある。このようにして,グリオキシル酸経路によって合成される OAA の分率 X^{glyo} は,式 (4.10) を用いて計算できる。

(2) **ED 経路によって生成されるピルビン酸**　もし,エントナー–ドゥドロフ (ED) 経路が活性化されていれば,過剰の C1-C2-C3 結合断片が,ED 経路によって PYR (ピルビン酸) に導入されるはずであるから,次式が得られる。

$$f^{(3)}\{\alpha\text{-Ala}\} = (1 - X^{\mathrm{ED}} - X^{\mathrm{ME}}) \cdot f^{(3)}\{\alpha\text{-Asp}\} + X^{\mathrm{ED}} \cdot f^{(3)}\{\text{C2-G6P}\}$$
$$+ X^{\mathrm{ME}} \cdot f^{(3)}\{\text{C2-MAL}\} \quad (4.15)$$

ここで,XME はリンゴ酸酵素によって,MAL から生成される PYR の割合であり,次式から求められる。

$$X^{\mathrm{ME,lb}} = X^{\mathrm{lb}}(\text{PYR} \leftarrow \text{MAL}) = \frac{f^{(2b)}\{\alpha\text{-Ala}\} - f^{(2b)}\{\alpha\text{-Phe}\}}{1 - f^{(2b)}\{\alpha\text{-Phe}\}}$$
$$X^{\mathrm{ME,ub}} = X^{\mathrm{ub}}(\text{PYR} \leftarrow \text{MAL}) = \frac{f^{(2b)}\{\alpha\text{-Ala}\} - f^{(2b)}\{\alpha\text{-Phe}\}}{f^{(2b)}\{\alpha\text{-Ala}\} - f^{(2b)}\{\alpha\text{-Phe}\}} \quad (4.16)$$

OAA の MAL への相互変換は,MAL に C1-C2-C3 結合断片を導入するので,ED 経路を経て生成される PYR 分子の割合の下限と上限は次式で求めることができる。

$$X^{\mathrm{ED,lb}} = \frac{f^{(3)}\{\alpha\text{-Ala}\} - f^{(3)}\{\alpha\text{-Phe}\} + X^{\mathrm{ME,lb}} \cdot [f^{(3)}\{\alpha\text{-Phe}\} - f^{(3)}\{\alpha\text{-Ala}\}]}{f^{(3)}\{\text{C2-G6P}\} - f^{(3)}\{\alpha\text{-Phe}\}} \quad (4.17)$$

$$X^{\mathrm{ED,ub}} = \frac{f^{(3)}\{\alpha\text{-Ala}\} - f^{(3)}\{\alpha\text{-Phe}\} + X^{\mathrm{ME,ub}} \cdot [f^{(3)}\{\alpha\text{-Phe}\} - f^{(3)}\{\beta\text{-Ala}\}]}{f^{(3)}\{\text{C2-G6P}\} - f^{(3)}\{\alpha\text{-Phe}\}} \quad (4.18)$$

ここで,G6P はグルコースで評価でき,$f^{(i)}\{\text{C2-G6P}\} = f^{(i)}\{\text{C2-Glc}\}$ である。式 (4.17),式 (4.18) は,$f^{(3)}\{\text{C2-G6P}\}$ が $f^{(3)}\{\alpha\text{-Phe}\}$ より大きいときに ED 経路が活性化されていることをみつけるのに利用できる。

(3) **非酸化的ペントースリン酸経路によって合成される P5P と E4P**　もし,P5P と E4P が非酸化的ペントースリン酸経路によって GAP と F6P から生成されたとすると,次式が成り立っていると考えられる。

$$f^{(1)}\{\alpha\text{-His}\} = f^{(1)}\{\text{C2-glycerol}\}$$
$$f^{(2a)}\{\alpha\text{-His}\} + f^{(2b)}\{\alpha\text{-His}\} = f^{(2)}\{\text{C2-glycerol}\}$$
$$f^{(3)}\{\alpha\text{-His}\} = f^{(3)}\{\text{C2-glycerol}\}$$

$$f^{(2a)}\{\beta\text{-His}\}=f^{(3)}\{\text{C 2-glycerol}\}$$
$$f^{(1)}\{\delta^x\text{-Tyr}\}=0.5 \cdot f^{(1)}\{\beta\text{-Tyr}\}$$
$$f^{(2)}\{\delta^x\text{-Tyr}\}=0.5 \cdot f^{(2a)}\{\beta\text{-Tyr}\}+0.5 \tag{4.19}$$

4.5 NMRを利用した大腸菌細胞の代謝フラックス比解析例

4.5.1 同位体を用いた実験

希釈率（＝比増殖速度 μ）0.1 h^{-1} での連続培養で実験を行い，定常状態が確認された後，基質であるグルコースと，その10％が ^{13}C の同位体で標識された［U-^{13}C］グルコースに置き換えて連続培養を続け，20時間後（平均滞留時間の2倍）に，測定のための試料を採取した実験について考える。この場合，$\mu t=2$ で $P_s=0.1$ である。グルコース全体に対する，標識されたグルコースの分率 P_f は，バイオリアクター内に存在する標識されていない細胞の割合を考えて，次式から計算できる（5章で詳細を説明する）。

$$P_f=(1-e^{-\mu t}) \cdot P_s \tag{4.20}$$

この場合のマルチプレット強度を表す確率係数行列 $\boldsymbol{K}$ は，つぎのようになる。

$$\boldsymbol{K}_{\text{term}}^{-1}=\begin{bmatrix} K_s^{(1)} & K_s^{(2)} \\ K_d^{(1)} & K_d^{(2)} \end{bmatrix}=\begin{bmatrix} 0.904 & 0.104 \\ 0.096 & 0.896 \end{bmatrix} \tag{4.21 a}$$

$$\boldsymbol{K}_{\text{central}}^{-1}=\begin{bmatrix} K_s^{(1)} & K_s^{(2a)} & K_s^{(2b)} & K_s^{(3)} \\ K_{da}^{(1)} & K_{da}^{(2a)} & K_{da}^{(2b)} & K_{da}^{(3)} \\ K_{db}^{(1)} & K_{db}^{(2a)} & K_{db}^{(2b)} & K_{db}^{(3)} \\ K_{dd}^{(1)} & K_{dd}^{(2a)} & K_{dd}^{(2b)} & K_{dd}^{(3)} \end{bmatrix}=\begin{bmatrix} 0.819 & 0.094 & 0.094 & 0.102 \\ 0.086 & 0.811 & 0.010 & 0.001 \\ 0.086 & 0.010 & 0.811 & 0.001 \\ 0.009 & 0.085 & 0.085 & 0.896 \end{bmatrix} \tag{4.21 b}$$

細胞を加水分解して得られる16のアミノ酸のほかに，グリセロールやグルコースの ^{13}C-^{13}C 結合状態を同定でき，NMRによる測定で得られた相対マルチプレット強度（I 値）から，式（4.5）を利用して，炭素骨格の相対強度（f 値）を求めることができる。

4.5.2 野生株の代謝フラックス比解析

α-Asp と β-Asp についての，［$^{13}\text{C},^{1}\text{H}$］COSY NMR スペクトルの結果を図 4.6 に，また，フラックス比解析の結果を表 4.4 に示す。表 4.4 は，フラックス比解析によって，主代謝経路のいくつかの鍵となる代謝物がどこからきたのかを調べたものである。フラックス比解析を行うことによって，どの代謝経路が活性化されたかをフラックスの点からみることができる。表4.4から，野生株のフラックス比解析によって，Pckを通ってOAAからPEPに至る経路が，希釈率 0.55 h^{-1} のときでも働いていることがわかる。また，補充経路のPpcの反応によって，OAAの約半分が生成されていることがわかる。希釈率を変えても同

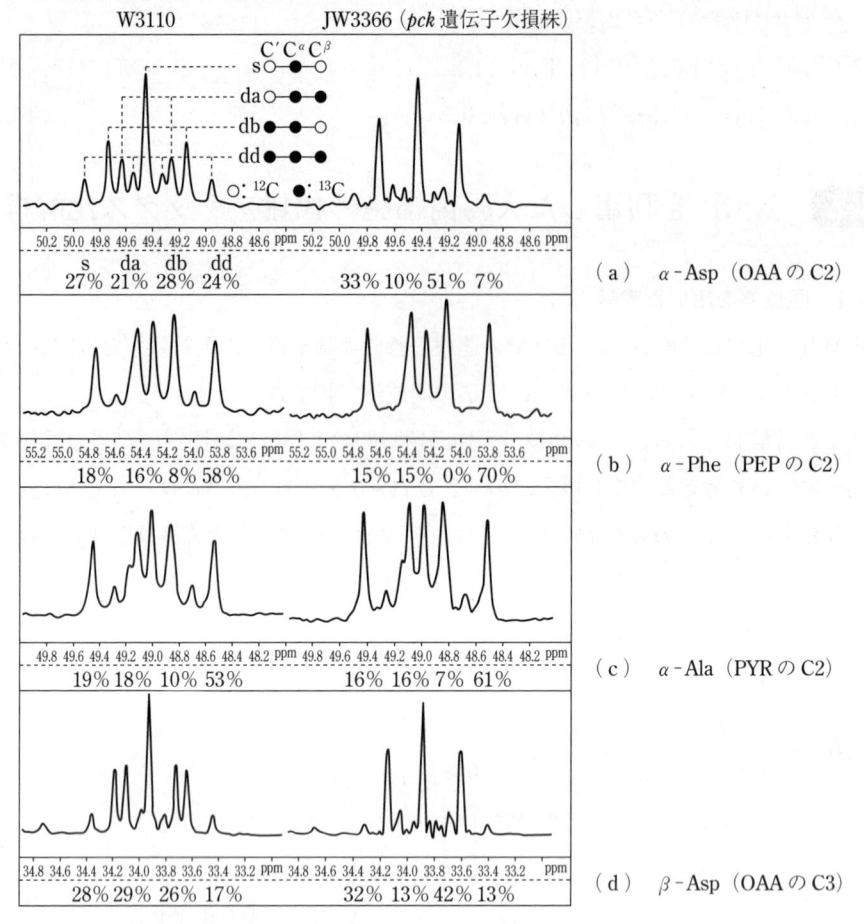

106   4. NMRやGC-MSを利用した同位体分布の測定と代謝フラックス比解析

	W3110			JW3366 (*pck*遺伝子欠損株)	
s da db dd	27% 21% 28% 24%			33% 10% 51% 7%	(a) α-Asp (OAAのC2)
	18% 16% 8% 58%			15% 15% 0% 70%	(b) α-Phe (PEPのC2)
	19% 18% 10% 53%			16% 16% 7% 61%	(c) α-Ala (PYRのC2)
	28% 29% 26% 17%			32% 13% 42% 13%	(d) β-Asp (OAAのC3)

図4.6 野生株大腸菌 (W 3110) と *pck* 遺伝子欠損株のNMRスペクトルパターン[32]

表4.4 野生株大腸菌 (W 3110) と *pck* 遺伝子欠損株の代謝フラックス比[32]

代謝経路	フラックスの割合〔%〕			
	W 3110			*pck* 遺伝子欠損株
	(0.10 h⁻¹)	(0.32 h⁻¹)	(0.55 h⁻¹)	(0.10 h⁻¹)
G6PからP5P (下限値)	17±2	23±2	21±2	13±2
T3P+S7PからP5P	82±2	76±2	78±2	87±2
E4PからP5P	35±2	27±2	19±2	31±2
PEPからOAA	56±2	53±3	48±2	18±3
OAAからPEP	28±3	19±3	11±3	0±2
MALからPYR (下限値)	2±2	0±2	0±2	7±3
MALからPYR (上限値)	8±4	0±2	0±2	14±3
PYRからAcCoA	>98	>99	>98	>98
OAA+AcCoAからαKG	>97	>98	>98	>97
OAAからFUMへの交換	76±10	65±10	72±8	94±14
グリオキシル酸経路からのOAA	—	—	—	38±12

様なフラックス比パターンが得られているが，増殖速度が増加するにつれて，OAAから PEP が生成される割合，および MAL から PYR が生成される割合が低下することがわかる[32]。

また，野生株（W 3110）では，グリオキシル酸経路は働いていないことがわかる。この結果は，OAA の C-2 と C-3，PEP の C-2，および αKG の C-3 と C-4 に対応する α-Asp, β-Asp, α-Phe, β-Glu, および γ-Glu の炭素結合断片を解析することによって得られる（f 値は**表 4.5** に示されている）。これらの炭素の位置の f 値は実験誤差の範囲で，式（4.11）を満たしており，OAA が TCA 回路と Ppc 経路による補充反応によって，PEP からのみ生成されていることを意味している。

表 4.5 野生株大腸菌（W 3110）と pgi 遺伝子欠損株の $f^{(i)}$ 値[16]

炭素原子	W 3110				pgi 遺伝子欠損株			
	$f^{(1)}$	$f^{(2a)}$	$f^{(2b)}$	$f^{(3)}$	$f^{(1)}$	$f^{(2a)}$	$f^{(2b)}$	$f^{(3)}$
α-Asp	0.24	0.23	0.32	0.21	0.28	0.14	0.50	0.08
β-Asp	0.25	0.33	0.29	0.13	0.28	0.20	0.46	0.06
α-Phe	0.11	0.18	0.09	0.62	0.11	0.31	0.12	0.46
β-Glu	0.54	0.46	—	0.00	0.75	0.25	0.00	0.00
γ-Glu	0.22	0.00	0.78	0.00	0.20	0.00	0.80	0.00
α-Leu	0.22	0.00	0.78	0.00	0.19	0.00	0.81	0.00

NH_3 律速の場合を，グルコース律速の培養結果と比較してみると，野生株の場合，つぎのようなことがわかる。① OAA から生成される PEP 分子の減少から，NH_3 律速条件下では，Pck による反応が低下していることを示しており，② G6P から生成される P5P の分子が減少しているので，非酸化的ペントースリン酸経路の活性があまり変化していないとすると，酸化的ペントースリン酸経路の活性が低下していることがわかる（**表 4.6** 参照）。

表 4.6 野生株大腸菌（W 3110）と pgi 遺伝子欠損株および zwf 遺伝子欠損株の代謝フラックス比[16]

代謝物	連続培養でのフラックスの割合〔%〕					
	W 3110（炭素源律速）	pgi 欠損株（炭素源律速）	zwf 欠損株（炭素源律速）	W 3110（窒素源律速）	pgi 欠損株（窒素源律速）	zwf 欠損株（窒素源律速）
F6P から G6P	>58	0±2	>35	>56	0±2	>38
G6P から P5P（下限値）	9±2	47±9	0±2	4±2	37±8	0±2
非酸化的 PP 経路経由の P5P	n.d.	n.d.	>94	n.d.	n.d.	>95
OAA から PEP	28±3	24±3	23±3	10±3	8±2	0±2
ED 経路経由の PYR	n.d.	6±4	n.d.	n.d.	11±7	n.d.
MAL から PYR（下限値）	2±2	0±2	4±2	4±2	0±2	4±2
MAL から PYR（上限値）	8±4	0±2	15±4	14±4	0±2	27±8
PYR から AcCoA	>98	>98	>98	>98	>99	>98
OAA+AcCoA から αKG	>97	>99	>98	>97	>98	>98
PEP から OAA	55±2	29±2	43±2	53±2	18±2	85±2
OAA から相互変換による FUM	76±10	86±14	81±12	81±10	50±15	60±6
グリオキシル酸経路からの OAA	—	57±16	—	—	20±12	—

4.5.3 *pck* 遺伝子欠損株の代謝フラックス比解析

前項で述べたように，*pck* 遺伝子欠損株では，OAA からの PEP の生成はまったくないことがわかる[32]。これは，NMR のスペクトルについて，α-Phe の ^{13}C-^{13}C 結合構造を解析することによって調べられる。図 4.6 からわかるように，*pck* 遺伝子欠損株では α-Phe のマルチプレットに db 要素がなく，このことは，*pck* 遺伝子を破壊すると PEP の C 1-C 2 結合断片がなくなることを意味している。この結果はまた，*pck* 遺伝子欠損株では Pps も活性化されていないことを意味している。これに対して，野生株では Pck が働いている。

表 4.4 から，*pck* 遺伝子欠損株では，野生株に比べて PEP から生成される OAA の割合が減少していることがわかる。このことは，図 4.6 の α-Asp の ^{13}C-^{13}C 結合構造を直接調べることによっても定量的に評価できる。α-Asp の da と dd の量は，C 2-C 3 結合をもっている OAA 分子に関係している。OAA の C 2-C 3 断片は，Ppc による補充反応によってのみ導入されるので，da と dd の量は Ppc の活性を反映している。*pck* 遺伝子欠損株の da と dd の量は，図 4.6 からわかるように野生株のものに比べて著しく小さく，このことは遺伝子欠損株では，Ppc による補充反応で生成される OAA の割合が小さいことがいえる。

最後に表 4.4 からもわかるように，フラックス比解析から *pck* 遺伝子欠損株では，グリオキシル酸経路が活性化されているのがわかる。すなわち，*pck* 遺伝子欠損株では，α-Asp と β-Asp の db 要素が著しく高い値を示していることが，図 4.6 をみてわかる。*pck* 遺伝子欠損株について，フラックス比解析を行うと，OAA の C 1-C 2 および C 3-C 4 断片の多くが，TCA 回路ではなく，グリオキシル酸経路を経て導入されたと考えられる。すなわち，この場合は式 (4.13) の左辺の値が，右辺の値に比べて著しく高くなり，グルコースを炭素源とした場合，通常は活性化されないと考えられているグリオキシル酸経路が活性化されたことがわかる。式 (4.10) を使って求めた結果，表 4.4 に示されているように，*pck* 遺伝子欠損株の OAA 分子の約 1/3 はグリオキシル酸経路を経て生成されていることがわかる。結局，フラックス比解析から *pck* 遺伝子欠損株では Ppc による補充反応が低下し，グリオキシル酸経路が活性化されることがわかったのである。

4.5.4 *pgi* 遺伝子欠損株の代謝フラックス比解析

pgi 遺伝子欠損株のフラックス比解析結果（表 4.6 参照）から，Pgi を経由して F6P から G6P を生成する分子がほとんどないことがわかる[16]。これは，NMR のスペクトルについて，グルコースの C 4 の結合構造の情報から得られる。図 4.7 に示すように，グルコースの C 4 の結合状態をみてみると，*pgi* 遺伝子欠損株ではダブレットが存在していないので，G6P について炭素結合が切れた場合に生じる C 3-C 4 および C 4-C 5 結合がないことを示している。これに対して野生株の場合は，F6P における C 3-C 4 結合の多くがペントースリ

4.5 NMRを利用した大腸菌細胞の代謝フラックス比解析例

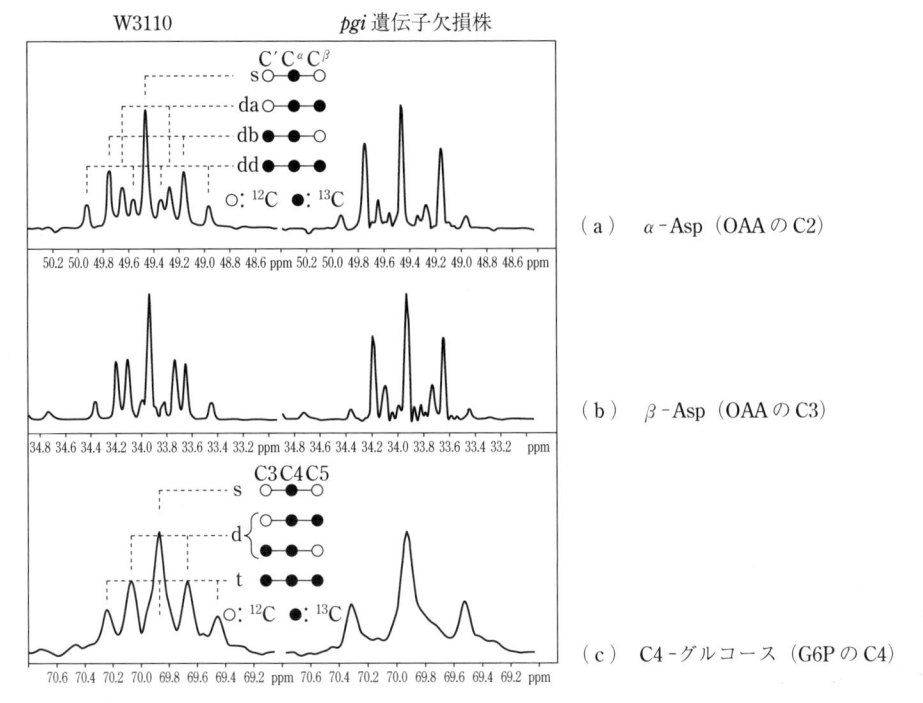

図4.7 野生株大腸菌（W3110）と pgi 遺伝子欠損株のNMRスペクトルパターン[16]

(a) α-Asp（OAAのC2）
(b) β-Asp（OAAのC3）
(c) C4-グルコース（G6PのC4）

ン酸経路で切れ，Pgiの反応によってG6Pに導入される．このため，図4.7から野生株では，ダブレットがグルコースのC4のマルチプレットに大きく寄与しており，Pgiの反応によって導入されるG6PについてC3-C4結合が切れた分子として反映されている．図4.7の結果は，pgi 遺伝子欠損株でのG6Pは，標識されたグルコースのみから生成されていることを示している．

pgi 遺伝子欠損株では，PEPから生成されるOAA分子の割合が，野生株に比べて減少している（表4.6参照）が，このことは，図4.7の α-Asp の ^{13}C-^{13}C 結合構造を直接観察してもわかる．α-Aspについて，小さい結合定数をもったダブレットと二重ダブレットの量は，C2-C3断片の結合をもったOAA分子に関係している．OAAのC2-C3断片は，補充反応のPpcを通してのみ生成されるので，小さい結合定数をもったダブレットと二重ダブレットの量は，Ppcの活性を反映していると思われる．図4.7からもわかるように，野生株に比べて pgi 遺伝子欠損株では，この小さい結合定数をもったダブレットと二重ダブレットの量が著しく少なく，このことは，pgi 遺伝子欠損株ではPpcによる補充反応で生成されるOAAが少ないことを意味している．

表4.6から，pgi 遺伝子欠損株では，グリオキシル酸経路が活性化されていることがわかるが，図4.7の α-Asp と β-Asp の結合状態をみてみると，pgi 遺伝子欠損株ではダブレットのスプリットが結合定数で，驚くほど高い量を示している．表4.5と**表4.7**の f 値をみて

表 4.7　pgi 遺伝子欠損株および zwf 遺伝子欠損株の $f^{(i)}$ 値[16]

	炭素原子	炭素源律速での pgi 遺伝子欠損株				窒素源律速での pgi 遺伝子欠損株			
		$f^{(1)}$	$f^{(2a)}$	$f^{(2b)}$	$f^{(3)}$	$f^{(1)}$	$f^{(2a)}$	$f^{(2b)}$	$f^{(3)}$
(a)	α-Phe	0.11	0.31	0.12	0.46	0.08	0.28	0.04	0.60
	α-Ala	0.10	0.29	0.12	0.49	0.08	0.24	0.04	0.64
	α-Val	0.39	0.00	0.61	0.00	0.30	0.00	0.70	0.00
	炭素原子	炭素源律速での zwf 遺伝子欠損株				窒素源律速での zwf 遺伝子欠損株			
		$f^{(1)}$	$f^{(2a)}$	$f^{(2b)}$	$f^{(3)}$	$f^{(1)}$	$f^{(2a)}$	$f^{(2b)}$	$f^{(3)}$
(b)	α-His	0.10	−0.01	0.20	0.71	0.09	−0.01	0.14	0.78
	β-His	0.26	0.69	0.00	0.05	0.16	0.78	0.00	0.06
	δ^x-Tyr*,**	0.14	0.86	—	0.00	0.06	0.94	—	0.00
	C 2-グリセロール**	0.12	0.19	—	0.69	0.08	0.13	—	0.79
	β-Tyr	0.22	0.78	0.00	0.00	0.08	0.92	0.00	0.00

*　δ^1-Tyr と δ^2-Tyr の二つの炭素はただ ^{13}C 結合構造を示す。
**　δ^x-Tyr と C 2-グリセロールは隣接する炭素について同一の（スカラー）結合定数をもっている。

みると，$f^{(2b)}\{\alpha$-Asp$\}$ と $f^{(2b)}\{\beta$-Asp$\}$ の値が，式(4.11)に $f^{(2b)}\{\alpha$-Phe$\}$，$f^{(2)}\{\beta$-Glu$\}$，$f^{(2b)}\{\gamma$-Glu$\}$ を代入した場合の値に比べて，著しく高くなっている。このことは，OAA の C1-C2 と C3-C4 断片は，TCA 回路と Ppc だけから生成されているわけではなく，一部はグリオキシル酸経路によって生成されていることを意味している。一般に，グリオキシル酸経路は，酢酸や脂肪酸を炭素源としたときに活性化され，グルコースを炭素源としたときは抑制される[10] ということが知られているが，上記の結果は，グルコースを炭素源とした場合でも，pgi 遺伝子欠損株等ではグリオキシル酸経路が活性化されていることを示している。ちなみに，イソクエン酸リアーゼ（Icl）の酵素活性を測定してみると，野生株では活性がみられないが，pgi 遺伝子欠損株では 197 nmol（mg protein）$^{-1}$ であり，この点からも pgi 遺伝子欠損株ではグリオキシル酸経路が活性化されていることがわかる。式 (4.13) を利用し，表 4.5 と表 4.7 に示される α-Asp，β-Asp，α-Phe，β-Glu，γ-Glu，α-Leu の f 値を用いてフラックス比を計算してみると，グルコース律速条件で pgi 遺伝子欠損株を培養した場合は，1/2 以上の OAA がグリオキシル酸経路を経て生成されていることがわかる（表 4.6 参照）。

pgi 遺伝子欠損株のフラックス比から，グルコースを炭素源とした場合，ED 経路はわずかに活性化されていることがわかる（表 4.6 参照）。ED 経路が活性化されているかどうかを調べるには，三つの炭素原子の位置の情報を調べてみる必要がある。すなわち，α-Phe は PEP の C 2 から生成され，α-Ala と α-Val は PYR の C 2 から生成される。また，α-Ala と α-Val の f 値はつぎの関係を満たしている。

$$f^{(2b)}\{\alpha\text{-Val}\} = f^{(2b)}\{\alpha\text{-Ala}\} + f^{(3)}\{\alpha\text{-Ala}\}$$

式 (4.17)，式 (4.18) を用いて，ED 経路が働いているかどうかを調べるには，G6P の C 2 の f 値と，Mez を通って PYR になるフラックスの値が必要になる。前で述べたよう

に，pgi 遺伝子欠損株での G6P 分子は（標識された）グルコースのみから生成されるので，$f^{(3)}\{C2\text{-}G6P\}=1$ である。また，表 4.6 に示されるように，pgi 遺伝子欠損株での Mez による反応のフラックスは無視できるほど小さい。このようにして，式 (4.17)，式 (4.18) から，pgi 遺伝子欠損株の，ED 経路によって生成される PYR の割合は，グルコース律速条件下で 6 %，NH_3 律速条件下では 11 % になることがわかる（表 4.6 参照）。

4.5.5　zwf 遺伝子欠損株の代謝フラックス比解析

zwf 遺伝子欠損株のフラックス比解析から，細胞合成の前駆体である P5P と E4P は T3P と F6P から非酸化的ペントースリン酸経路によって生成されることがわかる[16]（表 4.6 参照）。P5P と E4P の標識パターンは，それぞれ His と Tyr の芳香環の標識データを使って調べることができる。α-His，β-His，δ^x-Tyr，グリセロールの C2，β-Tyr の結合状況を調べてみると（f 値は表 4.7 参照），zwf 遺伝子欠損株では，式 (4.19) が実験誤差の範囲で満足されており，このことは非酸化的ペントースリン酸経路のみが活性化され，酸化的ペントースリン酸経路は活性化されていないことを意味している。ただし，酸化的ペントースリン酸経路の 6PGDH の酵素活性を測定してみると，野生株に比べて，zwf 遺伝子欠損株でも同様の活性を示していることがわかる。また，zwf 遺伝子欠損株では，ED 経路は働いていないこともわかる。

表 4.6 から，グルコース律速条件下では，zwf 遺伝子欠損株は野生株とほぼ同様のフラックス比を示すことがわかる。zwf 遺伝子欠損株では，グリオキシル酸経路は活性化されておらず，zwf を破壊しても，炭素の主要代謝にはほとんど影響を与えないことがわかる。しかし，NH_3 律速条件下では，フラックス比は野生株とかなり異なっている（表 4.6 参照）。すなわち，この場合は，① zwf 遺伝子欠損株では，野生株に比べて PEP から生成される OAA 分子の割合が増加し，Ppc による補充反応が強化され，TCA 回路の活性が低下することがわかる。これは，前述したように，α-Asp のマルチプレットを調べることで確かめられる。すなわち図 4.8 から，NH_3 律速条件において，zwf 遺伝子欠損株は野生株に比べて，α-Asp のマルチプレットのうち，小さい結合定数をもったダブレットと二重ダブ

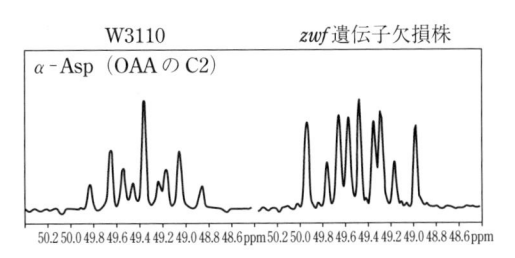

図 4.8　野生株大腸菌（W 3110）と zwf 遺伝子欠損株の NMR スペクトルパターン[16]

レットが著しく高いことがわかる。このことは，*zwf* 遺伝子欠損株では，TCA 回路はおもに細胞合成のための代謝物を生成するのに使われ，呼吸鎖による ATP 合成が主ではないことを意味している。つぎに，② OAA から生成される PEP がみられないことから，*zwf* 遺伝子欠損株は Pck が活性化されていないことがわかる。また，③ *zwf* 遺伝子欠損株では，MAL から生成される PYR 分子の割合が増加しているので，Mez の活性が高くなっていることがわかる。さらに，④ 表 4.6 から，*zwf* 遺伝子欠損株では，可逆的に FUM に相互変換される割合が低下することがわかる。

4.6 GC-MS を利用した代謝フラックス比解析

4.6.1 GC-MS による同位体分布の測定

本項では GC-MS（ガスクロマトグラフィー-マススペクトロメトリー）を利用して，細胞内代謝物の同位体分布を測定する場合について述べる[3),4)]。GC-MS は NMR に比べて，1桁少ない量のわずかの試料で同位体分布を測定できるという利点がある反面，どの位置の炭素原子が ^{13}C で標識されているかはわからず，分子の重さのみの情報しか利用できないため，同位体実験の計画（用いる供給炭素源の同位体標識パターン等）には注意が必要である（6 章参照）。GC-MS のイオン化法には，電子イオン化法と化学イオン化法等があるが，本項では代謝研究によく用いられる電子イオン化について説明する。

電子イオン化（electron ionization：EI）は，電子衝撃ともいわれ，GC-MS で最も一般的なイオン化の方法である。GC カラムから溶出される分子 [M] は通常 70 eV の電子によって衝撃を受ける。この条件によって分子イオンが形成されるが，その大部分は正電荷 M^+ である。

$$M + e^- \longrightarrow M^{+\cdot} + 2e^-$$

一般に，イオン化に必要なエネルギーは，20 eV 以下であると考えられており，過剰なエネルギーが分子イオン $M^{+\cdot}$ に与えられ，それがなくなるまで断片を形成する。断片化（fragmentation）の起こり方は，$M^{+\cdot}$ 構造に関係する。質量分析器は，生成したイオンの質量と，その強度を測定することができる。マススペクトルや断片化のパターンは，横軸に質量/電荷比（m/z，一般的に電荷 z が 1 当りの質量 m ダルトン），縦軸にイオン強度で表される棒グラフで表される（図 4.9 参照）。断片化のパターンは，後述する化学誘導体化によって著しく変化する。図 4.9 はグリシンの EI マススペクトルを示している。

質量分析の操作には，スキャン（SCAN）モードと選択イオン検出（selected ion mode：SIM）の二つのモードがあり，分析の目的によって選択する必要がある。スキャンとは，検出器が m/z 値領域を走査することであり，未知化合物の決定や有益な構造情報を

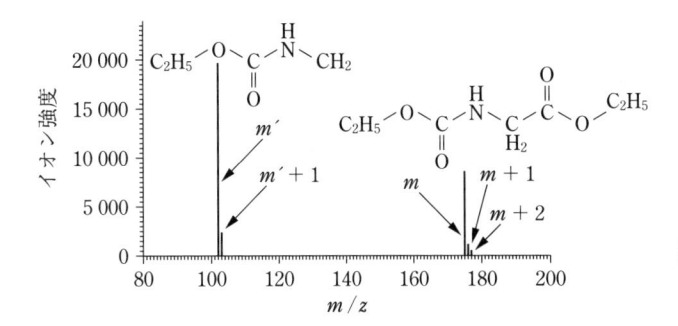

図4.9 ECFで誘導体化したグリシンの質量スペクトル[31]

得るために重要である（**図4.10**参照）。ここで重要なのは，MSが安定同位体を検出できるという点である。スキャンされたマススペクトルは，参照スペクトルのライブラリーと比較でき，この目的のために多くの誘導体のスペクトルが公表されている。

一つあるいはいくつかのイオンのみをモニターするように検出器をセットすれば，検出感度を劇的に増大させることができる。選択イオン検出の場合，比較するイオンには内標準物質が用いられる場合があり，安定同位体標識化合物がこの目的のためには特に適し，多くのGC-MS対照分析法の基本になっている。

GC-MSでよく用いられる誘導体化（derivatization）には，水酸基，アミノ基，カルボキシル基のトリメチルシリル（TMS）誘導体化法と t-ブチルジメチルシリル（TBDMS）誘導体化法等がある。このようにして得られる誘導体は，同定に有用な多数のイオンを形成し，未知化合物の構造解析を助け，参照ライブラリーと比較可能な断片情報を与える[2),8)]。TBDMS誘導体のマススペクトルは通常，強度の大きな $[M-57]^+$ イオンが支配し，これによって分子量の決定が可能となり，選択イオン検出による定量に適したものになる。

図4.11には，TBDMSで誘導体化した場合の断片化を示しているが，一般には $[M-57]^+$ と $[M-159]^+$ 断片の情報が用いられる[12)]。

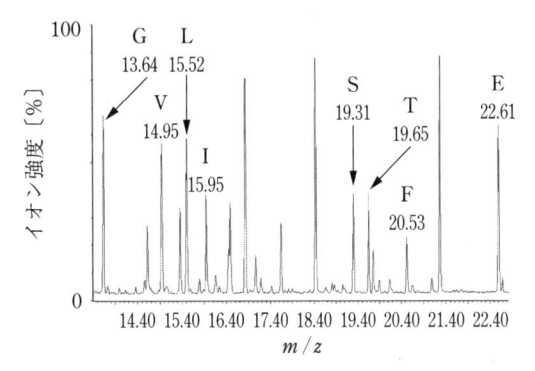

(a) ガスクロマトスペクトル

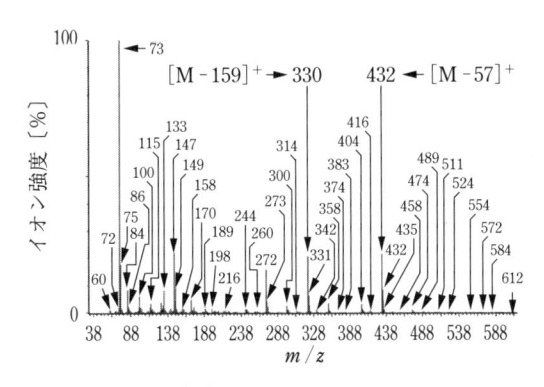

(b) マススペクトル

図4.10 スキャンモードのスペクトル

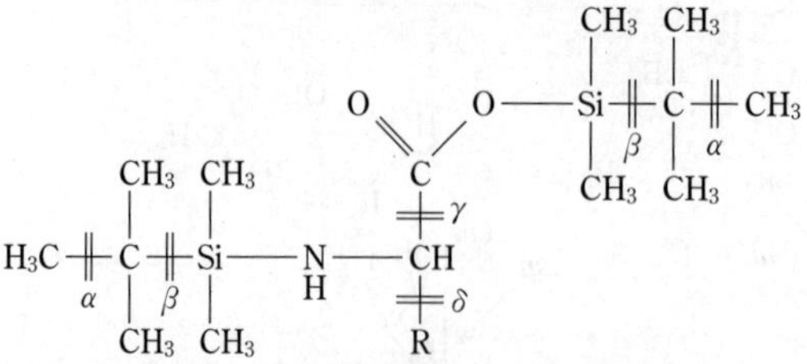

図 4.11 TBDMS で誘導体化したアミノ酸

【コーヒーブレイク】

GC-MS を利用した代謝解析の基礎[8]

本文で述べたように，GC-MS を利用した場合は，質量の差でしか同位体を区別できないので，制約条件を課すに過ぎない．例えば，炭素数が三つの Ala の場合を考え，Ala を N-$\{N', N'$-ジメチル$\}$メチルアラニンメチルエステルに誘導体化した場合，もとの Ala のすべての炭素原子を含む分子イオンと，Ala の C2 と C3 を含むイオンが得られる．誘導体化した Ala 分子のイオンはマススペクトルで m_0, m_1, m_2, m_3 の四つのピーク信号を与える．m_0, m_1, m_2, m_3 はこれらの総和で割って基準化し，質量同位体と同位体の関係は次式で与えられる．

$$\begin{bmatrix} 1 & 0 & 0 & 0 & 0 & 0 & 0 & 0 \\ 0 & 1 & 1 & 0 & 1 & 0 & 0 & 0 \\ 0 & 0 & 0 & 1 & 0 & 1 & 1 & 0 \\ 0 & 0 & 0 & 0 & 0 & 0 & 0 & 1 \end{bmatrix} \begin{bmatrix} I_0 \\ I_1 \\ I_2 \\ I_3 \\ I_4 \\ I_5 \\ I_6 \\ I_7 \end{bmatrix} = \begin{bmatrix} m_0^{1-3} \\ m_1^{1-3} \\ m_2^{1-3} \\ m_3^{1-3} \end{bmatrix} \tag{4.22}$$

ここで，I_i は i 番目の同位体であり，$I_0 = I_{000}, I_1 = I_{001}, \cdots, I_7 = I_{111}$ である．また，m_0, m_1, m_2, m_3 の肩つき文字は，断片に含まれる ^{13}C の炭素原子数を表している．分子イオンと同様に，断片化したイオンについてはつぎのようになる．

$$\begin{bmatrix} 1 & 0 & 0 & 0 & 1 & 0 & 0 & 0 \\ 0 & 1 & 1 & 0 & 0 & 1 & 1 & 0 \\ 0 & 0 & 0 & 1 & 0 & 0 & 0 & 1 \end{bmatrix} \begin{bmatrix} I_0 \\ I_1 \\ I_2 \\ I_3 \\ I_4 \\ I_5 \\ I_6 \\ I_7 \end{bmatrix} = \begin{bmatrix} m_0^{2-3} \\ m_1^{2-3} \\ m_2^{2-3} \end{bmatrix} \tag{4.23}$$

式 (4.22)，式 (4.23) をあわせると，8個の未知数に対して7個の等式が与えられている．行列のランクは6で，冗長な式が一つ含まれているので，自由度は2である．Ala の前駆体である PYR のすべての同位体分布を決定するには，もっと多くの情報が必要になってくる．この情報は，同じく PYR を前駆体とする Val の炭素断片から得られる．Val を DMFDM

〔(N,N)-dimethyl formamide dimethyl acetal〕で誘導体化した場合，Val の C1 と C2 からなる断片（$m/z=143$）が生じ，これは，PYR の C1 と C2 に対応しており，これを考慮すると PYR の同位体分布を完全に求めることができる．

GC-MS を用いた場合と，NMR を用いた場合の情報の違いを比較すると，すべての前駆体は，GC-MS と NMR の両方を用いることが有効であることがわかる．また，GC-MS だけでも，PYR と 3PG の完全な同位体分布を求めることができることもわかる．両方を用いると，OAA の同位体の一つを除けば，すべての同位体分布が求められる．一般に，OAA の量は少なく，OAA 由来のアミノ酸を利用した解析は結構難しい．Glu の同位体を利用して αKG の同位体を求めることはできるが，実際は αKG の 32 の同位体のうちの一部の情報しか得られない．

4.6.2 GC-MS のデータと天然存在同位体の補正

どの位置の炭素原子が，^{13}C で標識されているかにかかわらず，^{13}C の数だけが異なる分子を質量同位体（mass isotopomers）と呼ぶ[11]．質量同位体分布（mass isotopomer distribution：MID）は，誘導体化を行った後，GC-MS で測定できる．前述したように，自然界の分子はわずかながら ^{13}C の炭素原子を含んでおり，GC-MS を利用して，細胞内代謝分布を求めようとする場合は，この補正を行う必要がある．この補正は，n 個のすべての関係する要素について，4.6.3 項および 5 章で説明する MDV（質量同位体分布ベクトル）に補正行列（correction matrix：CM）を掛けることでできる．

つぎに，補正行列について考えてみよう．一般に，ある化合物のマススペクトルは，誘導体化によって生成された分子も含んでおり，自然界に含まれる同位体の補正を行う際には，代謝物だけではなく，この誘導体化に起因する分子についても補正する必要がある．

ここで，ある代謝物 X の炭素原子に着目し，X のすべての炭素が ^{12}C の分子を X_0 と表し，一つだけ ^{13}C の同位体で置き換わったものを X_1，二つ置き換わったものを X_2 と表すことにし，それぞれの存在確率を p_i とする（$\sum p_i = 1$）[18),19)]．この場合，代謝物 X の同位体分子の混合物は，つぎに示すように正規化した分布で表すことができる．

$$p_0 X_0 + p_1 X_1 + \cdots + p_r X_r \quad (\sum p_i = 1) \tag{4.24}$$

また，別の化合物 Y についても同様に次式で表せる（それぞれの存在確率は q_i とする）．

$$q_0 Y_0 + q_1 Y_1 + \cdots + q_s Y_s \quad (\sum q_i = 1) \tag{4.25}$$

いま，代謝物 X，Y について X_i，Y_i の確率は，X_i と Y_i の存在確率を掛けたものに等しく，X と Y からなる代謝物の質量同位体分布は，つぎのように求められる．

$$(p_0 X_0 + p_1 X_1 + \cdots)(q_0 Y_0 + q_1 Y_1 + \cdots) = p_0 q_0 X_0 Y_0 + p_0 q_1 X_0 Y_1 + p_0 q_2 X_0 Y_2 + \cdots \tag{4.26}$$

ここで，$p_i q_i$ は $X_i Y_i$ の頻度因子を表している．質量同位体（$m_0, m_1, \cdots, m_{r+s}$）との関係はつぎのようになる．

$$p_0 q_0 = m_0$$
$$p_1 q_1 + p_0 q_1 = m_1$$
$$p_2 q_0 + p_1 q_1 + p_0 q_2 = m_2$$
$$p_3 q_0 + p_2 q_1 + p_1 q_2 + p_0 q_3 = m_3$$
$$\vdots \tag{4.27}$$
$$p_r q_{s-1} + p_{r-1} q_s = m(r+s-1)$$
$$p_r q_s = m(r+s)$$

これらのことを念頭に置いて，天然に存在する同位体の補正を行うことを考える[11]。いま，標識されていない物質量を $A_0(0)$，$A_0(1)$ と表し，一つだけ標識されている物質の量を $A_1(0)$，$A_1(1)$ と表す。また，測定したスペクトルピーク面積値を $A(0)$，$A(1)$，$A(2)$ と表し，補正したスペクトルピーク面積値を $A_c(0)$，$A_c(1)$，$A_c(2)$ と表すことにする。いま，M を質量とすると，簡単にするために，それぞれの物質について，$M+2$ 以上は存在しないものとする。測定したピーク面積 $A(0)$，$A(1)$，$A(2)$ は，標識されていないものと，一つだけ標識されたものの混合物だとすると，$A(0)$ は，標識されていない同位体の量である。$A(1)$ は一つだけ標識されたものと，標識されていないもののうち，自然界に存在する割合で標識されたものを足しあわせたものである。$A(2)$ は一つだけ標識され，かつ天然に存在する割合で標識されている場合である。モル分率は，つぎのように表せる[11]。

$$MF^0(0) = \frac{A_0(0)}{A_0(0) A_0(1)} \tag{4.28}$$

$MF^0(1)$，$MF^1(0)$，$MF^1(1)$ も同様に表せる。これらのモル分率は，測定したものと補正したサンプル量に，つぎのように関係している[11]。

$$A(0) = MF^0 A_c(0) \tag{4.29 a}$$
$$A(1) = MF^0 A_c(0) + MF^1(0) A_c(1) \tag{4.29 b}$$
$$A(2) = MF^1 A_c(1) \tag{4.29 c}$$

これらの式の右辺の係数は，つぎの補正行列に対応している[11]。

$$CM = \begin{bmatrix} MF^0(0) & MF^0(1) & 0 \\ 0 & MF^1(0) & MF^1(1) \\ 0 & 0 & MF^2(0) \end{bmatrix} \tag{4.30}$$

式 (4.30 a) を $A_c(0)$ について解くと，つぎのようになる。

$$A_c(0) = \frac{A(0)[A_0(0) + A_0(1)]}{A_0(0)} = A(0) \left[1 + \frac{A_0(1)}{A_0(0)}\right] \tag{4.31}$$

$A_c(1)$ について式 (4.29 b) を解くと，つぎのようになる。

$$A_c(1) = \left\{ A(1) - \left[\frac{A_0(1)}{A_0(0)}\right] A(0) \right\} \left[1 + \frac{A_1(1)}{A_1(0)}\right] \tag{4.32}$$

4.6 GC-MSを利用した代謝フラックス比解析

炭素原子の ^{13}C による標識の場合を考えると，CM の i 行 j 列は次式で表される[11]。

$$CM_{i,j} = \begin{cases} MF^{i-1}(j-1) & j \geq i \\ 0 & j < i \end{cases} \tag{4.33}$$

ここで，$MF^i(j)$ $(j=0,1,\cdots)$ は質量が $M+i$ である，標準物の天然の存在比で標識された質量同位体分布である。この行列は，補正していないベクトル A_r と補正した質量スペクトル面積 A_c とつぎの関係がある。

$$A_r^T = A_c^T [CM] \tag{4.34}$$

A_c は式 (4.34) からつぎのように求められる。

$$A_c^T = A_r^T [CM]^{-1} \tag{4.35}$$

これが，GC-MS によって得られた測定データを，自然界に存在する割合で標識される分で補正した式である。

これらを基礎に，質量分布の補正は，つぎのような補正行列を用いて行うことができる。ある化合物 E に対して，同位体 E_1 についての補正は次式で計算できる[30]。

$$C_{E1} = \begin{bmatrix} \rho_{n0} \cdot \alpha^n & 0 & 0 & \cdots \\ \rho_{n1} \cdot \alpha^{n-1} \cdot \beta^1 & \rho_{n0} \cdot \alpha^n & 0 & \cdots \\ \rho_{n2} \cdot \alpha^{n-2} \cdot \beta^2 & \rho_{n0} \cdot \alpha^{n-1} & \rho_{n0} \cdot \alpha^n & \cdots \\ \vdots & \vdots & \vdots & \ddots \end{bmatrix} \tag{4.36}$$

ここで，E_1 の下つき文字 1 は，質量が 1 だけ大きい ($m+1$) の重さの同位体を意味し，^{17}O，^{13}C，^{2}H 等を含んでいる場合である。式 (4.36) で，β は ($m+1$) 同位体のモル分率で，^{13}C の場合は $\beta = 0.01108$ である。$\alpha = 1 - \beta$ は，それ以外のすべての同位体の分率である。また，n は測定した断片中の要素 E の分子の数で，ρ_{ni} は二項係数，すなわち，$\rho_{ni} = n!/i!(n-i)!$ である。この二項係数は，質量は同じであるが（同じ質量部分に寄与する），異なる構造をもつ，いくつかの同位体を考慮したもので[18]，これらは isotopogues と呼ばれる。また，E に比べて 2 だけ質量が大きい ($m+2$) の同位体 E_2 のモル分率を γ とすると，補正行列はつぎのようになる[30]。

$$C_{E2} = \begin{bmatrix} \rho_{n0} \cdot \alpha^n & 0 & 0 & \cdots \\ 0 & \rho_{n0} \cdot \alpha^n & 0 & \cdots \\ \rho_{n1} \cdot \alpha^{n-1} \cdot \beta^2 & 0 & \rho_{n0} \cdot \alpha^n & \cdots \\ \vdots & \vdots & \vdots & \ddots \end{bmatrix} \tag{4.37}$$

いま，質量同位体分布が行列表現されているとすると，この MDV の測定データから，補正した MDV はつぎのように求められる。

$$MDV_c = C^{-1} \cdot MDV \tag{4.38}$$

ここで C は，要素ごとの行列 C_E を掛けあわせたものである。付録 E に Ala の場合の具体的な補正行列の出し方を示す。つぎに，GC-MS を用いた代謝解析法について説明する[12]。

4.6.3 天然に存在する同位体についての MDV の補正

得られた EI スペクトルデータはイオンクラスターの集合で，それぞれ，与えられたアミノ酸断片の質量同位体分布を示している。それぞれの断片 a について，MDV は次式で表される。

$$\mathrm{MDV}_a = \begin{bmatrix} (m_0) \\ (m_1) \\ \vdots \\ (m_n) \end{bmatrix} \quad \left(\sum_{i=0}^{n} m_i = 1 \right) \tag{4.39}$$

ここで (m_0) は，^{12}C のみの質量をもった分子の割合で，(m_i) は i 個の ^{13}C をもった分子の割合を示している。天然に存在する ^{13}C の割合を考慮して，誘導体化剤に含まれる O, N, H, Si, S, C 原子について，MDV_a の補正は Winden らの方法[29]で行うことができ，これを MDV_a^* とする。また，培養のはじめの植菌に含まれる，標識されていない細胞由来の ^{13}C の影響は，MDV_a^* から引くことで求められる。

$$\mathrm{MDV}_{AA} = \frac{\mathrm{MDV}_a^* - f_{\mathrm{unlabeled}} \cdot \mathrm{MDV}_{\mathrm{unlabeled},n}}{1 - f_{\mathrm{unlabeled}}} \tag{4.40}$$

ここで $f_{\mathrm{unlabeled}}$ は，標識されていない細胞（biomass）の割合で，$\mathrm{MDV}_{\mathrm{unlabeled},n}$ は C の数 n の標識されていない断片の MDV である。この要素 i は次式に基づいて，天然の存在比の ^{12}C と ^{13}C の量から求められる。

$$\mathrm{MDV}_{\mathrm{unlabeled},n(i)} = c_0^{(n-i)} c_1^{(i)} \binom{n}{i} \tag{4.41}$$

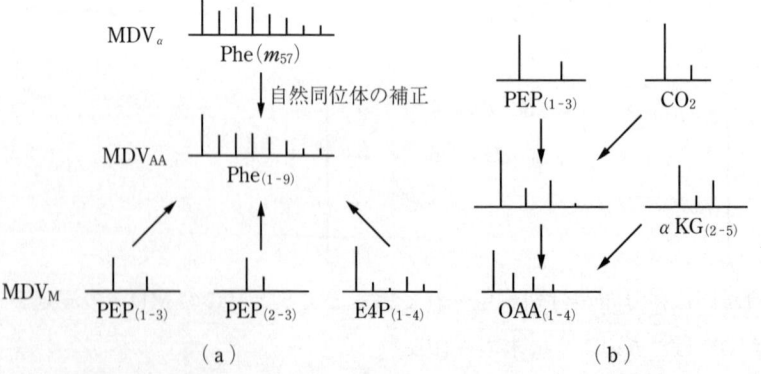

図 4.12 アミノ酸の質量同位体分布からの，前駆体の同位体分布情報の変換とフラックス比の計算[12]

ここで c_0 と c_1 は，それぞれ ^{12}C と ^{13}C の，自然界での標識度を表している．また，式 (4.41) の右辺の括弧は二項分布を示している．補正した MDV_{AA} (添え字のAAはアミノ酸の意) は，図 **4.12**（a）に示すように，代謝を反映した炭素骨格の質量分布を表していることになる[12]．

4.6.4 代謝物の MDV

アミノ酸は一つあるいは複数の代謝物（前駆体）M から生成され，これらの代謝物（あるいはこの断片）の MDV_M は図 4.11（a）に示されるように，MDV_{AA} から容易に導かれる．もし，アミノ酸の炭素骨格が，代謝物 M1 と M2 由来であるとすると，MDV_{AA} は MDV_{M1} と MDV_{M2} をあわせて，次式のように要素ごとの掛け算によって導くことができる．

$$MDV_{AA}(i) = MDV_{M1} \otimes MDV_{M2} = \sum_{j=0}^{i} MDV_{M1}(i-j) \cdot MDV_{M2}(j) \quad (4.42)$$

MDV_M は，後述するように，すべての MDV_{AA} が測定データと最も近くなるように（最小2乗法）求められる．また，$\otimes$ は要素ごとの掛け算を意味している[12]．

4.6.5 基質断片の MDV

均一に ^{13}C で標識された基質と，標識されていない（天然の存在比で標識されている）基質の混合物を用いた場合の，n 個の炭素原子をもった断片はつぎの質量分布をもっている．

表 **4.8** 質量同位体分布ベクトルとフラックス比解析[12]

実 験		MDV		
代謝物				
PEP	U	$PEP_{(1-3)}$	$PEP_{(2-3)}$	$PEP_{(1-2)}$
	I	$PEP_{(1-2)}$		
PYR	U	$PYR_{(1-3)}$	$PYR_{(2-3)}$	
	I	$PYR_{(1-3)}$	$PYR_{(2-3)}$	
OAA	U	$OAA_{(1-4)}$	$OAA_{(2-4)}$	$OAA_{(1-2)}$
	I	$OAA_{(1-4)}$	$OAA_{(2-4)}$	$OAA_{(1-2)}$
OGA	U	$\alpha KG_{(1-5)}$	$\alpha KG_{(2-5)}$	
	I	$\alpha KG_{(1-5)}$	$\alpha KG_{(2-5)}$	
E4P	U	$E4P_{(1-4)}$		
P5P	U	$P5P_{(1-5)}$		
	I	$P5P_{(1-5)}$		
アミノ酸				
Ser	U	$Ser_{(1-3)}$	$Ser_{(2-3)}$	$Ser_{(1-2)}$
	I	$Ser_{(1-3)}$	$Ser_{(2-3)}$	$Ser_{(1-2)}$
Gly	U	$Gly_{(1-2)}$		
	I	$Gly_{(1-2)}$		
基 質				
グルコース	U	Glc, n_U		
	I	Glc, n_I	$Glc, n_{unlabeled}$	

$$\mathrm{MDV}_{s,n_U}(i) = \{(1-l)c_0^{(n-i)}c_1^i + l(1-p)^{(n-i)}p^i\}\binom{n}{i} \tag{4.43}$$

ここで，n_U は均一に標識されている炭素の数，l は標識された基質の割合で，p は標識された基質の純度である．特定の位置が ^{13}C で標識された基質の断片は標識されていない，すなわち，式（4.41）で表される $\mathrm{MDV}_{unlabeled,n}$ の質量分布を示すか，あるいは ^{13}C で標識された場合で，後者の場合はつぎのようになる．

$$\mathrm{MDV}_{s,n1}(i) = (1-lp)c_0^{(n-i)}c_1^i\binom{n}{i} + lpc_0^{(n-i)}c_1^{i-1}\binom{n-1}{i-1} \tag{4.44}$$

20％の［U-^{13}C］グルコースと80％の通常のグルコースとの混合物を用いた場合と，100％の［1-^{13}C］グルコースを用いた場合の MDV を**表4.8**にまとめてある[12]．

4.6.6 代謝フラックス比の計算

さて，前項までの準備をもとに，ある代謝物が複数の別の代謝経路を経て合成される場合について考えよう．例えば，アミノ酸合成の重要な前駆体である OAA について考える．この場合，図4.11（b）に示されるように，まず Ppc の補充反応で，PEP と CO_2 から OAA が生成される．OAA への生成経路は複数考えられるが，着目している代謝物 OAA が MDV_1 をもっており，この代謝物への一つの経路の寄与を分率 f で表すとすると，つぎのように表せる[12]．

$$f = \frac{\mathrm{MDV}_1 - \mathrm{MDV}_3}{\mathrm{MDV}_2 - \mathrm{MDV}_3} \tag{4.45}$$

ここで MDV_2 と MDV_3 は，それぞれ，着目している代謝経路，あるいは別の代謝経路で OAA を生成する場合の，もとの代謝物の質量同位体分布である．MDV はベクトルなので，f は式（4.45）の最小2乗解から求められる．このため，n 個の要素をもった MDV を用いて，最大 n 個の異なる経路を区別できる．例えば，三つの経路が，着目している代謝物 OAA を生成する場合はつぎのようになる[12]．

$$\begin{bmatrix} f_1 \\ f_2 \end{bmatrix} = \frac{\mathrm{MDV}_1 - \mathrm{MDV}_4}{\begin{bmatrix} \mathrm{MDV}_2 - \mathrm{MDV}_4 \\ \mathrm{MDV}_3 - \mathrm{MDV}_4 \end{bmatrix}} \tag{4.46}$$

ここで，$f_3 = 1 - f_1 - f_2$ である．このように，式（4.45），式（4.46）を用いることによって，細胞内代謝物がそれぞれ別々の代謝経路で，どのような割合で生成されたかを決定できる．特に，表4.8 の6個の細胞内代謝物の MDV_M とアミノ酸の MDV_{AA} は，基質断片の MDV_S とあわせて代謝フラックス比解析に利用できる[12]．

（1）ペントースリン酸経路　大腸菌細胞では，グルコースは，解糖系，ED経路，そ

れにペントースリン酸経路の三つの経路で異化される。細胞を［U-^{13}C］グルコースと通常のグルコースの混合物を用いて培養した場合，解糖系と ED 経路による代謝では，グルコースの C 1-C 2-C 3 および C 4-C 5-C 6 由来のトリオースを生成するので，この二つの経路は区別できないことになる。しかし，非酸化的なペントースリン酸経路の Tkt と Tal をどれくらい利用したかは調べることができる[12]。

Ser と Gly の間の交換フラックス（exchange flux）は，明らかに Ser の質量分布に影響を及ぼすので[28]，Tkt の反応で C 1-C 2 間が切れ，再合成されたトリオースの割合を決定するには PEP$_{(1-2)}$ を利用し，もとのグルコースの C 1-C 2 結合が切れていないものの割合と比較できる。ペントース-5-リン酸（P5P）から生成される PEP 分子の上限は，五つのトリオースが三つのペントースから生成されたと仮定し，少なくとも二つのトリオースが Tkt によって再合成されたと考えて計算できる。ただし，P5P 由来の PEP の分率は，必ずしもペントースリン酸経路によるグルコース分解を反映しているとは限らず，Tkt による可逆的な反応の結果とも考えられるので，注意が必要である[12]。

Tkt と Tal によって生成される他の代謝物は，P5P と E4P である。P5P 分子は，G6P から酸化的ペントースリン酸経路によって生成され，したがってグルコースの同一分子由来である結合した 5 炭素骨格を生じるか，Tkt の反応で，C 3-C 4 が切られることが考えられる。さらに，P5P は，E4P から，Tal と Tkt の反応で合成されると考えられる。このようにして，三つの経路がどれくらい利用されたかは式（4.46）から計算できる。Tkt は P5P を可逆的に分解できるので，ペントースリン酸経路を何度も回ったと仮定すると，G6P から生成された P5P は，酸化的ペントースリン酸経路を経て生成された P5P 分子の割合の下限値として求められる[12]。

ペントースリン酸経路の 2 番目に重要な中間代謝物である E4P は，F6P から四つの炭素原子が結合したまま生成されるか，Tkt と Tal の反応を経て P5P から生成されるが，後者の場合は C 3-C 4 間で切れた E4P 分子になる。E4P については式（4.46）を用いて解析できる[12]。

（2）補充反応と TCA 回路　［U-^{13}C］グルコースを用いた実験によって，OAA がどれくらい TCA 回路を経て生成されたか，あるいはどれくらい Ppc による補充反応で PEP と CO_2 から生成されたかを調べることができる。すなわち，OAA$_{(1-4)}$ は αKG$_{(2-5)}$ の質量分布と，PEP と CO_2 の MDV から導くことができる。CO_2 の標識分率（l_{CO_2}）は回分培養ではわからない上に，基質の標識度より低いと考えられるので，次式で表されるように未知数として処理する[12]。

$$\begin{bmatrix} f \\ f^* l_{CO_2} \end{bmatrix} = \frac{OAA_{(1-3)} - \alpha KG_{(2-5)}}{\begin{bmatrix} [PEP_{(1-3)} & 0] - \alpha KG_{(2-5)} \\ [0 & PEP_{(1-3)}] - [PEP_{(1-3)} & 0] \end{bmatrix}} \tag{4.47}$$

TCA回路由来のOAA分子の割合は，$1-f$として求められる．残りはPpcの反応か，PYRから可逆的なMezの反応によって生成されたかである．さらに，グリオキシル酸経路を経て生成されるOAA$_{(1-4)}$の割合で，PYR$_{(2-3)}$とOAA$_{(1-2)}$を結びつけることで調べることができる[12]．

（3）**糖新生反応**　TCA回路から，MezとPckの反応で解糖系に流れるフラックスは，それぞれPYRとPEPのC2-C3結合が切れた割合を調べればよい．リンゴ酸酵素（SfcAとMae）によるMALとPYRとの間の相互変換は，式 (4.45) を使ってPYR$_{(2-3)}$とPEP$_{(2-3)}$断片を比較することによって決定できる．MALの質量分布はわからないので，リンゴ酸酵素によって生成されたPYR$_{(2-3)}$分子は，基質である^{13}Cで標識されたグルコース由来のものがそれぞれ結合した質量分布をもったものと仮定できる．この仮定は，① すべてのMAL分子はC2-C3で分解し，このためαKG由来であり，② MALのC2とC3の^{13}Cの標識分率は，投入した基質の標識度とは異なっていない．CO_2が導入される位置等では，希釈がみられるかも知れない．しかし，このことはMALのC1あるいはC4で生じ，いま考えているリンゴ酸酵素のフラックスの下限値の計算には関係ない．もし，MALがOAAと平衡状態にあれば，補充反応でのC2-C3断片がMALに存在する．このように，リンゴ酸酵素によって生成されるPYRの上限は，MALとOAAがすべて平衡状態にあると仮定することから計算できる[12]．

同様にPckの反応のフラックスは，式 (4.45) を用いて，PEP$_{(2-3)}$が切れた割合 (cleaved fraction) によって求められる．PEPの開裂したC2-C3結合はTalの結果と考えられるので，OAAからPEPへの割合はPckでのフラックスの上限を示すことになる[12]．

（4）**C1代謝**　SerとGlyの間の可逆的な相互変換は，Gly$_{(1-2)}$と1炭素（C1）由来のSer$_{(1-3)}$の割合と，PEP$_{(1-3)}$に対応する割合から定量的に求められる〔式 (4.46) 参照〕．さらに，Ser$_{(1-2)}$から生成されたGly$_{(1-2)}$の割合は，二つの別々の炭素原子をもった残りのGlyの割合か，CO_2と可逆的なGlyの分解経路による1炭素（C1）に由来する．あるいは，トレオニンアルドラーゼの反応での，トレオニンの分解による1炭素（C1）から生成されたと仮定することで決定できる．後者の酵素は，大腸菌ではある条件で活性化されることが報告されている[12,13,20]．

4.6.7　[1-^{13}C]グルコース実験からの代謝フラックス比の計算

ペントースリン酸経路，ED経路，それにPck経路の，*in vivo*でのフラックスの情報を

より正確に得るには，[1-^{13}C] グルコースを用いて増殖させた細胞から得られる標識された位置の情報を利用することである。PEP の MDV は [1-^{13}C] グルコースを用いた実験では得られないので，ペントースリン酸経路や ED 経路と比較して，解糖系によるトリオース-3-リン酸（T3P）合成の相対的寄与には Ser が用いられる。Gly の割合，あるいは1炭素（C1）が著しく Ser 以外から生成されるのでなければ，Gly との可逆反応のフラックスは Ser の標識度を変化させない。酸化的ペントースリン酸経路あるいは ED 経路は，ともに ^{13}C で標識されていない T3P を生成するが，解糖系の場合は 50% が標識されていない T3P で，残りの 50% がグルコースの C1 由来の ^{13}C で標識されている T3P を生成する[12]。

ED 経路が活性化されている場合は，PYR にグルコースの C1 由来の ^{13}C が導入され，その結果，異なる $Ser_{(1-3)}$ と $PYR_{(1-3)}$ の MDV をもたらすので，これらは，式 (4.46) を用いて，この ED 経路による PYR 合成の相対的寄与を評価するのに利用できる。さらに，ED 経路により生成された PYR は C1 が標識されるのに対し，解糖系で生成された PYR は C3 が標識される。C1 が標識された PYR 分子の割合は，$PYR_{(1-3)}$ と $PYR_{(2-3)}$ の差から計算できる。この情報は ED 経路によって ^{13}C の標識が導入されたもので，糖新生によってではないことを示すのに利用できる[12]。

最後に，$OAA_{(1-2)}$ から Pck 経路によって生成される $PEP_{(1-2)}$ は，式 (4.46) を用いて残りの割合が $Ser_{(1-2)}$ に等しいと仮定することで定量的に求められる[12]。

引用・参考文献

1) 安藤喬志，宗宮　創：これならわかる NMR，化学同人 (2001)
2) 中村　洋 監訳：分離分析のための誘導体化ハンドブック，丸善 (1996)
3) 丹羽利充 編著：最新のマススペクトロメトリー—生化学，医学への応用，化学同人 (1999)
4) 原田健一，田口　良，橋本　豊：生命科学のための最新マススペクトロメトリー，講談社サイエンティフィク (2002)
5) Akitt, J. W.（広田　穣 訳）：NMR 入門，東京化学同人 (1994)
6) Amarasingham, C. R. and Davis, B. D.：Regulation of α-ketoglutarate dehydrogenase formation in *E. coli*, J. Biol. Chem., **240**, pp.3644-3668 (1965)
7) Barbotin, J. N. and Portais, J. C. (eds.)：NMR in microbiology, Theory and applications, Horizon Scientific Press, Norfolk, England (2000)
8) Christensen, B. and Nielsen, J.：Isotopomer analysis using GC-MS, Metabolic Eng., **1**, pp.282-290 (1999)
9) Courtright, J. B. and Henning, U.：Malate dehydrogenase mutants in *E. coli* K-12, J. Bacteriol., **102**, pp.722-728 (1970)
10) Cronan Jr., J. E. and LaPorte, D.：TCA cycle and Glyoxylate bypass. In Niedhardt, F. C. et al.：*E. coli* and *Salmonella* — Cellular and molecular biology, Washington D. C., ASM Press, pp.206-216 (1996)
11) Fernandez, C. A., Des Rosier, C., Previs, S. F., David, F. and Brunengraber, H.：Correction of ^{13}C mass isotopomer distributions for natural stable isotope abundance, J. Mass Spectrom., **31**, pp.255-262 (1996)
12) Fischer, E. and Sauer, U.：Metabolic flux Profiling of *E. coli* mutants in central carbon metabolism

using GC-MS, Eur. J. Biochem., **270,** pp.880-891 (2003)
13) Fraser, J. and Newman, E. B.: Derivation of glysine from threonine in *E. coli* K12 mutants, J. Bacteriol., **93**, pp.1571-1578 (1975)
14) Graaf, A. A.: Use of ^{13}C Labelling and NMR spectroscopy in metabolic flux analysis — in NMR in Microbiology: Theory and Applications (ed. by Barbotin, J. N. and Portais, J. C.), Horizon Scientific Press, Wymondham, UK (2000)
15) Haws, E. J., Hill, R. R. and Mowthorpe, D. J. (竹内敬人 訳): NMR入門, 講談社サイエンティフィク (2000)
16) Hua, Q., Yang, C., Baba, T., Mori, H. and Shimizu, K.: Responses of the central metabolism in *Escherichia coli* to *pgi* and glucose-6-phosphate dehydrogenase knockouts, J. Bacteriol., **185**, pp. 7053-7067 (2004)
17) Katz, J. and Rognstad, R.: The labeling of pentose phosphate from glucose $-^{14}$C and estimation of the rates of transaldolase, transketolase, the contribution of the pentose cycle, and ribose phosphate sysnthesis, Biochem., **6**, pp.2227-2247 (1967)
18) Lee, W. N. P., Byerley, L. O. and Bergner, E. A.: Mass isotopomer analysis — Theoretical and Practical considerations, Biol. Mass Spectrometer, **20**, pp.451-458 (1991)
19) Lee, W. N. P., Bergner, E. A. and Guo, Z. K.: Mass isotopomer pattern and Precursor-Product relationship, Biol. Mass Spectrometer, **21**, pp.114-122 (1992)
20) Liu, J. Q., Dairi, T., Ito, N., Kataoka, M., Shimizu, S. and Yamada, H.: Gene cloning, biochemical characterization and physiological role of a thermostable low-specificity L-threonine aldorase from *Escherichia coli*, Eur. J. Biochem. **255**, pp.220-226 (1998)
21) Meedel, T. H. and Pizer, L. I.: Regulation of one-carbon biosynthesis and utilization in *E. coli*, J. Bacteriol., **118**, pp.905-910 (1974)
22) Nakayama, H., Midwinter, G. G. and Krampitz, L. O.: Properties of the pyruvate formate-lyase reaction, Arch. Biochem. Biophys., **143**, pp.526-534 (1971)
23) Neidhardt, F. C. (ed.): *E. coli* and *Salmonella typhimurium*, **1**, American Society for Microbiology, Washington D. C. (1987)
24) Plamann, M. D., Rapp, W. D. and Stauffer, G. V.: *E. coli* K12 mutants defective in the glycine cleavage enzyme system, Mol. Gen. Genet., **143**, pp.15-20 (1983)
25) Rahman, A. (通 元夫, 廣田 洋 訳): 最新NMR, シュプリンガー・フェアラーク東京 (1999)
26) Sagers, R. D. and Gunsalus, I. C.: Intermediary metabolism of *Diplococcus glycinophilus* (I. Glysine cleavage and one-carbon interconversions), J. Bacteriol., **81**, pp.541-549 (1961)
27) Stryer, L.: Biochemistry, W. H. Freeman and Company, New York (1988)
28) Szyperski, T.: Biosynthetically directed fractional ^{13}C-labeling of Proteinogenic amino acids. An efficient analytical tool to investigate intermediary metabolism, Eur. J. Biochem., **232**, pp.433-448 (1995)
29) Van Winden, W., Schipper, D., Verheijen, P. and Heijnen, J.: Innovations in generation and analysis of 2D[^{13}C,^{1}H] COSY NMR spectra for metabolic flux analysis purposes, Metabolic Eng., **2**, pp.322-342 (2001)
30) Wittmann, C., Heinzle, E.: Mass spectrometry for metabolic flux analysis, Biotechnol. Bioeng., **62**, pp.739-750 (1999)
31) Yang, C, Hua, Q. and Shimizu, K.: Quantitative analysis of intracellular metabolic fluxes using GC-MS and 2D NMR spectroscopy, J. Biosci. Bioeng., **93**, pp.78-87 (2002)
32) Yang, C, Hua, Q., Baba, T., Mori, H. and Shimizu, K.: Analysis of *E. coli* anaplerotic metabolism and its regulation mechanism from the metabolic responses to altered dilution rates and *pck* knockout, Biotech. Bioeng., **84**, pp.129-144 (2003)

5 同位体を利用した代謝フラックス分布解析

5.1 はじめに

　細胞内での複雑な代謝反応ネットワークについて，物質変換，あるいは代謝反応がどのような経路で，どれくらい行われたかを知ること，すなわち，代謝フラックス（流束）分布（metabolic flux distribution：MFD）を求めることは大変重要である．特に，培養環境の変化や，特定の遺伝子破壊が，代謝フラックス分布にどのような影響を与えるかを定量的に求めることができれば，有用物質生産のためにも，またさらには代謝調節制御機構の解析にも大変有効である．細胞内の代謝フラックス分布を予測する最も簡単な方法は，3章で述べたように，代謝量論式と，測定できる比速度（プロセスの入出力変数）から，物質収支を利用して求めることであるが，この方法では，本質的につぎに述べるような複雑な代謝経路のフラックス分布を求めることができない．すなわち，① 可逆反応での，前向き，および後ろ向きの両方向の代謝フラックス，② TCA回路のような，リサイクルあるいは閉回路を含む代謝経路のフラックス，③ 補充反応やペントースリン酸経路のように，分岐してまた合流するような代謝経路のフラックス等は本質的に求めることができない．こういった場合は，代謝量論係数行列が特異（singular）になってしまうからである．これらの問題を克服するには，これらの情報以外に，より多くの情報が必要であり，このためには，炭素同位体の情報を利用した解析が有効である．すなわち，細胞を培養するときの基質である糖や有機酸等の炭素原子の一部を，安定同位体である ^{13}C で標識（ラベル）しておき，NMR（核磁気共鳴）装置や GC-MS（ガスクロマトグラフィー－マススペクトロメトリー）を利用して測定した，細胞内代謝物の同位体分布から，細胞内代謝フラックス分布を求める方法が有効である．

　NMRを使った代謝フラックスに関する研究をさかのぼると，文献7），8），11），24）等があり，MSでは文献5）等があるが，これらは十分に体系化された解析法ではない．同位体収支の基本的な考え方は，文献4）や7）にみることができるが，同位体を用いた初期の体系的代謝解析としては，文献34）の研究や文献12），22）等の研究をはじめ，文献19）

や 25) の研究等が挙げられる。

　同位体分布を表す方法には，大きく分けて二つある。まず第 1 の方法は，n 個の炭素をもった分子について，それぞれ何番目の炭素が，どれくらい ^{13}C で標識されているかを表す，いわゆる位置表記（positional representation）[12),25),26),34]と，2^n 個の同位体（isotopomer）の存在割合に基づいた同位体表記（isotopomer representation）がある[1),15),19),20),27),28)]。

5.2　位置表記に基づく代謝フラックス解析

　まず，細胞の同位体分布に関する測定データから，どのようにして細胞内の代謝フラックス分布を求めることができるかについて，その基本原理を考えてみよう。このため，**図 5.1** に示される簡単な代謝経路について考えてみよう[12)]。ここではまず，同位体分布のわかっている基質 A が細胞に取り込まれ，細胞内代謝物 B，C に変換され，最後に代謝物 D として細胞外に放出される簡単なシステムを考える。また，V_1 は細胞への入力のフラックスで，一般には炭素源比消費速度に対応し，測定可能である。また V_2，V_3 は細胞内の代謝フラックスで，V_4 は細胞外に放出される代謝物 D の比生成速度である。また，V_2 は両方向の反応が可能（可逆）で，他のフラックスは一方向のみ（非可逆）のフラックスとする。すなわち，$\overleftarrow{v_1}=\overleftarrow{v_3}=\overleftarrow{v_4}=0$ である。ここで，$\overrightarrow{v_i}$ は i 番目の前向き（forward）フラックス，$\overleftarrow{v_j}$ は j 番目の後ろ向き（backward）フラックスである。もちろん，すべての $\overrightarrow{v_i}$ と $\overleftarrow{v_j}$ は非負（nonnegative，$\overrightarrow{v_i}\geq 0$，$\overleftarrow{v_j}\geq 0$）を仮定している。

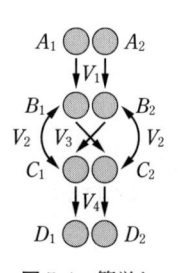

図 5.1　簡単な代謝経路 1

　いま，ある物質 A の何番目の炭素が，どれくらい ^{13}C で標識されているかを示すために，標識度ベクトル（metabolite activity vector：MAV）を導入する。このベクトルの i 番目の要素は，i 番目の炭素がどれくらい ^{13}C で標識されているかを割合で示したもの（fractional enrichment）である[34)]。例えば，2 原子分子 A の場合は，つぎのように表される。

$$A=\begin{bmatrix} A(1) \\ A(2) \end{bmatrix}$$

ここで，$A(1)$ と $A(2)$ は，それぞれ分子 A の 1 番目と 2 番目の炭素原子の，^{13}C による標識度を表している。

　つぎに，ある代謝反応において，反応基質の何番目の炭素が，反応物の何番目の炭素になるかを規定した原子写像行列（atom mapping matrix：AMM）を導入する。図 5.1 の場合について，AMM はつぎのように表される。

5.2 位置表記に基づく代謝フラックス解析

$$\mathrm{AMM}_{A>B} = \begin{bmatrix} 1 & 0 \\ 0 & 1 \end{bmatrix} \ (\sharp ab > \sharp ab), \qquad \mathrm{AMM}_{\substack{B>C \\ C>B(\vec{v_2})}} = \begin{bmatrix} 1 & 0 \\ 0 & 1 \end{bmatrix} \ (\sharp ab <> \sharp ab)$$

$$\mathrm{AMM}'_{B>C(\vec{v_3})} = \begin{bmatrix} 0 & 1 \\ 1 & 0 \end{bmatrix} \ (\sharp ab > \sharp ba), \qquad \mathrm{AMM}_{C>D} = \begin{bmatrix} 1 & 0 \\ 0 & 1 \end{bmatrix} \ (\sharp ab > \sharp ab)$$

(5.1)

ここで,$\mathrm{AMM}_{i>j}$ は i から j への AMM を示している。例えば,$\mathrm{AMM}_{A>B}$ は A から B への AMM であり,A から B への反応で,A の 1 番目の炭素原子は B の 1 番目の炭素原子に,また A の 2 番目の炭素原子は B の 2 番目の炭素原子に変換されることを行列表現したものである。また,括弧内に ♯ で示した文字列は,AMM を用いないで,炭素原子の位置の変化を示したものである[12]。付録 C には,主要代謝経路の AMM がまとめられている。さて,MAV と AMM を用いて,代謝物 B と C についての同位体収支をとるとつぎのようになる。

$$\mathrm{B}:\vec{v_1}\mathrm{AMM}_{A>B} = \begin{bmatrix} A(1) \\ A(2) \end{bmatrix} + \overleftarrow{v_2}\mathrm{AMM}_{C>A} = \begin{bmatrix} C(1) \\ C(2) \end{bmatrix} = (\overleftarrow{v_2}+\vec{v_3})\begin{bmatrix} B(1) \\ B(2) \end{bmatrix}$$

$$\mathrm{C}:\vec{v_2}\mathrm{AMM}_{B>C} = \begin{bmatrix} B(1) \\ B(2) \end{bmatrix} + \vec{v_3}\mathrm{AMM}'_{B>C} = \begin{bmatrix} B(1) \\ B(2) \end{bmatrix} = (\overleftarrow{v_2}+\vec{v_3})\begin{bmatrix} C(1) \\ C(2) \end{bmatrix}$$

(5.2)

つぎのような一般的な反応を考えてみよう。

$$\mathrm{A} + \mathrm{B} \xrightarrow{\mathrm{E}} \mathrm{C} + \mathrm{D} \qquad (5.3)$$

ここで,酵素 E は反応基質である A,B から,反応物である C,D を生成する反応を触媒するものとする。この場合は,A → C,A → D,B → C,B → D の 4 種類の AMM が定義され,このとき,C と D との標識度ベクトルはつぎのように表される。

$$\mathrm{AMM}_{A>C}A + \mathrm{AMM}_{B>C}B = C, \quad \mathrm{AMM}_{A>D}A + \mathrm{AMM}_{B>D}B = D \qquad (5.4)$$

つぎに,図 5.1 の例について,位置表記に基づく代謝フラックス解析法について考えてみよう。定常状態での物質収支から,それぞれの代謝物について,反応で入ってくるフラックスの和は,反応で出ていく(他の代謝物に変換される)フラックスの和に等しくなければならないので

$$\mathrm{B}:\vec{v_1}+\overleftarrow{v_2}=\vec{v_2}+\vec{v_3}$$
$$\mathrm{C}:\vec{v_2}+\vec{v_3}=\overleftarrow{v_2}+\vec{v_4}$$

(5.5)

となる。この式から,つぎの関係が求められる。

$$\vec{v_3} = \vec{v_1} - \vec{v_2} + \overleftarrow{v_3}$$
$$\vec{v_4} = \vec{v_1}$$

(5.6)

この式は自由度が 3 で,独立変数 $\vec{v_1}$, $\vec{v_2}$, $\overleftarrow{v_2}$ を自由(決定)フラックス(free flux)とする。

炭素原子についての同位体収支も同様に

$$
\begin{aligned}
b_1 &: 0 = \vec{v_1} a_1 - \vec{v_2} b_1 + \overleftarrow{v_2} c_1 - \vec{v_3} b_1 \\
b_2 &: 0 = \vec{v_1} a_2 - \vec{v_2} b_2 + \overleftarrow{v_2} c_2 - \vec{v_3} b_2 \\
c_1 &: 0 = \phantom{\vec{v_1} a_1 -} \vec{v_2} b_1 - \overleftarrow{v_2} c_1 + \vec{v_3} b_2 - \vec{v_4} c_1 \\
c_2 &: 0 = \phantom{\vec{v_1} a_1 -} \vec{v_2} b_2 - \overleftarrow{v_2} c_2 + \vec{v_3} b_1 - \vec{v_4} c_2
\end{aligned}
\tag{5.7}
$$

ここで，b_1，b_2，c_1，c_2 は，それぞれ B と C の炭素原子の標識度（enrichment）を表している．いま，A については，1 番目の炭素だけが ^{13}C で標識されていると仮定すると

$$a_1 = 1, \quad a_2 = 0 \tag{5.8}$$

式 (5.7) の b_1 と b_2 に関する式を足しあわせて式 (5.8) を用いると，$c_1 + c_2 = 1$ の関係が得られ，また，式 (5.7) と式 (5.6) を用いると，$b_1 + b_2 = 1$ の関係式が得られ，結局，この例では，つぎの関係があることがわかる．

$$1 = a_1 + a_2 = b_1 + b_2 = c_1 + c_2 \tag{5.9}$$

式 (5.6)〜(5.9) から，つぎの関係が得られる．

$$b_1 = \frac{(\vec{v_1})^2 + 2\vec{v_1}\overleftarrow{v_2} - \vec{v_2}\overleftarrow{v_2} + (\overleftarrow{v_2})^2}{\delta} \tag{5.10 a}$$

$$b_2 = 1 - b_1 \tag{5.10 b}$$

$$c_1 = \frac{\vec{v_1}\vec{v_2} + \vec{v_1}\overleftarrow{v_2} - \vec{v_2}\overleftarrow{v_2} + (\overleftarrow{v_2})^2}{\delta} \tag{5.10 c}$$

$$c_2 = 1 - c_1 \tag{5.10 d}$$

ここで

$$\delta = (\vec{v_1})^2 + 3\vec{v_1}\overleftarrow{v_2} - 2\vec{v_2}\overleftarrow{v_2} + 2(\overleftarrow{v_2})^2 \tag{5.11}$$

である．また，$\vec{v_1}$ が測定できたとして，$\vec{v_2}$，$\overleftarrow{v_2}$ を求めることを考えると，次式のように整理できる．

$$
\begin{pmatrix} 0 & c_1 - b_1 \\ 2b_1 - 1 & 1 - b_1 - c_1 \end{pmatrix} \cdot \begin{pmatrix} \vec{v_2} \\ \overleftarrow{v_2} \end{pmatrix} = \begin{pmatrix} \vec{v_1}(b_1 - 1) \\ \vec{v_1}(b_1 - c_1 - 1) \end{pmatrix}
\tag{5.12}
$$

フラックスについてこれを解くと，次式が得られる．

$$\overleftarrow{v_2} = \frac{1 - b_1}{b_1 - c_1} \vec{v_1} \tag{5.13 a}$$

$$\vec{v_2} = \frac{1 - b_1 - c_1}{1 - 2b_1}(\vec{v_1} + \overleftarrow{v_2}) = \frac{(1 - b_1 - c_1)(c_1 - 1)}{(1 - 2b_1)(c_1 - b_1)} \vec{v_1} \tag{5.13 b}$$

$$\vec{v_3} = \vec{v_1} - \vec{v_2} + \overleftarrow{v_2} = \frac{c_1 - 1}{1 - 2b_1} \vec{v_1} \tag{5.13 c}$$

$$\vec{v_4} = \vec{v_1} \tag{5.13 d}$$

標識値は，すべての値を取れるのではなく，つぎのような制約条件がある．

- $\overleftarrow{v_2} \geq 0$ で $b_1 \leq 1$ であるから，$1 - b_1 \geq 0$ および $c_1 < b_1$
- $\overrightarrow{v_3} \geq 0$ で $c_1 \leq 1$ であるから，$1 - 2b_1 \geq 0$ （$b_1 \geq 0.5$）
- $\overleftarrow{v_2} \geq 0$，$c_1 \leq 1$，$c_1 \leq b_1$ で，$b_1 \geq 0.5$ であるから，$1 - b_1 - c_1 \leq 0$ （$b_1 \geq 1 - c_1$）

これらをまとめると，つぎのようになる。

$$1 \geq b_1 \geq 0.5$$
$$c_1 < b_1 \tag{5.14}$$
$$b_1 \geq 1 - c_1$$

制約条件（$b_1 \geq 0.5$）は，別の条件（$c_1 < b_1$ と $b_1 \geq 1 - c_1$ および $b_1 \leq 1$）の内部にあることを示している。このことから，$0 \leq b_1 \leq 1$ と $0 \leq c_1 \leq 1$ で表される四角のすべての状態が取れるわけではないことがわかる[25]。

一般に，i 番目の代謝反応の前向き反応と後ろ向き反応のフラックスを，それぞれ $\overrightarrow{v_i}$ および $\overleftarrow{v_i}$ で表すことにすると，このような表現法を自然フラックス座標系（natural flux coordinate）と呼ぶことにする[25]。ただし，応用の点からは，$\overrightarrow{v_i}$ と $\overleftarrow{v_i}$ ではなく，これらの差，すなわち，正味のフラックス（net flux）$v_i^{\text{net}} = \overrightarrow{v_i} - \overleftarrow{v_i}$ と可逆反応の共通部分あるいは交換フラックス（exchange flux）v_i^{exch} で表すほうが都合がよい。ここで，$v_i^{\text{exch}} = \min(\overrightarrow{v_i} - \overleftarrow{v_i})$ であり，v_i^{exch} が大きくなるにつれて迅速平衡（rapid equilibrium）を表すことになる。v_i を，このように表す表現系を応用フラックス座標系（application flux coordinate）と呼ぶことにする[25]。図5.2は，これらのフラックスの違いを示したものである。これらの異なる座標での変換 ϕ はつぎのように表現できる。

$$\phi : (v_i^{\text{net}}, v_i^{\text{exch}}) \rightarrow (\overrightarrow{v_i}, \overleftarrow{v_i}) \tag{5.15}$$

ここで次式が成り立っている。

$$\begin{cases} \overrightarrow{v_i} = v_i^{\text{exch}} - \min(-v_i^{\text{net}}, 0) \\ \overleftarrow{v_i} = v_i^{\text{exch}} - \min(v_i^{\text{net}}, 0) \end{cases} \tag{5.16}$$

図5.2 自然フラックス座標と応用フラックス座標の関係

さらに，数値計算の点からは，操作変数の値が 0～∞ の範囲で変化するよりも，ある有限な区間に限られることが望ましい。このため，つぎのような非線形の変数変換を考える[19],[20]。

$$v_i^{\text{exch}[0,1]} \equiv \frac{v_i^{\text{exch}}}{\beta + v_i^{\text{exch}}} \quad \text{あるいは} \quad v_i^{\text{exch}} \equiv \beta \frac{v_i^{\text{exch}[0,1]}}{1 + v_i^{\text{exch}[0,1]}} \tag{5.17}$$

このような変換を行えば，v_i^{exch} がどんなに大きな値になっても，$v_i^{\text{exch}[0,1]}$（exchange coefficient）は，区間 $[0, 1]$ の値に限られる。この式の β は，一般に，基準化した基質消費フラックスの値，例えば 1 あるいは 100% 等が用いられる[25]。$v_i^{\text{exch}[0,1]}$ を用いた場合を，

数値計算フラックス座標系（numerical flux coordinate）と呼ぶことにする。

図5.1の代謝経路について，V_2 は前向き反応のフラックス $\vec{v_2}$ と後ろ向き反応のフラックス $\overleftarrow{v_2}$ があり，自然フラックス座標系で表すとつぎのようになる。

$$\gamma:(\vec{v_2},\overleftarrow{v_2}) \to (b_1,c_1) \tag{5.18}$$

v_2^{net} と v_2^{exch} は $\vec{v_2}$ と $\overleftarrow{v_2}$ を使って表すと，つぎのようになる。

$$v_2^{\text{net}}=\vec{v_2}-\overleftarrow{v_2}, \quad v_2^{\text{exch}}=\min(\vec{v_2},\overleftarrow{v_2}) \tag{5.19}$$

また，$\vec{v_2}$ と $\overleftarrow{v_2}$ を v_2^{net} と v_2^{exch} を使って表すと，つぎのようになる。

$$\vec{v_2}=v_2^{\text{exch}}-\min(-v_2^{\text{net}},0), \quad \overleftarrow{v_2}=v_2^{\text{exch}}-\min(v_2^{\text{net}},0) \tag{5.20}$$

これは，自然フラックス座標 $(\vec{v_2},\overleftarrow{v_2})$ と応用フラックス座標 $(v_2^{\text{net}},v_2^{\text{exch}})$ の間の座標変換

$$\phi:(v_2^{\text{net}},v_2^{\text{exch}}) \to (\vec{v_2},\overleftarrow{v_2}) \tag{5.21}$$

にほかならない。また，式 (5.18)，式 (5.21) から得られる1対1の写像

$$\gamma \circ \phi:(v_2^{\text{net}},v_2^{\text{exch}}) \to (b_1,c_1) \tag{5.22}$$

が図5.3（a）に示してある。漸近的に到達可能な境界 $b_1=c_1$ は $v_2^{\text{exch}}=\infty$ の場合に対応し，v_2^{net} はこの線上を変化する。大きな可逆のフラックス v_2^{exch} は V_2 によって結ばれた代謝物 B_1 と C_1 の間の迅速平衡を表しており，この場合，B_1 と C_1 の同位体標識は漸近的に同じになる。

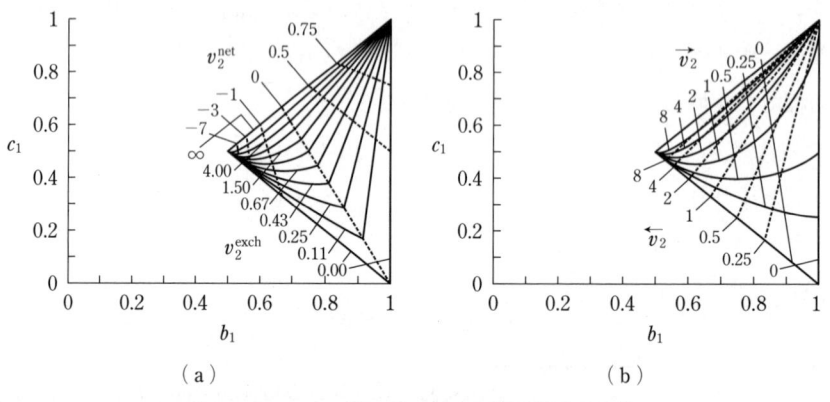

図5.3　図5.1の三つの座標系での1対1の対応[25]

図から，もし (b_1,c_1) が境界 $b_1=c_1$ の近くにある場合，測定誤差があっても正味のフラックスにはあまり影響を与えないが，可逆（交換）フラックスの精度には大きな影響を与え，信頼区間は大きくなってしまう。また，極限では，可逆部分の交換フラックスは無限大になり，このまま扱うのは数値計算上好ましくない。

前述したように，つぎのような変数変換を行うと，v_2^{exch} の範囲 $[0,\infty]$ を，新しい変数 $v_2^{\text{exch}[0,1]}$ では，$[0,1]$ に抑えることができる。

$$v_2^{\text{exch}} \to v_2^{\text{exch}[0,1]} = \frac{v_2^{\text{exch}}}{\beta + v_2^{\text{exch}}}$$

ここで β は正の適当な定数で，このような演算は，一般に数学でいうコンパクト化（conpactification）である．逆変換は1対1の写像で，つぎのようになる．

$$\phi_\beta^{[0,1]} : (v_2^{\text{net}}, v_2^{\text{exch}[0,1]}) \to (v_2^{\text{net}}, v_2^{\text{exch}}) = \left(v_2^{\text{net}}, \frac{\beta \, v_2^{\text{exch}[0,1]}}{1 - v_2^{\text{exch}[0,1]}} \right) \tag{5.23}$$

$\beta = 1$ としたときの，次式の写像が図5.3（b）に示してある．

$$\gamma \circ \phi \circ \phi_\beta^{[0,1]} : (v_2^{\text{net}}, v_2^{\text{exch}[0,1]}) \to (b_1, c_1) \tag{5.24}$$

ここでは1変数 v_2 の変換について考えたが，つぎに，一般的なベクトル $\boldsymbol{v}$ の変換について考える．図5.1の場合は，$\vec{\boldsymbol{v}} = (\vec{v}_1, \vec{v}_2, \vec{v}_3, \vec{v}_4)^T$ で，$\overleftarrow{\boldsymbol{v}} = (\overleftarrow{v}_1, \overleftarrow{v}_2, \overleftarrow{v}_3, \overleftarrow{v}_4)^T$ である．この場合の変換 Φ は要素ごとに行うものとする．

$$\Phi : \begin{pmatrix} \boldsymbol{v}^{\text{net}} \\ \boldsymbol{v}^{\text{exch}} \end{pmatrix} \to \begin{pmatrix} \vec{\boldsymbol{v}} \\ \overleftarrow{\boldsymbol{v}} \end{pmatrix} = \begin{pmatrix} \boldsymbol{v}^{\text{exch}} - \min(-\boldsymbol{v}^{\text{net}}, 0) \\ \boldsymbol{v}^{\text{exch}} - \min(\boldsymbol{v}^{\text{net}}, 0) \end{pmatrix} \tag{5.25}$$

同様に数値フラックス座標系は，つぎのコンパクト化の変換を行うことで得られる．

$$\Phi_\beta^{[0,1]} : \begin{pmatrix} \boldsymbol{v}^{\text{net}} \\ \boldsymbol{v}^{\text{exch}[0,1]} \end{pmatrix} \to \begin{pmatrix} \boldsymbol{v}^{\text{net}} \\ \boldsymbol{v}^{\text{exch}} \end{pmatrix} = \begin{pmatrix} \boldsymbol{v}^{\text{net}} \\ \dfrac{\beta \, \boldsymbol{v}^{\text{exch}[0,1]}}{\boldsymbol{1} - \boldsymbol{v}^{\text{exch}[0,1]}} \end{pmatrix} \tag{5.26}$$

ここで，割り算は要素ごとで，$\boldsymbol{1}$ は要素がすべて1のベクトルである．β は前述したように，基質消費速度と同じオーダーの大きさの定数である．

つぎに，同位体標識分率の状態変数ベクトルを $\boldsymbol{x}$，入力の標識状態のベクトルを $\boldsymbol{x}^{\text{inp}}$ とすると，図5.1に関してはつぎのようになる．

$$\boldsymbol{x} = [b_1, b_2, c_1, c_2]^T, \quad \boldsymbol{x}^{\text{inp}}[a_1, a_2]^T$$

炭素同位体収支式は $\boldsymbol{x}$，$\boldsymbol{x}^{\text{inp}}$ と $\vec{\boldsymbol{v}}$，$\overleftarrow{\boldsymbol{v}}$ に関して bilinear 構造になっており，すべての項は $\pm v_i x_j$ の形になっている．さて，原子推移行列（atom transition matrix）$\vec{P}_i$，$\overleftarrow{P}_i$ および P_i^{inp} を導入しよう．ここで

$$(\vec{P}_i)_{j,k} = \begin{cases} l : i \text{ 番目の前向き反応で，代謝物 } j \text{ に } k \text{ 番目の炭素原子から } l \text{ 個の} \\ \text{炭素原子を供給するとき} \\ -l : i = k \text{ で，} i \text{ 番目の前向き反応が代謝物 } j \text{ から } l \text{ 個の炭素をとる場合} \\ 0 : \text{上記以外} \end{cases}$$

$\overleftarrow{P}_i$ や P_i^{inp} も同様に定義できる．図5.1の例ではつぎのようになる．

$$\vec{P}_2 = \begin{bmatrix} -1 & 0 & 0 & 0 \\ 0 & -1 & 0 & 0 \\ 1 & 0 & 0 & 0 \\ 0 & 1 & 0 & 0 \end{bmatrix}, \quad \overleftarrow{P}_i = \begin{bmatrix} 0 & 0 & 1 & 0 \\ 0 & 0 & 0 & 1 \\ 0 & 0 & -1 & 0 \\ 0 & 0 & 0 & -1 \end{bmatrix}, \quad P_i^{\text{inp}} = \begin{bmatrix} 1 & 0 \\ 0 & 1 \\ 0 & 0 \\ 0 & 0 \end{bmatrix}$$

$\vec{v}_i\vec{P}_i x$ や $\vec{v}_i P_i^{\text{inp}} x^{\text{inp}}$ はすべて $\pm x_j \vec{v}_i$ の bilinear 項をもつベクトルである。一般的な同位体収支式をベクトル表記するとつぎのようになる。

$$\left(\sum_i \vec{v}_i \vec{P}_i + \sum_i \overleftarrow{v}_i \overleftarrow{P}_i\right) x + \left(\sum_i \vec{v}_i P_i^{\text{inp}}\right) x^{\text{inp}} = 0 \tag{5.27}$$

ここで，$\vec{P}_i = -\overleftarrow{P}_i$ は必ずしも成り立っていないことに注意が必要である。

式 (5.27) は x に関して線形であるので，すべてのフラックスがわかっているとすると，x に関してつぎのように解くことができる。

$$x = -\left(\sum_i \vec{v}_i \vec{P}_i + \sum_i \overleftarrow{v}_i \overleftarrow{P}_i\right)^{-1} \left(\sum_i \vec{v}_i P_i^{\text{inp}}\right) x^{\text{inp}} \tag{5.28}$$

つぎに，図 5.1 について，応用座標系および数値座標系での定式化について，整理して考えてみよう。まず，正味のフラックスについては次式が成り立っている。

$$N^{\text{net}} v^{\text{net}} = n^{\text{net}} \tag{5.29}$$

ここで，N^{net} は正味のフラックス制約行列（net flux constraint matrix）で，n^{net} は制約条件の値のベクトル（constraint value vector）であり，式 (5.29) は量論行列を用いた物質収支と考えればよい。

図 5.1 の場合について具体的にみてみると，B と C に関する正味の物質収支はつぎのように表せる。

B：$v_1^{\text{net}} = v_2^{\text{net}} + v_3^{\text{net}}$

C：$v_2^{\text{net}} + v_3^{\text{net}} = v_4^{\text{net}}$

さらに，$v_1^{\text{net}} = 1$ に固定すると，フラックス制約行列とベクトルはつぎのようになる。

$$N^{\text{net}} = \begin{bmatrix} 1 & -1 & -1 & 0 \\ 0 & 1 & 1 & -1 \\ 1 & 0 & 0 & 0 \end{bmatrix}, \quad n^{\text{net}} = \begin{bmatrix} 0 \\ 0 \\ 1 \end{bmatrix}, \quad v^{\text{net}} = \begin{bmatrix} v_1^{\text{net}} \\ v_2^{\text{net}} \\ v_3^{\text{net}} \\ v_4^{\text{net}} \end{bmatrix}$$

同様に，可逆部分のフラックスについても，一般につぎのように定式化できる。

$$N^{\text{exch}[0,1]} v^{\text{exch}[0,1]} = n^{\text{exch}[0,1]} \tag{5.30}$$

例えば，i 番目の反応が非可逆で，一方向の場合は $v_i^{\text{exch}[0,1]} = 0$ となり，i 番目の反応が迅速平衡の場合は $v_i^{\text{exch}[0,1]} = 1$ となる。

図 5.1 の場合，V_1，V_2，および V_4 は一方向の反応と考えているので，つぎのようにな

る。

$$N^{\text{exch}[0,1]}=\begin{bmatrix}1 & 0 & 0 & 0\\0 & 0 & 1 & 0\\0 & 0 & 0 & 1\end{bmatrix}, \quad \boldsymbol{v}^{\text{exch}[0,1]}=\begin{bmatrix}v_1^{\text{exch}[0,1]}\\v_2^{\text{exch}[0,1]}\\v_3^{\text{exch}[0,1]}\\v_4^{\text{exch}[0,1]}\end{bmatrix}, \quad \boldsymbol{n}^{\text{exch}[0,1]}=\begin{bmatrix}0\\0\\0\end{bmatrix}$$

これらの線形制約条件式だけでは，自由度の点から $\boldsymbol{v}^{\text{net}}$ と $\boldsymbol{v}^{\text{exch}[0,1]}$ を完全に決めることはできない．この自由度をうめるためには，正味のフラックスと可逆フラックスのいくつかを決める必要があり，これを自由（決定）フラックス（free flux）とすると，追加の条件式はつぎのようになる．

$$N^{\text{free}}\begin{pmatrix}\boldsymbol{v}^{\text{net}}\\ \boldsymbol{v}^{\text{exch}[0,1]}\end{pmatrix}=\boldsymbol{n}^{\text{free}} \tag{5.31}$$

図 5.1 の場合は，v_2^{net} と $v_2^{\text{exch}[0,1]}$ を自由（決定）フラックスとするとつぎのようになる．

$$N^{\text{free}}=\begin{bmatrix}0 & 1 & 0 & 0 & 0 & 0 & 0 & 0\\0 & 0 & 0 & 0 & 0 & 1 & 0 & 0\end{bmatrix}, \quad \boldsymbol{n}^{\text{free}}=\begin{bmatrix}c_2^{\text{net}}\\c_2^{\text{res}}\end{bmatrix}$$

式 (5.29)〜式 (5.31) をあわせると，つぎの線形制約条件が得られる．

$$N\begin{pmatrix}\boldsymbol{v}^{\text{net}}\\ \boldsymbol{v}^{\text{exch}[0,1]}\end{pmatrix}=\boldsymbol{n} \tag{5.32}$$

ここで

$$N=\begin{pmatrix}\begin{array}{c|c}N^{\text{net}} & 0\\ \hline 0 & N^{\text{net}}\\ \hline \multicolumn{2}{c}{N^{\text{free}}}\end{array}\end{pmatrix}, \quad \boldsymbol{n}=\begin{pmatrix}\boldsymbol{n}^{\text{net}}\\ \hline \boldsymbol{n}^{\text{exch}[0,1]}\\ \hline \boldsymbol{n}^{\text{free}}\end{pmatrix} \tag{5.33}$$

である．具体的にはつぎのようになる．

$$N=\begin{pmatrix}\begin{array}{cccc|cccc}1 & -1 & -1 & 0 & 0 & 0 & 0 & 0\\0 & 1 & 1 & -1 & 0 & 0 & 0 & 0\\1 & 0 & 0 & 0 & 0 & 0 & 0 & 0\\ \hline 0 & 0 & 0 & 0 & 1 & 0 & 0 & 0\\0 & 0 & 0 & 0 & 0 & 0 & 1 & 0\\0 & 0 & 0 & 0 & 0 & 0 & 0 & 1\\ \hline 0 & 1 & 0 & 0 & 0 & 0 & 0 & 0\\0 & 0 & 0 & 0 & 0 & 1 & 0 & 0\end{array}\end{pmatrix}, \quad \boldsymbol{n}=\begin{pmatrix}0\\0\\1\\ \hline 0\\0\\0\\ \hline c_2^{\text{net}}\\c_2^{\text{res}}\end{pmatrix}$$

もし，自由（決定）フラックスを適当に選べば，すべての $\boldsymbol{v}^{\text{net}}$ と $\boldsymbol{v}^{\text{exch}[0,1]}$ を決めることができる．さらに，物理的に意味のない解を除くために，つぎのような不等号制約条件を課す

ことにする。

① 可逆フラックスは $0 \leq v^{\text{exch}[0,1]} \leq 1$ を満たさなくてはならない。

② i 番目のフラックス v_i^{net} は正もしくは負である。

③ 正味のフラックス v_i^{net} は物理的にあまり意味のない領域を避けるために，上限を設け，$v_i^{\text{net}} \leq \overline{u_i}^{\text{net}}$ とする。

④ 同様に，可逆フラックスについても上限を設け，$v_i^{\text{exch}} \leq \overline{u_i}^{\text{exch}}$ とする。

不等号制約条件 $a \leq b$ は，$-a \geq -b$ というように表現しなおすことができるので，すべての制約条件をつぎのように表すことができる。

$$U \begin{pmatrix} v^{\text{net}} \\ v^{\text{exch}[0,1]} \end{pmatrix} \geq u \tag{5.34}$$

図 5.1 の場合の U と u はつぎのようになる。

$$U = \begin{pmatrix} 1 & 0 & 0 & 0 & 0 & 0 & 0 & 0 \\ 0 & 0 & 0 & 1 & 0 & 0 & 0 & 0 \\ 0 & 0 & 0 & 0 & 1 & 0 & 0 & 0 \\ 0 & 0 & 0 & 0 & -1 & 0 & 0 & 0 \\ 0 & 0 & 0 & 0 & 0 & 1 & 0 & 0 \\ 0 & 0 & 0 & 0 & 0 & 0 & 1 & 0 \\ 0 & 0 & 0 & 0 & 0 & 0 & -1 & 0 \\ 0 & 0 & 0 & 0 & 0 & 0 & 0 & 1 \\ 0 & 0 & 0 & 0 & 0 & 0 & 0 & -1 \end{pmatrix}, \quad u = \begin{pmatrix} 0 \\ 0 \\ 0 \\ -1 \\ 0 \\ -1 \\ 0 \\ 0 \\ -1 \\ 0 \\ -1 \end{pmatrix}$$

ここで，式 (5.34) を満足するフラックス (v^{net}, $v^{\text{exch}[0,1]}$) を実行可能（feasible）フラックスと呼ぶことにする。フラックス計算の手順を要約すると，つぎのように表せる。

$$n^{\text{free}} \xrightarrow{\Psi} \begin{pmatrix} v^{\text{net}} \\ v^{\text{exch}[0,1]} \end{pmatrix} \xrightarrow{\Phi_{\beta}^{[0,1]}} \begin{pmatrix} v^{\text{net}} \\ v^{\text{exch}} \end{pmatrix} \xrightarrow{\Phi} \begin{pmatrix} \vec{v} \\ \overleftarrow{v} \end{pmatrix} \xrightarrow{\Gamma} x \tag{5.35}$$

つぎに，代謝フラックスが推定できたら，同位体分布やフラックスの測定値と結びつける必要がある。いま，測定行列 M_v^{net} と M_S を用い，どの正味のフラックスと，細胞内のどの同位体分布が測定できるかを記述することにする。すなわち

$$\begin{aligned} v^{\text{meas}} &= M_v^{\text{net}} \cdot v^{\text{net}} + \varepsilon_v \\ S^{\text{meas}} &= M_S \cdot S + \varepsilon_S \end{aligned} \tag{5.36}$$

ここで，v^{meas} と S^{meas} は測定したフラックスと信号のベクトルを表しており，ε_v と ε_S は正規分布の測定誤差で，平均 0 であり，共分散行列は，それぞれ Σ_v と Σ_S である。そうする

と，線形制約条件をもつ，つぎの非線形最小化問題を解くことに帰着する。

最小化：$\kappa(\boldsymbol{n}^{\text{free}}) = \|\boldsymbol{v}^{\text{meas}} - M_v^{\text{net}} \cdot \Phi \circ \Phi_\beta^{\text{res}} \circ \Psi(\boldsymbol{n}^{\text{free}})\|_{\Sigma_v}^2$

$\qquad\qquad + \|S^{\text{meas}} - M_S^{\text{net}} \cdot \Phi \circ \Phi_\beta^{\text{res}} \circ \Psi(\boldsymbol{n}^{\text{free}})\|_{\Sigma_S}^2$ (5.37)

制約条件：$U \cdot \Psi(\boldsymbol{n}^{\text{free}}) \geq \boldsymbol{u}$

この最適化問題を解くには，さまざまな手法が考えられるが，目的関数が多峰性であることを考えると，遺伝的アルゴリズム（GA）のような大域探索アルゴリズムと，勾配法のような，局所探索アルゴリズムを組み合わせたハイブリッドアルゴリズムが有効だと思われる。

5.3 同位体表記による代謝フラックス解析

前節までに述べたように，各代謝物の何番目の炭素がどれくらい ^{13}C で標識されているかを示す標識度ベクトルは理解しやすいが，NMR や GC-MS の測定データを利用することを考えると，つぎの表現法が有効である。

Schmidt ら[19]は，代謝物の同位体分布を記述するのに，同位体分布ベクトル（isotopomer distribution vector：IDV）を導入した。ある分子の炭素原子は，^{13}C で標識されているか，いないかの 2 通りであるから，0 と 1 の 2 進数で表現でき，n 個の炭素原子をもった分子の IDV は 2^n 個の要素をもつことになる。例えば，二つの炭素原子からなる代謝物 A の IDV はつぎのように表される。

$$\text{IDV}_A = \begin{bmatrix} I_A(0) \\ I_A(1) \\ I_A(2) \\ I_A(3) \end{bmatrix} = \begin{bmatrix} I_A(00_{\text{bin}}) \\ I_A(01_{\text{bin}}) \\ I_A(10_{\text{bin}}) \\ I_A(11_{\text{bin}}) \end{bmatrix}$$

ここで

$$\sum_{i=0}^{3} I_A(i) = 1$$

である。また，下つき文字の "bin" は，2 進数（binary）表現を意味している。すなわち，代謝物 A について，$I_A(0)$ は ^{12}C のみで，$I_A(1)$ は 1 番目の炭素原子が，また，$I_A(2)$ は 2 番目の炭素原子が ^{13}C で標識された分子の割合（分率）を示しており，$I_A(3)$ は二つの原子すべてが ^{13}C で標識された分子の割合を示している。

いま，n 個の炭素原子をもった分子 M の炭素原子が，^{12}C と ^{13}C のみであると仮定すると，M の同位体（isotopomer）は，すでに述べたように，2^n 個の可能な標識パターンが存在する。対応する同位体の分率（isotopomer fraction）は，同位体分子の存在割合を示し

たものである。

図5.4には，炭素数が三つの場合について，IDVと前述したMAVとの違いが示してある。この図には，2^3個の同位体が示してあるが，各同位体分子の上に，対応する同位体がどれくらいの割合が含まれているかを一例として示してあり，これらを足しあわせると100％になる。一方，図の一番右に示してあるのは，それぞれ，対応する位置の炭素が，どれくらい^{13}Cで標識されているか，すなわち，MAVの要素を示したもので，この場合は，MAVの各要素を足しあわせても1にはならない。

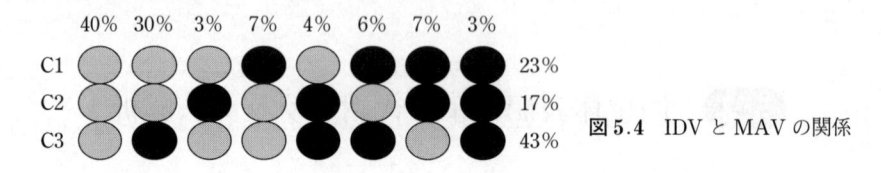

図5.4 IDVとMAVの関係

位置表記の場合について，5.2節で原子写像行列（AMM）を考えたが，IDVに対しても同様に考えることができ，Schmidtら[19]は同位体写像行列（isotopomer mapping matrix：IMM）を導入している。IMMはAMMと同様に一つの反応基質と一つの反応生成物について定義され，IMMの行は反応生成物のIDVの要素の数に等しく，列は反応基質のIDVの要素の数に等しい。すなわち，$\text{IMM}_{A>B}$の第1列は，標識されていないA分子（00_{bin}）に対応し，$\text{IMM}_{A>B}$の第2列は，1番目の炭素だけが^{13}Cで標識されたA分子（01_{bin}）に対応している。

例として，A+B→Cで表される反応例について考えてみる。ここで，Aは2原子分子，Bは1原子分子，Cは3原子分子だと仮定する。また，AMMは次式で表されるものとする。

$$\text{AMM}_{A>C} = \begin{bmatrix} 0 & 1 \\ 1 & 0 \\ 0 & 0 \end{bmatrix}, \quad \text{AMM}_{B>C} = \begin{bmatrix} 0 \\ 0 \\ 1 \end{bmatrix}$$

この場合，IDVはつぎのようになる。

$$\text{IDV}_A = \begin{bmatrix} I_A(00) \\ I_A(01) \\ I_A(10) \\ I_A(11) \end{bmatrix}, \quad \text{IDV}_B = \begin{bmatrix} I_B(0) \\ I_B(1) \end{bmatrix}, \quad \text{IDV}_C = \begin{bmatrix} I_C(000) \\ I_C(001) \\ I_C(010) \\ I_C(011) \\ I_C(100) \\ I_C(101) \\ I_C(110) \\ I_C(111) \end{bmatrix}$$

また，IMM は次式で与えられる。

$$\text{IMM}_{A>C} = \begin{bmatrix} 1 & 0 & 0 & 0 \\ 1 & 0 & 0 & 0 \\ 0 & 0 & 1 & 0 \\ 0 & 0 & 1 & 0 \\ 0 & 1 & 0 & 0 \\ 0 & 1 & 0 & 0 \\ 0 & 0 & 0 & 1 \\ 0 & 0 & 0 & 1 \end{bmatrix}, \quad \text{IMM}_{B>C} = \begin{bmatrix} 1 & 0 \\ 0 & 1 \\ 1 & 0 \\ 0 & 1 \\ 1 & 0 \\ 0 & 1 \\ 1 & 0 \\ 0 & 1 \end{bmatrix}$$

ここで，この行列の第 1 行は，A の 00_{bin} 分子と B の 0_{bin} の分子との反応を，また，第 2 行は，A の 00_{bin} の分子と B の 1_{bin} の分子との反応を示している。IMM を使うと，C の IDV は次式で計算できる。

$$\text{IDV}_C = (\text{IMM}_{A>C} \cdot \text{IDV}_A) \otimes (\text{IMM}_{B>C} \cdot \text{IDV}_B) \tag{5.38}$$

ここで，演算子 $\otimes (R^8 \times R^8 \to R^8)$ は二つの同次元ベクトルどうしの掛け算を表しており，この演算子は，特に各ベクトルの，対応する要素ごとの掛け算を表している。

もう一度，つぎのような反応の場合について考えてみる。

A+B→C+D

A，B，C および D の IDV を，それぞれ，I_A，I_B，I_C，I_D とし，A および B から C および D への IMM を，それぞれ $\text{IMM}_{A>C}$，$\text{IMM}_{B>C}$，$\text{IMM}_{A>D}$，$\text{IMM}_{B>D}$ とすると，同位体に関する物質収支から次式が得られる。

$$\begin{aligned} (\text{IMM}_{A \to C} \cdot I_A) \otimes (\text{IMM}_{B \to C} \cdot I_B) &= I_C \\ (\text{IMM}_{A \to D} \cdot I_A) \otimes (\text{IMM}_{B \to D} \cdot I_B) &= I_D \end{aligned} \tag{5.39}$$

二つの異なる表記法に基づく式 (5.4) と式 (5.39) の収支式は，似たような式になっているが，AMM と IMM は同じ写像行列であっても，その大きさはかなり異なることに注意しておく必要がある。例えば，いま A が n 個の炭素原子，B が m 個の炭素原子からなっていると仮定し，A から C への変換のみについて考えてみると，$\text{AMM}_{A>C}$ の次元は $n \times m$ であるのに対し，$\text{IMM}_{A>C}$ は $2^n \times 2^m$ となって，n と m の値によっては，指数関数的に IMM の大きさが増大することになるが，これは計算機のメモリー等に影響を与えるので，コンピュータプログラムの作成にあたっては，注意が必要である。

つぎに，IMM に基づく代謝解析[2),3),20)] を行うことを考えてみよう。**図 5.5** を参照して，定常状態で I_4 についての同位体収支は，次式で表される。

$$I_4 = \frac{\vec{v_1} \cdot I_4^{v_1} + \vec{v_2} \cdot I_4^{v_2} + \overleftarrow{v_3} \cdot I_4^{v_3}}{\vec{v_1} + \vec{v_2} + \overleftarrow{v_3}} \tag{5.40}$$

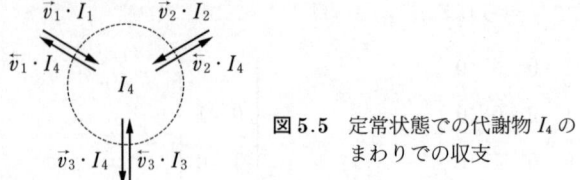

図5.5 定常状態での代謝物 I_4 のまわりでの収支

式（5.40）を一般化するとつぎのようになる[19),20)]。

$$I_k = \frac{\sum v_i^{(\leftarrow/\rightarrow)} I_i}{\sum v_j^{(\leftarrow/\rightarrow)}} \tag{5.41}$$

ここで，$v_i^{(\leftarrow/\rightarrow)}$ は，i 番目の前向き，あるいは後ろ向きフラックスを表している。2分子反応の場合も考慮すると，つぎのようになる。

$$I_j = \frac{\sum_i^{R_j^{\text{in}}} v_i \cdot I_j^{v_i}}{\sum_0^{R_j^{\text{out}}} v_0}$$

また，次式を得る。

$$I_j^{v_i} = \begin{cases} \text{IMM}_{k \xrightarrow{i} j} \cdot I_{ki} & \text{単分子反応の場合} \\ \text{IMM}_{k_1 \xrightarrow{i} j} \cdot I_{k_1 i} \otimes \text{IMM}_{k_2 \xrightarrow{i} j} \cdot I_{k_2 i} & \text{2分子反応の場合} \end{cases} \tag{5.42}$$

ここで，R_j^{in} および R_j^{out} は物質 j を，それぞれ生成および消費する反応の集合を表している。v_i は i 番目の反応で入ってくる物質のフラックスを表している。単分子反応の場合，$I_j^{v_i}$ は $\text{IMM}_{k_i \rightarrow j} \cdot I_{ki}$ で表される。ここで，k_i は i 番目の単分子反応の入力物質を示している。2分子反応の場合は，$\text{IMM}_{k_1 i \rightarrow j} \cdot I_{k_1 i} \otimes k_2 i \rightarrow j \cdot I_{k_2 i}$ で表される。ここで，k_{1i} と k_{2i} は，i 番目の2分子反応の入力物質 k_1 と k_2 を示している。

3分子反応や4分子反応等については，単分子反応および2分子反応に分解して考えればよい。例えば，A＋B＋C→Dという反応は，A＋B→AB，AB＋C→Dというように，二つの反応に分けて考えればよい[27)]。

式（5.42）は，つぎのように物質 j を生成する反応 R_j^{in} を単分子反応 R_j^{inm} と2分子反応 R_j^{inb} に分けて考え（$R_j^{\text{in}} = R_j^{\text{inm}} \cup R_j^{\text{inb}}$），つぎのように表すこともできる。

$$\sum_i^{R_j^{\text{in}}} I_j^{v_i} = \sum_{i_m}^{R_j^{\text{inm}}} (\text{IMM}_{k \xrightarrow{i} j} \cdot I_{ki}) + \sum_{i_b}^{R_j^{\text{inb}}} (\text{IMM}_{k_1 \xrightarrow{i} j} \cdot I_{k_1 i} \otimes \text{IMM}_{k_2 \xrightarrow{i} j} \cdot I_{k_2 i}) \tag{5.43}$$

コンピュータを利用して細胞内代謝フラックス分布を求める手法については，さまざまなアプローチが考えられるが，ここではそのうちの手順の一例を示す。

① まず，解析したい代謝経路を決め，代謝量論式あるいは代謝量論係数行列を作成する（可逆反応の $\vec{v}$ と $\overleftarrow{v}$ を表現するのに，図5.2で示したように，正味のフラックス v^{net} とその可逆反応の共通部分のフラックス v^{exch} に分けて考えることもでき，また，数値計算のことを考えて，v^{exch} をさらに変換して $v^{\text{exch}[0,1]}$ に変換しておいたほうがよい）。

② つぎに，求めたい自由（決定）フラックス（v^{net}, $v^{\text{exch}[0,1]}$）に適当な値を仮定する。代謝量論式は線形制約条件を課すことに等しいが，一般にこれだけでは正味のフラックスすべてを決めることはできない。このため，いくつかの代謝フラックスは，測定するか，仮定するかして与えてやらなければならない。

③ 測定した基質消費速度および代謝物生成速度等を用い，代謝量論式を利用してすべての正味のフラックスを求める。

④ つぎに，(v^{net}, $v^{\text{exch}[0,1]}$) を ($\vec{v}, \overleftarrow{v}$) に変換する。

⑤ 式（5.42）で求めた定常状態での同位体分布を，質量変換行列および NMR 変換行列を用いて，MS および NMR（MS あるいは NMR）の信号値に変換する。

⑥ 次式の J の値を計算し，この J の値が最小になるように，②〜⑥の手順を繰り返し，代謝フラックス $\boldsymbol{v}$ を求める。

$$J(\boldsymbol{v}) = \sum_{i=1}^{M}\left(\frac{W_i - E_i(\boldsymbol{v})}{\delta_i}\right)^2 + \sum_{j=1}^{N}\left(\frac{Y_j - v_k}{\delta_j}\right)^2 \tag{5.44}$$

ここで，$\boldsymbol{v}$ は代謝フラックスベクトルで，W_i は M 個の同位体測定データ，E_i は仮定したフラックス $\boldsymbol{v}$ に対応する i 番目の代謝物の同位体の推定値である。Y は N 個の測定した代謝フラックス値である。v_k は $\boldsymbol{v}$ の k 番目の要素で，j 番目の測定データ Y_j に対応している。また，δ_i および δ_j は測定値の絶対誤差で，測定誤差の大きい項は，その項の J に対する寄与率，すなわち重み係数を小さくすることを意味している。

同位体表記に基づく場合についての計算手順を，図 5.1 の例についてまとめるとつぎのようになる。

① 代謝反応ネットワークを決める。

② 入力物質（A）と内部代謝物（B, C）を決める。このときの，MAV は $\boldsymbol{x} = [B_1\ B_2\ C_1\ C_2]^\text{T}$ および $\boldsymbol{x}^{\text{in}} = [A_1\ A_2]^\text{T}$ になる。

③ AMM の構築。

④ IMM の構築。

⑤ 同位体収支

$$I_B = \frac{\vec{v_1} \cdot I_A^{v_1} + \overleftarrow{v_2} \cdot I_C^{v_2}}{\vec{v_2} + \vec{v_3}}, \qquad I_C = \frac{\vec{v_2} \cdot I_B^{v_2} + \vec{v_3} \cdot I_B^{v_3}}{\vec{v_2} + \overleftarrow{v_4}}$$

さらに，$v_1^{\text{net}} = 1$ と固定しているので，正味フラックスの制約行列とベクトルはつぎのようになる。

$$I_A^{v_1} = \text{IMM}_{A \to B}^{v_1} \cdot I_A$$

$$I_B^{v_2} = \text{IMM}_{B \to C}^{v_2} \cdot I_B$$

$$I_C^{v_2} = \text{IMM}_{C \to B}^{v_2} \cdot I_C$$

⑥ 測定行列より，M_v^{net} を求める。この例では，v_1 と B_1 と C_2 が測定されたと仮定すると

$$M_v^{net}=[1\ 0\ 0\ 0], \quad M_S=\begin{bmatrix}1&0&0&0\\0&0&1&0\end{bmatrix}$$

となり，すべての測定方程式はつぎのように表せる。

$$\text{AMM}_{B\to C}^{v_3}=\begin{pmatrix}0&1\\1&0\end{pmatrix}$$

⑦ 線形制約条件の設定　まず，質量保存則を適用し，同位体収支に基づく非線形最適化問題の線形制約条件を得る。代謝フラックスに関する物質収支を量論行列 N^{stc} を用いて表すと，N^{stc} は，$m\times r$ 行列で，N^{stc} の任意の要素 n_{mr} は，r 番目の反応での m 番目の代謝物の量論係数である。この例では，v_1，v_2 および v_4 は一方向と考えているので

$$I_B^{v_3}=\text{AMM}_{B\to C}^{v_3}\cdot I_B=\begin{pmatrix}0&0&0&1\\0&0&1&0\\0&1&0&0\\1&0&0&0\end{pmatrix}\cdot I_B$$

である。また，v_2^{net} と $v_2^{exch[0,1]}$ を自由（決定）フラックスとして選び

$$v_1^{meas}=(1\ 0\ 0\ 0)\cdot\begin{pmatrix}\vec{v_1}\\\vec{v_2}-\overleftarrow{v_2}\\\vec{v_3}\\\vec{v_4}\end{pmatrix}+\varepsilon_v$$

$$\begin{pmatrix}b_1^{meas}\\c_2^{meas}\end{pmatrix}=\begin{pmatrix}1&0&0&0\\0&0&0&1\end{pmatrix}\cdot\begin{pmatrix}b_1\\b_2\\c_1\\c_2\end{pmatrix}+\varepsilon_x$$

となる。これらの制約条件をすべて考えるとつぎのようになる。

$$N^{stc}\cdot v^{net}=N^{stc}\cdot\vec{v}-N^{stc}\cdot\overleftarrow{v}=0$$

⑧ 線形不等号制約条件

$$\begin{pmatrix}1&-1&-1&0\\0&1&1&-1\end{pmatrix}\cdot\begin{pmatrix}\vec{v_1}\\\vec{v_2}-\overleftarrow{v_2}\\\vec{v_3}\\\vec{v_4}\end{pmatrix}=\begin{pmatrix}0\\0\end{pmatrix}$$

⑨ 線形制約条件つきの非線形最適化問題を解いてフラックスを求める。図 5.1 については，数値解 $B_1=0.9$，$C_1=0.7$ が得られ，解析的にも求められる。

つぎに，図 5.6 に示される別の例について，同位体分布を利用した代謝フラックス分布の求め方をもう少し具体的に調べ，NMR や GC-MS を利用した場合の解析法についても考えよう[31]。図 5.6 について，細胞内炭素同位体についての収支を同位体表記するとつぎのようになる。

$$
\begin{aligned}
A_{01} &: (\vec{v_2}+\vec{v_3}+\vec{v_4})\,a_{01} = \overleftarrow{v_2}c_{01} + \vec{v_1}s_{01} \\
A_{10} &: (\vec{v_2}+\vec{v_3}+\vec{v_4})\,a_{10} = \overleftarrow{v_2}c_{10} + \vec{v_1}s_{10} \\
A_{11} &: (\vec{v_2}+\vec{v_3}+\vec{v_4})\,a_{11} = \overleftarrow{v_2}c_{11} + \vec{v_1}s_{11} \\
B_1 &: 2\vec{v_5}b_1 = \vec{v_4}a_{01} + \vec{v_4}a_{10} + 2\vec{v_4}a_{11} \\
C_{01} &: (\overleftarrow{v_2}+\vec{v_6})\,c_{01} = \vec{v_2}a_{01} + \vec{v_3}a_{10} + \vec{v_5}(1-b_1)b_1 \\
C_{10} &: (\overleftarrow{v_2}+\vec{v_6})\,c_{10} = \vec{v_2}a_{10} + \vec{v_3}a_{01} + \vec{v_5}(1-b_1)b_1 \\
C_{11} &: (\overleftarrow{v_2}+\vec{v_6})\,c_{11} = \vec{v_2}a_{11} + \vec{v_3}a_{11} + \vec{v_5}b_1^2
\end{aligned}
\tag{5.45}
$$

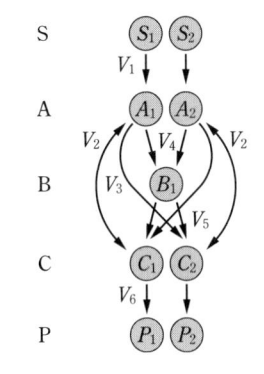

図 5.6 簡単な代謝経路 2

ここで，a_{ij}, b_i, c_{ij}, s_{ij} (i, j：0 あるいは 1) は，それぞれ代謝物 A，B，C，S の同位体を表している。C の同位体分布は，代謝産物（システム出力）P のそれと同じである。式 (5.45) では，A_{00}，B_0，C_{00} に関する式が含まれていないが，これらの変数は，それぞれの代謝物分子について，同位体分率の値を足しあわせれば 1 になるという条件から求められる。式 (5.45) から，つぎの関係が得られる。

$$
a_{01}+a_{10}+2a_{11}=2b_1=c_{01}+c_{10}+2c_{11}=s_{01}+s_{10}+2s_{11} \tag{5.46}
$$

式 (5.46) の 1 番目と 3 番目の式は，それぞれ代謝物 A と C の二つの炭素原子に対する ^{13}C の標識値の和を表している。この式から，位置表記では第 1 炭素原子の ^{13}C による標識度と第 2 炭素原子のものとは区別できないことがわかる。しかし，同位体分布が測定できれば，これらの違いも区別でき，この場合はすべての代謝フラックスを次式から求めることができる。

$$
\begin{aligned}
a_{01}-a_{10} &= \frac{(\vec{v_1}\vec{v_2}+\vec{v_1}\vec{v_3}+\vec{v_1}\vec{v_4})\cdot(s_{01}-s_{10})}{\delta} \\
c_{01}-c_{10} &= \frac{(\vec{v_1}\vec{v_2}-\vec{v_1}\vec{v_3})\cdot(s_{01}-s_{10})}{\delta} \\
a_{11} &= \frac{4(\vec{v_1}\vec{v_2}+\vec{v_1}\vec{v_3}+\vec{v_1}\vec{v_4})s_{11}+(\vec{v_2}\vec{v_4}+\vec{v_3}\vec{v_4}\vec{v_4}^2-\vec{v_1}\vec{v_4})(s_{01}+s_{10}+2s_{11})^2}{\zeta} \\
c_{11} &= \frac{4(\vec{v_1}\vec{v_2}+\vec{v_1}\vec{v_3})s_{11}+(\vec{v_2}\vec{v_4}+\vec{v_3}\vec{v_4}+\vec{v_4}^2)(s_{01}+s_{10}+2s_{11})^2}{\zeta}
\end{aligned}
\tag{5.47}
$$

ここで，δ と ζ は次式で与えられる。

$$
\begin{aligned}
\delta &\equiv 2\vec{v_3}^2+\vec{v_4}^2+2\vec{v_2}\vec{v_3}+\vec{v_2}\vec{v_4}+3\vec{v_3}\vec{v_4}+\vec{v_1}\vec{v_2}-\vec{v_1}\vec{v_3} \\
\zeta &\equiv 4(\vec{v_4}^2+\vec{v_2}\vec{v_4}+\vec{v_3}\vec{v_4}+\vec{v_1}\vec{v_2}+\vec{v_1}\vec{v_3})
\end{aligned}
$$

このように，式 (5.46) と式 (5.47) から，A と C のすべての同位体標識の分布（分率）は，既知である基質の同位体分布および代謝フラックス分布の関数として表すことができる。

さて，まず GC-MS の測定データを利用する場合について考えてみる。^{12}C と ^{13}C では，質量が1だけ異なるので，図 5.7 に示すように，標識度に応じて異なるスペクトルパターンが得られる。ただし，MS の場合は，分子の重さの違いについては識別できるが，どの位置の炭素が ^{13}C で標識されているかはわからない。いま，分子 A について，すべての炭素原子が ^{12}C である割合を A_m，1個だけ ^{13}C で標識された割合を A_{m+1}，2個すべて ^{13}C で標識された割合を A_{m+2} とすると，つぎの関係が成り立っている。

$$\begin{bmatrix} A_{m+1} \\ A_{m+2} \end{bmatrix} = \begin{bmatrix} 1 & 1 & 0 \\ 0 & 0 & 1 \end{bmatrix} \begin{bmatrix} a_{01} \\ a_{10} \\ a_{11} \end{bmatrix} \tag{5.48}$$

ここで，a_{ij} は同位体分布ベクトルの要素を表している。ここで，左辺のベクトルを質量分布ベクトル（mass distribution vector：MDV）[19]と呼ぶことにする。式 (5.48) では，A_m や a_{00} に関する式が含まれていないが，これは，前述したように，MDV および IDV の各要素を足しあわせると1になるという条件から求められるからである。

つぎに，NMR のデータを利用する場合について考える。図 5.4 に示すように，炭素原子が三つの場合について考えると，図 5.7 に示すように，NMR のシングレットパターンへの

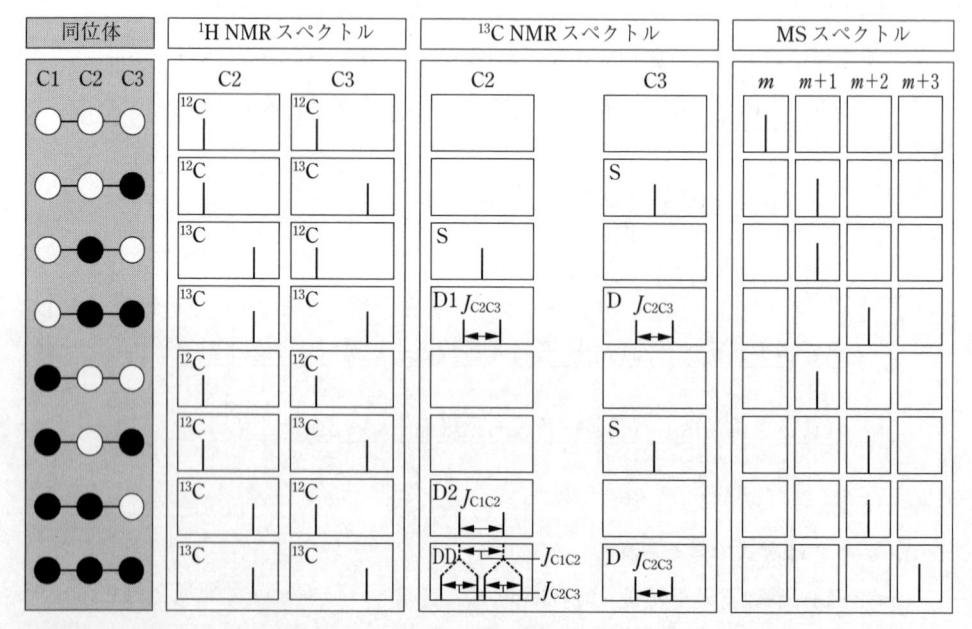

図 5.7　NMR および GC-MS のスペクトルパターン：S（シングレット），D1, D2（ダブレット），DD（二重ダブレット）

変換は次式で表せる[31]。

$$\begin{bmatrix} 0 & 0 & 0 & 0 & 1 & 1 & 0 & 0 \\ 0 & 0 & 1 & 0 & 0 & 0 & 0 & 0 \\ 0 & 1 & 0 & 0 & 0 & 1 & 0 & 0 \end{bmatrix} I_A = \begin{bmatrix} S'_{C1} \\ S'_{C2} \\ S'_{C3} \end{bmatrix} \quad (5.49)$$

ここで

$$I_A = \begin{bmatrix} I_A(000) \\ I_A(001) \\ I_A(010) \\ I_A(011) \\ I_A(100) \\ I_A(101) \\ I_A(110) \\ I_A(111) \end{bmatrix}$$

である。式 (5.49) の左辺の，変換行列の1行目をみてみると，5, 6列が1になっている。これは，A の IDV の5番目と6番目がC1のシングレット信号に寄与していることを示している。同様にして，ダブレット (doublet：D1, D2)，および二重ダブレット (doublet of doublets：DD) もつぎのように変換できる[31]。

$$\begin{bmatrix} 0 & 0 & 0 & 0 & 0 & 0 & 0 & 0 \\ 0 & 0 & 0 & 1 & 0 & 0 & 0 & 0 \\ 0 & 0 & 0 & 1 & 0 & 0 & 0 & 1 \end{bmatrix} I_A = \begin{bmatrix} D1'_{C1} \\ D1'_{C2} \\ D1'_{C3} \end{bmatrix} \quad (5.50\text{ a})$$

$$\begin{bmatrix} 0 & 0 & 0 & 0 & 0 & 0 & 1 & 1 \\ 0 & 0 & 0 & 0 & 0 & 0 & 1 & 0 \\ 0 & 0 & 0 & 0 & 0 & 0 & 0 & 0 \end{bmatrix} I_A = \begin{bmatrix} D2'_{C1} \\ D2'_{C2} \\ D2'_{C3} \end{bmatrix} \quad (5.50\text{ b})$$

$$\begin{bmatrix} 0 & 0 & 0 & 0 & 0 & 0 & 0 & 0 \\ 0 & 0 & 0 & 0 & 0 & 0 & 0 & 1 \\ 0 & 0 & 0 & 0 & 0 & 0 & 0 & 0 \end{bmatrix} I_A = \begin{bmatrix} DD'_{C1} \\ DD'_{C2} \\ DD'_{C3} \end{bmatrix} \quad (5.50\text{ c})$$

実際には，それぞれの信号の値を，全体の割合で表すことにし，例えばC2についてのシングレットはつぎのように相対値で表す[31]。

$$S_{C2} = \frac{S'_{C2}}{S'_{C2} + D1'_{C2} + D2'_{C2} + DD'_{C2}} \quad (5.51)$$

前述のように，MSおよびNMRでは，それぞれの分子について同位体の分率が直接測定できるのではなく，同位体分率の1次結合が結果として得られる。いま，AとPの質量同

位体分布 A (m_0^a, m_1^a, m_2^a) および P (m_0^c, m_1^c, m_2^c) が GC-MS によって測定され，A の第2炭素のマルチプレットパターン A (s_{C2}^a, d_{C2}^a) および P (s_{C2}^c, d_{C2}^c) が NMR によって測定されたと仮定する．このとき，同位体分布（分率）と測定データとの関係はつぎのように表される[31]．

$$a_{01}+a_{10}=m_1^a \quad a_{11}=m_2^a \quad c_{01}+c_{10}=m_1^c \quad c_{11}=m_2^c$$

$$\frac{a_{01}}{a_{01}+a_{11}}=s_{C2}^a \qquad \frac{c_{01}}{c_{01}+c_{11}}=s_{C2}^c \tag{5.52}$$

このようにして，自由（決定）フラックスを仮定すると，代謝物の質量同位体分布および NMR のマルチプレットパターンの存在割合を求めることができ，関数関係

$$\gamma : (\vec{v_2}, \vec{v_3}, \vec{v_4}) \rightarrow (m_1^a, m_2^a, m_1^c, m_2^c, s_{C2}^a, s_{C2}^c) \tag{5.53}$$

を構築できる．例えば，m_1^a はつぎのように表せる[31]．

$$m_1^a = s_{01}+s_{10}+2s_{11}$$

$$-\frac{8(\vec{v_1}\vec{v_2}+\vec{v_1}\vec{v_3}+\vec{v_1}\vec{v_4})s_{11}+2(\vec{v_2}\vec{v_4}+\vec{v_3}\vec{v_4}+\vec{v_4}^2-\vec{v_1}\vec{v_4})(s_{01}+s_{10}+2s_{11})^2}{\zeta}$$

$$\tag{5.54}$$

基質の同位体分布はわかっているので，細胞内代謝フラックス分布を仮定すると，NMR および GC-MS の信号値を式 (5.54) で計算できる．このためつぎのステップは，この推定した NMR と GC-MS の信号値と実測値を比較し，その値が小さくなるように代謝フラックス分布を修正すればよいことになる．ただし，式 (5.54) からもわかるように，式 (5.53) の関数関係は非線形であるため，一般に代謝フラックス分布決定問題を解くにはコンピュータを利用した繰返し計算が必要になる．

このようにして，NMR や GC-MS を利用して，原理的には細胞内代謝フラックス分布を求めることができる．しかし，細胞内代謝物の量は非常に少ないので，NMR や GC-MS を利用しても，細胞内代謝物の同位体分布を測定することは困難である．そこで一般には，4章でも述べたように，細胞や特に細胞に含まれるタンパク質を加水分解して豊富に得られるアミノ酸の同位体分布を測定し，アミノ酸の炭素原子と，その前駆体である細胞内代謝物の炭素原子との対応関係を利用して，代謝フラックス分布を計算する．また，同位体を用いた実験では，すべての炭素が ^{13}C で標識された基質 [U-^{13}C]，あるいは k 番目の炭素だけが ^{13}C で標識された [k-^{13}C] 等を一部用い，残りは標識されていない炭素源を用いることがよく行われている．どのように標識された基質を用いるか，あるいは，それらの混合物を用いるかは，得られた代謝フラックス分布の信頼性に影響を与えるので注意が必要である．また，4章でも述べたように，「標識されていない」といっても，自然界のものは，ごくわずかに ^{18}O，^{17}O，^{15}N，^{3}C，^{2}H 等の同位体で標識（汚染）されているため，これらについても

補正が必要である[9),10),30)]。

代謝フラックス分布解析では，物質収支および炭素同位体収支のみを利用しており，反応動力学や酵素活性等はいっさい用いていない。また，一般に，質量効果については無視してもよいと思われるが，CO_2 のような小さな分子については注意が必要である[17),25),29)]。

一般に各代謝反応の方向や非可逆性は，自由エネルギー ΔG のような熱力学パラメータ値に基づいて決定されるが[13),14)]，このような値がわからなくても，同位体を利用した代謝フラックス分布解析では，原理的には前向き反応と後ろ向き反応のフラックスをそれぞれ求めることができるので，可逆度を計算できるということも注目すべきである。

ここまでは，代謝フラックス分布計算の概略であるが，次節からもう少し実際的な応用の点から説明する。

5.4 同位体分布の非定常補正

連続培養で同位体実験をする場合は，まず，あらかじめ設定した希釈率で〔培養液の濁度（OD）や CO_2 の生成速度等が一定になっていることで〕定常状態が確認された後で，供給基質の一部を ^{13}C で標識した基質に置き換える。一般に，炭素の一部を ^{13}C で標識した基質は高価なので，同位体が定常状態に達する以前にサンプルを採取して，代謝解析に利用する。つぎに，このことによる補正について考える[23)]。

いま，着目している基質の，リアクター内の濃度を x とし，供給基質濃度を x_F とすると，物質収支から次式が得られる（**図 5.8** 参照）。

$$\frac{d(x \cdot V)}{dt} = F \cdot x_F - F \cdot x \tag{5.55}$$

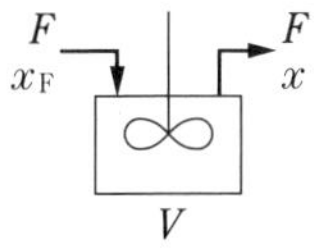

ここで，F は流量〔l/h〕で，V は培養液の体積〔l〕である。希釈率 ($D=F/V$) を用いて式 (5.55) を書きなおすと，つぎのようになる。

図 5.8 連続培養システム

$$\frac{dx}{dt} = D(x_F - x) \tag{5.56}$$

D および x_F は一定であるので，式 (5.56) を解くと，次式のようになる。

$$x_F - x(t) = e^{-Dt}\{x_F - x(0)\} \tag{5.57}$$

ここで，$x(0)$ は供給基質を切り換えた時間での，リアクター内の基質の濃度を表している。定常状態では，D は比増殖速度 μ に等しく，また，時間 $t \to \infty$ では，$x(t) \to x_F$ になるので，式 (5.57) はつぎのように表せる。

$$x(t) = x(0) \cdot e^{-\mu t} + x(\infty) \cdot (1 - e^{-\mu t}) \tag{5.58}$$

式 (5.58) から，$t \to \infty$ での x の値は，時刻 t における x の測定値を利用して，次式のよう

に求められる。

$$x(\infty) = \frac{x(t) - e^{-\mu t} \cdot x(0)}{1 - e^{-\mu t}} \tag{5.59}$$

P_s を供給基質での［U-^{13}C］グルコースの分率を表し，$x(t)$ を時刻 t での同位体の標識度 P_1 とおくと，次式が得られる．

$$P_1 = (1 - e^{-\mu t}) \cdot [P_s + (1 - P_s) \cdot P_n] + e^{-\mu t} \cdot P_n \tag{5.60}$$

前述したように，同位体を用いた連続培養実験で，同位体が定常状態になるのは時間が無限大のときである．実際には無限の時間実験を続けるわけにはいかないので，滞留時間（希釈率の逆数）の 2 倍あるいは 3 倍の時間でサンプルを採取して実験を終了するが，この場合は，式 (5.59) で示されるように，$t = \infty$ での同位体分率（fractional enrichment）のベクトル $\boldsymbol{x}(\infty)$ は時刻 t での $\boldsymbol{x}$ の値である $\boldsymbol{x}(t)$ とつぎのような関係にある．

$$\boldsymbol{x}(\infty) = \frac{\boldsymbol{x}(t) - e^{-\mu t} \cdot \boldsymbol{x}(0)}{1 - e^{-\mu t}} \tag{5.61}$$

式 (5.61) で，ベクトル $\boldsymbol{x}(\infty)$ は ^{13}C で標識した基質を投与する前の状態，すなわち，自然界に含まれる割合で標識されていることを考えると

$$\boldsymbol{x}(0) = P_n \boldsymbol{i} \tag{5.62}$$

で表される．ここで，P_n は自然界で，^{13}C で標識されている割合（≒0.011）で，$\boldsymbol{i}$ は 1 のみを含んだ $\boldsymbol{x}$ と同じ次元のベクトルである．ただし，式 (5.62) は 1 個の炭素原子について考えた式なので，i 番目の要素の炭素数が $L + U$ 個で，このうち，L 個の炭素が ^{13}C で標識され，U 個が ^{12}C の数だとすると，$\boldsymbol{x}_i(0)$ は次式で与えられる．

$$\boldsymbol{x}_i(0) = (P_n)^{L(x_i)} (1 - P_n)^{U(x_i)} \tag{5.63}$$

ここで，$L(x_i)$ は細胞の i 番目の同位体の ^{13}C 原子の数で，$U(x_i)$ は ^{12}C の数である．例えば，二つの炭素原子をもった代謝物の場合，$\boldsymbol{x}(0)$ は $(x_{00}, x_{01}, x_{10}, x_{11})^T = (0.976, 0.012, 0.012, 0.000)^T$ である．

4 章でも述べたように，x_i についての NMR のスペクトル断面についてマルチプレットパターンの相対強度 $x_{i,f}$ は次式のように計算できる．

$$x_{i,f}(t) = \sum \frac{x_{i,\text{bin}}(t)}{x_i(t)} \tag{5.64}$$

式 (5.64) の右辺の分子は同位体の和である．下つき文字 "bin" は 2 進数での同位体表記を示している．例えば，アラニンの 3 番目（β）の炭素について，シングレットとダブレットの分率は式 (5.37) からつぎのようになる．

$$\text{ala}_{3,\text{s}}(t) = \sum \frac{\text{ala}_{?01}(t)}{\text{ala}_3(t)}, \qquad \text{ala}_{3,\text{d}}(t) = \sum \frac{\text{ala}_{?11}(t)}{\text{ala}_3(t)}$$

この式で，"?" は 0 でも 1 でもよいことを示している．式 (5.37) の分子と分母に，式

(5.34) の同位体の非定常状態補正を行うとつぎのようになる。

$$x_{i,f}(\infty) = \frac{\sum x_{i,\text{bin}}(t) - e^{-\mu t} \sum x_{i,\text{bin}}(0)}{1 - e^{-\mu t}} \cdot \frac{(1 - e^{-\mu t})}{x_i(t) - e^{-\mu t} x_i(0)}$$
$$= \frac{\sum x_{i,\text{bin}}(t) - e^{-\mu t} \sum (x_{i,\text{bin}}(0))(1 - e^{-\mu t})}{x_i(t) - e^{-\mu t} x_i(0)} \quad (5.65)$$

5.5 解析的手法による代謝フラックス解析

これまでは，コンピュータの利用を前提とした代謝解析法について述べてきたが，つぎに解析的に代謝フラックスを求める方法について考えてみよう[6),16),18),21),24)]。いま，ピルビン酸あるいは酢酸を炭素源とした場合について考え，AcCoA の同位体分布がわかっているとしよう。この場合，図 5.9 を参照して，AcCoA の二つの炭素原子は，クエン酸（CIT）の C4 と C5 になり，OAA の炭素原子は CIT（ICIT）の C1-C3 と C6 になる。また，CIT（ICIT）の C6 は ICDH の反応で CO_2 として出ていき，αKG の C1 も αKGDH の反応で CO_2 として出ていくため，結局，OAA の C1 と C4 は TCA 回路を1周するとなくなってしまうことになる。このため，OAA の同位体 $2^4 = 16$ 個のうち $2^2 = 4$ 個だけを考えればよいことになる。例えば，^{12}C だけの OAA の分率を O_0 とすると，この同位体は四つの同位体 O_0，O_1，O_4，O_{14} から TCA 回路を1周することで生成される。このため，定常状態での，この同位体収支はつぎのようになる。

$$O_0 = f_0(O_0 + O_1 + O_4 + O_{14}) \quad (5.66)$$

ここで，f_0 は AcCoA の二つの炭素原子のいずれもが ^{12}C である分子の割合を示している。

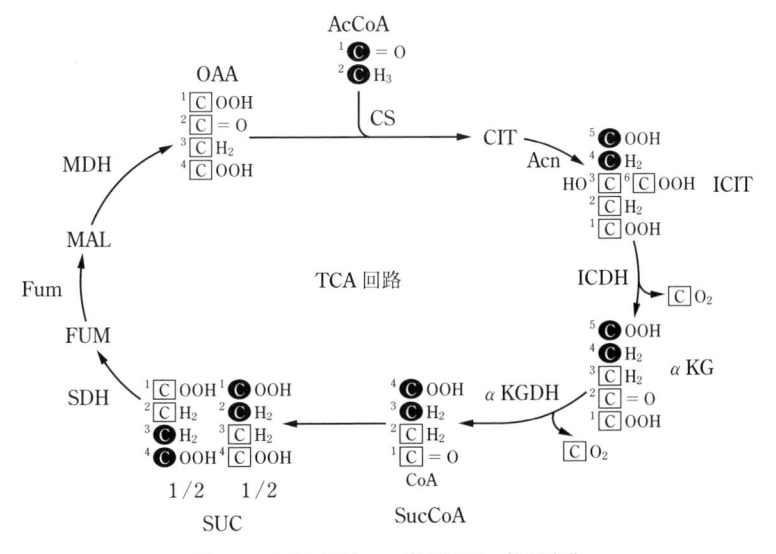

図 5.9 TCA 回路での炭素原子の位置変化

OAA の両端の炭素原子は，TCA 回路を1周すると CO_2 として出ていくため，真ん中の二つの炭素原子についてはつぎの同位体のグループだけを考えればよい[21]。

$$O_a = O_0 + O_1 + O_4 + O_{14} \tag{5.67 a}$$

$$O_b = O_2 + O_{12} + O_{24} + O_{124} \tag{5.67 b}$$

$$O_c = O_3 + O_{13} + O_{34} + O_{134} \tag{5.67 c}$$

$$O_d = O_{23} + O_{123} + O_{234} + O_{1234} \tag{5.67 d}$$

また，1章でも述べたように，コハク酸（SUC）は左右対称で区別ができないため，O_2 と O_3 は SucCoA の $[3\text{-}^{13}C]$ と $[2\text{-}^{13}C]$ から同量生成され，同様に，O_1 と O_4，O_{12} と O_{34}，O_{13} と O_{24}，O_{123} と O_{234} もそれぞれ同量生成される。

つぎに，図5.9を参照すると，O_1 は O_a のグループの任意の同位体と $[1\text{-}^{13}C]$ AcCoA から生成され，このため，O_a の最後の同位体 O_{14} は $[1,5,6\text{-}^{13}C]$ CIT を生成し，つぎに $[1,5\text{-}^{13}C]$ の αKG を生成し，さらに $[4\text{-}^{13}C]$ SucCoA を生成する。もちろん，このうち半分は O_1 を，また残りは O_4 を生成する。また O_1 は O_c のグループの任意の同位体と，^{13}C で標識されていない AcCoA との反応でも生成され，これらの同位体は，$[1\text{-}^{13}C]$ SucCoA（例えば，$O_{34} \rightarrow [1,2\text{-}^{13}C]$ CIT $\rightarrow [1,2\text{-}^{13}C]\alpha$KG $\rightarrow [1\text{-}^{13}C]$ SucCoA）を生成し，同量の O_4 と O_1 が生成される。

いま，AcCoA の同位体の分率を f_0（$[U\text{-}^{12}C]$AcCoA の割合），f_1（$[1\text{-}^{13}C]$AcCoA の割合），f_2（$[2\text{-}^{13}C]$AcCoA の割合），f_{12}（$[U\text{-}^{13}C]$AcCoA の割合）とすると，OAA の同位体のそれぞれの分率はつぎのようになる[21]。

$$\begin{aligned}
&O_0 = f_0 O_a, \quad O_1 = \frac{1}{2}(f_1 O_a + f_0 O_a), \quad O_2 = \frac{1}{2}(f_0 O_b + f_2 O_a), \\
&O_{12} = \frac{1}{2}(f_0 O_d + f_{12} O_a), \quad O_{13} = \frac{1}{2}(f_1 O_b + f_2 O_c), \quad O_{23} = f_2 O_b, \\
&O_{14} = f_1 O_c, \quad O_{124} = \frac{1}{2}(f_1 O_d + f_{12} O_c), \quad O_{234} = \frac{1}{2}(f_2 O_d + f_{12} O_b), \\
&O_{1234} = f_{12} O_d
\end{aligned} \tag{5.68}$$

また，つぎの関係がある。

$$O_3 = O_2, \quad O_{123} = O_{234}, \quad O_4 = O_1, \quad O_{24} = O_{13}, \quad O_{34} = O_{12}, \quad O_{134} = O_{124}$$

これらの関係式を式（5.67）に代入すると次式が得られる[21]。

$$O_a = f_A(O_a + O_c) \tag{5.69 a}$$

$$O_b = \frac{1}{2}\{f_A(O_b + O_d) + f_B(O_a + O_c)\} \tag{5.69 b}$$

$$O_c = O_b \tag{5.69 c}$$

$$O_d = f_B(O_b + O_d) \tag{5.69 d}$$

ここで，$f_A = f_0 + f_1$，$f_B = f_2 + f_{12}$ である．同位体分率を足しあわせたものは 1 であるので，$O_a + O_b + O_c + O_d = 1$ の条件で，式 (5.69) を解くと，次式が得られる[21]．

$$O_a = f_A^2 \tag{5.70 a}$$

$$O_b = f_A f_B \tag{5.70 b}$$

$$O_c = O_b \tag{5.70 c}$$

$$O_d = f_B^2 \tag{5.70 d}$$

f_A と f_B すなわち，f_0，f_1，f_2，f_{12} は既知であるから，これらを式 (5.68) に代入すると，OAA の同位体分布が求められる[21]．

つぎに，図 5.10 に示されるように，グリオキシル酸経路を含む，もう少し複雑な代謝経路について考えてみよう[16]．図の OAA での物質収支を考えると，OAA に入ってくるフラックス v_{OAA}^+ は $v_{PPC} + v_{TCA} + 2v_{gly}$ であり，出ていくフラックス v_{OAA}^- は $v_{glu} + v_{TCA} + v_{gly} + v_{asp}$ であるから，結局定常状態では次式が成り立っている．ただし，v_{PPC} は補充反応の Ppc で OAA に入ってくるフラックス，v_{TCA} は TCA 回路のフラックス，v_{gly} はグリオキシル酸経路のフラックス，v_{glu} と v_{asp} はそれぞれ αKG と OAA から生合成のために出ていくフラックスを示している．

$$v_{PPC} + v_{gly} = v_{glu} + v_{asp} \tag{5.71}$$

つぎに，同位体収支について考えると

$$\sum_{i=0} O_i = 1 \tag{5.72}$$

が成り立っており，OAA を出ていく同位体の量は

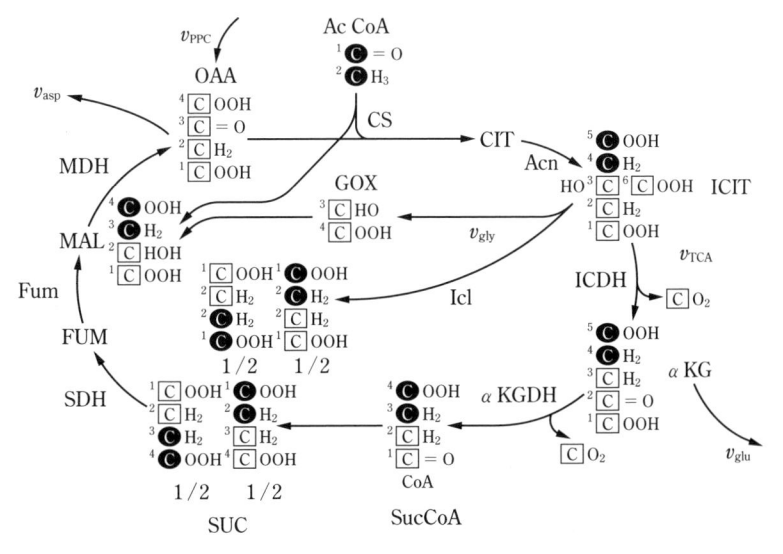

図 5.10 グリオキシル酸経路を含む TCA 回路での炭素原子の位置変化

$$v_{\text{OAA}}^- O_i = (v_{\text{glu}} + v_{\text{TCA}} + v_{\text{gly}} + v_{\text{asp}}) O_i \qquad (i=0,1,2,\cdots) \tag{5.73}$$

となる．また，入ってくる同位体の量は次式となる．

$$v_{o_1}^+ = \left(\frac{v_{\text{TCA}}}{2}\right)[(O_3 + O_{13} + O_{34} + O_{134})A_u + (O_1 + O_4 + O_{14} + O_0)A_1 + v_{\text{PPC}}(P_c C_0)]$$

$$+ \left(\frac{v_{\text{gly}}}{2}\right)[2(O_1 + O_2 + O_{12} + O_0)A_1 + (O_1 + O_{13} + O_{14} + O_{134})A_0 + (O_2 + O_4 + O_{34} + O_0)A_1] \tag{5.74}$$

同様にして，$v_{o_2}^+, \cdots, v_{o_{1234}}^+, v_{o_0}$ に関する式を導くことができる[16]．式 (5.73) を用いると次式を得る．

$$v_{o_i}^- = v_o^- O_i = (v_{\text{asp}} + v_{\text{TCA}} + v_{\text{gly}} + v_{\text{glu}}) O_i \tag{5.75}$$

定常状態での同位体収支から

$$v_{o_i}^+ - v_{o_i}^- = 0 \tag{5.76}$$

から 16 の収支式を用いてフラックス v_{PPC} や v_{gly}，v_{TCA} を求めることができる．

5.6 代謝フラックス分布解析例

　まず，シアノバクテリアの代謝フラックス分布解析について説明する[31),32)]．この場合，基質としては，10％の［U-^{13}C］グルコースおよび 90％の標識されていない通常のグルコースの混合物を用いて *Synechocystis* sp. PCC 6803 を三つの異なる条件（独立栄養・混合栄養・従属栄養条件）で培養し，培養途中（対数増殖期）で細胞を採取し，6N HCl で細胞を加水分解し，アミノ酸の同位体分布を NMR および GC-MS によって測定している．NMR の測定結果を**表 5.1** に示す．また，GC-MS を用いて測定した結果を**表 5.2** に示す．また，**表 5.3** に示す代謝反応式を用いた代謝フラックスを**図 5.11** および**表 5.4** に示す．なお，表 5.1 と表 5.2 からわかるように，測定データと収束した後の計算値は，かなり近い値を示していることがわかる．また，図 5.11 に示すように，カルビン-ベンソン回路での単位グルコース消費当り（mol ベースで）の CO_2 の固定された量は 211.4％になることを示している．Ppc による CO_2 の固定された量（ppc^{net}）は 73.4％であり，これは固定した CO_2 の約 25％である．TCA 回路から解糖系への糖新生経路のフラックス（me^{net}）は 84.6％になることもわかる．このことは，β-Ala，γ^1-Val，γ^2-Ile，δ^1-Leu，β-Phe の ^{13}C マルチプレットパターン（表 5.1 参照）解析から，PEP での C2-C3 結合の保存に比べて，PYR での C2-C3 分解のほうが増加していることからもわかる．図 5.11 の＜　＞に示す数字は可逆反応の度合いを示している．グルコース-6-リン酸イソメラーゼ（図の $hxi^{\text{exch}[0,1]}$），リボース-5-リン酸イソメラーゼ（図の $rpi^{\text{exch}[0,1]}$），エノラーゼ（図の $eno^{\text{exch}[0,1]}$）での可逆度

5.6 代謝フラックス分布解析例

表 5.1 光を照射し，グルコースを炭素源として培養したときのシアノバクテリア細胞を加水分解して得られたアミノ酸の NMR の測定値，および代謝フラックス分布計算で最終的に収束した値[31),32)]

炭素原子の位置	測定値				収束したシミュレーション値			
	S	D1	D2	DD	S	D1	D2	DD
α-Ala	0.39	0.31	0.14	0.16	0.34	0.32	0.10	0.24
β-Ala	0.46	0.54	—	—	0.44	0.56	—	—
α-Asp	0.37	0.30	0.24	0.09	0.42	0.22	0.21	0.16
β-Asp	0.40	0.28	0.21	0.11	0.36	0.31	0.26	0.07
α-Glu	0.39	0.26	0.22	0.13	0.36	0.31	0.26	0.07
β-Glu	0.51	0.42	—	0.07	0.55	0.41	—	0.04
γ-Glu	0.43	0.52	0.02	0.03	0.39	0.50	0.05	0.06
α-Gly	0.70	0.30	—	—	0.68	0.32	—	—
β-His	0.51	0.19	0.01	0.29	0.41	0.18	0.05	0.36
δ^2-His	0.53	0.47	—	—	0.50	0.50	—	—
α-Ile	0.63	0.04	0.29	0.04	0.57	0.07	0.32	0.04
γ^2-Ile	0.44	0.56	—	—	0.44	0.56	—	—
δ-Ile	0.69	0.31	—	—	0.67	0.33	—	—
α-Leu	0.31	0.04	0.56	0.09	0.39	0.05	0.50	0.06
β-Leu	0.85	0.14	—	0.01	0.79	0.20	—	0.01
δ^1-Leu	0.40	0.60	—	—	0.44	0.56	—	—
δ^2-Leu	0.86	0.14	—	—	0.89	0.11	—	—
β-Lys	0.34	0.65	—	0.01	0.38	0.56	—	0.06
δ-Lys	0.35	0.55	—	0.10	0.38	0.56	—	0.06
ε-Lys	0.51	0.49	—	—	0.53	0.47	—	—
α-Phe	0.27	0.47	0.07	0.19	0.28	0.40	0.03	0.29
β-Phe	0.19	0.74	0.03	0.04	0.28	0.61	0.03	0.08
α-Pro	0.41	0.27	0.23	0.09	0.36	0.31	0.26	0.07
β-Pro	0.53	0.46	—	0.01	0.55	0.40	—	0.04
γ-Pro	0.38	0.50	—	0.12	0.39	0.55	—	0.06
β-Ser	0.56	0.44	—	—	0.56	0.44	—	—
δ^x-Tyr	0.19	0.80	—	0.11	0.18	0.73	—	0.09
α-Val	0.52	0.08	0.36	0.04	0.59	0.07	0.30	0.04
γ^1-Val	0.42	0.58	—	—	0.44	0.56	—	—
γ^2-Val	0.85	0.15	—	—	0.89	0.11	—	—

(exchange coefficients) は大きく，PEP シンテターゼは活性化されていないことがわかる．推定した細胞内同位体分布の信頼度を求めるために統計解析を行い，推定した代謝フラックスに対する 90％信頼区間を表 5.4 に示す．表 5.4 からわかるように，すべての正味の代謝フラックス（net flux）については信頼区間が小さいが，可逆反応のフラックスについては比較的大きいので，これらの結果の扱いには注意が必要である．

つぎに，大腸菌細胞の野生株および zwf 遺伝子欠損株について，希釈率 0.2 h^{-1} でグルコースおよび酢酸を炭素源として培養したときの培養データを**表 5.5** に，また GC-MS のデータを**表 5.6** に，NMR の測定データを**表 5.7** に示す．また，5.4 節で述べた方法でフラックスを計算した結果を**図 5.12** に示す．この図では，野生株のフラックス値を上段に，zwf 遺伝子欠損株の結果を下段に示してある．こうして比較してみると，zwf 遺伝子欠損株では，

表5.2 光を照射し，グルコースを炭素源として培養したときのシアノバクテリア細胞を加水分解して得られたアミノ酸の GC-MS の測定データ，および代謝フラックス分布計算で最終的に収束した値[31),32)]

アミノ酸	イオンクラスター	測定値 推定値	m	$m+1$	$m+2$	$m+3$	$m+4$	$m+5$	$m+6$	$m+7$	$m+8$
Ala	116	測定値	0.845	0.091	0.064						
		推定値	0.841	0.097	0.061						
Asp	188	測定値	0.759	0.164	0.075	0.002					
		推定値	0.752	0.173	0.068	0.007					
Gly	102	測定値	0.892	0.108							
		推定値	0.888	0.112							
	175	測定値	0.844	0.106	0.050						
		推定値	0.840	0.108	0.052						
Ile	158	測定値	0.638	0.208	0.124	0.022	0.008	0.000			
		推定値	0.633	0.219	0.120	0.024	0.005	0.000			
Leu	158	測定値	0.640	0.209	0.124	0.016	0.010	0.001			
		推定値	0.630	0.224	0.119	0.023	0.005	0.000			
Lys	156	測定値	0.636	0.232	0.084	0.035	0.012	0.001			
		推定値	0.633	0.219	0.120	0.024	0.005	0.000			
Phe	192	測定値	0.615	0.146	0.111	0.025	0.082	0.016	0.005	0.000	0.000
		推定値	0.623	0.135	0.123	0.018	0.075	0.012	0.013	0.001	0.000
Pro	142	測定値	0.693	0.188	0.107	0.011	0.001				
		推定値	0.691	0.195	0.099	0.012	0.003				
Thr	146	測定値	0.754	0.156	0.089	0.001					
		推定値	0.752	0.173	0.068	0.007					
Val	144	測定値	0.704	0.175	0.100	0.021	0.000				
		推定値	0.708	0.164	0.113	0.012	0.004				

表5.3 光を照射し，グルコースを炭素源として培養したときのシアノバクテリア細胞の代謝量論式[31),32)]

解糖系	hxk：Glc⟶G6P hxi：G6P⟷F6P pfk：F6P⟷2GAP eno：GAP⟷PEP pyk：PEP⟷PYR pdh：PYR⟶AcCoA+CO_2	TCA回路	cis：OAA+AcCoA⟶ICIT icd：ICIT⟶αKG+CO_2 icl：ICIT+AcCoA⟶FUM+OAA mdh：FUM⟷OAA ppc：PEP+CO_2⟶OAA me：OAA⟶CO_2+PYR
カルビン-ベンソン回路	rbc：CO_2+RUDP⟶2GAP $tk2$：F6P+GAP⟷X5P+E4P sbp：E4P+GAP⟶S7P $tk1$：S7P+GAP⟷R5P+X5P ppi：R5P⟷RU5P ppe：X5P⟷RU5P prk：RU5P⟶RUDP	細胞合成	0.891G6P+0.337F6P+0.382R5P +0.376E4P+0.208GAP+1.42PEP +2.44PYR+3.96AcCoA+1.14OAA +0.886αKG⟶BIOMASS_M 　　　　　　　　+1.834 6CO_2

野生株に比べて，解糖系（EMP 経路）のフラックスが増加し，非酸化的ペントースリン酸経路のフラックスは逆方向になっており，さらに，酢酸生成や TCA 回路のフラックスが大きくなっていること，また，リンゴ酸酵素（Mez）の経路が活性化され，NADPH がこの経路でバックアップされていることが示唆される。また，酢酸を炭素源とした場合，zwf 遺伝子の破壊は，それほど全体のフラックス分布に影響を与えないことがわかる。

5.6 代謝フラックス分布解析例

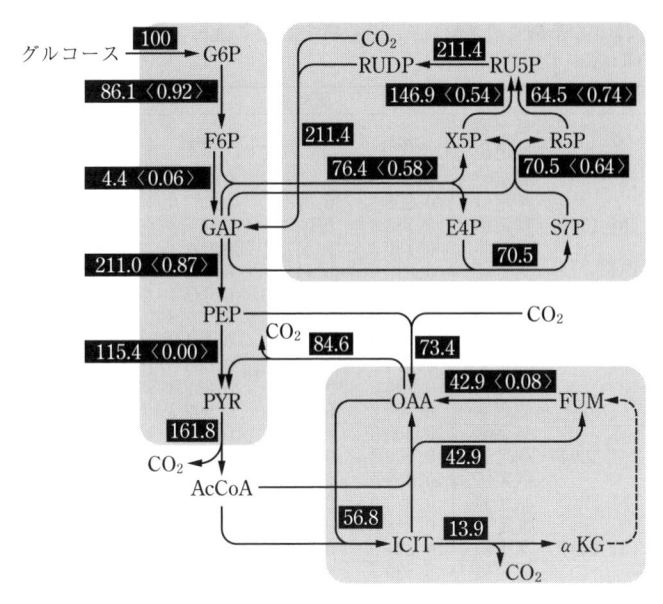

図5.11 シアノバクテリアの代謝フラックス分布

表5.4 推定した自由（決定）フラックスと90％信頼区間[32),33)]

代謝経路	フラックス推定値	90％信頼区間	代謝経路	フラックス推定値	90％信頼区間
rbc^{net}	211.4	[208.8, 214.0]	$ppi^{exch[0,1]}$	0.74	[0.72, 0.76]
me^{net}	84.6	[81.0, 88.2]	$ppe^{exch[0,1]}$	0.54	[0.44, 0.63]
$hxi^{exch[0,1]}$	0.92	[0.00, 0.95]	$tk1^{exch[0,1]}$	0.64	[0.00, 0.95]
$pfk^{exch[0,1]}$	0.06	[0.06, 0.07]	$tk2^{exch[0,1]}$	0.58	[0.00, 0.95]
$eno^{exch[0,1]}$	0.87	[0.00, 0.95]	$mdh^{exch[0,1]}$	0.08	[0.00, 0.11]
$pyk^{exch[0,1]}$	0.00	[0.00, 0.02]			

表5.5 グルコースおよび酢酸を炭素源とし，希釈率 $0.2\,h^{-1}$ の連続培養での野生株大腸菌と zwf 遺伝子欠損株の増殖パラメータ

増殖パラメータ*	グルコース		酢酸	
	野生株	zwf 遺伝子欠損株	野生株	zwf 遺伝子欠損株
q_s	3.20±0.10	3.82±0.07	11.46±0.11	8.16±0.08
q_{CO_2}	8.17±0.30	11.00±0.61	13.07±0.63	6.69±0.27
q_{ace}	0.58±0.07	1.11±0.07	N.A	N.A
$Y_{X/S}$	0.35±0.01	0.29±0.01	0.21±0.01	0.30±0.01
$Y_{CO_2/S}$	2.55±0.09	2.88±0.12	1.14±0.03	0.82±0.03
$Y_{ace/S}$	0.18±0.03	0.29±0.02	N.A	N.A

* q_s：炭素源比消費速度〔$mmol\,g^{-1}h^{-1}$〕，q_{CO_2}：CO_2 生成速度〔$mmol\,g^{-1}h^{-1}$〕，q_{ace}：酢酸比生成速度〔$mmol\,g^{-1}h^{-1}$〕，$Y_{X/S}$：対基質細胞収率〔gg^{-1}〕，$Y_{CO_2/S}$：対基質 CO_2 収率〔$mmol\,mmol^{-1}$〕，$Y_{ace/S}$：対基質酢酸収率〔$mmol\,mmol^{-1}$〕

表5.6 グルコースおよび酢酸を炭素源とし、希釈率 $0.2\,h^{-1}$ の連続培養での野生株大腸菌と *zwf* 遺伝子欠損株の GC-MS データ

	種類			野生株			*zwf* 遺伝子欠損株		
	アミノ酸	断片	測定値/推定値	m_0	m_1	m_2	m_0	m_1	m_2
(a) グルコースを炭素源とした場合	Ser	$[M-159]^+$	測定値	0.9093	0.0278	0.0629	0.9063	0.0305	0.0632
			推定値	0.9083	0.0287	0.0630	0.9053	0.0314	0.0632
	Phe	$[M-159]^+$	測定値	0.7842	0.0435	0.0983	0.7771	0.0492	0.0991
			推定値	0.7805	0.0474	0.0977	0.7790	0.0483	0.0981
	Thr	$[M-57]^+$	測定値	0.8106	0.1168	0.0350	0.7825	0.1406	0.0506
			推定値	0.8102	0.1174	0.0351	0.7810	0.1413	0.0516
	Glu	$[M-57]^+$	測定値	0.7747	0.1025	0.0978	0.7652	0.1079	0.0999
			推定値	0.7745	0.0992	0.1012	0.7642	0.1083	0.1005
	Glu	$[M-159]^+$	測定値	0.7742	0.1491	0.0602	0.7657	0.1542	0.0632
			推定値	0.7748	0.1499	0.0598	0.7644	0.1547	0.0639
	Ala	$[M-57]^+$	測定値	0.9062	0.0309	0.0027	0.9026	0.0342	0.0021
			推定値	0.9053	0.0315	0.0031	0.9039	0.0329	0.0012
	Ala	$[M-159]^+$	測定値	0.9088	0.0281	0.0631	0.9055	0.0314	0.0631
			推定値	0.9095	0.0277	0.0627	0.9054	0.0314	0.0632
	Val	$[M-57]^+$	測定値	0.8230	0.0554	0.0645	0.8226	0.0556	0.0569
			推定値	0.8188	0.0594	0.0642	0.8236	0.0546	0.0562
	Val	$[M-159]^+$	測定値	0.8319	0.0473	0.1085	0.8251	0.0534	0.1089
			推定値	0.8307	0.0481	0.1093	0.8250	0.0535	0.1090
	Leu	$[M-57]^+$	測定値	0.7630	0.0629	0.1409	0.7568	0.0681	0.1409
			推定値	0.7639	0.0618	0.1418	0.7565	0.0682	0.1410
	Leu	$[M-159]^+$	測定値	0.7640	0.1079	0.1004	0.7572	0.1134	0.1007
			推定値	0.7653	0.1072	0.1003	0.7568	0.1137	0.1007
	Ile	$[M-57]^+$	測定値	0.7476	0.1196	0.0791	0.7205	0.1402	0.0914
			推定値	0.7462	0.1205	0.0793	0.7192	0.1407	0.0922
	Ile	$[M-159]^+$	測定値	0.7753	0.1014	0.0983	0.7652	0.1079	0.0999
			推定値	0.7747	0.1025	0.0978	0.7642	0.1083	0.1005
	Tyr	$[M-159]^+$	測定値	0.7794	0.0477	0.0971	0.7795	0.0482	0.0977
			推定値	0.7805	0.0474	0.0977	0.7790	0.0483	0.0981

	種類			野生株			*zwf* 遺伝子欠損株		
	アミノ酸	断片	測定値/推定値	m_0	m_1	m_2	m_0	m_1	m_2
(b) 酢酸を炭素源とした場合	Ser	$[M-159]^+$	測定値	0.8795	0.1139	0.0066	0.8885	0.1061	0.0054
			推定値	0.8811	0.1127	0.0062	0.8902	0.1046	0.0052
	Phe	$[M-159]^+$	測定値	0.6362	0.2432	0.0968	0.6531	0.2400	0.0869
			推定値	0.6355	0.2442	0.0959	0.6560	0.2391	0.0854
	Thr	$[M-57]^+$	測定値	0.7735	0.1930	0.0315	0.7877	0.1828	0.0278
			推定値	0.7728	0.1928	0.0321	0.7890	0.1817	0.0275
	Glu	$[M-57]^+$	測定値	0.7241	0.2224	0.0490	0.7427	0.2116	0.0420
			推定値	0.7249	0.2219	0.0485	0.7438	0.2110	0.0416
	Glu	$[M-159]^+$	測定値	0.7757	0.1890	0.0335	0.7893	0.1798	0.0287
			推定値	0.7746	0.1896	0.0331	0.7906	0.1790	0.0284
	Ala	$[M-57]^+$	測定値	0.8218	0.1614	0.0154	0.8345	0.1511	0.0140
			推定値	0.8227	0.1605	0.0163	0.8360	0.1498	0.0138
	Ala	$[M-159]^+$	測定値	0.8809	0.1138	0.0053	0.8882	0.1064	0.0054
			推定値	0.8805	0.1133	0.0062	0.8897	0.1051	0.0053
	Val	$[M-57]^+$	測定値	0.7381	0.2107	0.0461	0.7519	0.2030	0.0410
			推定値	0.7367	0.2117	0.0465	0.7543	0.2015	0.0402
	Val	$[M-159]^+$	測定値	0.7847	0.1832	0.0312	0.7961	0.1752	0.0268
			推定値	0.7835	0.1838	0.0304	0.7986	0.1735	0.0262
	Leu	$[M-57]^+$	測定値	0.6936	0.2329	0.0643	0.7107	0.2255	0.0565
			推定値	0.6929	0.2339	0.0640	0.7128	0.2246	0.0556
	Leu	$[M-159]^+$	測定値	0.7390	0.2084	0.0465	0.7534	0.2004	0.0416
			推定値	0.7382	0.2090	0.0471	0.7557	0.1991	0.0408
	Ile	$[M-57]^+$	測定値	0.6952	0.2295	0.0656	0.7134	0.2211	0.0572
			推定値	0.6963	0.2289	0.0646	0.7155	0.2200	0.0564
	Ile	$[M-159]^+$	測定値	0.7371	0.2082	0.0479	0.7532	0.2006	0.0417
			推定値	0.7380	0.2091	0.0472	0.7554	0.1993	0.0409
	Tyr	$[M-159]^+$	測定値	0.6349	0.2448	0.0965	0.6531	0.2400	0.0869
			推定値	0.6355	0.2442	0.0959	0.6560	0.2391	0.0854

5.6 代謝フラックス分布解析例

表 5.7 グルコースおよび酢酸を炭素源とし，希釈率 $0.2\,h^{-1}$ の連続培養での野生株大腸菌と zwf 遺伝子欠損株の NMR のデータ

原 子	野生株								zwf 遺伝子欠損株							
	測定値				推定値				測定値				推定値			
	S	D1	D2	DD	S	D1	D2	DD	S	D1	D2	DD	S	D1	D2	DD
α-Ala	0.10	0.03	0.11	0.76	0.03	0.00	0.17	0.80	0.01	0.00	0.03	0.96	0.00	0.00	0.02	0.98
β-Ala	0.28	0.72	～	～	0.30	0.70	～	～	0.30	0.70	～	～	0.33	0.67	～	～
δ-Arg	0.81	0.19	～	～	0.87	0.13	～	～	0.85	0.15	～	～	0.88	0.12	～	～
δ^1-Leu	0.38	0.62	～	～	0.30	0.70	～	～	0.36	0.64	～	～	0.33	0.67	～	～
δ^2-Leu	0.83	0.17	～	～	0.90	0.10	～	～	0.92	0.08	～	～	0.90	0.10	～	～
β-Ser	0.35	0.65	～	～	0.31	0.69	～	～	0.28	0.72	～	～	0.33	0.67	～	～
γ-Thr	0.92	0.08	～	～	0.87	0.13	～	～	0.81	0.19	～	～	0.88	0.12	～	～
α-Asp	0.12	0.05	0.39	0.44	0.09	0.01	0.42	0.48	0.10	0.02	0.55	0.33	0.14	0.02	0.57	0.27

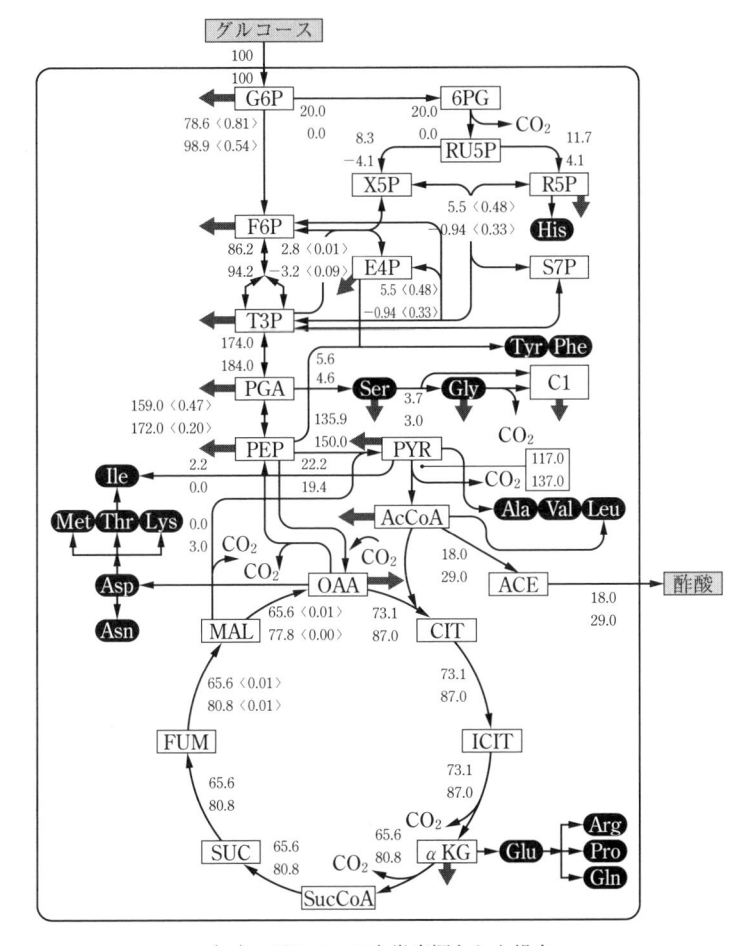

（a） グルコースを炭素源とした場合

図 5.12 大腸菌野生株および zwf 遺伝子欠損株の代謝フラックス分布
（希釈率 $0.2\,h^{-1}$）[33]

（b） 酢酸を炭素源とした場合

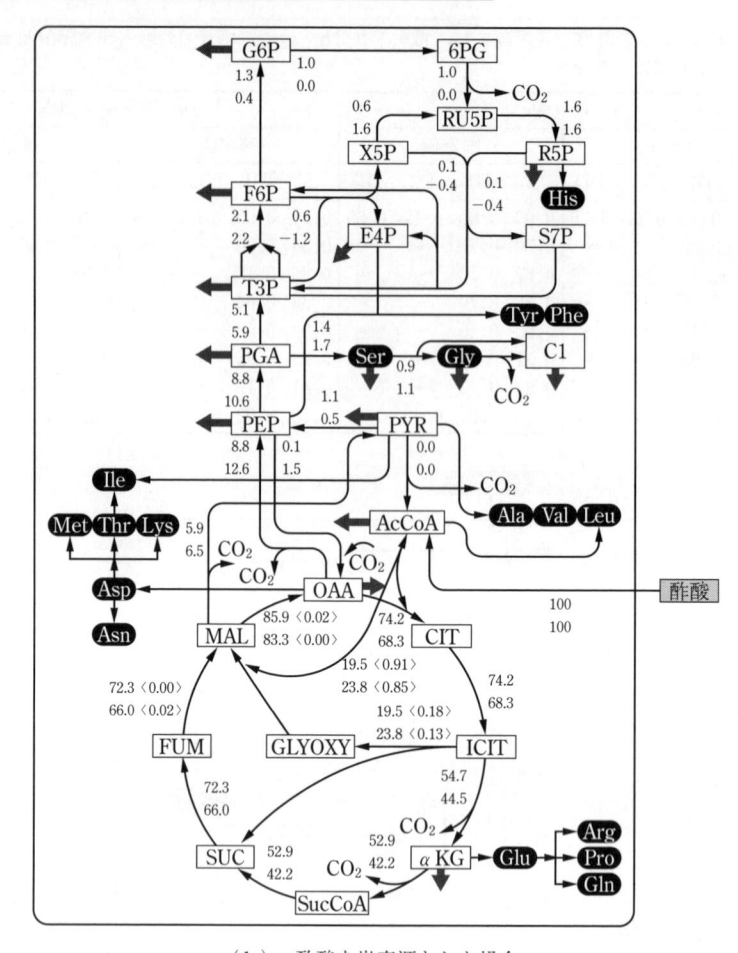

図 5.12 （つづき）

引用・参考文献

1) Christensen, B. and Nielsen, J. : Isotopomer analysis using GC-MS, Metabolic Eng., **1**, pp.282-290 (1999)
2) Dauner, M., Bailey, J. E. and Sauer, U. : Metabolic flux analysis with a comprehensive isotopomer model in *B. subtilis*, Biotech. Bioeng., **76**, pp.144-156 (2001)
3) Forbes, N. S., Clark, D. S. and Blanch, H. W. : Using isotopomer path tracing to quantify metabolic fluxes in pathway models containing reversible reactions, Biotech. Bioeng., **74**, pp.196-211 (2001)
4) Jeffrey, F. M. H., Rajagopal, A., Malloy, C. R. and Sherry, A. D. : ^{13}C-NMR — a simple yet comprehensive method for analysis of intermediary metabolism, TIBS, **16**, pp.5-10 (1991)
5) Katz, J., Wals, P. and Lee, W. N. P. : Isotopomer studies of gluconogenesis and the Krebs cycle with ^{13}C-labeled lactate, J. Biol. Chem., **268**, pp.25509-25521 (1993)
6) Klapa, M. I., Park, S. M., Sinskey, A. J. and Stephanopoulos, G. : Metabolite and isotopomer balancing in the analysis of metabolic cycles (I. Theory), Biotech. Bioeng., **62**, pp.375-391 (1999)
7) Kunnecke, B., Cerdan, S. and Seeling, J. : Cerebral metabolism of (1,2-^{13}C$_2$) glucose and (U-^{13}C$_4$)

3-hydoxybutyrate in rat brain as detected by ^{13}C NMR spectroscopy, NMR Biomed., **6**, pp.264-277 (1993)

8) Lapidot, A., Gopher, A.: Cerebral metabolic compartmentation-estimation of glucose flux via pyruvate carboxylase/ pyruvate dehydrogenase by ^{13}C NMR isotopomer analysis of D-[U-^{13}C] glucose metabolites, J. Biol. Chem., **269**, pp.27198-27208 (1994)

9) Lee, W. N. P., Byerley, L. O. and Bergner, E. A.: Mass isotopomer analysis — Theoretical and practical considerations, Biol. Mass Spectrometer, **20**, pp.451-458 (1991)

10) Lee, W. N. P., Bergner, E. A. and Guo, Z. K.: Mass isotopomer pattern and precursor-product relationship, Biol. Mass Spectrometer, **21**, pp.114-122 (1992)

11) Malloy, C. R., Sherry, A. D. and Jeffrey, F. M. H.: Evaluation of carbon flux and substrate selection through alternative pathways involving the citric acid cycle of the heart by ^{13}C NMR spectroscopy, J. Biol. Chem., **263**, pp.6964-6971 (1988)

12) Marx, A., deGraaf, A. A., Wiechert, W., Eggenling, L. and Sahm, H.: Determination of the fluxes in the central metabolism of *C. glutamicum* by nuclear magnetic resonance spectroscopy combined with metabolite balancing, Biotech. Bioeng., **49**, pp.111-129 (1996)

13) Mavrovouniotis, M. L.: Group contributions for estimation standard Gibbs energies of formation of biochemical compounds in aqueous solution, Biotech. Bioeng., **36**, pp.1070-1082 (1990)

14) Mavrovouniotis, M. L.: Identification of localized and distributed bottlenecks in metabolic pathways, ISMB, pp.275-283 (1993)

15) Mollney, M., Wiechert, W., Kownatzki, D. and deGraaf, A. A.: Bidirectional reaction steps in metabolic networks (IV. Optimal experimental design of isotopomer labeling experiments), Biotech. Bioeng., **66**, pp.86-103 (1999)

16) Noronha, S. B., Yeh, H. J. C., Spande, T. F. and Shiloach, J.: Investigation of the TCA cycle and the glyoxylate shunt in *E. coli* BL 21 and JM 109 using ^{13}C-NMR/MS, Biotechnol. Bioeng., **68**, pp.316-327 (2000)

17) O'Leary, M. H.: Heavy-atom isotope effects on enzyme-catalysed reactions, In Schmidt, H. L., Forstel, H. and Heinzinger, K. (eds.): Analytical chemistry symposia series, **11**, Elsevier, Amsterdam, pp.65-75 (1982)

18) Parks, S. M., Klapa, M. I., Sinskey, A. J. and Stephanopoulos, G.: Metabolite and isotopomer balancing in the analysis of metabolic cycles (II. Applications), Biotechnol. Bioeng., **62**, pp.392-401 (1999)

19) Schmidt, K., Carlsen, M., Nielsen, J. and Villadsen, J.: Modeling isotopomer distributions in biochemical networks using isotopomer mapping matrices, Biotech. Bioeng., **55**, pp.831-840 (1997)

20) Schmidt, K., Nielsen, J. and Villadsen, J.: Quantitative analysis of metabolic fluxes in *E. coli* using two-dimensional NMR spectroscopy and complete isotopomer models, J. Biotechnol., **71**, pp.175-189 (1999)

21) Sherry, A. D., Jeffrey, F. M. H. and Malloy, C. R.: Analytical solutions for ^{13}C isotopomer analysis of complex metabolic conditions — substrate oxidation, multiple pyruvate cycles, and gluconeogenesis, Metabolic Eng., **6**, pp.12-24 (2004)

22) Szyperski, T.: Biosynthetically directed fractional ^{13}C-labeling of proteinogenic amino acids. An efficient analytical tool to investigate intermediary metabolism, Eur. J. Biochem., **232**, pp.433-448 (1995)

23) Van Winden, W., Schipper, D., Verheijen, P. and J. Heijnen,: Innovations in generation and analysis of 2D[^{13}C, ^{1}H] COSY NMR spectra for metabolic flux analysis purposes, Metabolic Eng., **2**, pp.322-342 (2001)

24) Walsh, K. and Koshland Jr., D. E.: Determination of flux through the branch point of two metabolic cycles, J. Biol. Chem., **259**, pp.9646-9654 (1984)

25) Wiechert, W. and deGraaf, A. A.: Bidirectional reaction steps in metabolic network (I. Modeling and simulation of carbon isotope labeling experiments), Biotech. Bioeng., **55**, pp.101-116 (1997)

26) Wiechert, W., Siefke, C., deGraaf, A. A. and Marx, A.: Bidirectional reaction steps in metabolic networks (II. Estimation and statistical analysis), Biotech. Bioeng., **55**, pp.118-135 (1997)

27) Wiechert, W., Mollney, M., Isermann, N., Wurzel, M. and deGraaf, A. A.: Bidirectional reaction steps in metabolic networks (III. Explicit solution and analysis of isotopomer labeling systems), Biotech. Bioeng., **66**, pp.69-85 (1999)

28) Wiechert, W.: ^{13}C metabolic flux analysis, Metabolic Eng., **3**, pp.195-206 (2001)
29) Winkler, F. J., Kexel, H., Kranz, C. and Schmidt, H. L.: Parameters affecting the $^{13}CO_2/^{12}CO_2$ discrimination of the ribulose-1,5-bisphosphate carboxylase reaction, pp.83-89. In: Schmidt, H. L., Forstel, H. and Einzingler, K. H.(eds.), Analytical sysmposia series, **11**, Elsevier, Amsterdam (1982)
30) Wittmann, C., Heinzle, E.: Mass spectrometry for metabolic flux analysis, Biotechnol. Bioeng., **62**, pp.739-750 (1999)
31) Yang, C., Hua, Q. and Shimizu, K.: Quantitative analysis of intracellular metabolic fluxes using GC-MS and 2D NMR spectroscopy, J. Biosci. Bioeng. **93**, pp.78-87 (2002)
32) Yang, C., Hua, Q. and Shimizu, K.: Integration of the information from gene expression and metabolic fluxes for the analysis of the regulatory mechanisms in *Synechocystis*, Appl. Micrbiol. Biotech., **58**, pp.813-822 (2002)
33) Zhao, J., Baba, T., Mori, H. and Shimizu, K.: Effect of *zwf* gene knockout on the metabolism of *E. coli* grown on glucose or acetate, Metabolic Eng., **6**, pp.164-174 (2004)
34) Zupke, C. and Stephanopoulos, G.: Modeling of isotope distributions and intracellular fluxes in metabolic networks using atom mapping matrices, Biotechnol. Prog., **10**, pp.489-498 (1994)

6 統計処理による代謝フラックス分布の信頼限界と実験計画

6.1 はじめに

5章では，炭素同位体を用いた実験と，NMRやGC-MSを利用して測定した同位体分布から，細胞内代謝フラックス分布を求める方法について解説した。このようにして得られた代謝フラックス分布を実用的な視点で利用するには，得られた代謝フラックス分布の信頼性評価が欠かせない。これまでのところ，信頼限界を求める方法には，大きく分けて二つのアプローチがある。一つの方法は，Mollneyら[6]やWiechertら[11]のように，もとの標識状態を線形化し，重み付きの出力感度行列を求める方法である。もう一つの方法は，モンテカルロ法を利用する方法で，この場合は，測定値に正規分布の誤差を人為的に発生させて，数値計算を繰り返すことで，推定したフラックスの確率分布関数を求める方法である[9),14)~16)]。

本章では，5章の方法で求めた代謝フラックスの信頼性評価や，同位体実験計画法について解説する。

6.2 統計解析と推定した代謝フラックスの信頼区間

5章で述べた方法で，細胞内代謝フラックス分布が得られたら，つぎにこの推定したフラックスの信頼性評価が必要で，測定誤差に関するフラックスの感度を調べておく必要がある。このために，例えば5章の表5.1および表5.2に示される，推定したアミノ酸の同位体分布のまわりで正規分布の測定ノイズを発生させ，100〜500のデータセットのそれぞれについてフラックス分布を求める。ここで，測定データの標準偏差は，複数回の測定結果や冗長な同位体の測定結果，およびS/N比から求める。100〜500のデータセットに対して得られたフラックス分布の確率分布から，それぞれのフラックスの信頼区間を計算できる。このようにして推定した正味のフラックスと交換フラックス（exchange flux）の90％信頼区間が表5.4に示してある。

つぎに，式(5.44)で表されるχ^2誤差評価関数についてあらためて考えてみる。

$$\chi(\boldsymbol{v}) = \sum_{i=1}^{M}\left(\frac{W_i - E_i(\boldsymbol{v})}{\delta_i}\right)^2 + \sum_{j=1}^{N}\left(\frac{Y_j - v_k}{\delta_j}\right)^2 \tag{6.1}$$

この値から,推定したフラックスが測定データをよく表現できているかどうかは χ^2 テストを行うことで評価できる[3],[4]。χ^2 テストにパスできないケースとしては,① 仮定した代謝ネットワークモデルが実態を反映していない,② 測定データの誤差が大きすぎる,③ 測定誤差が正規分布ではないといった原因が考えられる。また,χ^2 の表[1]を用いた評価に際しての自由度は,測定データの数 n_{total} から,推定するフラックスの数 m_{total} を引いたものである。すなわち次式が成り立つ。

$$n_{freedom} = n_{total} - m_{total} \tag{6.2}$$

6.3 解析的方法による統計解析

5章でも述べたように,^{13}C の同位体収支はつぎの一般式で表される。

$$\left(\sum_i \vec{v}_i \vec{P}_i + \sum_i \overleftarrow{v}_i \overleftarrow{P}_i\right)\boldsymbol{x} + \left(\sum_i \vec{v}_i P_i^{\mathrm{inp}}\right)\boldsymbol{x}^{\mathrm{inp}} = 0 \tag{6.3}$$

ここで,$\boldsymbol{x}$ は同位体標識ベクトル,$\boldsymbol{x}^{\mathrm{inp}}$ は入力の同位体標識ベクトルで,$\vec{v}_i$, $\overleftarrow{v}_i$ はそれぞれ i 番目の前向き,および後ろ向きフラックスを表しており,$\vec{P}_i$ ($i=1,\cdots,\dim \vec{v}$),$\overleftarrow{P}_i$ ($i=1,\cdots,\dim \overleftarrow{v}$) は $\dim \boldsymbol{x} \times \dim \boldsymbol{x}$ の大きさの正方行列である原子推移係数行列(atom transition coefficient matrix)であり,P_i^{inp} ($i=1,\cdots,\dim \vec{v}$) は $\dim \boldsymbol{x} \times \dim \boldsymbol{x}^{\mathrm{inp}}$ をもった入力原子推移行列(input atom transition matrix)である。

^{13}C の標識状態 $\boldsymbol{x}$ は式 (6.3) を解いて,つぎのように自然フラックスの関数として得られる。

$$\boldsymbol{x} = \Gamma\begin{pmatrix}\vec{v}\\\overleftarrow{v}\end{pmatrix} = -\left(\sum_i \vec{v}_i \vec{P}_i + \sum_i \overleftarrow{v}_i \overleftarrow{P}_i\right)^{-1}\left(\sum_i \vec{v}_i P_i^{\mathrm{inp}}\right)\boldsymbol{x}^{\mathrm{inp}} \tag{6.4}$$

このことを,図 5.1 に示される例について考えてみよう。すでに述べたように,$\boldsymbol{x} = (b_1, b_2, c_1, c_2)^{\mathrm{T}}$,$\vec{v} = (\vec{v}_1, \vec{v}_2, \vec{v}_3, \vec{v}_4)^{\mathrm{T}}$,$\overleftarrow{v} = (\overleftarrow{v}_1, \overleftarrow{v}_2, \overleftarrow{v}_3, \overleftarrow{v}_4)^{\mathrm{T}}$ である。また,システム方程式 $\sum_{i=1-4}\vec{v}_i \vec{P}_i + \sum_{i=1-4}\overleftarrow{v}_i \overleftarrow{P}_i$ および標識入力行列(label input matrix)$\sum_{i=1-4}\vec{v}_i P_i^{\mathrm{inp}}$ はつぎのようになる。

$$\begin{bmatrix} -\vec{v}_2-\vec{v}_3 & 0 & \overleftarrow{v}_2 & 0 \\ 0 & -\vec{v}_2-\vec{v}_3 & 0 & \overleftarrow{v}_2 \\ \vec{v}_2 & \vec{v}_3 & -\overleftarrow{v}_2-\vec{v}_4 & 0 \\ \vec{v}_3 & \vec{v}_2 & 0 & -\overleftarrow{v}_2-\vec{v}_4 \end{bmatrix}, \begin{bmatrix} \vec{v}_2 & 0 \\ 0 & \vec{v}_1 \\ 0 & 0 \\ 0 & 0 \end{bmatrix}$$

また,V_1, V_3, V_4 は一方向の反応(非可逆)であることと,v_1^{net}, v_2^{net}, $v_2^{\mathrm{exch}[0,1]}$ を自由

（決定）フラックス（free flux）とすると，5章でも述べたように，これらすべてを考慮した式はつぎのようになる。

$$\begin{bmatrix} 1 & -1 & -1 & 0 & 0 & 0 & 0 & 0 \\ 0 & 1 & 1 & -1 & 0 & 0 & 0 & 0 \\ 0 & 0 & 0 & 0 & 1 & 0 & 0 & 0 \\ 0 & 0 & 0 & 0 & 0 & 0 & 1 & 0 \\ 0 & 0 & 0 & 0 & 0 & 0 & 0 & 1 \\ 1 & 0 & 0 & 0 & 0 & 0 & 0 & 0 \\ 0 & 1 & 0 & 0 & 0 & 0 & 0 & 0 \\ 0 & 0 & 0 & 0 & 0 & 1 & 0 & 0 \end{bmatrix} \begin{bmatrix} v_1^{\text{net}} \\ v_2^{\text{net}} \\ v_3^{\text{net}} \\ v_4^{\text{net}} \\ v_1^{\text{exch}[0,1]} \\ v_2^{\text{exch}[0,1]} \\ v_3^{\text{exch}[0,1]} \\ v_4^{\text{exch}[0,1]} \end{bmatrix} = \begin{bmatrix} 0 \\ 0 \\ 0 \\ 0 \\ 0 \\ c_1^{\text{net}} \\ c_2^{\text{net}} \\ c_2^{\text{exch}[0,1]} \end{bmatrix} \tag{6.5}$$

式（6.5）の自由度は3で，数値計算等で自由（決定）フラックスの c_1^{net}, c_2^{net}, $c_2^{\text{exch}[0,1]}$ を一意に決めることができる。

6.4　フラックスの決定と信頼限界[9),10)]

いま，v_1^{net} と同位体標識分率（fractional labels）b_1 と c_1 が測定されたとする。この場合のフラックス決定の問題は，これらの測定データに最も近くなるような自由（決定）フラックス v_1^{net}, $v_2^{\text{exch}[0,1]}$ を求めることである。基質消費速度を基準化して $\vec{v}_1 = 1$ とすると，問題は $(\vec{v}_2, \overleftarrow{v}_2)$ と (b_1, c_1) との関係を調べればよいことになる。b_1, c_1 に対応する v_2^{net} と $v_2^{\text{exch}[0,1]}$ はつぎのように求められる。

$$(\vec{v}_2, \overleftarrow{v}_2) = \gamma^{-1}(b_1, c_1) = \left(-\frac{(b_1+c_1-1)(1-c_1)}{(2b_1-1)(c_1-b_1)}, \ -\frac{1-b_1}{c_1-b_1} \right) \tag{6.6}$$

$$(v_2^{\text{net}}, v_2^{\text{exch}}) = \phi^{-1}(\vec{v}_2, \overleftarrow{v}_2) = (\vec{v}_2 - \overleftarrow{v}_2, \ \min(\vec{v}_2, \overleftarrow{v}_2)) \tag{6.7}$$

これは，γ と ϕ の1対1の写像である。

実際は，b_1 と c_1 の測定誤差があり，これらの測定誤差をそれぞれ ε_b, ε_c とすると，フラックスの推定値はつぎのようになる。

$$(\tilde{v}_2^{\text{net}}, \tilde{v}_2^{\text{exch}}) = \phi^{-1} \circ \gamma^{-1}(b_1+\varepsilon_b, c_1+\varepsilon_c) \tag{6.8}$$

さて，誤差は独立で，平均値（期待値，expectation）0，分散 σ^2 の正規分布を示すものとする。すなわち，$(\varepsilon_b, \varepsilon_c) \in N(0, \sigma^2 \mathbf{1})$ となる。ここで，$\mathbf{1}$ は単位行列である。信頼値の危険率 α が指定されると，中心が (b_1, c_1) で半径が $\sqrt{\chi^2(1-\alpha)}$ の円 $C_{1-\alpha}(b_1, c_1)$ はつぎのように表せる。ここで，χ_n^2 は，自由度が n の χ^2 分布である。

$$C_{1-\alpha}(b_1, c_1) = \{(b_1+\varepsilon_b, c_1+\varepsilon_c) | \varepsilon_b^2 + \varepsilon_c^2 \leq \chi_2^2(1-\alpha)\} \tag{6.9}$$

χ_n^2 の定義から，$(b_1+\varepsilon_b, c_1+\varepsilon_c)$ が，この円内にある確率はつぎのようになる。

6. 統計処理による代謝フラックス分布の信頼限界と実験計画

$$P[(b_1+\varepsilon_b, c_1+\varepsilon_c) \in C_{1-\alpha}(b_1, c_1)] = 1-\alpha \tag{6.10}$$

$\in$ 記号の両側に，写像 $\phi^{-1} \circ \gamma^{-1}$ を適用し，式（6.10）を用いると次式が得られる．

$$P[(\hat{v}_2^{\text{net}}, \hat{v}_2^{\text{exch}}) \in \phi^{-1} \circ \gamma^{-1}(C_{1-\alpha}(b_1, c_1))] = 1-\alpha \tag{6.11}$$

すなわち，$(v_2^{\text{net}}, v_2^{\text{exch}})$ 空間での $\phi^{-1} \circ \gamma^{-1}$ での円のもとの図は，推定したパラメータの $(1-\alpha)$ 信頼領域を示し，次式のように表せる．

$$\text{Conf}_{1-\alpha}(v_2^{\text{net}}, v_2^{\text{exch}}) \in \phi^{-1} \circ \gamma^{-1}(C_{1-\alpha}(b_1, c_1)) \tag{6.12}$$

もちろん真の値はわからないので，信頼領域の計算は，推定したフラックス $(v_2^{\text{net}}, v_2^{\text{exch}})$ について行う．

$\text{Conf}_{1-\alpha}(v_2^{\text{net}}, v_2^{\text{exch}})$ の近似を行う通常の方法は，(b_1, c_1) のまわりで，$\phi^{-1} \circ \gamma^{-1}$ の線形化を行うことで，つぎのように表せる．

$$\text{Lin}_{b_1, c_1}^{\phi^{-1}, \gamma^{-1}}(b_1+\varepsilon_b, c_1+\varepsilon_c) = \phi^{-1} \circ \gamma^{-1}(b_1, c_1) + \frac{\partial(\phi^{-1} \circ \gamma^{-1})}{\partial(b_1, c_1)}(b_1, c_1)\begin{pmatrix}\varepsilon_b \\ \varepsilon_c\end{pmatrix} \tag{6.13}$$

もとの非線形写像 $\phi^{-1} \circ \gamma^{-1}$ をこの近似で置き換えることで，$(v_2^{\text{net}}, v_2^{\text{exch}})$ のまわりの正確な信頼領域は，つぎの楕円（elliptical）領域で近似できるはずである．

$$\text{Conf}_{1-\alpha}(v_2^{\text{net}}, v_2^{\text{exch}}) \fallingdotseq \text{Lin}_{b_1, c_1}^{\phi^{-1}, \gamma^{-1}}(C_{1-\alpha}(b_1, c_1)) \tag{6.14}$$

図 6.1（a）は，前述した例について線形化を行った結果である[10]．この図から，可逆部分のフラックス v_2^{exch} が大きい場合は，この方法はあまり役に立たないことがわかる．この原因を調べてみるために，図 6.1（a）には，固定した v_2^{net} に対して，c_1 が v_2^{exch} に及ぼす影響をみたものである．この場合，大きい交換フラックスに対しては，b_1, c_1 の値は極限値に近づいていることがわかる．結局，$v_2^{\text{exch}} \to \infty$ となるにつれて，v_2^{exch} に関してどんどん感度が低くなっており，図 6.1（a）の接線（すなわち線形化）は水平線に近づいている．

前述したように，もとの式を直線近似あるいは線形化して統計解析を行うことには問題があることがわかった．つぎに，前述の応用フラックス座標 $v_2^{\text{exch}} \in [0, \infty]$ と数値フラックス座標 $v_2^{\text{exch}[0,1]} \in [0, 1]$ の間のコンパクト化写像について考えてみよう．$\beta = v_1^{\text{net}} = 1$ を用

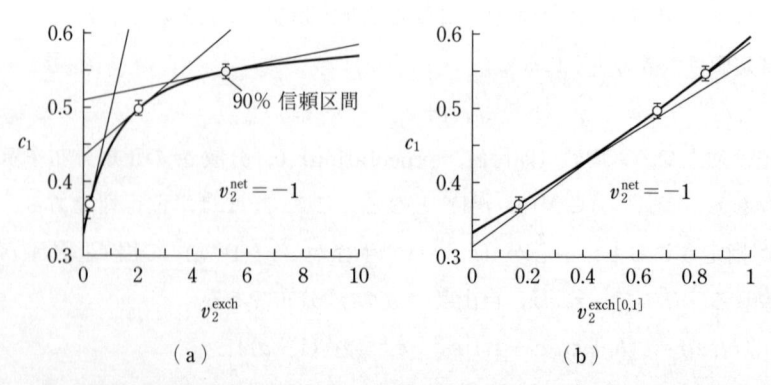

図 6.1 固定した v_2^{net} について，v_2^{exch} および $v_2^{\text{exch}[0,1]}$ に対する c_1 の変化[10]

いると，フラックスの推定はつぎのようになる。

$$(\hat{v}_2^{\mathrm{net}}, \hat{v}_2^{\mathrm{exch}[0,1]}) = (\phi_\beta^{[0,1]})^{-1} \circ \phi^{-1} \circ \gamma^{-1}(b_1+\varepsilon_b, c_1+\varepsilon_c) \tag{6.15}$$

ここで，つぎのような関係がある。

$$(\phi_\beta^{[0,1]})^{-1}(v_2^{\mathrm{net}}, v_2^{\mathrm{exch}}) = \left(v_2^{\mathrm{net}}, \frac{v_2^{\mathrm{exch}}}{1+v_2^{\mathrm{exch}}}\right) \tag{6.16}$$

図6.1（b）には，固定した v_2^{net} に対して，c_1 が $v_2^{\mathrm{exch}[0,1]} \in [0,1]$ に及ぼす影響を示してある。この図から，明らかに，図6.1（a）の場合に比べて直線に近くなっており，この曲線の接線は v_2^{exch} のすべての範囲 $[0,1]$ でよい近似を示すことがわかる。

つぎに，二つの測定行列 M_w（正味のフラックスに対して）と M_y（標識について）によって，v^{net} および x のどれが実際に測定されるかを示すことにする。図の例では，$v^{\mathrm{net}}=(v_1^{\mathrm{net}}, v_2^{\mathrm{net}}, v_3^{\mathrm{net}}, v_4^{\mathrm{net}})^{\mathrm{T}}$，$x=(b_1, b_2, c_1, c_2)^{\mathrm{T}}$ であることに注意すると，正味のフラックスである v_1^{net} と同位体標識度 b_1 と c_1（x_1 と x_3）が測定されたと仮定すると，M_w と M_y はつぎのように表される。

$$M_w = [1\ 0\ 0\ 0], \qquad M_y = \begin{bmatrix} 1 & 0 & 0 & 0 \\ 0 & 0 & 1 & 0 \end{bmatrix}$$

もし，測定誤差がなかったと仮定すると，測定した正味のフラックスと，測定した同位体の分率は $w = M_w v^{\mathrm{net}}$ と $y = M_y x$ で表され，対応する測定誤差ベクトルを ε_w と ε_y と表し，$v^{\mathrm{net}} = \vec{v} - \overleftarrow{v}$ であることに注意すると，つぎの二つの式が得られる。

フラックス測定方程式：$w = M_w(\vec{v} - \overleftarrow{v}) + \varepsilon_w = [M_w, -M_w]\begin{pmatrix} \vec{v} \\ \overleftarrow{v} \end{pmatrix} + \varepsilon_w \tag{6.17}$

標識測定方程式：$y = M_y x + \varepsilon_y \tag{6.18}$

さらに，測定の統計的な性質を表現すると，誤差の項 ε_w, ε_y は平均値0で，共分散行列が Σ_w, Σ_y の正規分布だとする。すなわち，$\varepsilon_w = N(0, \Sigma_w)$, $\varepsilon_y = N(0, \Sigma_y)$ である。

図5.1の例では，同位体の測定は独立（分布）で，分散 σ^2 は同じで，フラックスの測定も独立で他の分散 τ^2 だと仮定すると，この場合の共分散行列はつぎのようになる。

$$\Sigma_w = (\tau^2), \qquad \Sigma_y = \begin{pmatrix} \sigma^2 & 0 \\ 0 & \sigma^2 \end{pmatrix}$$

ここでは，対角要素のみが示してあるが，必要ならば非対角要素を考えてもよい。

モデルによって予測された値と，測定値の差は，2乗誤差の総和関数の形で定量化できる。測定誤差の重みを考えるために，この関数に，つぎに考える2乗重みノルムを用いて共分散行列を組み込む必要がある。共分散行列はつねに正方行列で，対称であり，かつ正定（positive definite）であるので，その平方根 $\sqrt{\Sigma}$ は $\sqrt{\Sigma}^T\sqrt{\Sigma} = \Sigma$ の条件を満たすようにして決定できる（Cholesky factorization）。共分散行列 Σ に関する平方重み付きノルムは，

測定誤差に適当な重み付けを行い，つぎのように表せる。

$$\|\varepsilon\|_{\Sigma}^2 = \varepsilon^T \Sigma^{-1} \varepsilon = (\sqrt{\Sigma^{-1}}\varepsilon)^T(\sqrt{\Sigma^{-1}}\varepsilon) \tag{6.19}$$

式 (6.19) を用いて，2乗総和関数 χ は，$\vec{v}$, $\overleftarrow{v}$ と標準状態 x を使ってつぎのように表される。

$$\chi(\vec{v}, \overleftarrow{v}, x) = \|w - M_w(\vec{v} - \overleftarrow{v})\|_{\Sigma_w}^2 + \|y - M_y x\|_{\Sigma_y}^2 \tag{6.20}$$

図 5.1 の例では，つぎのようになる。

$$\chi(\vec{v}, \overleftarrow{v}, x) = \left(\frac{\varepsilon_b}{\sigma}\right)^2 + \left(\frac{\varepsilon_c}{\sigma}\right)^2 + \left(\frac{\varepsilon_v}{\tau}\right)^2$$

ここで，ε_b, ε_c, ε_v は，それぞれ b_1, c_1, v_1^{net} の測定誤差である。

最小2乗推定（正規分布誤差に対する最尤推定に等しい）は式 (6.20) の平方総和関数の制約条件つき最小化を行うことで得られる。

$$\min \chi(\vec{v}, \overleftarrow{v}, x) \tag{6.21}$$

制約条件は 5 章で述べた次式である。

$$N\Phi^{-1} \circ (\Phi^{[0,1]})^{-1} \begin{pmatrix} \vec{v} \\ \overleftarrow{v} \end{pmatrix} = N\begin{pmatrix} v^{net} \\ v^{exch[0,1]} \end{pmatrix} = n$$

$$U\Phi^{-1} \circ (\Phi_\beta^{[0,1]})^{-1} \begin{pmatrix} \vec{v} \\ \overleftarrow{v} \end{pmatrix} = U\begin{pmatrix} v^{net} \\ v^{exch[0,1]} \end{pmatrix} \geq u$$

これは，非線形等号，不等号制約条件つきの quadratic 最小化問題を解くことになる。この問題を簡単に表記するために，次式の写像 Ψ と式 (6.4) の Γ を用いる。

$$\begin{pmatrix} \vec{v} \\ \overleftarrow{v} \end{pmatrix} = \Psi(n^{free}) = K^{free} n^{free} + k^{free}$$

式 (6.20) の対応する項を置き換えて，式 (6.21) の最小化問題は，つぎのように変換される。

$$\min \chi(n^{free}) = \|w - (M_w, -M_w)\Phi \circ \Phi_\beta^{[0,1]} \circ \Phi(n^{free})\|_{\Sigma_w}^2$$
$$+ \|y - M_y \Gamma \circ \Phi \circ \Phi_\beta^{[0,1]} \circ \Phi(n^{free})\|_{\Sigma_y}^2$$

制約条件：$U\Psi(n^{free}) \geq u$ \hfill (6.22)

これは，線形制約条件つき非線形最小化問題である。

推定値 $\hat{n}^{free}$ を計算すると，応用座標系での，対応するフラックスの推定値と標識の状態は次式で計算できる。

$$\begin{pmatrix} \hat{v}^{net} \\ \hat{v}^{exch} \end{pmatrix} = \Phi_\beta^{[0,1]} \circ \Psi(\hat{n}^{free}) \qquad \hat{x} = \Gamma \circ \Phi\begin{pmatrix} \hat{v}^{net} \\ \hat{v}^{exch} \end{pmatrix} \tag{6.23}$$

$\hat{n}^{free}$ を計算すると，つぎに統計解析を行う必要がある。このためには，出力やパラメータ感度，共分散行列，パラメータの信頼限界といった統計的な指標を定義する必要がある。

制約条件つき最小2乗問題をコンパクトに表すために，つぎの新しい記号を導入する。

① パラメータベクトル $\bar{n}^{\text{free}}$ は θ に置き換える。

② 測定出力ベクトルと共分散行列を，まとめてつぎのように書く。
$$\eta = \begin{pmatrix} w \\ y \end{pmatrix}, \quad \Sigma = \begin{pmatrix} \Sigma_w & 0 \\ 0 & \Sigma_y \end{pmatrix}$$

③ 全体の入出力関係をつぎのように表す。
$$F(\boldsymbol{\theta}) = \begin{pmatrix} (M_w, -M_w)\Phi \circ \Phi_\beta^{[0,1]} \circ \Psi(\boldsymbol{\theta}) \\ M_y \Gamma \circ \Phi \circ \Phi_\beta^{[0,1]} \circ \Psi(\boldsymbol{\theta}) \end{pmatrix} \tag{6.24}$$

④ $A = Uk^{\text{free}}$ と $\boldsymbol{a} = \boldsymbol{u} - Uk^{\text{free}}$ を使って，不等号制約条件はつぎのように表せる。
$$A\boldsymbol{\theta} \geq \boldsymbol{a} \tag{6.25}$$

これらの記号を用いると，つぎのような一般的な非線形回帰モデルになる。
$$\eta = F(\boldsymbol{\theta}) + \varepsilon \quad 制約条件 \quad A\boldsymbol{\theta} \geq \boldsymbol{a}, \ \varepsilon \in N(0, \Sigma) \tag{6.26}$$

$\boldsymbol{\theta}$ の最小2乗推定値は $\hat{\boldsymbol{\theta}}$ と表すことにする。

6.5 統計解析

推定値 $\hat{\boldsymbol{\theta}}$ に対する統計解析を行うためには，回帰モデルのヤコビアン行列 $\partial F/\partial \boldsymbol{\theta}(\hat{\boldsymbol{\theta}})$，すなわち，非線形モデル式 (6.26) の $\hat{\boldsymbol{\theta}}$ まわりでの線形近似を求めることが鍵になる。このモデル線形化は，システムの出力感度行列としてよく知られている。この出力感度は，測定した状態変数が $\boldsymbol{\theta}$ の微小変化に対して，どのような影響を受けるかを示すものである。一度線形化してしまえば，線形統計解析理論を適用できる。特に，つぎの量を計算しておく必要がある。

① 出力感度は，測定共分散行列 Σ で重み付けし，次式で表せる。
$$\text{Sens}_\theta^{w,y}(\hat{\boldsymbol{\theta}}) = \sqrt{\Sigma^{-1}} \frac{\partial F}{\partial \boldsymbol{\theta}}(\hat{\boldsymbol{\theta}}) \tag{6.27}$$

② $\hat{\boldsymbol{\theta}}$ での重み付けした出力感度から，推定値の共分散行列はつぎのように近似できる。
$$\text{Cov}(\hat{\boldsymbol{\theta}}) \fallingdotseq [\text{Sens}_\theta^{w,y}(\hat{\boldsymbol{\theta}})^{\text{T}} \text{Sens}_\theta^{w,y}(\hat{\boldsymbol{\theta}})]^{-1} \tag{6.28}$$

特に，パラメータ分散推定は対角行列で表され，$\text{Var}(\hat{\boldsymbol{\theta}}) = \text{diag} \, \text{Cov}(\hat{\boldsymbol{\theta}})$ となる。

③ 与えられた信頼ベクトル α での θ 空間での楕円パラメータ信頼領域は $\text{Cov}(\hat{\boldsymbol{\theta}})$ から，つぎのように計算できる。
$$\text{Conf}_{1-\alpha}(\hat{\boldsymbol{\theta}}) \fallingdotseq \{\boldsymbol{\theta} | (\boldsymbol{\theta} - \hat{\boldsymbol{\theta}})^{\text{T}} \text{Cov}(\hat{\boldsymbol{\theta}})^{-1} (\boldsymbol{\theta} - \hat{\boldsymbol{\theta}}) \leq \chi_{\dim(\theta)}^2 (1-\alpha)\} \tag{6.29}$$

一つのパラメータ $\hat{\theta}_i$ に対する信頼区間は
$$[\hat{\theta}_i - \Delta, \hat{\theta}_i + \Delta], \quad \Delta^2 = \chi_1^2(1-\alpha) \text{Var} \, \hat{\theta}_i \tag{6.30}$$

である。

④ 最後に，重み付きパラメータ感度行列は，パラメータの推定値が，ある測定値の変化によってどのような影響を与えるのかを示している。2次の項を無視すると，つぎのようになる。

$$\text{Sens}_{w,y}^{\hat{\theta}} \fallingdotseq [\text{Cov}(\hat{\theta})\text{Sens}_v^{w,y}(\hat{\theta})]^T \tag{6.31}$$

ここで，回帰モデル式の微分 $\partial F/\partial \boldsymbol{\theta}(\hat{\boldsymbol{\theta}})$ を求めることが必要になってくるが，式（6.24）から，これは $M_w \Phi \circ \Phi_\beta^{[0,1]} \circ \psi(\boldsymbol{\theta})$ と $M_y \Gamma \circ \Phi \circ \Phi_\beta^{[0,1]} \circ \psi(\boldsymbol{\theta})$ を $\boldsymbol{\theta}$ で微分することを意味している。これは，chain rule を利用することで計算できる。Γ の導出は，式（6.4）から陰関数微分によってつぎのように求められる。

$$\frac{\partial x}{\partial \vec{v}_j} = -\left(\sum_i \vec{v}_i \vec{P}_i + \sum_i \overleftarrow{v}_i \overleftarrow{P}_i\right)^{-1}(\vec{P}_j x + P_j^{\text{inp}} x^{\text{inp}}) \tag{6.32 a}$$

$$\frac{\partial x}{\partial \overleftarrow{v}_j} = -\left(\sum_i \vec{v}_i \vec{P}_i + \sum_i \overleftarrow{v}_i \overleftarrow{P}_i\right)^{-1}\overleftarrow{P}_j x \tag{6.32 b}$$

6.6 同位体実験の最適実験計画[6]

一般に，一つの化合物に対応する MP（multiplet，マルチプレット）と MI（質量同位体）の分率は，一つのスケーリングファクタを含めて測定される。このため，スケーリングパラメータを導入して考慮する必要がある。スケーリングパラメータは，測定方程式の bilinear 構造になっている。それぞれのグループの測定データに対して，共通のスケーリングファクタを用いて，一つの測定方程式が書かれなければならない。例えば，一つの炭素原子の位置に対応する，すべての MP の面積は，同じファクタでスケーリングされる。このようにして，一般に，k 番目のグループの測定方程式はつぎのようになる。

$$y_k = \omega_k M'_{y,k} \boldsymbol{x} + \varepsilon_{y,k} \tag{6.33}$$

ここで，$\boldsymbol{x}$ は標識の状態，y_k は k 番目のグループの測定データベクトル，$M'_{y,k}$ は測定行列，ω_k は未知のスケーリングパラメータ，$\varepsilon_{y,k}$ は測定誤差である。M にダッシュがついているのは，後で測定行列を再定義しなおすためである。

測定行列の要素を説明するために，三つの炭素原子をもったアラニン分子（Ala）について考えてみよう。いま，アラニンだけが唯一の代謝物だと仮定すると，標識ベクトルは，クモマ（cumomer）分率ベクトルを用いてつぎのようになる。クモマとは accumulated isomer の略である[13]。

$$\boldsymbol{x} = (\text{ala}_{xxx},\ \text{ala}_{xx1},\ \text{ala}_{x1x},\ \text{ala}_{x11},\ \text{ala}_{1xx},\ \text{ala}_{1x1},\ \text{ala}_{11x},\ \text{ala}_{111})^T$$
$$= (\text{ala},\ \text{ala}_3,\ \text{ala}_2,\ \text{ala}_{23},\ \text{ala}_1,\ \text{ala}_{13},\ \text{ala}_{12},\ \text{ala}_{123})^T$$

あるいは，同位体分布ベクトルを用いると

$$\bar{x} = (\text{ala}_{000},\ \text{ala}_{001},\ \text{ala}_{010},\ \text{ala}_{011},\ \text{ala}_{100},\ \text{ala}_{101},\ \text{ala}_{110},\ \text{ala}_{111})^{\mathrm{T}}$$

x と $\bar{x}$ は，ある変換行列（クモマ変換行列）T_n を用いて，$x = T_n \bar{x}$ のように関係づけることができる[11]。ここで，T_{n+1} はつぎのように表すことができ

$$T_{n+1} = \begin{bmatrix} T_n & T_n \\ \mathbf{0} & T_n \end{bmatrix}$$

で $T_0 = [1]$ である。$n = 2$ の場合はつぎのようになる。

$$T_3 = \begin{bmatrix}
1 & 1 & 1 & 1 & 1 & 1 & 1 & 1 \\
0 & 1 & 0 & 1 & 0 & 1 & 0 & 1 \\
0 & 0 & 1 & 1 & 0 & 0 & 1 & 1 \\
0 & 0 & 0 & 1 & 0 & 0 & 0 & 1 \\
0 & 0 & 0 & 0 & 1 & 1 & 1 & 1 \\
0 & 0 & 0 & 0 & 0 & 1 & 0 & 1 \\
0 & 0 & 0 & 0 & 0 & 0 & 1 & 1 \\
0 & 0 & 0 & 0 & 0 & 0 & 0 & 1
\end{bmatrix}$$

また，T^{-1} もつぎのように逐次求められる。

$$T_0^{-1} = [1], \qquad T_{n+1}^{-1} = \begin{bmatrix} T_n^{-1} & -T_n^{-1} \\ 0 & T_n^{-1} \end{bmatrix}$$

$n = 2$ の場合はつぎのようになる。

$$T_3^{-1} = \begin{bmatrix}
1 & -1 & -1 & 1 & 1 & -1 & -1 & 1 \\
0 & 1 & 0 & -1 & 0 & 1 & 0 & -1 \\
0 & 0 & 1 & -1 & 0 & 0 & 1 & -1 \\
0 & 0 & 0 & 1 & 0 & 0 & 0 & 1 \\
0 & 0 & 0 & 0 & 1 & -1 & -1 & 1 \\
0 & 0 & 0 & 0 & 0 & 1 & 0 & -1 \\
0 & 0 & 0 & 0 & 0 & 0 & 1 & -1 \\
0 & 0 & 0 & 0 & 0 & 0 & 0 & 1
\end{bmatrix}$$

つぎに，三つの異なるタイプの同位体測定について調べてみよう。

① PE（positional enrichment，位置の標識度）データの起源をよくみてみると，それぞれの PE の測定は，実際，$^1\text{H-NMR}$ スペクトルの対応する ^{12}C と ^{13}C 関連の共鳴ピーク面積からなっていることがわかる。例えば，アラニンの 2 番目の炭素原子の位置について考えてみよう。このとき，ala_2 と $1 - \text{ala}_2 = \text{ala}_{xxx} - \text{ala}_{x1x}$ はともにスケーリング

ファクタ ω_{AlaH2} まで測定できる。このことから，最初の測定行列が導かれる。

$$M'_{AlaH2} = \begin{pmatrix} 0 & 0 & 1 & 0 & 0 & 0 & 0 & 0 \\ 1 & 0 & -1 & 0 & 0 & 0 & 0 & 0 \end{pmatrix}$$

逆に，つぎの変換行列を用いると，測定は同位体分率 $\bar{x}$ を用いて表現できる。

$$\bar{M}'_{AlaH2} = M'_{AlaH2} T_3 = \begin{pmatrix} 0 & 0 & 1 & 1 & 0 & 0 & 1 & 1 \\ 1 & 1 & 0 & 0 & 1 & 1 & 0 & 0 \end{pmatrix}$$

同様に，行列 $\bar{M}'_{AlaH3}$ は，対応するスケーリングパラメータ ω_{AlaH3} からなる。

② MP が ^{13}C-NMR で測定できると仮定しよう。例えば，2番目の炭素について，シングレット，ダブレット a，ダブレット b，二重ダブレットについて考える。対応する測定行列は，同位体分率座標で簡単に定式化できる。

$$\bar{M}'_{AlaC2} = \begin{bmatrix} 0 & 0 & 1 & 0 & 0 & 0 & 0 & 0 \\ 0 & 0 & 0 & 0 & 0 & 0 & 1 & 0 \\ 0 & 0 & 0 & 1 & 0 & 0 & 0 & 0 \\ 0 & 0 & 0 & 0 & 0 & 0 & 0 & 1 \end{bmatrix}$$

この式からすぐに，次式が得られる。

$$M'_{AlaC2} = \bar{M}'_{AlaC2} T_3^{-1} = \begin{bmatrix} 0 & 0 & 1 & -1 & 0 & 0 & -1 & 0 \\ 0 & 0 & 0 & 0 & 0 & 0 & 1 & -1 \\ 0 & 0 & 0 & 1 & 0 & 0 & 0 & -1 \\ 0 & 0 & 0 & 0 & 0 & 0 & 0 & 1 \end{bmatrix}$$

同様に，測定行列 M'_{AlaC3} が求められる。いまの場合，一つのシングレットと一つのダブレットがあるので，行の数は2である。対応するスケーリングパラメータは ω_{AlaC2}，ω_{AlaC3} である。

③ 最後に，質量スペクトルの測定について考える。自然界の同位体標識の補正を行った後，アラニン分子に対応する四つの質量同位体のピークがみられる。この場合の測定行列は，同位体分率に関してはつぎのようになる。

$$\bar{M}'_{AlaM} = \begin{bmatrix} 1 & 0 & 0 & 0 & 0 & 0 & 0 & 0 \\ 0 & 1 & 1 & 0 & 1 & 0 & 0 & 0 \\ 0 & 0 & 0 & 0 & 0 & 0 & 0 & 1 \end{bmatrix}$$

スケーリングファクタ ω_{AlaM} とクモマ分率に関して，つぎの行列が得られる。

$$\bar{M}'_{AlaM} = \bar{M}'_{AlaM} T_3^{-1}$$

最後に，アラニンの2,3-断片が測定されたと仮定すると，対応する測定行列はつぎのようになる。

$$\bar{M}'_{\text{Ala23M}} = \begin{bmatrix} 1 & 0 & 0 & 0 & 1 & 0 & 0 & 0 \\ 0 & 1 & 1 & 0 & 0 & 1 & 1 & 0 \\ 0 & 0 & 0 & 1 & 0 & 0 & 0 & 1 \end{bmatrix}$$

もし,前述したすべての測定が可能であれば,例として考えた式から,全体の測定方程式が導かれる.

$$\begin{pmatrix} y_{\text{AlaH2}} \\ y_{\text{AlaH3}} \\ y_{\text{AlaC2}} \\ \vdots \\ y_{\text{Ala23M}} \end{pmatrix} = \begin{bmatrix} \omega_{\text{AlaH2}} M'_{\text{AlaH2}} \\ \omega_{\text{AlaH3}} M'_{\text{AlaH3}} \\ \omega_{\text{AlaC2}} M'_{\text{AlaC2}} \\ \vdots \\ \omega_{\text{Ala23M}} M'_{\text{Ala23M}} \end{bmatrix} x + \begin{pmatrix} \varepsilon_{\text{AlaH2}} \\ \varepsilon_{\text{AlaH3}} \\ \varepsilon_{\text{AlaC2}} \\ \vdots \\ \varepsilon_{\text{Ala23M}} \end{pmatrix} \quad (6.34)$$

式 (6.34) は,アラニンのみが代謝物であることを仮定した場合である.一般に,ベクトル x は,アラニン以外の代謝物についてもすべてのクモマに対して,x_i のエントリーをもつことになる.このため,前に述べた測定行列の次元は x の次元に一致しない.例えば,セリン(Ser)とアスパラギン酸(Asp)もシステムに存在し,追加の測定行列 M'_{SerC2}, M'_{AspM} が,前述のように求められたと仮定すると,クモマ分率は $x = (\text{Ser}_{xxx}, \cdots, \text{Ser}_{111}, \text{Ala}_{xxx}, \cdots, \text{Ala}_{111}, \text{Asp}_{xxx}, \cdots, \text{Asp}_{111})^{\text{T}}$.そして,測定方程式の一般的な構造は,つぎのようになる.

$$\underbrace{\begin{pmatrix} y_{\text{SerC2}} \\ y_{\text{SerC3}} \\ y_{\text{AlaH2}} \\ \vdots \\ y_{\text{Ala23M}} \\ y_{\text{AspM}} \end{pmatrix}}_{y} = \underbrace{\begin{bmatrix} \omega_{\text{SerC2}} M'_{\text{SerC2}} & 0 & 0 \\ \omega_{\text{SerC3}} M'_{\text{SerC3}} & 0 & 0 \\ 0 & \omega_{\text{AlaH2}} M'_{\text{AlaH2}} & 0 \\ \vdots & \vdots & \vdots \\ 0 & \omega_{\text{Ala23M}} M'_{\text{Ala23M}} & 0 \\ 0 & 0 & \omega_{\text{AspM}} M'_{\text{AspM}} \end{bmatrix}}_{M_y(\omega)} + \underbrace{\begin{pmatrix} \varepsilon_{\text{SerC2}} \\ \varepsilon_{\text{SerC3}} \\ \varepsilon_{\text{AlaH2}} \\ \vdots \\ \varepsilon_{\text{Ala23M}} \\ \varepsilon_{\text{AspM}} \end{pmatrix}}_{\varepsilon_y} \quad (6.35)$$

ここで,0 はさまざまな次元の零行列で,$\omega = (\omega_{\text{SerC2}}, \omega_{\text{SerC3}}, \omega_{\text{AlaH2}}, \cdots, \omega_{\text{Ala23M}}, \omega_{\text{AspM}})^{\text{T}}$ はすべてのスケーリングファクタをもったベクトルである.結局,求めたい測定行列は $M_{y,i}$ ($i=$ SerC2, SerC3, AlaH2, $\cdots$, AspM) となる.また,この式はつぎのように定義される.

$$M_{\text{SerC2}} = \begin{bmatrix} M'_{\text{SerC2}} & 0 & 0 \\ 0 & 0 & 0 \\ 0 & 0 & 0 \\ \vdots & \vdots & \vdots \\ 0 & 0 & 0 \end{bmatrix}, \quad M_{\text{SerC3}} = \begin{bmatrix} 0 & 0 & 0 \\ M'_{\text{SerC3}} & 0 & 0 \\ 0 & 0 & 0 \\ \vdots & \vdots & \vdots \\ 0 & 0 & 0 \end{bmatrix},$$

$$M_{\text{AlaH2}} = \begin{bmatrix} 0 & 0 & 0 \\ 0 & 0 & 0 \\ 0 & M'_{\text{AlaH2}} & 0 \\ 0 & 0 & 0 \\ \vdots & \vdots & \vdots \\ 0 & 0 & 0 \end{bmatrix}, \cdots$$

ここで零行列は，式 (6.35) と同様に定義すると，すべての $M_{y,i}$ は同じ次元をもつようになる．測定式はコンパクトにつぎのように表せる．

$$\boldsymbol{y} = M_y(\boldsymbol{\omega})\boldsymbol{x} + \varepsilon_y = \left(\sum_{i=1}^{p} \omega_i M_{y,i}\right)\boldsymbol{x} + \varepsilon_y \tag{6.36}$$

ここで，p はシステムの異なる化合物を異なる測定法で測定した結果のデータグループの数である．入出力の一般的な式はつぎのように表せる．

$$\begin{pmatrix} \boldsymbol{w} \\ \boldsymbol{y} \end{pmatrix} = \begin{pmatrix} (M_w, -M_w)\Phi \circ \Phi^{[0,1]} \circ \Psi(\boldsymbol{\Theta}) \\ M_y(\boldsymbol{\omega})\Gamma \circ \Phi \circ \Phi^{[0,1]} \circ \Psi(\boldsymbol{\Theta}) \end{pmatrix} + \begin{pmatrix} \varepsilon_w \\ \varepsilon_y \end{pmatrix} \equiv \begin{pmatrix} F_w(\boldsymbol{\Theta}) \\ F_w(\boldsymbol{\Theta}, \boldsymbol{\omega}) \end{pmatrix} + \begin{pmatrix} \varepsilon_w \\ \varepsilon_y \end{pmatrix} \tag{6.37}$$

これは，同位体標識実験の一般的な統計回帰モデルである．つぎの重み付き最小2乗問題を解くことによって，フラックスの推定値 $\hat{\boldsymbol{\Theta}}$ とスケーリングファクタの推定値 $\hat{\boldsymbol{\omega}}$ を計算する．

$$\min_{\boldsymbol{\Theta}, \boldsymbol{\omega}} \|F_w(\boldsymbol{\Theta}) - \boldsymbol{\omega}\|_{\Sigma_w}^2 + \|F_y(\boldsymbol{\Theta}, \boldsymbol{\omega}) - \boldsymbol{y}\|_{\Sigma_y}^2 \tag{6.38}$$

自由（決定）フラックスとスケーリングファクタをあわせた共分散行列はつぎのように推定できる．

$$\text{Cov}(\hat{\boldsymbol{\Theta}}, \hat{\boldsymbol{\omega}})^{-1} = \begin{bmatrix} \dfrac{\partial F_w}{\partial \boldsymbol{\Theta}} & 0 \\ \dfrac{\partial F_y}{\partial \boldsymbol{\Theta}} & \dfrac{\partial F_y}{\partial \boldsymbol{\omega}} \end{bmatrix}^{\mathrm{T}} \begin{bmatrix} \Sigma_w^{-1} & 0 \\ 0 & \Sigma_y^{-1} \end{bmatrix} \begin{bmatrix} \dfrac{\partial F_w}{\partial \boldsymbol{\Theta}} & 0 \\ \dfrac{\partial F_y}{\partial \boldsymbol{\Theta}} & \dfrac{\partial F_y}{\partial \boldsymbol{\omega}} \end{bmatrix} \tag{6.39}$$

一般に，補助パラメータ（auxiliary parameter）$\boldsymbol{\omega}$ は実際の応用では重要ではない．このため，$\text{Cov}(\hat{\boldsymbol{\Theta}}, \hat{\boldsymbol{\omega}})$ の $\dim \boldsymbol{\Theta} \times \dim \boldsymbol{\Theta}$ の次元の左上の小行列だけを考え，求めたい共分散行列 $\text{Cov}(\hat{\boldsymbol{\Theta}})$ をすぐに求めることができる．共分散行列を計算すると，前に述べた方法で，すべての統計解析を行うことができる．

つぎに，最適実験計画について考えてみよう．共分散行列 $\text{Cov}(\hat{\boldsymbol{\Theta}})$ は，実験者が操作できるいくつかのパラメータを含んでいる．すなわち

① $\boldsymbol{x}^{\text{inp}}$ で示される入力基質の同位体混合比率

② M_y で示される，測定のタイプと量

等である．もちろん，これらのパラメータは自由に選べるわけではない．すべての測定装置

が利用できるとは限らないし，^{13}C で標識された基質の標識パターンも，市販されていない場合もあるし，高価な場合もあるからである．このため，今後は，実現可能な測定行列や利用できる標識された基質の混合物を実行可能（feasible）な実験パラメータと呼ぶことにする．二つ，あるいはそれ以上の設計を比較するために，ここでは，D-最適化基準を用いる．

D-最適化基準を選ぶことは，与えられた有意水準に対して，楕円の信頼領域を比較することを意味する．この領域は次式で表される．

$$D(\boldsymbol{x}^{\mathrm{inp}}, M_y, \boldsymbol{\Theta}) = \det \mathrm{Cov}(\boldsymbol{x}^{\mathrm{inp}}, M_y, \boldsymbol{\Theta}) \tag{6.40}$$

このD-最適化基準は，すべての実行可能な入力の混合物 $\boldsymbol{x}^{\mathrm{inp}}$ と測定行列 M_y に関して最小化されなければならない．すなわち，次式となる．

$$D_{\mathrm{opt}}(\boldsymbol{\Theta}) = \min_{\boldsymbol{x}^{\mathrm{inp}}, M_y \text{ feasible}} D(\boldsymbol{x}^{\mathrm{inp}}, M_y, \boldsymbol{\Theta}) \tag{6.41}$$

明らかに，D_{opt} は $\boldsymbol{\Theta}$ の本当の値（true value）に依存する．このため，パラメータベクトル $\boldsymbol{\Theta}$ に対して，まず近似値を前もって仮定する必要がある．D-最適化基準への拡張によって，自由（決定）フラックスの一つの1次結合に対する制約は，さらに一般的な D_L-最適化基準を最小化することによって実行できる．

$$D_L = \det \mathrm{Cov}(\boldsymbol{L} \cdot \boldsymbol{\Theta}) = L \cdot \mathrm{Cov}(\boldsymbol{\Theta}) \cdot L^{\mathrm{T}} \tag{6.42}$$

ただし，L は適当な行列である．

つぎに，ピークスケーリングファクタの最適推定について考えておく．簡単のために，ここでは，ただ一つの代謝物がシステムに存在し，同じスケーリングファクタをもつただ一つのグループの測定データがあると仮定する．さらに，一つのフラックスを推定することを考える．このとき，一般式はつぎのようになる．

$$\boldsymbol{y} = \omega M_y x(\boldsymbol{v}) + \varepsilon_y \quad [\mathrm{Cov}(\varepsilon_y) = \Sigma_y] \tag{6.43}$$

ここで，ω はスカラーの係数である．データベクトル $\boldsymbol{y}$ から $\boldsymbol{v}$ を推定する手順について考えるとつぎのようになる．

① Schmidt らの研究[7]では，パラメータの ω と $\boldsymbol{v}$ は逐次求められる．このため，まず，$\boldsymbol{v}$ がすでにわかっているものと仮定する．この場合，ω は測定値 y_j を予測したスケールしていない値 $[M_y x(\boldsymbol{v})]_j$ で割ることによって推定できる．しかし，この方法だと対応する測定誤差 $[\varepsilon_y]_j$ が強く伝播してしまうことになる．このため，すべての値を平均化することを行い

$$\hat{\omega} = \hat{\omega}(v) \fallingdotseq \frac{\sum_j [y]_j}{\sum_j [M_y x(\boldsymbol{v})]_j} = \frac{\mathbf{1}^{\mathrm{T}} \boldsymbol{y}}{\mathbf{1}^{\mathrm{T}} M_y x(\boldsymbol{v})} \tag{6.44}$$

ここで総和の演算を行うために，ベクトル $\mathbf{1}^{\mathrm{T}} = (1, 1, \cdots, 1)^{\mathrm{T}}$ を用いた．式（6.43）の ω を，その予測値で置き換え，$\mathbf{1}^{\mathrm{T}} \boldsymbol{y}$ で割ると次式が得られる．

$$\frac{y}{1^T y} = \frac{M_y x(v)}{1^T M_y x(v)} + \frac{\varepsilon_y}{1^T y} \qquad (6.45)$$

ここで変換したモデルは，測定値 y と予測した測定値 $M_y x(v)$ を，それぞれの和で割って基準化し，結果としての方程式は，もはや ω を含まないことになる．同時に，誤差項の標準偏差はランダム変数によってリスケールされ，この操作は手順①では重要である．平均値 $1^T y$ の分散が ε_y に比べて無視できると仮定すると，近似的に次式が成り立つ．

$$\mathrm{Cov}\left(\frac{\varepsilon_y}{1^T y}\right) \fallingdotseq \frac{1}{(1^T y)^2} \Sigma_y \qquad (6.46)$$

v は最小2乗推定によって求めることができる．

$$\hat{v} = \arg\min_v \left\| \frac{y}{1^T y} - \frac{M_y \cdot x(v)}{1^T \cdot M_y \cdot x(v)} \right\|^2_{\Sigma_y/(1^T \cdot y)^2} \qquad (6.47)$$

ここで，重み付きノルム $\|\xi\|^2_\Sigma = \xi^T \Sigma^{-1} \xi$ を用いている．

② もう一つの方法は簡単であるが，前もって計算が必要になる．通常の非線形回帰の方法で，ω と v の両方のパラメータは，データを推定することによって同時に求めることができる．

$$\begin{pmatrix} \hat{\omega} \\ \hat{v} \end{pmatrix} = \arg\min_{\omega, v} \| y - \omega M_y \cdot x(v) \|^2_{\Sigma_y} \qquad (6.48)$$

6.7 ピークスケーリングファクタの最適推定

NMR や GC-MS から得られるスペクトルデータのピーク高さは，サンプル（試料）に含まれる，特定の分子の量に比例している．^{13}C-NMR での一つの炭素原子，あるいは GC-MS でのピークの比例定数はすべて同じである．しかし，実際のグループスケーリング定数は，前もってわからないので，測定値が得られた後で，追加のパラメータとして推定しなければならない[12]．このため，スケーリングファクタは最初は1にしておき，測定誤差も対応する相対誤差にしておく．測定データが得られたら，相対的偏差は正しい絶対標準偏差で置き換えることができる．スケーリングファクタは，その後，利用できるデータにフィットされる[12]．あるグループの信号に対して，測定信号は次式で表される．

$$\begin{aligned} S_i^m &= \bar{\omega} \cdot M_{i, I \to S} \cdot I(v_f)_i + \varepsilon_i^m \\ &= \omega_i \cdot S_i^s(v_f)_i + \varepsilon_i^m \qquad [\mathrm{Cov}(\varepsilon_i^m) = \Sigma_i^m] \end{aligned} \qquad (6.49)$$

ここで，S_i^m は，NMR の場合は，i 番目の炭素に関連した測定信号ベクトルで，GC-MS の場合は，i 番目の断片に関連した測定信号のベクトルである．また，ω_i は，このグループの

ピークスケーリングファクタで，$M_{i,I-s}$ はこのグループの同位体から測定信号への変換行列である。また，$I(\bm{v}_f)_i$ は，このグループに関連した IDV で $\bm{v}_f$ の関数を表し，ε_i^m は，このグループでの測定信号のノイズである。$S_i^s(\bm{v}_f)$ は，このグループに関連した推定（シミュレートした）信号のベクトルを示している。式（6.49）は，スケーリングファクタ ω に関して線形で，求めたい自由（決定）フラックス $\bm{v}_f$ に関して非線形であることがわかる。このため，これらのパラメータを分離して（別々に）回帰分析し，スケーリングファクタを推定する。Schmidt ら[7]は，$\bm{v}_f$ をまず仮定し，測定値 S_{ij}^m を，その推定値 $S_{ij}^s(\bm{v}_f)$ で割って，パラメータベクトル $\bm{\omega}$ と $\bm{v}_f$ を逐次推定する方法を提案している。

$$\omega_i(\bm{v}_f) = \frac{S_{ij}^m}{S_{ij}^s(\bm{v}_f)} \tag{6.50}$$

しかし，この方法だと対応する測定誤差 ε_{ij}^m が伝播してしまう。このため，すべての値に対して平均化を行い，次式のように推定することが考えられる。

$$\omega_i(\bm{v}_f) = \frac{\sum_j^{N\mathrm{sig}_i} S_{ij}^m}{\sum_j^{N\mathrm{sig}_i} S_{ij}^s(\bm{v}_f)} \tag{6.51}$$

ここで，N_{sig_i} は，i 番目の断片に関連したグループでの信号の数である。測定信号を，$\sum_j^{N\mathrm{sig}_i} S_{ij}^m - 1$ となるように基準化すれば，この方法では ω_i が測定値と無関係になるという利点がある。

$$\omega_i(\bm{v}_f) = \frac{1}{\sum_j^{N\mathrm{sig}_i} S_{ij}^s(\bm{v}_f)} \tag{6.52}$$

Mollney ら[6]は，$\bm{\omega}$ と $\bm{v}_f$ を，一般的な非線形回帰法で測定データに同時に推定させることで求めている。すなわち次式を得る。

$$(\bm{v}_f, \bm{\omega}) = \arg\min_{\bm{v}_f, \bm{\omega}} \|S^m - \bm{\omega} \cdot S^s(\bm{v}_f)\|_{\Sigma_m}^2 \tag{6.53}$$

この方法は，前で述べた方法[6]よりよい結果をもたらすが，計算量が多くなってしまう。その前の方法[3]では最初の $\bm{v}_f$ を仮定し，$\bm{\omega}$ と $\bm{v}_f$ を逐次求める方法で，ω_i を求めるのに一般的な非線形回帰法を用いている。すなわち

$$\bm{\omega}(\bm{v}_f) = \arg\min_{\bm{\omega}} \|S^m - \bm{\omega}(\bm{v}_f) \cdot S^s(\bm{v}_f)\|_{\Sigma_m}^2 \tag{6.54}$$

となる。後者の方法では，それぞれの i 番目の信号グループに対して，最小 2 乗法で問題を解く必要がある。異なる測定値の不確かさは独立と考えられるので[3]，共分散行列 Σ_m は対角行列で，その対角要素は異なる測定値の分散 σ_{ij}^2 である。このとき，式（6.54）は解析的に解くことができ，次式が得られる。

$$\omega_i(\boldsymbol{v}_f) = \frac{\sum_j^{N\text{sig}_i} \frac{S_{ij}^S(\boldsymbol{v}_f) S_{ij}^m}{\sigma_{ij}^2}}{\sum_j^{N\text{sig}_i} \frac{(S_{ij}^S(\boldsymbol{v}_f))^2}{\sigma_{ij}^2}} \tag{6.55}$$

ω_i は，「測定信号」対「シミュレートした信号値」をプロットした，原点を通る直線の傾きであることがわかる．

6.8 感度解析

6.8.1 同位体の感度

IMM 法では，IDV は求めたい自由（決定）フラックスの陽（explicit）な関数とはなっていないので，このままでは，すべての代謝物 j の同位体分布ベクトル I_j のフラックスベクトル $\boldsymbol{v}_f$ に関する感度 $\partial I_j/\partial \boldsymbol{v}_f$ の（陽な）式を得ることができない．ここでは，式 (6.1) を v_f （$f=1,2,\cdots,N_f$）でまず微分し，整理した後，同じ側の微分 $\partial I_j/\partial \boldsymbol{v}_f$ を動かして次式が得られる．

$$\left(\sum_o^{R_j^{\text{out}}} v_o\right) \cdot \frac{\partial I_j}{\partial \boldsymbol{v}_f} - \sum_i^{R_j^{\text{in}}}\left(v_i \cdot \frac{\partial I_j^{v_i}}{\partial \boldsymbol{v}_f}\right) = \sum_i^{R_j^{\text{in}}}\left(\frac{\partial v_i}{\partial v_j} \cdot I_j^{v_i}\right) - \left(\sum_o^{R_j^{\text{out}}} \frac{\partial v_o}{\partial \boldsymbol{v}_f}\right) \cdot I_j \tag{6.56}$$

ここで，最適な IDV の微分 $\partial I_j^{v_i}/\partial \boldsymbol{v}_f$ は，1分子および2分子の項の関数として陽に得られる．

$$\sum_i^{R_j^{\text{in}}} \frac{\partial I_j^{v_i}}{\partial \boldsymbol{v}_f} = \sum_{im}^{R_j^{\text{inm}}} \left(\text{IMM}_{k\to j}^{im} \cdot \frac{\partial I_{kim}}{\partial \boldsymbol{v}_f}\right) + \sum_{ib}^{R_j^{\text{inb}}} \left(\text{IMM}_{k_1 \to j}^{ib} \cdot \frac{\partial I_{k_1 ib}}{\partial \boldsymbol{v}_f} \otimes \text{IMM}_{k_2 \to j}^{ib} \cdot I_{k_2 ib}\right)$$
$$+ \left(\text{IMM}_{k_1 \to j}^{ib} \cdot I_{k_1 ib} \otimes \text{IMM}_{k_2 \to j}^{ib} \frac{\partial I_{k_2 ib}}{\partial \boldsymbol{v}_f}\right) \tag{6.57}$$

式 (6.57) に v_i をかけ，式 (6.56) に代入し，演算子・と$\otimes$は，$I_1 \otimes I_2 = I_2 \otimes I_1$，および $(M_1 \cdot I_1) \otimes (M_2 \cdot I_2) = (M_1 \cdot \otimes M_2) I_2$ が成り立つことを利用すると，式 (6.57) は，最終的につぎのように表される．

$$\begin{pmatrix} A_{11} & \cdots & A_{1j} & \cdots & A_{1i} & \cdots & A_{1M} \\ \vdots & \ddots & \vdots & \ddots & \vdots & \ddots & \vdots \\ A_{j1} & \cdots & A_{jj} & \cdots & A_{ji} & \cdots & A_{jM} \\ \vdots & \ddots & \vdots & \ddots & \vdots & \ddots & \vdots \\ A_{M1} & \cdots & A_{Mj} & \cdots & A_{Mi} & \cdots & A_{MM} \end{pmatrix} \cdot \begin{pmatrix} \frac{\partial I_1}{\partial v_f} \\ \vdots \\ \frac{\partial I_i}{\partial v_f} \\ \vdots \\ \frac{\partial I_j}{\partial v_f} \\ \vdots \\ \frac{\partial I_M}{\partial v_f} \end{pmatrix} \cdot \begin{pmatrix} b_1^f \\ \vdots \\ b_j^f \\ \vdots \\ b_M^f \end{pmatrix} \tag{6.58}$$

ここで，M は代謝物の数で，式 (6.58) の右辺のベクトル $\boldsymbol{b}_j^f$ は，さらにつぎのように表現できる。

$$\boldsymbol{b}_j^f = \sum_i^{R_j^{\text{in}}} \left(\frac{\partial \boldsymbol{v}_i}{\partial \boldsymbol{v}_j} \cdot I_j^{v_i} \right) - \left(\sum_o^{R_j^{\text{out}}} \frac{\partial \boldsymbol{v}_o}{\partial \boldsymbol{v}_f} \right) \cdot I_j \tag{6.59}$$

式 (6.58) の左辺の平方行列 A は，2 種類のブロック行列で表現できる。

① 対角ブロック行列 A_{jj}

$$A_{jj}(v) = I_2^{n_j} \cdot \sum_o^{R_j^{\text{out}}} \boldsymbol{v}_o \tag{6.60}$$

これは $2^{n_j} \times 2^{n_j}$ の対角行列で，行列 A の対角要素である。$I_2^{n_j}$ は 2^{n_j} 次の単位行列である。ここで，n_j は代謝物 j の炭素数である。それぞれの代謝物 j に対して，その代謝物の同位体が別のものに変換されるフラックスの和（対角上での）をもっている。

② 非対角ブロック A_{ji}：一般に，大きさ $2^{n_j} \times 2^{n_i}$ の行列である。

$$A_{ji}(\boldsymbol{v}, I) = -\sum_{im}^{R_j^{\text{inm}}} v_{im} \cdot \text{IMM}_{k \to j}^{im} - \sum_{ib}^{R_j^{\text{inb}}} v_{ib} \cdot \text{IMM}_{k_1 \to j}^{ib} \cdot I_{k_1 ib} \otimes \text{IMM}_{k_2 \to j}^{ib} \tag{6.61}$$

もし，ネットワークが結合しているとき，すべての IDV I_j について，$\sum_o^{R_j^{\text{out}}} \boldsymbol{v}_o \neq 0$ であるので，A は diagonally dominant（対角要素が支配的）なので，逆行列を計算できる。このとき，IDV の，自由（決定）フラックスに対する感度はつぎのように表せる。

$$\frac{\partial I}{\partial \boldsymbol{v}_f} = (A)^{-1} \cdot \boldsymbol{b}^f \tag{6.62}$$

ここで，異なる自由（決定）フラックス f に関する，式 (6.62) の右辺のベクトル $\boldsymbol{b}^f$ を $1, 2, \cdots, N_f$ まで集めて，$B = (\boldsymbol{b}^1 | \cdots | \boldsymbol{b}^f | \cdots | \boldsymbol{b}^{N_f})$ を考える。それぞれの列は，f に対応している。この行列で，同位体の影響を自然フラックスの感度から分離（decouple）することができ，次式が得られる。

$$\frac{\partial I}{\partial \boldsymbol{v}_f} = (A)^{-1} \cdot B = (A)^{-1} \cdot C \cdot \frac{\partial \boldsymbol{v}_{\text{nat}}}{\partial \boldsymbol{v}_f} \tag{6.63}$$

ここで，$\partial \boldsymbol{v}_{\text{nat}} / \partial \boldsymbol{v}_f$ は自然フラックスの感度であり，この導出は次節で考える。行列 $C = (c_1 | \cdots | c_j | \cdots | c_N)^T$ は，それぞれの IDV について，$C_j = \text{Inp}_j \cdot I_j^{v_i} - \text{Out}_j I_i$ であるようなブロック行列の列として整理できる。行列 Inp_j と Out_j は大きさ $N_{\text{iso}_j} \times N_{\text{nat}}$ の行列である。ここで，N_{iso_j} は I_j の同位体の数で，N_{nat} は自然フラックスの数である。それらは，I_j の出力が Out_j あるいは入力が Inp_j であるような反応に関する自然フラックスに対応する列に 1 が並び，その他は 0 である。

実際は，細胞外の代謝物の IDV の感度のみが必要である。この場合は，すべての行列 A の逆行列を求める必要はなく，より少ない計算量で得ることができる。この場合は問題を分けて考えればよく，整理して細胞内の IDV と細胞外の IDV に分割し

$$\left(\begin{array}{c|c} A^{\text{int}} & 0 \\ \hline A^{\text{ext}} & A_{jj}^{\text{ext}} \end{array}\right) \cdot \left(\begin{array}{c} \dfrac{\partial I^{\text{int}}}{\partial \boldsymbol{v}_f} \\ \dfrac{\partial I^{\text{ext}}}{\partial \boldsymbol{v}_f} \end{array}\right) = \left(\begin{array}{c} B^{\text{int}} \\ \hline B^{\text{ext}} \end{array}\right) \tag{6.64}$$

ここで A_{jj}^{ext} は，細胞外の代謝物に対応する対角行列であり，細胞外体謝物の IDV は，次式のように求められる。

$$\frac{\partial I^{\text{ext}}}{\partial \boldsymbol{v}_f} = (A_{jj}^{\text{ext}})^{-1} \cdot (B^{\text{ext}} - A^{\text{ext}} \cdot (A^{\text{int}})^{-1} \cdot B^{\text{int}}) \tag{6.65}$$

6.8.2 自然フラックスの感度

式 (6.15) で表される同位体の感度は，自然フラックスの感度という形で得られている。表 2.1 に示されているフラックス変換行列および式 (4.20) で与えられた自由フラックスと数値フラックス座標系でのフラックスとの関係を使うと，感度行列はよりコンパクトに導くことができ，つぎのように表される。

$$\frac{\partial \boldsymbol{v}^{\text{nat}}}{\partial \boldsymbol{v}_f} = \left(\begin{array}{c} \dfrac{\partial \vec{\boldsymbol{v}}}{\partial \boldsymbol{v}_f} \\ \dfrac{\partial \overleftarrow{\boldsymbol{v}}}{\partial \boldsymbol{v}_f} \end{array}\right) = \left(\begin{array}{c} K_{\text{exch}[0,1]}^{\text{free}} \otimes \dfrac{\beta}{(1-\boldsymbol{v}^{\text{exch}[0,1]})^2} + K_{\text{net}}^{\text{free}} \\ K_{\text{exch}[0,1]}^{\text{free}} \otimes \dfrac{\beta}{(1-\boldsymbol{v}^{\text{exch}[0,1]})^2} - K_{\text{net}}^{\text{free}} \end{array}\right) \tag{6.66}$$

ここで，$K_{\text{net}}^{\text{free}}$ と $K_{\text{exch}[0,1]}^{\text{free}}$ は，正味（net）およびスケールしなおしたフラックスに関して，式 (4.20) の行列 K^{free} を分解することによって得られた上側半分および下側半分のブロック行列である。

6.8.3 重み付き出力感度行列

最適化問題の式 (4.21) に関する目的関数での全体の入出力関係は，次式で表される。

$$F(\boldsymbol{v}_f) = \left(\begin{array}{c} F_v(\boldsymbol{v}_f) \\ F_S(\boldsymbol{v}_f) \end{array}\right) = \left(\begin{array}{c} M_{\text{net}\to\text{sim}} \cdot (K_{\text{exch}[0,1]}^{\text{free}} \cdot \boldsymbol{v}_f + k_{\text{net}}^{\text{free}}) \\ \omega \otimes M_{I\to S} \cdot I(\boldsymbol{v}_f) \end{array}\right) \tag{6.67}$$

この重み付き出力感度行列はつぎのように表される。

$$\text{Sen}_{\boldsymbol{v}_f}^{v,S}(\boldsymbol{v}_f) = \left(\begin{array}{c} \dfrac{\partial F_v(\boldsymbol{v}_f)}{\partial \boldsymbol{v}_f} \\ \dfrac{\partial F_S(\boldsymbol{v}_f)}{\partial \boldsymbol{v}_f} \end{array}\right)$$

$$= \sqrt{\left(\begin{array}{c|c} \Sigma_v & 0 \\ \hline 0 & \Sigma_S \end{array}\right)^{-1}} \cdot \left(\begin{array}{c} M_{\text{net}\to\text{sim}} \cdot K_{\text{exch}[0,1]}^{\text{free}} \\ \dfrac{\partial \omega}{\partial \boldsymbol{v}_f} \otimes M_{I\to S} \cdot I(\boldsymbol{v}_f) + \omega \otimes M_{I\to S} \cdot I(\boldsymbol{v}_f) \dfrac{\partial I(\boldsymbol{v}_f)}{\partial \boldsymbol{v}_f} \end{array}\right) \tag{6.68}$$

ここで，Σ は，あわせた測定出力ベクトルの共分散行列である。IDV の感度 $\partial I / \partial \boldsymbol{v}_f$ は式 (6.15) に与えられており，ピークスケーリングファクタの感度 $\partial \omega_i / \partial \boldsymbol{v}_f$ は式 (6.7) の微

分をとって，つぎのように求められる。

$$\frac{\partial \omega_i}{\partial \boldsymbol{v}_f} = \frac{\sum_j^{N \text{sig}i} \frac{\partial S_{ij}^S}{\partial \boldsymbol{v}_f} \cdot \frac{1}{\sigma_{ij}^2} \cdot (S_{ij}^m - 2 \cdot \boldsymbol{\omega}_i \cdot S_{ij}^S)}{\sum_j^{N \text{sig}i} \frac{S_{ij}^{S2}}{\sigma_{ij}^2}} \tag{6.69}$$

重み付きの出力感度行列の式（6.20）は，フラックス推定アルゴリズムに関係した非線形最適化問題を解くのに利用することができる。さらに，非線形モデル式の線形化に基づいた統計解析には必要不可欠である。なぜなら，フィッシャー情報行列 $\text{Fish}(\hat{\boldsymbol{v}}_f)$ を構築するのに利用でき，この行列の逆行列は，推定パラメータの共分散行列 $\text{Cov}(\hat{\boldsymbol{v}}_f)$ の逆行列[4]である。すなわち，次式を得る。

$$\text{Cov}(\hat{\boldsymbol{v}}_f) = \text{Fish}(\hat{\boldsymbol{v}}_f)^{-1} = [\text{Sen}_{v_f}^{v,S}(\boldsymbol{v}_f)^{\text{T}} \cdot \text{Sen}_{v_f}^{v,S}(\boldsymbol{v}_f)]^{-1} \tag{6.70}$$

式（6.70）の対角要素 $\text{Var}(\hat{\boldsymbol{v}}_f) = \text{diag Cov}(\hat{\boldsymbol{v}}_f)$ は，パラメータベクトル $\boldsymbol{v}_f$ の分散の推定値で，χ^2 分布を利用した信頼区間を得るのに利用できる。$\text{Cov}(\hat{\boldsymbol{v}}_f)$ を数値的に安定に得るためには，特異値分解法を用いるとよい。$\text{Fish}(\hat{\boldsymbol{v}}_f)$ の解析表現は，迅速な最適実験計画にも利用できる。

6.9　最適実験計画

ここまでに述べたように，解析的に重み付き感度行列の式（6.20）を求めるための方法は，Mollney ら[6]によって提案された ITM 表記での ^{13}C 実験の最適実験計画の，一般的なフレームワークを IMM 表記に適用する可能性に道を開くものと考えられる。後者の場合，共分散行列は，数値計算に頼らなければならないので[3,7]，最適実験計画には，必要な行列を何度も計算しなければならず，多くの計算量が要求される。Molney ら[6]の異なる実験の情報の質を比較するために，ここでは D-最適化基準を用いる。これは，本質的に信頼領域（フィッシャー情報行列の逆行列のデターミナント）の体積を測るものである。この行列は，いくつかの自由な設計パラメータ，すなわち，入力の基質 I^{inp} と測定行列 $M_{I \to S}$ によって規定される測定のタイプと量である。実際的なことを考えると，実験設備の制約や市販の利用できる同位体基質は限られているので，一般に，これらのパラメータを任意に選ぶことはできない。これらは，実行可能設計パラメータの範囲内で選ばなければならない[6]。D-最適化基準を用いて，二つの異なった実験計画の信頼領域の 2 乗体積を比較するが，これはつぎのように表せる。

$$D(I^{\text{inp}}, M_{I \to S}, \boldsymbol{v}_f) = \det \text{Cov}(I^{\text{inp}}, M_{I \to S}, \boldsymbol{v}_f) \tag{6.71}$$

フルランクではない場合も，共分散行列の逆行列を求めなければならないことを考えて，フィッシャー行列はつぎのように表せる。

$$D(I^{\text{inp}}, M_{I \to S}, \boldsymbol{v}_f) = (\det \text{Fish}(I^{\text{inp}}, M_{I \to S}, \boldsymbol{v}_f))^{-1} \tag{6.72}$$

実験計画法は，データに独立であることに基づいているので，データとは独立なピークスケーリングファクタを用いる必要がある。ここでは，式 (6.4) で与えられるピークスケーリングファクタを用いる。式 (6.2) によって与えられるものの代わりに，つぎの微分を考える。

$$\frac{\partial \omega_i}{\partial \boldsymbol{v}_f} = -\omega_i^2 \cdot \sum_j^{N \text{sig}_i} \frac{\partial S_{ij}^S}{\partial \boldsymbol{v}_f} \tag{6.73}$$

式 (6.73) は，式 (6.22) に与えられているように，フィッシャー情報行列に用いられる，重み付き出力感度行列式 (6.20) に代入する必要がある。式 (6.72) に与えられる D 値は，実行可能設計パラメータに関して最小化する必要がある。すなわち，次式を得る。

$$D_{\text{opt}}(\boldsymbol{v}_f) = \min_{I^{\text{inp}}, M_{I \to S} \text{feasible}} D(I^{\text{inp}}, M_{I \to S}, \boldsymbol{v}_f) \tag{6.74}$$

D_{opt} は，自由（決定）フラックス $\boldsymbol{v}_f$ の真の値に依存する。このようにして，これらのフラックスの近似値は，前もって仮定しなければならない。Mollney ら[6]が示しているように，最適設計は自由（決定）フラックスの大きな変動に比較的鈍感であるので，この手順は合理的と考えられる。Mollney ら[6]に示されている D 値の，より直感的な解釈をするために，つぎの相対情報指数 $\bar{I}$ を導入する。

$$\bar{I} = \left(\frac{D_{\text{ref}}}{D}\right)^{\frac{1}{2 \cdot N_f}} \tag{6.75}$$

ここで，D_{ref} は，基準実験の D 値，N_f は考えた自由（決定）フラックスの数，D は実験計画の D 値である。ある実験の I の値が，大きければ大きいほど，基準の実験によって，多くの情報が得られる。

6.10 応　　　用

6.10.1　簡単な代謝ネットワークの解析

図 5.6 に示された，簡単な代謝反応ネットワークについて考えてみる。ここで，同位体分布のわかった入力基質 S，細胞内代謝物 A，B，C，および出力代謝物 P からなっている。B だけは，単原子分子と仮定し，他は 2 原子分子と仮定する。v_1 は，システムへの入力基質で既知とし，v_6 は出力フラックスで，その他の v_2, v_3, v_4, v_5 は細胞内のフラックスである。v_2 と v_3 は代謝物 A に関係しているが，それぞれ炭素原子は違う運命をたどる。v_3 は A を B の二つの分子に分け，v_5 は再び一つにする。v_2 だけが，両方向のフラックスと考え，他のフラックスは一方向のフラックスと考える。

いま，入力基質の 10 ％ が ^{13}C で均一に標識されている［U-^{13}C］と考えると，実行可能な

自由（決定）フラックスの組（$v_2^{\text{exch}[0,1]}=0.9$, $v_3^{\text{net}}=0.1$, $v_4^{\text{net}}=4.45$）を決める。これらの値を用いて同位体収支式を解き，IDVを推定する。推定したIDVは代謝物AとPの第2炭素のNMRおよびMS信号値を推定するのに用いる。これらの信号値ガウスノイズ（平均0，標準偏差5％）を付加する。このようにして生成した，人為的な信号を図6.2に示す。これらの測定値は，代謝フラックス分布計画アルゴリズムの入力として用いられ，フラックス分布が図6.3のように求められる。信頼区間を計算するための，それぞれのステップはつぎのようになる。

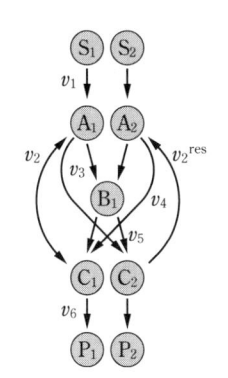

	NMRデータ			MSデータ	
	m	$m+1$	$m+2$	S	D1
A	0.852	0.135	0.023	0.81	0.19
P	0.862	0.124	0.014	0.73	0.27

図6.2 簡単な代謝ネットワークと人為的なNMRとGC-MSの信号

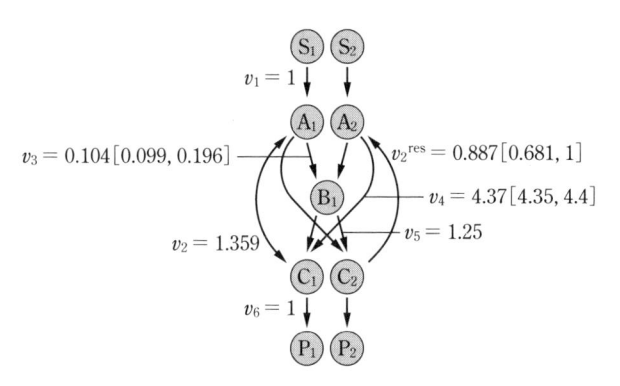

図6.3 簡単な代謝ネットワークについてのフラックス分布と代謝フラックスの信頼性評価

① ブロック行列 A はつぎのようになる。

$$A = \left(\begin{array}{cccc|cc|cccc} 12.3 & 0 & 0 & 0 & 0 & 0 & -11.3 & 0 & 0 & 0 \\ 6 & 12.3 & 0 & 0 & 0 & 0 & 0 & -11.3 & 0 & 0 \\ 0 & 0 & 12.3 & 0 & 0 & 0 & 0 & 0 & -11.3 & 0 \\ 0 & 0 & 0 & 12.3 & 0 & 0 & 0 & 0 & 0 & -11.3 \\ \hline -8.75 & -4.37 & -4.37 & 0 & 8.75 & 0 & 0 & 0 & 0 & 0 \\ 0 & -4.37 & -4.37 & -8.75 & 0 & 8.75 & 0 & 0 & 0 & 0 \\ \hline -7.95 & 0 & 0 & 0 & -7.73 & 0 & 12.3 & 0 & 0 & 0 \\ 0 & -7.84 & -0.104 & 0 & -0.508 & -3.87 & 0 & 12.3 & 0 & 0 \\ 0 & -0.104 & -7.84 & 0 & -0.508 & -3.87 & 0 & 0 & 12.3 & 0 \\ 0 & 0 & 0 & -7.95 & 0 & -1.02 & 0 & 0 & 0 & 12.3 \end{array} \right)$$

② ブロック行列 C はつぎのようになる。

$$C = \left(\begin{array}{c|ccc|cc|c|c|cccc} 0.9 & -0.799 & -0.799 & -0.799 & 0 & 0 & 0 & 0.793 & 0 & 0 & 0 & 0 \\ 0 & -0.0846 & -0.0846 & -0.0846 & 0 & 0 & 0 & 0.091 & 0 & 0 & 0 & 0 \\ 0 & -0.0846 & -0.0846 & -0.0846 & 0 & 0 & 0 & 0.091 & 0 & 0 & 0 & 0 \\ 0.1 & -0.0315 & -0.0315 & -0.0315 & 0 & 0 & 0 & 0.0251 & 0 & 0 & 0 & 0 \\ \hline 0 & 0 & 0 & 1.77 & -1.77 & 0 & 0 & 0 & 0 & 0 & 0 & 0 \\ 0 & 0 & 0 & 0.232 & -0.232 & 0 & 0 & 0 & 0 & 0 & 0 & 0 \\ \hline 0 & 0.799 & 0.799 & 0 & 0.781 & -0.793 & 0 & -0.793 & 0 & 0 & 0 & 0 \\ 0 & 0.0846 & 0.0846 & 0 & 0.103 & -0.091 & 0 & -0.091 & 0 & 0 & 0 & 0 \\ 0 & 0.0846 & 0.0846 & 0 & 0.103 & -0.091 & 0 & -0.091 & 0 & 0 & 0 & 0 \\ 0 & 0.0315 & 0.0315 & 0 & 0.0135 & -0.0251 & 0 & -0.0251 & 0 & 0 & 0 & 0 \end{array} \right)$$

③ $\partial \boldsymbol{v}_{\text{nat}} / \partial \boldsymbol{v}_f$ の列ブロック行列はつぎのようになる。

$$\frac{\partial \boldsymbol{v}_{\text{nat}}}{\partial \boldsymbol{v}_f} = \left(\begin{array}{ccc} 0 & 0 & 0 \\ -1.00 & -1.00 & 78.2 \\ 1.00 & 0 & 0 \\ 0 & 1.00 & 0 \\ 0 & 1.00 & 0 \\ 0 & 0 & 0 \\ \hline 0 & 0 & 0 \\ 1.00 & 1.00 & 78.2 \\ -1.00 & 0 & 0 \\ 0 & -1.00 & 0 \\ 0 & -1.00 & 0 \\ 0 & 0 & 0 \end{array} \right)$$

推定した自由決定フラックスと 90% 信頼区間を図 6.3 に示す。ここで，χ^2 分布を仮定している。この図で，交換フラックスは［　］の中の数字で示してある。この図から，交換フラックスでは信頼区間が大きくなっていることがわかる。

6.10.2 シアノバクテリアの代謝フラックス分布の信頼区間の計算

Synechocystis sp. PCC 6803 を，10%［U-^{13}C］のグルコースと 90% の通常のグルコースを用いて回分培養を行い，対数増殖期で採取した細胞内アミノ酸の同位体分布を NMR と GC-MS を用いて測定した。GC-MS と NMR の測定データを表 5.1 と表 5.2 に示す（表の測定値の欄参照）。

光照射下で，グルコースを炭素源としてシアノバクテリアを培養したときの主代謝経路および代謝量論式はすでに 5 章で示した。バイオマスの式は，緑藻類をベースに求めている[13]。細胞を採取した時点での細胞（$OD_{730}=0.6$）の収率は 0.87 g-DW/g-グルコースで，比増殖速度は 0.059 h^{-1} であった。代謝フラックスのうち，グルコース消費速度と細胞増殖速度はわかっているので，体謝量論式とフラックスの数の関係から，正味のフラックスを求めるための自由度は 2 である。ここでは，正味の自由（決定）フラックスとして，カルビン-ベンソン回路での CO_2 の固定のフラックス rbc^{net} と糖新生経路のリンゴ酸酵素のフラックス me^{net} を考える。熱力学的に考えて，明らかに一方向の反応と思われる部分を除き，双方向（bidirectional）の反応のフラックスを考える。前述した代謝フラックス計算アルゴリズムを適用して求めた代謝フラックス分布を**図 6.4** に示す。ここで，代謝フラックスは，基質消費速度で基準化されており，〈　〉の中の数字は，交換フラックスを表している。また，表 5.3 には，異なる座標系でのフラックス値が示してある。ここで，交換フラックスの大きいフラックス，すなわち可逆反応の部分は，*pgi*（ここでは，まとめて $hxi^{exch[0,1]}$），*rpi*（ここでは，$ppi^{exch[0,1]}$），G3P から PEP への経路（ここでは，$eno^{exch[0,1]}$）の経路で大きく，*pyk2*（ここでは $pyk^{exch[0,1]}$）等の反応では，一方向であることがわかる。

また，ここで求めた代謝フラックス分布に対して，前述した解析的な統計処理を行い，χ^2 分布を利用して，90% の信頼区間を求めると，**図 6.5** のように求められる。この図から，いくつかのフラックスは，90% の信頼区間が大きくなっており，これらについては求めたフラックス値はあまり信頼できないことになる。NMR と GC-MS 信号の測定値と推定値を比較したものを表 5.1 と表 5.2 にそれぞれ示す。ここでは，チロシンとリジンの NMR の信号ピークに大きな差がみられ，アウトライアー（異常値）とも考えられる。

χ^2 分布はパスしなかったということと，交換フラックスに対しては大きな信頼区間が得られたということは，得られたデータが十分な情報を与えていないことが考えられる。そこでつぎに，実行可能設計パラメータに，前述の実験計画法を適用し，さらに信頼区間を向上

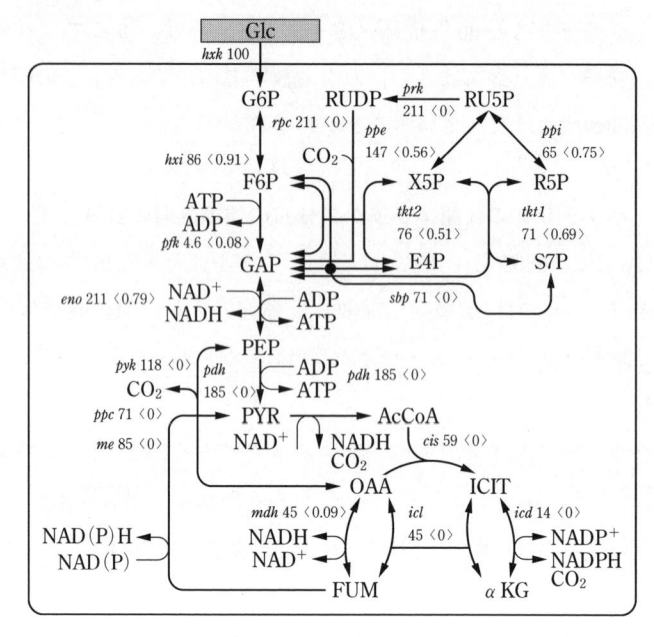

182   6. 統計処理による代謝フラックス分布の信頼限界と実験計画

図 6.4 シアノバクテリアの代謝フラックス分布[2]

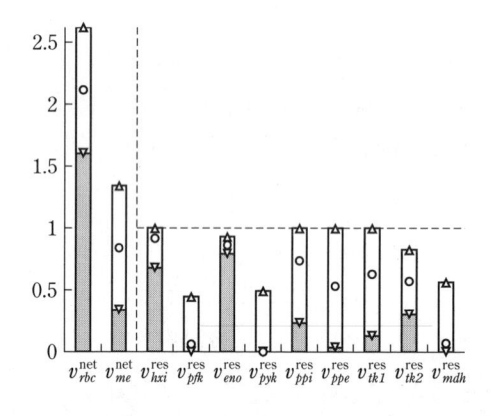

図 6.5 シアノバクテリアの代謝フラックス分布の 90％信頼区間[2]

させることができるかどうかについて考えてみる。

　まず，GC-MS と NMR が利用でき，基質として通常のグルコースのほかに，1番目の炭素原子だけが標識されたグルコース［1-^{13}C］と，均一に標識されたグルコース［U-^{13}C］が利用できると仮定する。ここで求めた代謝フラックス値に対して，GC-MS と NMR およびこの両方を用いた場合について，式 (6.75) で定義した相対情報指数 $\bar{I}$ を求めると，図 6.6 のようになる。この図から，GC-MS だけを用いた図 (a) の場合，$\bar{I}$ はほぼすべての範囲で 0 に近い値になっており，GC-MS だけでフラックスを推定することには限界があるが，図 (b) のように GC-MS と NMR を用いると，標識した基質の組合せによっては，$\bar{I}$ の大きな値が得られることがわかる。すなわちこの図から，90％の通常のグルコースと，10％の［U-^{13}C］のグルコースを用いた実験で求めた場合に比べて，80％の通常のグルコ

(a) GC-MS (b) NMR

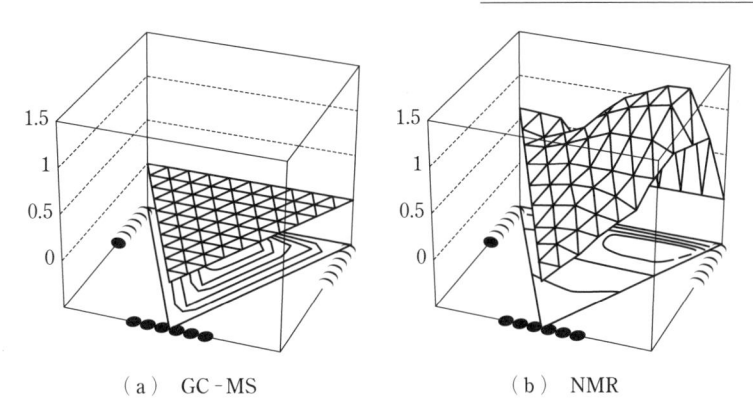

図 6.6 異なる同位体混合物を用いた場合の情報指数の比較[2]

ース，10％のグルコース，それに10％の［1-^{13}C］のグルコースを用いれば，I のより大きな値が得られることがわかる．

他の種類の標識グルコースが利用できる場合についても理論的には考察することができ，例えば，［U-^{13}C］，［1-^{13}C］，［2-^{13}C］，［2-^{13}C］，［6-^{13}C］，［1,2-^{13}C$_2$］，［1,6-^{13}C$_2$］等が市販されて利用できると考え，GC-MSとNMRの両方を使ってアミノ酸の同位体分布を測定し，$\bar{I}$ が最大となるような組合せの混合物に対して，自由（決定）フラックスの標準偏差を図 6.7 に示してある．混合物は，$l_1(C_1):l_2(C_2):l_3(C_3)$ で表してあり，ここで，l_i は混合物の i 番目の炭素の2進表現を10進法で表したものである．C_i はそれぞれの混合物に対応する炭素含有％である．シミュレーション結果から最適な混合物は，0(70)：3(10)：63(20) であることがわかる．図 6.7 は，異なる同位体パターンをもつ基質の混合物が，それぞれフラックスにどのような影響を与えるかを示している[2]．

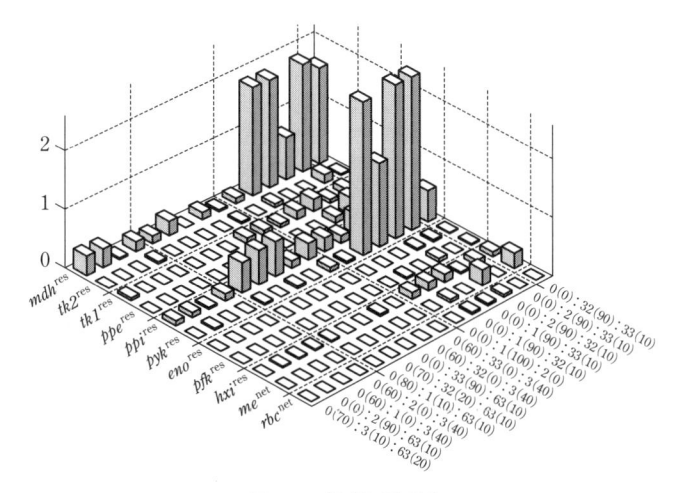

図 6.7 標 準 偏 差[2]

引用・参考文献

1) 清水和幸:生命システム解析のための数学,コロナ社(1999)
2) Arauzo, M. and Shimizu, K.: An Improved method for statistical analysis of metabolic flux analysis using isotopomer mapping matrices with analytical expressions, J. Biotechnol., **105**, pp.117-133 (2003)
3) Dauner, M., Bailey, J. E. and Sauer, U.: Metabolic flux analysis with a comprehensive isotopomer model in *B. subtilis*, Biotech. Bioeng., **76**, pp.144-156 (2001)
4) Greenwood, P. E. and Mikulin, M. S.: A guide to chi-squared testing, Wiley-Interscience, NewYork, (1996)
5) Klapa, M. I., Aon, J. C. and Stephanopoulos, G.: Systematic quantification of complex metabolic flux networks using stable isotopes and mass spectrometry, Eur. J. Biochem., **270**, pp.3525-3542 (2003)
6) Mollney, M., Wiechert, W., Kownatzki, D. and deGraaf, A. A.: Bidirectional reaction steps in metabolic networks (Ⅳ. Optimal experimental dsign of isotopomer labeling experiments), Biotech. Bioeng., **66**, pp.86-103 (1999)
7) Schmidt, K., Nielsen, J. and Villadsen, J.: Quantitative analysis of metabolic fluxes in *E. coli* using two-dimensional NMR spectroscopy and complete isotopomer models, J. Biotechnol., **71**, pp.175-189 (1999)
8) Szyperski, T.: Biosynthetically directed fractional ^{13}C-labeling of proteinogenic amino acids. An efficient analytical tool to investigate intermediary metabolism, Eur. J. Biochem., **232**, pp.433-448 (1995)
9) Wiechert, W. and deGraaf, A. A.: Bidirectional reaction steps in metabolic network (Ⅰ. Modeling and simulation of carbon isotope labeling experiments), Biotech. Bioeng., **55**, pp.101-116 (1997)
10) Wiechert, W., Siefke, C., deGraaf, A. A. and Marx, A.: Bidirectional reaction steps in metabolic networks (Ⅱ. Estimation and statistical analysis), Biotech. Bioeng., **55**, pp.118-135 (1997)
11) Wiechert, W., Mollney, M., Isermann, N., Wurzel, M. and deGraaf, A. A.: Bidirectional reaction steps in metabolic networks (Ⅲ. Explicit solution and analysis of isotopomer labeling systems), Biotech. Bioeng., **66**, pp.69-85 (1999)
12) Wiechert, W.: ^{13}C metabolic flux analysis, Metabolic Eng., **3**, pp.195-206 (2001)
13) Yang, C., Hua, Q. and Shimizu, K.: Energetics and carbon metabolism during growth of microalgal cells under photo-autotrophic, mixotrophic and cyclic light-autotrophic/ dark-heterotrophic conditions, J. Biochem. Eng., **6**, pp.87-102 (2000)
14) Yang, C., Hua, Q. and Shimizu, K.: Quantative analysis of intracellular metabolic fluxes using GC-MS and 2D NMR spectroscopy, J. Biosci. Bioeng., **93**, pp.78-87 (2002)
15) Yang, C., Hua, Q. and Shimizu, K.: Integration of the information from gene expression and metabolic fluxes for the analysis of the regulatory mechanisms in *Synechocystis*, Appl. Microbiol. Biotechnol., **58**, pp.813-822 (2002)
16) Zupke, C., Tompkins, R., Yarmush, D. and Tarmush, M.: Numerical isotopomer analysis — estimation of metabolic activity, Anal. Biochem., **247**, pp.287-293 (1997)

統合的代謝解析と遺伝子欠損株の代謝特性 7

7.1 はじめに

4～6章では，炭素同位体を用いた実験データから，細胞内代謝フラックス分布を推定する方法について述べたが，本章では，大腸菌細胞のいくつかの1遺伝子欠損株について，同位体を利用した代謝フラックス解析を行うと同時に，遺伝子発現やタンパク質発現，細胞内代謝物濃度を考慮した代謝解析についても説明する。

7.2 *pck* 遺伝子欠損株の代謝解析

7.2.1 増殖パラメータ

4章でも述べたように，野生株の大腸菌 W 3110 と *pck* 遺伝子欠損株（JWK 3366）について，炭素律速条件での連続培養（ケモスタット）を行った結果を**表7.1**に示す[52]。ここで野生株については，細胞増殖速度の影響を検討するために，いくつかの異なる希釈率で実験を行った結果も示している。炭素収支から，両菌株とも基質であるグルコースをおもに細胞と CO_2 に変換し，他の代謝物はほとんど生成されていないことがわかる。希釈率が $0.10\,h^{-1}$

表7.1 野生株大腸菌（W 3110）と *pck* 遺伝子欠損株の連続培養結果[52]

増殖パラメータ	大腸菌			
	W 3110			*pck* 遺伝子欠損株
	$0.10\,h^{-1}$	$0.32\,h^{-1}$	$0.55\,h^{-1}$	$0.10\,h^{-1}$
細胞収率〔$g\,g^{-1}$〕	0.40±0.01	0.44±0.02	0.48±0.03	0.46±0.02
グルコース比消費速度〔$mmol\,g^{-1}\,h^{-1}$〕	1.4±0.1	4.0±0.2	6.4±0.2	1.2±0.2
O_2 比消費速度〔$mmol\,g^{-1}\,h^{-1}$〕	4.0±0.7	10.7±1.6	16.3±2.4	2.7±0.5
CO_2 比生成速度〔$mmol\,g^{-1}\,h^{-1}$〕	4.2±0.4	11.1±1.2	16.6±1.8	2.9±0.3
炭素収支〔%〕	99±7	103±8	104±8	97±7

の場合について，*pck* 遺伝子欠損株の細胞収率をみてみると，野生株（W 3110）の 0.40 に比べて，0.46 と向上していることがわかる。これは，*pck* 遺伝子欠損株では CO_2 の生成が著しく低下しているためである。

細胞の組成は，培養条件や増殖速度によって異なることが知られているが，前述の条件での，タンパク質，RNA およびグリコーゲンの量を測定してみると，グリコーゲンはいずれの場合も約 1.4 %で，無視できる量であることがわかり，タンパク質および RNA は**表 7.2**のような結果になる[52]。野生株のタンパク質量は，希釈率が 0.1, 0.32, 0.55 h^{-1} のそれぞれの場合について，70±7 %，68±8 %，65±5 %であり，希釈率が 0.1 h^{-1} での *pck* 遺伝子欠損株では 68±8 %と，ほぼ野生株と同じであることがわかる。また，野生株の RNA 量は，希釈率が 0.10, 0.32, 0.55 h^{-1} と増加するにしたがって，7±1 %，8±1 %，12±1 %と増加することがわかるが，希釈率が 0.1 h^{-1} での *pck* 遺伝子欠損株では 7±1 %であり，*pck* の遺伝子欠損の影響はほとんどないことがわかる。細胞構成成分の残りについては省略する[7]。

表 7.2 野生株大腸菌（W 3110）と *pck* 遺伝子欠損株の連続培養での細胞構成成分の比較[52]

組　成	割　合〔%〕			
	W 3110			*pck* 遺伝子欠損株
	0.10 h^{-1}	0.32 h^{-1}	0.55 h^{-1}	0.10 h^{-1}
タンパク質	70±7	68±8	65±5	68±8
RNA	7±1	8±1	12±1	7±1

7.2.2　細胞内代謝フラックス分布解析

NMR の測定データ，細胞の組成，表 7.1 に示される比速度をもとに，細胞内代謝フラックス分布を求めることができ，野生株の代謝フラックス分布を求めた結果を**図 7.1**に示す[52]。ここで，四角の中の三つの数字は上から順に，希釈率がそれぞれ 0.10, 0.32, 0.55 h^{-1} のときの（グルコース消費速度で）基準化したフラックス値を示している。図 7.1 から，希釈率が 0.10 h^{-1} のときの補充反応経路である Ppc のフラックスは 94 %で，逆方向の糖新生経路の Pck のフラックスは 67 %となっており，かなり大きな無益回路（futile cycle）を形成していることがわかる。希釈率が増加するにつれて無益回路の割合は低下するが，0.55 h^{-1} のときでも，Ppc のフラックスが 52 %で，Pck のフラックスが 23 %というように比較的高いことがわかる。図 7.1 から，希釈率を変化させても，細胞内代謝フラックス分布はあまり変化していないが，希釈率を増加させるにつれて，TCA 回路のフラックスおよび Ppc と Pck のフラックスが低下していることがわかる。また，Mez のフラックスは希釈率が 0.10 h^{-1} のとき 3 %で，希釈率を増加させるにつれて，無視できる程度になっていることがわかる。これは，希釈率が低くなるにつれてグルコース濃度が低下し，糖新生経路が一部活性化

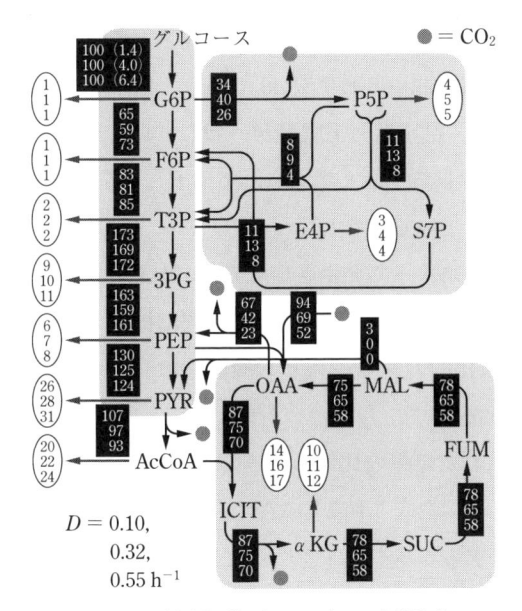

図7.1 野生株大腸菌（W 3110）の連続培養で，希釈率が代謝フラックス分布に及ぼす影響[52]

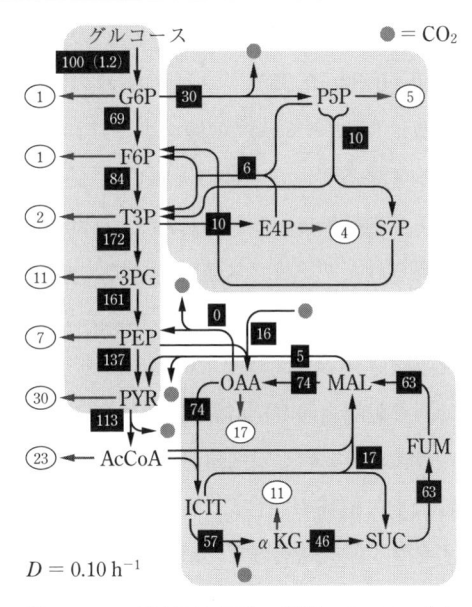

図7.2 *pck* 遺伝子欠損株の代謝フラックス分布（希釈率 $0.1\,h^{-1}$）[52]

されていることを示唆している。

図7.2には，*pck* 遺伝子欠損株について，希釈率が $0.1\,h^{-1}$ のときの細胞内代謝フラックス分布を求めた結果が示してある[52]。この結果から，*pck* 遺伝子欠損株ではPckのフラックスが0％で，補充反応のPpcのフラックスが16％と著しく低下しており，グリオキシル酸経路が活性化されていることがわかる。この場合，イソクエン酸（ICIT）の23％がグリオキシル酸経路を利用して変換されており，77％がTCA回路で処理されている。また，グリオキシル酸経路で生成されたリンゴ酸（MAL）は全体の34％にのぼり，OAAから細胞合成のために利用される炭素骨格を補充していることがわかる。このことは，*pck* 遺伝子欠損株では，Ppcによる補充反応だけではOAAを充分供給できず，グリオキシル酸経路を利用してこれらの不足分を補っていることを示している。

得られた代謝フラックス分布から，細胞合成に必要なNADPHの収支を計算することもできる。NADPHは，おもに酸化的ペントースリン酸経路とTCA回路のイソクエン酸脱水素酵素（ICDH）による反応で生成されるが，必ずしも収支があっていない。この差は，NADPHとNADHとの間の水素転移反応（transhydrogenase reaction）によって収支が満たされているものと思われる[3]。野生株については，希釈率が $0.1,\ 0.32,\ 0.55\,h^{-1}$ となるにつれて，NADPHをNADHに変換する水素転移反応のフラックスは，それぞれ，21％，7％，−41％となり，*pck* 遺伝子欠損株では−39％になることがわかる。

図7.1と図7.2の結果は，さまざまな異なる初期値からスタートし，5章で述べた方法で

収束計算を行った結果であり，χ^2 の値の最も小さいものである．図7.1の場合，希釈率が 0.10，0.32，0.55 h^{-1} のときの χ^2 の値は，それぞれ 69，68 および 49 であり，図7.2 の χ^2 の値は 92 である．χ^2 の値が小さければ小さいほど，推定値と実験値が一致していることを示しているが，この種の実験の χ^2 値の 95％信頼値は約 120 と考えられており[7]，図7.1 と図7.2 の結果は，統計的にみても合理的な値を示しているものと思われる．

得られたフラックス値について，モンテカルロ法によって発生させたデータをもとに統計的な誤差解析を行うと[43),51]，ほとんどのフラックスについて，90％信頼区間は推定したフラックス値の 8％以下であった．唯一の例外は酸化的ペントースリン酸経路のフラックスで，この場合の 90％信頼区間は 25％以下であった．

最後に，4章での代謝フラックス比解析で得られた結果と比較してみると，例えば，pck 遺伝子欠損株の場合について，図7.2 より PEP から生成される OAA の割合，およびグリオキシル酸経路を経て生成される OAA の割合を求めてみると，それぞれ 18％ と 42％ となり，表4.4 で示した代謝フラックス比解析の結果とよく一致していることがわかる．

7.2.3 酵素活性および細胞内代謝物濃度

表7.3 には，前述の連続培養について，いくつかの代謝経路の酵素活性が示してある[52]．この表から，pck 遺伝子を破壊しても Ppc の比活性にはほとんど影響を与えていないことがわかるが，図7.2 からもわかるように，Ppc のフラックスは著しく低下していることに注意すべきである．すなわち，代謝フラックスが酵素活性だけではなく，この反応の基質や活性化因子および阻害物質等の濃度によって調節されていることを意味している．表7.3 から，野生株（W 3110）についてはグリオキシル酸経路のイソクエン酸リアーゼ（Icl）の比活性はほとんどみられないが，pck 遺伝子欠損株（JWK 3366）では 167 nmol min^{-1}（mg protein）$^{-1}$ の活性を示しており，また，pck 遺伝子欠損株での ICDH は，野生株に比べて約 6 倍比活性が低下していることがわかる．

つぎに，野生株について希釈率の影響をみてみると，Ppc については，希釈率が低い場合

表7.3 野生株大腸菌と pck 遺伝子欠損株の連続培養での酵素活性[52]

酵素活性 〔nmol min^{-1}(mg protein)$^{-1}$〕	大腸菌（希釈率）			
	W 3110			JWK 3366
	0.10 h^{-1}	0.32 h^{-1}	0.55 h^{-1}	0.10 h^{-1}
Pck	28±5	36±6	33±6	<1.2
Ppc	3.5±0.6	19±3	23±4	2.9±0.6
Ppc（AcCoA 添加）*	67±12	270±30	350±40	56±10
ICDH	630±90	760±120	720±110	98±14
Icl	0	0	0	170±12

* AcCoA（1 mM）を添加

に比べて，高い場合の酵素活性は著しく増加することがわかるが，Ppc 以外はあまり変化していないことがわかる．大腸菌の Ppc は AcCoA のような活性化因子がなければ活性は低いことがわかっているが[21]，実際に AcCoA を添加してみると，酵素活性が 10〜20 倍増加することがわかる（表 7.3 参照）．酵素活性と細胞内代謝物濃度との関係を調べるために，細胞内代謝物濃度を測定した結果を**表 7.4** に示す[52]．表 7.4 について，希釈率が $0.1\,\text{h}^{-1}$ の場合の野生株と，pck 遺伝子欠損株の結果を比較してみると，あまり差がないことがわかる．ただ，AcCoA および OAA の濃度が若干低下し，ICIT，MAL，ADP の濃度がやや増加していることがわかる．また，野生株においては希釈率が増加するにつれて，ATP と ADP の濃度が上昇し，MAL の濃度はほぼ一定で，それ以外の代謝物の濃度は低下していることがわかる．

表 7.4 野生株大腸菌（W 3110）と pck 遺伝子欠損株（JWK 3366）の連続培養での細胞内代謝物濃度[52]

代謝物濃度 [mM]	大腸菌（比増殖速度）			
	W 3110			JWK 3366
	($0.10\,\text{h}^{-1}$)	($0.32\,\text{h}^{-1}$)	($0.55\,\text{h}^{-1}$)	($0.10\,\text{h}^{-1}$)
FBP	0.92±0.11	0.78±0.14	0.46±0.04	1.41±0.21
3PG	1.67±0.21	0.68±0.06	0.42±0.04	1.79±0.16
PEP	0.88±0.14	0.17±0.04	0.06±0.01	1.28±0.18
PYR	1.64±0.32	0.48±0.07	0.28±0.04	1.42±0.28
AcCoA	1.42±0.35	1.02±0.21	0.68±0.14	0.80±0.12
ICIT	<0.03	<0.03	<0.03	0.05±0.01
aKG	2.54±0.24	1.02±0.09	0.30±0.03	2.13±0.27
MAL	0.07±0.01	0.06±0.01	0.07±0.01	0.15±0.02
OAA	1.07±0.21	0.77±0.14	0.49±0.07	0.38±0.06
Asp	3.95±0.80	3.45±0.67	2.28±0.41	3.36±0.65
ATP	0.94±0.22	1.01±0.21	1.20±0.25	1.22±0.31
ADP	0.32±0.09	0.51±0.14	0.63±0.17	1.21±0.35

7.2.4 Pck フラックスの調節制御

図 7.1 から，野生株の大腸菌では，補充反応経路の Ppc と糖新生経路の Pck のフラックスは大きく，この経路で無益回路を形成して ATP を加水分解していることがわかる．この無益回路は，細胞増殖速度が増加するにつれて低下することもわかる．また，1 原子の酸素から 1.3 mol の ATP が生成される，すなわち P/O 比が 1.3 と仮定すると[47]，図 7.1 の結果から，Ppc-Pck の無益回路で失う ATP は，生成される全 ATP の量に比べると，希釈率が 0.10，0.32，$0.55\,\text{h}^{-1}$ と増加するにつれて，8.2％，5.7％，3.5％と低下していることがわかる．表 7.1 から，pck 遺伝子欠損株では，野生株に比べて CO_2 の比生成速度，および O_2 比消費速度が著しく低下することがわかるが，これは Ppc-Pck での無益回路がなくなることで，エネルギー要求が低下することとも一致している．

細胞が無益回路で無駄にATPを消費するには，それなりの理由があると思われる。つぎに，このことについて調べてみる。大腸菌のPckによる反応のキネティクスは迅速平衡に従うものと仮定すると[25]，この酵素反応の速度式は，式（7.1）で表現できる。

$$v_{pck} = \frac{v_{max}[OAA][ATP]}{\left\{\begin{array}{l} K_{i,ATP}K_{OAA} + K_{OAA}[ATP] + K_{ATP}[OAA] + [OAA][ATP] \\ + \dfrac{K_{i,ATP}K_{OAA}[PEP]}{K_{i,PEP}} + \dfrac{K_{i,ATP}K_{OAA}[ADP]}{K_{i,ADP}} + \dfrac{K_{i,ATP}K_{OAA}[PEP][ADP]}{K_{PEP}K_{i,ADP}} \\ + \dfrac{K_{i,ATP}K_{OAA}[ATP][PEP]}{K_{i,PEP}K_{I,ATP}} + \dfrac{K_{i,ATP}K_{OAA}[OAA][ADP]}{K_{i,ADP}K_{I,OAA}} \end{array}\right\}}$$

$K_{ATP} = 0.06$ mM　　$K_{OAA} = 0.67$ mM　　$K_{PEP} = 0.07$ mM　　$K_{i,ATP} = 0.04$ mM

$K_{i,PEP} = 0.06$ mM　　$K_{i,ADP} = 0.04$ mM　　$K_{I,ATP} = 0.04$ mM　　$K_{I,OAA} = 0.45$ mM

(7.1)

式（7.1）に，表7.4の細胞内代謝物濃度と図7.1のフラックス値を代入して，Pckの最大反応速度v_{max}を求めてみる。図7.1に示すように，野生株でのPckのフラックスは，希釈率が0.10, 0.32, 0.55 h^{-1}と増加するにつれて，それぞれ0.93, 1.70, 1.46 mmol g^{-1} h^{-1}であるので，式（7.1）からv_{max}を計算してみると，それぞれ13.6, 11.6, 9.5 mmol g^{-1} h^{-1}となる。このことから，v_{max}は希釈率が変化しても，それほど変化していないことがわかるが，これは表7.3の酵素活性の測定結果とも一致している。さらに，Pckのフラックスは，v_{max}に比べて15％以下（v/v_{max}）であることもわかる。このことは，Pckのフラックスの調節制御は，酵素活性よりも代謝物濃度が支配的になっていることを意味している。

大腸菌細胞内のATPとADPの濃度は，それぞれKやK_iに比べて著しく高い（表7.4参照）ので，式（7.1）は次式のように簡略化できる。

$$v_{pck} = v_{max}\frac{[OAA]\cdot\dfrac{[ATP]}{[ADP]}}{\left\{\begin{array}{l} K_{OAA}\cdot\dfrac{[ATP]}{[ADP]} + [OAA]\cdot\dfrac{[ATP]}{[ADP]} + \dfrac{K_{i,ATP}K_{OAA}}{K_{i,ADP}} + \dfrac{K_{i,ATP}K_{OAA}}{K_{PEP}K_{i,ADP}}\cdot[PEP] \\ + \dfrac{K_{i,ATP}K_{OAA}}{K_{i,PEP}K_{I,ATP}}\cdot\dfrac{[ATP]}{[ADP]}\cdot[PEP] + \dfrac{K_{i,ATP}K_{OAA}}{K_{i,ADP}K_{I,OAA}}\cdot[OAA] \end{array}\right\}}$$

(7.2)

ここでは，[ATP]≫K_{ATP}，[ATP]≫$K_{i,ATP}$，[ADP]≫$K_{i,ADP}$を仮定している。

図7.3（a）は，ATP/ADP比がv/v_{max}に及ぼす影響をみたものであるが，[ATP]/[ADP]比が1以下に低下するまでは，この値が変化してもあまりv/v_{max}に影響を与えないことがわかる。

一方，図7.3（b）から，PEPやOAAの濃度が，それぞれ約1 mMおよび2 mM以下では，v/v_{max}は大きく影響を受けることがわかる。興味深いことに，測定した細胞内の

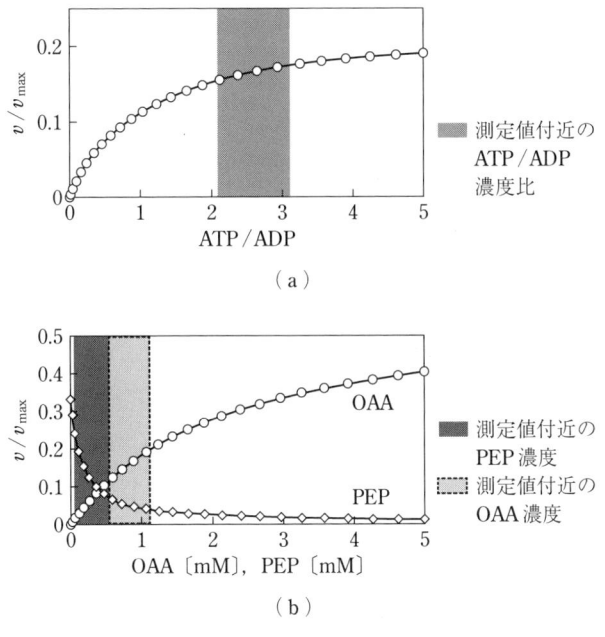

図7.3 ATP/ADP 比および OAA, PEP 濃度が Pck の v/v_{max} に及ぼす影響[52]

PEP と OAA の濃度は, Pck のフラックス (v/v_{max}) の最も感度の高い部分に位置していることである (表7.4参照). 特に, 測定した範囲内での PEP の濃度に対して, v/v_{max} は非常に感度が高いことがわかる.

これらの解析結果から, Pck のフラックスは ATP/ADP 比ではなく, 酵素活性や PEP, OAA の濃度によって制御されていることがわかる. すなわち, Pck のフラックスは PEP や OAA の濃度によって柔軟に調節されていることになる. また, PEP は細胞における代謝で大変重要な役割を果たしており, PTS だけではなく, Pfk や Pyk の酵素も調節している. また, 前にも述べたように, Pck によって触媒される糖新生の反応は, OAA と PEP の間の相対的なバランスを取っており, TCA 回路で過剰になった炭素を PEP に変換し, 細胞合成の要求にこたえていると考えられる. また, Ppc–Pck の無益回路は無意味に ATP を放出しているわけではなく, むしろ大変重要な代謝調節制御の役割を果たしていることがわかる.

7.2.5 補充反応の *in vivo* での調節

図7.1 および図7.2から, *pck* 遺伝子欠損株では補充反応の Ppc のフラックスも大きな影響を受けることがわかる. すなわち, *pck* 遺伝子を破壊すると, Ppc のフラックスが著しく低下し, グリオキシル酸経路が活性化されることがわかる. つぎに, この調節のメカニズ

ムを，*in vivo* でのフラックスと細胞内代謝物濃度，および酵素活性の測定結果をあわせて考察する。

図7.1からもわかるように，野生株の大腸菌では，Ppcは唯一の補充反応である。しかし，図7.2をみてみると，*pck* 遺伝子欠損株では野生株に比べて *in vivo* でのPpcのフラックスは約7倍低下していることがわかる。ただし，表7.3からPpcの比活性はほとんど変化していないので，このフラックスの *in vivo* での調節は，代謝物の濃度に依存していると思われる。

表7.3に示されるように，大腸菌におけるPpcの活性は，活性化因子がなければ非常に低く，AcCoAは最も重要な活性化因子であることがわかる。表7.4から，*pck* 遺伝子欠損株では，AcCoA濃度がやや低下しており，このことが，Ppcのフラックスの低下に寄与しているものと思われる。このため，測定したAcCoA濃度でのPpcのフラックスの感度 $(\Delta v_{\mathrm{ppc}}/\Delta[\mathrm{AcCoA}])\cdot([\mathrm{AcCoA}]/v_{\mathrm{ppc}})$ を計算してみると1.13になる[21]。このことから，確かに感度は1より大きいが，あまり高くないので，*pck* 遺伝子欠損株におけるPpcでのフラックスの著しい低下は，AcCoA濃度の低下だけでは説明できないことになる。

Ppcの活性はL-AspやMALによって著しく阻害されることがわかっている。特に，L-Aspは通常Ppcの阻害物質であるが[23]，Ppcのフラックスは，AspとMALの濃度が1mM以下になったときにのみ影響を受けることがわかっている[21]。表7.4から，細胞内のAspの濃度は野生株および *pck* 遺伝子欠損株のいずれの場合でも2mMより大きいので，AspはPpcのフラックスの低下にはほとんど寄与していないと考えられる。一方，測定したMALの濃度は，すべての場合について0.15mM以下であり（表7.4参照），細胞内MAL濃度は，*pck* 遺伝子欠損株では野生株に比べて増加していることがわかる。このため，Aspではなく，おもにAcCoAとMALの濃度によってPpcのフラックスが調節されていると思われる。

つぎに，表7.3と図7.2からもわかるように，*pck* 遺伝子欠損株では，グリオキシル酸経路が活性化されていることがわかる。このことについて考察してみる。グリオキシル酸経路は，イソクエン酸脱水素酵素（ICDH）の可逆的リン酸化によって調節されている[50]。表7.3から，*pck* 遺伝子欠損株では，ICDHの活性が著しく低下しているので，このことがグリオキシル酸経路の活性化につながっていると思われる。ICDHの可逆的なリン酸化/脱リン酸化は，ICDHキナーゼ/ホスファターゼによって触媒され，ICDHキナーゼ/ホスファターゼはOAAを含む多くのエフェクターによって調節されている[18]。OAAはICDH-キナーゼを阻害し，ホスファターゼを促進させる。表7.4からわかるように，*pck* 遺伝子欠損株では細胞内のOAA濃度が減少し，このことがICDHのリン酸化を促進して活性を低下させ，グリオキシル酸経路のフラックスが上がったものと思われる。酢酸を炭素源とした場合は，

3PGもICDHのリン酸化に影響を与える重要な調節因子と考えられているが，表7.4からもわかるように，3PGの濃度は野生株の場合とあまり変わっていないので，この可能性はないと思われる。

大腸菌では，IclをコードしているIC遺伝子 aceA，リンゴ酸シンターゼをコードしている aceB，それにICDHキナーゼ/ホスファターゼをコードしている aceK によって酢酸オペロン aceBAK を形成している。このオペロンは，酢酸あるいは脂肪酸を炭素源として増殖する場合に誘導され，グルコース存在下では抑制されることがわかっている。このオペロンは，リプレッサータンパク質であるIclRによって，転写レベルで負に制御されているが，酢酸を炭素源とした場合は，このリプレッサータンパク質が離れ，このオペロンの誘導が行われると思われる。本節で述べた結果は，グルコースを炭素源とした場合でも，特定の遺伝子欠損株ではグリオキシル酸経路が働くことを示している。

また，表7.4から pck 遺伝子欠損株では，野生株に比べて細胞内のICIT濃度が増加していることがわかる。ICITはICDHに高いアフィニティーを示す（$K_m=8\ \mu M$）ので，pck 遺伝子欠損株では，ICDHのリン酸化による不活性化のためにイソクエン酸の濃度が増加し，このためIclのフラックスが著しく増加したものと思われる。なぜなら，測定した細胞内のICIT濃度はIclの K_m（$604\ \mu M$）より低いので，ICITの濃度の増加に応じてIclのフラックスが増加するからである。ICDHは広い範囲で0次反応（すなわち $[ICIT]>K_m$）と考えられるので，ICITの濃度にはあまり影響を受けない（感度が高くない）と思われる。これらの分岐点での性質から，グリオキシル酸経路のフラックスはICDHのリン酸化，およびリン酸化に伴う不活性化，そしてIclの活性化によって，pck 遺伝子破壊株では，ICITの23％がグリオキシル酸経路に流れたものと思われる。

コリネ型細菌についても，pck 遺伝子の破壊が代謝フラックスに及ぼす影響がすでに報告されている[37]。この場合も，pck 遺伝子を破壊すると，補充反応のPpcのフラックスが低下することが報告されてはいるが，グリオキシル酸経路が活性化されるということは報告されていない。大腸菌とコリネ型細菌では，補充反応の仕組みが異なっており，後者の場合は，Ppcのほかに Pyc（ピルビン酸カルボキシラーゼ）によって補充反応が行われており，グルコースを炭素源とした場合は，Pycによる補充反応が主であることが知られている[36]。このため，コリネ型細菌では，pck 遺伝子が破壊され，Ppcによる補充反応が低くなったとしても，残りのPycによる補充反応で十分賄われるものと考えられる。

ここまで大腸菌の pck 遺伝子欠損株では，野生株に比べて補充反応のフラックスが著しく変化し，グルコースを炭素源とした場合，通常は利用されないはずのグリオキシル酸経路が利用されることをみてきた。しかし，表7.4からわかるように，細胞合成のための前駆体である3PG, PEP, PYR, AcCoA, αKG, Asp等の細胞内濃度はあまり変化していない。

このことは，細胞内でこれらの量（濃度）を検知して一定に保つホメオスタシス機構が働いていることが示唆される。

一方，大腸菌の *pck* 遺伝子を破壊すると，TCA 回路の ICIT から，一部はグリオキシル酸経路を利用するため，TCA 回路による ATP の生成は低下し，細胞増殖速度は低下する。しかし，酢酸の生成や CO_2 の生成が減少し，細胞収率が向上することは（発酵）産業応用上興味深い。

7.3　*pgi* 遺伝子欠損株の代謝解析

7.3.1　連続培養での増殖特性

希釈率を $0.1\,h^{-1}$ として大腸菌を連続培養した結果を**表 7.5** に示す[20]。ここで，供給グルコース濃度は $4\,g/l$ で，M9 合成培地を用い，pH は 7.0，温度は 37°C である。好気条件で培養を行い，グルコース律速条件と NH_3 律速条件のそれぞれについて実験を行っている。

表 7.5　野生株大腸菌（W3110），*pgi* 遺伝子欠損株，*zwf* 遺伝子欠損株の連続培養での増殖パラメータ[20]

増殖パラメータ*	大腸菌（連続培養条件）					
	W3110 （グルコース律速）	*pgi* 遺伝子欠損株 （グルコース律速）	*zwf* 遺伝子欠損株 （グルコース律速）	W3110 （NH_3 律速）	*pgi* 遺伝子欠損株 （NH_3 律速）	*zwf* 遺伝子欠損株 （NH_3 律速）
$Y_{X/S}$ $[g\,g^{-1}]$	0.40±0.03	0.43±0.03	0.42±0.03	0.23±0.02	0.39±0.03	0.20±0.02
グルコース [mM]	<0.1	<0.1	<0.1	8.3±0.6	15.4±1.3	7.1±0.5
NH_3 [mM]	38.0±3.4	37.1±3.3	37.4±3.3	<0.1	<0.1	<0.1
q_{glc} $[mmol\,g^{-1}\,h^{-1}]$	1.4±0.1	1.3±0.1	1.4±0.1	2.9±0.3	1.6±0.2	2.8±0.3
q_{O_2} $[mmol\,g^{-1}\,h^{-1}]$	4.0±0.7	3.9±0.7	3.7±0.6	7.1±1.4	3.8±0.7	3.0±0.6
q_{CO_2} $[mmol\,g^{-1}\,h^{-1}]$	4.2±0.4	3.7±0.4	4.2±0.4	7.2±0.9	4.0±0.4	3.1±0.4
q_{ace} $[mmol\,g^{-1}\,h^{-1}]$	0	0	0	1.60±0.14	0.31±0	2.71±0.23
q_{pyr} $[mmol\,g^{-1}\,h^{-1}]$	0	0	0	0.01±0	0	0.71±0
q_{eth} $[mmol\,g^{-1}\,h^{-1}]$	0	0	0	0.02±0	0	0.03±0
$q_{\alpha KG}$ $[mmol\,g^{-1}\,h^{-1}]$	0	0	0	0.01±0	0	0
q_{suc} $[mmol\,g^{-1}\,h^{-1}]$	0	0	0	0	0	0.01±0
q_{fum} $[mmol\,g^{-1}\,h^{-1}]$	0	0	0	0.03±0	0	0.01±0
q_{EPS} $[mmol\,g^{-1}\,h^{-1}]$	0	0	0	0.04±0	0	0.16±0
炭素収支 [%]	99±7	97±7	103±8	93±9	97±7	95±7

*　希釈率は $0.1\,h^{-1}$。$Y_{X/S}$：対糖細胞収率，q：比速度，q_{EPS}：多糖比生成速度，蟻酸や乳酸は検出限界以下

表7.5では，大腸菌の野生株（W 3110）および *pgi* 遺伝子欠損株，*zwf* 遺伝子欠損株のそれぞれについて，さまざまな比速度の値を示している．表から，炭素源律速の場合は，基質であるグルコースはすべて細胞と CO_2 に変換されており，代謝副産物はほとんど生成されていないため，対糖収率はいずれの場合もほぼ同じ値を示している．

表7.5の NH_3 律速の場合とグルコース律速の場合の結果を比較してみると，野生株と *zwf* 遺伝子欠損株では，グルコース比消費速度が著しく増加し，細胞収率が著しく低下しているが，*pgi* 遺伝子欠損株の細胞収率はわずかに低下していることがわかる．また，野生株の場合，NH_3 律速の場合の酸素比消費速度および CO_2 比生成速度は，グルコース律速の場合に比べて高いことがわかるが，これは NH_3 律速では呼吸活性が高まったためと思われる[7),26)]．表7.5からさらに，NH_3 律速の場合にすべての細胞について，いわゆる TCA 回路のオーバーフローが生じ，さまざまな代謝副産物，特に酢酸が生成されており，PYR，FUM，エタノール，αKG，SUC，そして多糖等も生成されていることがわかる．また，酢酸および PYR の比生成速度は，*pgi* 遺伝子欠損株で最も低く，後述する *zwf* 遺伝子欠損株で最も高いことがわかる．**表7.6**は，タンパク質，RNA およびグリコーゲン組成を示している[20)]．この表から予想されるように，NH_3 律速条件下では，炭化水素のグリコーゲン量が著しく増加していることがわかる．これら以外は DNA，脂質，ペプチドグリカン等であるがここでは省略する[7)]．

表7.6 野生株大腸菌（W 3110），*pgi* 遺伝子欠損株，*zwf* 遺伝子欠損株の連続培養でのタンパク質，RNA およびグリコーゲン量[20)]

培養条件	菌　株	全体の割合〔%〕		
		タンパク質	RNA	グリコーゲン
炭素源律速	W 3110	70±7	7±1	1.4±0.1
	pgi 遺伝子欠損株	69±8	8±1	2.1±0.2
	zwf 遺伝子欠損株	67±7	8±1	1.8±0.2
窒素源律速	W 3110	58±6	9±1	11±1
	pgi 遺伝子欠損株	56±7	7±1	15±1
	zwf 遺伝子欠損株	63±8	10±1	4.8±0.5

7.3.2　細胞内代謝フラックス分布解析

表7.5に示される比速度，表7.6に示される細胞組成，および NMR による ^{13}C-^{13}C 結合マルチプレットの相対強度の情報をもとに，**図7.4**の代謝経路について細胞内代謝フラックスを計算できる．ただしここでは，4章で述べたフラックス比解析結果をもとに，Pck と Mez の経路は活性化されていると仮定する．さらに，*pgi* 遺伝子欠損株では，グリオキシル酸経路とエントナー–ドゥドロフ経路も活性化されていると仮定して代謝フラックスを求めることにする[20)]．

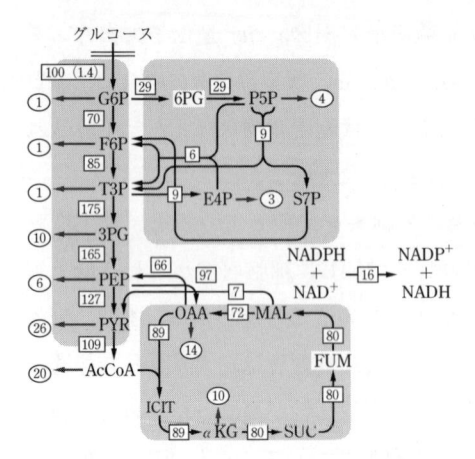

196　7．統合的代謝解析と遺伝子欠損株の代謝特性

（a）グルコース律速条件での野生株

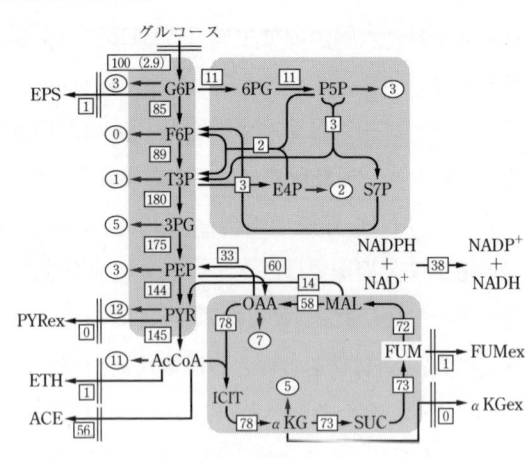

（b）NH₃律速条件での野生株

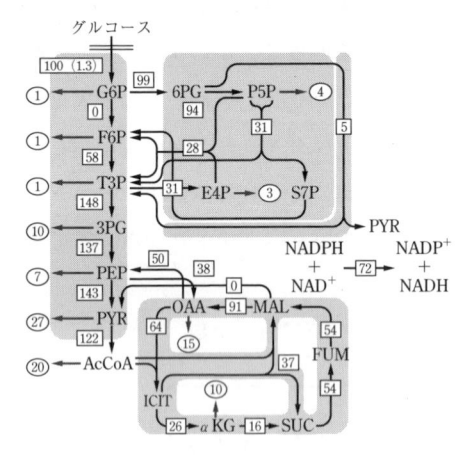

（c）グルコース律速条件での *pgi* 遺伝子欠損株

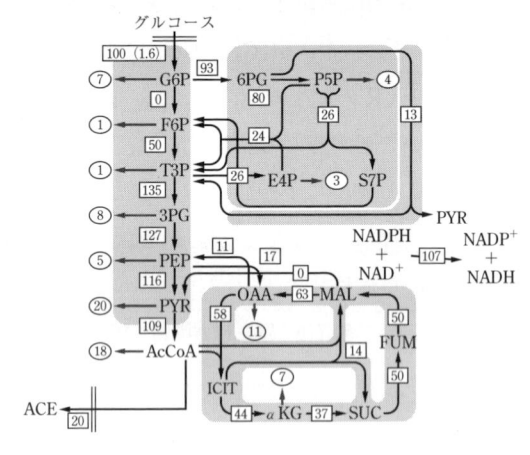

（d）NH₃律速条件での *pgi* 遺伝子欠損株

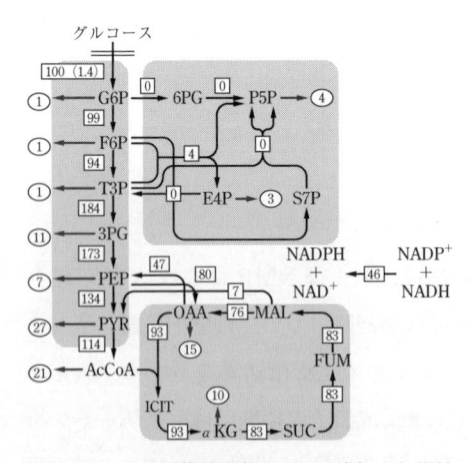

（e）グルコース律速条件での *zwf* 遺伝子欠損株

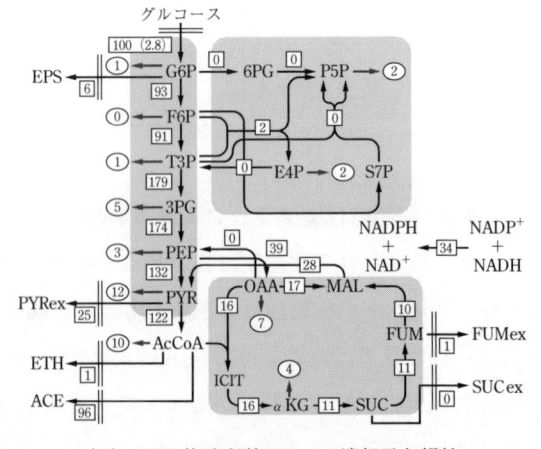

（f）NH₃律速条件での *zwf* 遺伝子欠損株

図7.4　野生株大腸菌（W3110），*pgi* 遺伝子欠損株，*zwf* 遺伝子欠損株を連続培養（希釈率 $0.1\,h^{-1}$）したときの代謝フラックス分布[20]（T3P=GAP+DHAP）

7.3 pgi 遺伝子欠損株の代謝解析

図7.4（a）と（b）に，野生株（W 3110）の場合について，グルコース律速条件下およびNH₃律速条件下での（基準化した）代謝フラックス分布を示す。この二つの図を比較してみると，NH₃律速条件下では，酸化的ペントースリン酸経路のフラックスが低下し，解糖系のフラックスが増加していることがわかる。この結果は，4章で述べたフラックス比の結果や，他の研究結果[8),42)]とも一致している。さらに，糖新生経路のPckによる反応のフラックスも著しく小さくなっているが，MALからPYRに至るMezの反応のフラックスは増加していることもわかる。

pgi 遺伝子欠損株の場合についての代謝フラックス分布の結果を図7.4（c）と（d）に示す。ただし，この場合はPgiによる反応はないものとして計算を行っている。親株の場合の図7.4（a），（b）とそれぞれ比較してみると，pgi 遺伝子欠損株ではグリオキシル酸経路が活性化され，TCA回路中のICDHによる反応のフラックスが著しく小さくなっていることがわかる。図7.4（c）から，グルコース律速条件下でのpgi 遺伝子欠損株では，ICITの59％がグリオキシル酸経路を通り，41％がαKGに変換されていることがわかる。グリオキシル酸経路によって生成されたMALは，OAAから細胞合成に使われた炭素骨格を補うために使われている。また，pgi 遺伝子欠損株では，Ppcによる補充反応のフラックスが著しく低下していることがわかる。すなわち，pgi 遺伝子を破壊すると補充反応の機構が大きく変化することを示している。

図7.4（c）と（d）からさらに，pgi 遺伝子欠損株では，グルコース律速条件下およびNH₃律速条件下のそれぞれについて，エントナー–ドゥドロフ経路のフラックスは5％と13％になっており，ペントースリン酸経路がグルコース代謝の主要経路になっていることを示している[3),10),13)]。また，図7.4（c）と（d）から，pgi 遺伝子欠損株では野生株に比べて，NADPHをNADHに変換させる水素転移反応のフラックスが著しく高くなっており，この欠損株では水素転移反応が酸化還元代謝のおもな役割を果たしていることがわかる。

図7.4（a），（b）と図（c），（d）に示した代謝フラックス分布は，さまざまな異なる初期値から計算を開始して得られたもののうち，最も小さいχ^2の値を示した場合の結果が示してある。図7.4（a），（b）の野生株については，それぞれ，χ^2の値は62と136で，図7.4（c），（d）のpgi 遺伝子欠損株については76と185，また，後述する図7.4（e），（f）のzwf 遺伝子欠損株については132と89であった。この種の実験のχ^2値の95％信頼値は約120と考えられるので[7)]，図7.4に示される代謝フラックス分布は統計的な観点からも合理的な値を示していると思われる。モンテカルロ法で発生させたデータ基づく統計的な誤差解析を行うと[43),51)]，ほとんどのフラックスは90％の信頼区間が得られ，これは推定値の8％以下であるが，酸化的ペントースリン酸経路とエントナー–ドゥドロフ経路のフラックスについては25％以下である。ここで水素転移反応のフラックスは，NAD⁺特異的，

およびNADP$^+$特異的なリンゴ酸酵素がともに等しく活性化されているものと仮定して求めている．すべてがNAD$^+$特異的なリンゴ酸酵素と仮定した場合は，水素転移反応のフラックスは低下するはずである．もし，代謝フラックス分布を計算する際に水素転移反応を無視すると，この代謝フラックスのχ^2値は著しく増加するので，大腸菌では実際に水素転移反応が活性化されていることが示唆される．また，これとは別に計算した4章のフラックス比と比較しても，図7.4の結果はよい一致を示している．例えば，*pgi*遺伝子欠損株で，グルコース律速の場合をみてみると，PEPからOAA分子を生じるPpcのフラックスは29％で，グリオキシル酸経路からOAAが生成されるフラックスは58％になっているが，これらは表4.6に示されるフラックス比解析結果とよく一致している．

　*pgi*遺伝子欠損株では，図7.4（c），（d）に示されるように，グリオキシル酸経路が活性化され，ICDHで生成されるNADPHの量が著しく低下し，細胞によって生成されるすべてのNADPHの20％以下になることがわかる．NADPHとNADP$^+$は，大腸菌のICDHの可逆的なリン酸化あるいは不活性化のエフェクターであることが知られている[18]．

　また，図7.4（c）と（d）から，*pgi*遺伝子欠損株ではエントナー–ドゥドロフ経路が働いていることがわかる．特に，図7.4（d）から，消費されたグルコースのうち，13％がエントナー–ドゥドロフ経路で処理されていることがわかる．これは，もしエントナー–ドゥドロフ経路を利用しないとすると，ペントースリン酸経路で2分子のNADPHが生成されるが，エントナー–ドゥドロフ経路を利用することで，1分子のNADPHの生成ですむからと考えられる．また，*pgi*遺伝子欠損株では，多くのNADPHが水素転移反応によってNADHに変換されている．このため，水素転移反応が存在しない酵母等では，*pgi*遺伝子欠損株は生育できない[9]．NADPHをNADHに変換する反応は，可溶の水素転移酵素UdhAによって触媒されると考えられる[2,3]．

7.4 *zwf*遺伝子欠損株の代謝解析

　図7.4（e）と（f）に，*zwf*遺伝子欠損株について，グルコース律速条件下とNH$_3$律速条件下での代謝フラックス分布をそれぞれ示す．この場合，G6PDHの酵素活性がみられないことから，このフラックスは0と仮定して代謝フラックス分布を計算している．この結果を野生株の場合と比較してみると，両律速条件下でも圧倒的に解糖系（EMP経路）でグルコース代謝が行われ，また，P5PとE4Pは非酸化的ペントースリン酸経路で供給され，NADHをNADPHに変換させる水素転移反応のフラックスが著しく大きいことがわかる〔図7.4（f）参照〕．また，*zwf*遺伝子欠損株では，TCA回路のフラックスが著しく低下し，リンゴ酸脱水素酵素による反応では，通常とは逆にOAAからFUMが生成され，著し

い量の酢酸とPYRが細胞外に放出されていることがわかる．さらに，Pckによる反応は無視できるほど小さく，リンゴ酸酵素によって，MALからPYRが生成されるMezのフラックスが増加していることがわかる．

　zwf遺伝子欠損株の場合は，ペントースリン酸経路でNADPHが生成されないので，NADHをNADPHに変換する水素転移反応が，膜結合のエネルギー共役型水素転移酵素PntABによって触媒され，細胞合成に必要なNADPHが供給されたと思われる[49]（図7.5参照）．

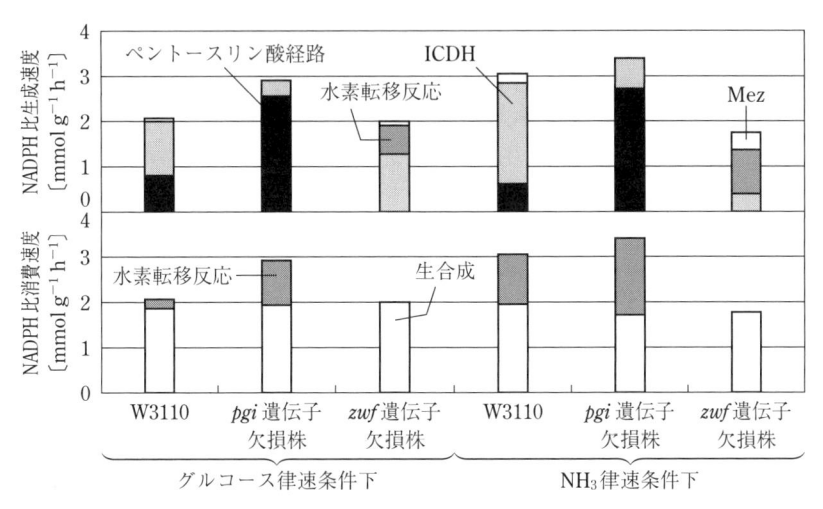

図7.5　NADPHの生成と消費[20]

NH$_3$律速条件下では，zwf遺伝子欠損株のTCA回路は活性が低下し，MDHのフラックスは逆方向になっていることがわかる．これは通常，嫌気条件でみられる現象である．野生株において，NH$_3$律速条件下では，グルコース律速条件下に比べて酸素比消費速度が高くなっており，呼吸活性を増加させていると思われる．大腸菌では，呼吸活性はH$_2$O$_2$の生成と比例関係にあるので[17]，NH$_3$律速条件下では酸化的ストレスにさらされていると思われる．

　zwf遺伝子欠損株では，抗酸化システムのおもな還元力であるNADPHをペントースリン酸経路で生成することができないため，酸化的ストレスに敏感であると思われ，このことはicd遺伝子欠損株の大腸菌およびzwf遺伝子欠損株の酵母についてもいえる[4),22)]．

7.5　ppc遺伝子欠損株の代謝解析

（1）培養特性　図7.6および表7.7には，親株である大腸菌BW 25113とppc遺伝子欠損株（JWK 3928）のそれぞれを，グルコースを炭素源としたM 9合成培地を用い

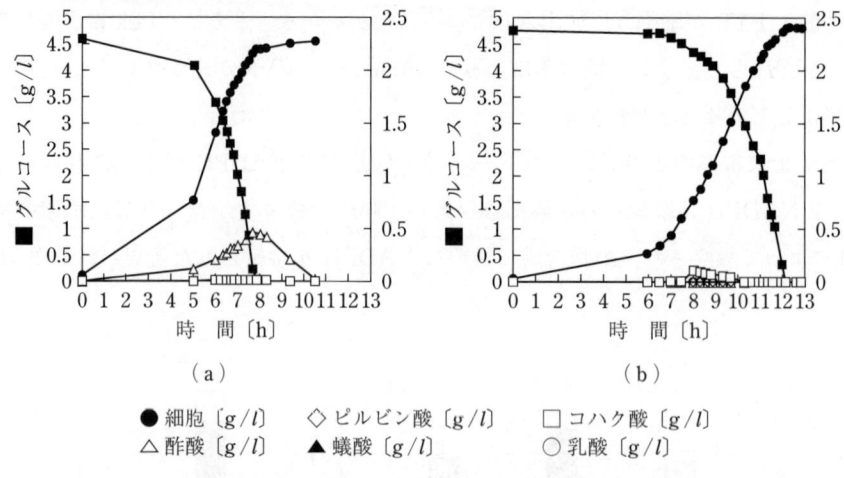

200   7. 統合的代謝解析と遺伝子欠損株の代謝特性

図7.6 野生株大腸菌（BW 25113）と ppc 遺伝子欠損株の培養特性[35]

● 細胞 [g/l]　◇ ピルビン酸 [g/l]　□ コハク酸 [g/l]
△ 酢酸 [g/l]　▲ 蟻酸 [g/l]　○ 乳酸 [g/l]

て，好気条件で回分培養したときの結果が示してある．この図表から，ppc 遺伝子欠損株は，親株に比べてグルコース消費速度および細胞増殖速度がともに低下し，CO_2 の生成も明らかに低下している．また，酢酸の生成はほとんどなく，このため対糖の細胞収率は親株に比べて高くなっていることがわかる．

（2）遺伝子発現　図7.7は，回分培養の対数増殖期での遺伝子発現量（RT-PCRによる mRNA の量）を，親株と ppc 遺伝子欠損株とで比較したものである[35]．ppc 遺伝子欠損株では，ppc の遺伝子発現がみられていないので，確かに ppc 遺伝子が破壊されていると確認できる．また，

表7.7 野生株大腸菌（W 3110）と ppc 遺伝子欠損株の回分培養での増殖パラメータ[35]

パラメータ	野生株	ppc 遺伝子欠損株
μ_{max} [h^{-1}]	0.41	0.34
q_{glc} [mmol g^{-1} h^{-1}]*1	5.61	3.16
q_{CO_2} [mmol g^{-1} h^{-1}]*2	3.38	2.47
q_{ace} [mmol g^{-1}]*3	0.22	0.00
Y_{xls} [g g^{-1}]*4	0.48	0.55

*1 グルコース比消費速度，*2 CO_2 比生成速度，*3 酢酸比生成速度，*4 対グルコース細胞収率

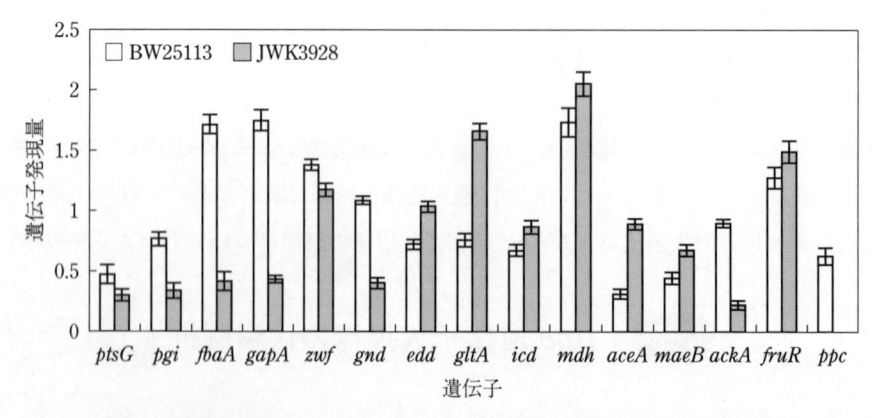

図7.7 野生株大腸菌（BW 25113）と ppc 遺伝子欠損株（JWK 3928）の対数増殖期での遺伝子発現の比較[35]

図7.7から，解糖系の遺伝子である *ptsG*, *pgi*, *fbaA*, *gapA* の発現が著しく低下していることがわかる．さらに，酸化的ペントースリン酸経路の *zwf* や *gnd* の発現も低くなっていることがわかる．特に，*gnd* の発現量は親株の0.36倍にまで低下している．TCA回路遺伝子の *gltA*, *icd*, *mdh* 等や，グリオキシル酸経路の *aceA* 遺伝子については，親株に比べて *ppc* 遺伝子欠損株では著しく発現量が増加している．また，NADP$^+$型のリンゴ酸酵素をコードしている遺伝子 *maeB* はわずかに増加している．さらに，酢酸合成経路の *ackA* 遺伝子については，親株に比べて *ppc* 遺伝子欠損株の発現量は0.23倍と著しく低下していることがわかる．これらの遺伝子発現は，図7.6や表7.7に示される増殖特性とよく符合している．

（3）酵素活性 表7.8は，前項と同様に，回分培養の対数増殖期に採取した細胞の酵素活性を測定した結果を示している．表7.8から，*ppc* 遺伝子欠損株ではPpcの酵素活性はみられないが，野生株では高い活性を示しており，Ppcによる補充反応が重要な役割を果たしていることがわかる．

表7.8 野生株大腸菌（W 3110）と *ppc* 遺伝子欠損株の回分培養での酵素活性[35]

酵素	野生株	*ppc* 遺伝子欠損株	酵素	野生株	*ppc* 遺伝子欠損株
Hxk	0.075 2±0.000 1[*1]	0.046 6±0.000 1	NAD$^+$-Sfc	0.088±0.005	n.d.
Pgi	2.078±0.004	0.436±0.002	G6PDH	0.245±0.002	0.170±0.002
Pfk	0.564±0.003	0.170±0.002	6PGDH	0.426±0.003	0.000 85±0.000 04
Fba	0.675±0.003	0.060 7±0.000 5	CS	0.319±0.002	0.369±0.003
GAPDH	0.692±0.004	0.089 9±0.000 5	Acn	0.115±0.002	0.179±0.002
Pyk	0.220±0.005	0.534±0.004	Icl	0.036 1±0.000 3	0.113±0.004
Ppc	0.044 8±0.000 5	n.d.[*2]	ICDH	2.230±0.002	0.971±0.004
Pck	0.042 7±0.000 4	0.002 1±0.000 4	MDH	0.121±0.007	0.193±0.006
NADP$^+$-Mae	0.067±0.002	0.082±0.002			

[*1] 単位は $\mu\mathrm{mol\ min^{-1}\ (mg\ protein)^{-1}}$，[*2] 検出限界以下．

表7.8から，Ppcとは逆反応のPckの活性も，野生株に比べて *ppc* 遺伝子欠損株では0.05倍と著しく低下していることがわかる．解糖系の酵素であるHex，Pgi，Pfk，Fba，Tpi，GAPDH，Pgkの活性について，*ppc* 遺伝子欠損株では，野生株に比べて著しく低下しており，これは図7.7の遺伝子発現の結果ともよく一致しており，グルコース比消費速度や細胞比増殖速度の低下といった培養特性とも一致している．解糖系の酵素のうちでも，特に，Fbaの活性は野生株に比べて0.09倍，またGAPDHは0.13倍と著しく低下していることがわかる．

しかし，Pykだけは例外で，野生株に比べて，むしろ2.43倍と酵素活性が増加していることがわかる．PykはPEPからPYRを生成し，その過程でATPを生成する反応を触媒しており，Pyk活性の増加はつぎのような理由のためと考えられる．すなわち，*ppc* 遺伝子欠損株では，PEPからOAAの反応がブロックされてPEPの濃度が上昇し，このことがPykによる反応を促進したものと思われる．

また，*zwf* によってコードされた G6PDH や，*gnd* によってコードされた 6PGDH の酵素活性は，図 7.7 の遺伝子発現と同様に低下していることがわかる。特に，*ppc* 遺伝子欠損株の 6PGDH の酵素活性は，野生株に比べて 0.06 倍と著しく低下している。一般に，6PGDH は増殖速度と関連しているといわれているが[34]，表 7.7 の増殖特性とも一致している。また，6PGDH の反応では CO_2 を生成するので，この経路のフラックスの低下が CO_2 生成の低下に一部寄与したと思われる。また，非酸化的ペントースリン酸経路の Tal の酵素活性が著しく低下していることがわかる。さらに，エントナー–ドゥドロフ経路の Edd と Eda 全体の酵素活性は，野生株に比べて約 1.33 倍増加していることがわかる。

gltA によってコードされた，TCA 回路の最初の反応酵素である CS は，*ppc* 遺伝子欠損株では野生株に比べて 1.76 倍増加している。この，*ppc* 遺伝子欠損株での CS の酵素活性の増加は，PYR から TCA 回路およびグリオキシル酸経路によって OAA を補充するためと考えられ，Acn と MDH の活性は，これに応じて高くなっている。これは増加した CS による反応を処理するためと思われるが，ICDH の活性は必ずしも高くなっていない。ICDH を除き，CS と Acn は同調して活性が変化することが報告されており，これは CIT が Acn の活性化因子であるためと思われる[30]。また，グリオキシル酸経路の Icl は，*ppc* 遺伝子欠損株では野生株に比べて 3.13 倍増加しており（表 7.8 参照），グリオキシル酸経路を経由して OAA を補充していることがわかる。遺伝子発現と酵素活性の変化をみてみると，ほぼ同様の傾向を示しているが，*icd* と ICDH だけは例外で，*icd* の発現量が 1.12 倍増加しているのに対し，ICDH の活性は 0.44 倍と減少している。ICDH の活性低下は，*ppc* 遺伝子欠損株での CO_2 生成の減少とも対応している。

さらに，*ppc* 遺伝子欠損株では，リンゴ酸酵素（Mez）である二つの酵素は，別々に調節されていることがわかる。すなわち，$NADP^+$ 型のリンゴ酸酵素（*maeB* によってコードされた Mez）は 1.22 倍増加しているが，NAD^+ 型のリンゴ酸酵素（*sfc* によってコードされた Sfc）の活性は，*ppc* 遺伝子欠損株では検出されないくらい低くなっている（表 7.8 参照）。また，*ppc* 遺伝子欠損株の Ack の活性は，野生株に比べて 0.23 倍に低下し，これは，酢酸生成の低下とも関係していると思われる。一方，LDH の活性は両菌株ともみられるが，乳酸の生成はほとんどみられない。これは，GAPDH で生成される NADH の再酸化がおもに呼吸鎖で行われ，$NADH/NAD^+$ 比があまり高くなっていないからだと思われる。

（4） 酵素活性と遺伝子発現の比較 図 7.8 は，野生株に比べて *ppc* 遺伝子欠損株の遺伝子発現と酵素活性が変化した割合をプロットしたものである。傾き 45° の直線上，あるいは近辺のデータ点は，遺伝子発現と酵素活性がよい相関を示していることを意味している。ただし，野生株に比べて *icd* 遺伝子の発現は 1.12 倍であるのに対し，対応する ICDH の酵素活性は 0.44 倍になって，むしろ逆の変化を示していることがわかる。ICDH の活性

は，ICDHタンパク質の可逆的なリン酸化によって調節されており，これはaceAB遺伝子と同じオペロンを形成するaceKによってコードされたリン酸化/脱リン酸化によって触媒されている．前述したように，リン酸化されたICDHが不活性になったためである[18]．

(5) **細胞内代謝物濃度** 図7.9には，細胞内代謝物濃度が野生株とppc遺伝子欠損株とでどのように変化したかを示してある．解糖系の代謝物であるG6P，F6P，F1,6P，PEPと，ペントースリン酸経路の6PGの濃度が，ppc遺伝子欠損株では上昇していることがわか

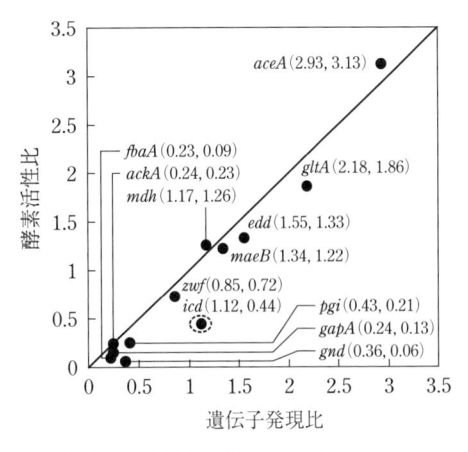

図7.8 野生株大腸菌（BW 25113）とppc遺伝子欠損株の対数増殖期での遺伝子発現と酵素活性の比較[35]

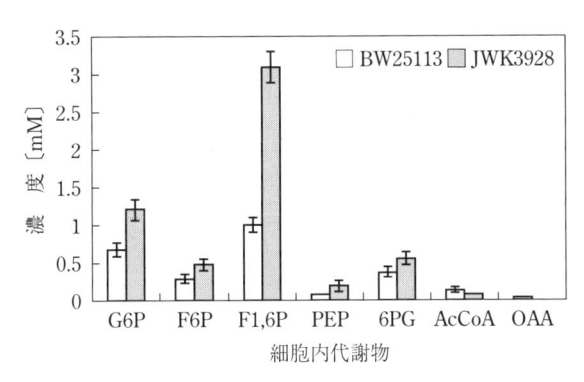

図7.9 野生株大腸菌（BW 25113）とppc遺伝子欠損株の対数増殖期での細胞内代謝物濃度の比較[35]

る．これに対して，解糖系とTCA回路を結ぶAcCoAの濃度は低下している．また，ppc遺伝子欠損株でのOAAの濃度は検出できないくらい低くなっており，Ppcによる補充反応経路が断たれてOAAが不足しがちであることを意味している．

(6) **代謝フラックス分布** こ こまでは，回分培養の対数増殖期に採取した細胞についての解析であるが，つぎに，野生株とppc遺伝子欠損株を用いて連続培養（希釈率は$0.2\,h^{-1}$）を行った場合についてみてみよう．この培養実験では供給基質であるグルコースは0.48 gの［U-^{13}C］グルコースと0.48 gの［1-^{13}C］グルコース，および3.2 gの標識されていないグルコースの混合物を用い，NMRおよびGC-MSを利用してアミノ酸の同位体分布を測定している．この場合，定常状態が確認された後，炭素源を通常のグルコースから前述の炭素源に切り換え，10時間後（平均滞留時間の2倍）に試料を採取している（この時点で採取すると，培養液中の基質の約86％が同位体の混合物で置き換わっているはずである）．

また，野生株の代謝反応については，グリオキシル酸経路を除くと，21の反応式と19の代謝物があるので，この量論係数行列のランクは19である．未知フラックスとしては，6 PGDH，CSの正味のフラックス（net flux）と，Pgi，Rpi，Rpe，Tkt1，Tkt2，Tal，ICDH，MDH，Ppc/Pckの9の可逆反応の交換フラックス（exchange flux）を考える．

ppc 遺伝子欠損株では，グリオキシル酸経路を考慮して，この場合は 23 の反応に対し，20 の代謝物があるので，量論係数行列のランクは 20 である．求めたいフラックスとしては，正味の Pgi, Pyk, CS のフラックス，および Pgi, Eno, Rpi, Rpe, Tkt1, Tkt2, Tal, ICDH, Fum, MDH, Ppc/Pck の 11 の可逆反応の交換フラックスである．

表 7.9 には NMR の測定データを，また，表 7.10 には GC-MS のデータを示している．図 7.10 には，野生株と *ppc* 遺伝子欠損株の代謝フラックス分布を示す．図 7.10 から，三つの大きな違いがあることがわかる．まず第 1 に野生株では Ppc のフラックスが 50.7％になっており，逆反応の Pck のフラックスも 23.6％と比較的高いことがわかる．これに対して，*ppc* 遺伝子欠損株では，Ppc のフラックスが 0 になっているのと同時に，Pck のフラックスも 0.05％と著しく小さくなっている．これらは表 7.8 の酵素活性の結果とも一致しており，また表 7.10 の Asp2 と Phe2 の ^{13}C-^{13}C 結合マルチプレットパターンからもわかる．すなわち，Asp の前駆体である OAA 分子の C 2-C 3 結合断片は Ppc による補充反応によってのみ導入され，これは Asp2 のマルチプレットの da と dd 要素に反映されるからである．*ppc* 遺伝子欠損株での Asp2 では da と dd 要素がみられないので，*in vivo* での Ppc の

表 7.9 NMR の測定データ[35]

	炭素原子	測定値				推定値			
		s	da	db	dd	s	da	db	dd
(a) 野生株大腸菌	Ala2	0.10	0.12	0.06	0.71	0.13	0.17	0.06	0.64
	Ala3	0.42	0.58	–	–	0.37	0.63	–	–
	Asp2	0.48	0.14	0.29	0.08	0.45	0.13	0.34	0.08
	Glu4	0.38	0.01	0.54	0.07	0.29	0.05	0.56	0.10
	Gly2	0.37	0.63	–	–	0.34	0.66	–	–
	Ile2	0.50	0.01	0.37	0.11	0.47	0.06	0.41	0.05
	Ile6	0.44	0.56	–	–	0.41	0.58	–	–
	Phe2	0.16	0.16	0.10	0.58	0.21	0.15	0.08	0.57
	Thr3	0.47	0.49	–	0.04	0.48	0.48	–	0.05
	Thr4	0.55	0.45	–	–	0.58	0.42	–	–
	Val2	0.35	0.05	0.51	0.06	0.35	0.04	0.54	0.07
	炭素原子	測定値				推定値			
		s	da	db	dd	s	da	db	dd
(b) *ppc* 遺伝子欠損株	Ala2	0.08	0.09	0.05	0.78	0.08	0.05	0.16	0.72
	Ala3	0.25	0.75	–	–	0.29	0.71	–	–
	Asp2	0.41	0.02	0.56	0.01	0.43	0.06	0.49	0.02
	Glu4	0.28	0.01	0.65	0.06	0.31	0.03	0.63	0.07
	Gly2	0.23	0.77	–	–	0.27	0.73	–	–
	Ile2	0.39	0.07	0.49	0.04	0.41	0.05	0.48	0.05
	Ile6	0.29	0.71	–	–	0.28	0.72	–	–
	Phe2	0.13	0.10	0.00	0.79	0.17	0.08	0.03	0.72
	Thr3	0.37	0.57	–	0.06	0.40	0.54	–	0.06
	Thr4	0.59	0.41	–	–	0.64	0.36	–	–
	Val2	0.20	0.05	0.67	0.05	0.21	0.03	0.67	0.08

表7.10 GC-MS の測定データ[35]

	アミノ酸	断 片	測定値推定値	m	$m+1$	$m+2$	$m+3$	$m+4$	$m+5$	$m+6$
(a) 野生株大腸菌	Ala	$[M-159]^+$	測定値	0.845	0.154	0.017	–	–	–	–
			推定値	0.843	0.136	0.025	–	–	–	–
	Ala	$[M-57]^+$	測定値	0.663	0.197	0.061	0.079	–	–	–
			推定値	0.667	0.200	0.073	0.065	–	–	–
	Asp	$[M-159]^+$	測定値	0.562	0.252	0.128	0.045	0.011	–	–
			推定値	0.581	0.261	0.118	0.046	0.000	–	–
	Asp	$[M-57]^+$	測定値	0.482	0.268	0.157	0.068	0.023	–	–
			推定値	0.516	0.222	0.172	0.059	0.032	–	–
	Gly	$[M-57]^+$	測定値	0.679	0.174	0.123	0.018	0.004	–	–
			推定値	0.700	0.179	0.072	0.014	0.005	–	–
	Glu	$[M-159]^+$	測定値	0.522	0.268	0.157	0.044	0.007	–	–
			推定値	0.531	0.258	0.153	0.054	0.003	–	–
	Glu	$[M-57]^+$	測定値	0.435	0.275	0.186	0.078	0.023	0.003	–
			推定値	0.440	0.288	0.176	0.075	0.021	0.001	–
	Ile	$[M-159]^+$	測定値	0.564	0.230	0.143	0.046	0.013	0.003	–
			推定値	0.556	0.255	0.144	0.033	0.007	0.000	–
	Ile	$[M-57]^+$	測定値	0.538	0.242	0.148	0.054	0.018	0.003	0.000
			推定値	0.540	0.257	0.134	0.051	0.015	0.003	0.00
	Leu	$[M-159]^+$	測定値	0.561	0.232	0.148	0.043	0.013	0.001	–
			推定値	0.570	0.225	0.144	0.033	0.018	0.000	–
	Leu	$[M-57]^+$	測定値	0.501	0.227	0.186	0.060	0.025	–	–
			推定値	0.560	0.193	0.192	0.039	0.019	–	–
	Phe	$[M-159]^+$	測定値	0.513	0.215	0.143	0.065	0.041	0.014	0.006
			推定値	0.524	0.198	0.144	0.059	0.052	0.014	0.008
	Phe	$[M-57]^+$	測定値	0.448	0.237	0.134	0.095	0.053	0.023	0.008
			推定値	0.505	0.210	0.113	0.088	0.057	0.019	0.008
	Thr	$[M-57]^+$	測定値	0.542	0.282	0.137	0.039	–	–	–
			推定値	0.609	0.248	0.103	0.040	–	–	–
	Val	$[M-159]^+$	測定値	0.619	0.181	0.144	0.039	0.012	0.003	–
			推定値	0.642	0.147	0.138	0.044	0.016	0.000	–
	Val	$[M-57]^+$	測定値	0.547	0.218	0.132	0.072	0.020	0.009	–
			推定値	0.625	0.190	0.100	0.065	0.015	0.005	–

	アミノ酸	断 片	測定値推定値	m	$m+1$	$m+2$	$m+3$	$m+4$	$m+5$	$m+6$
(b) ppc 遺伝子欠損株	Ala	$[M-159]^+$	測定値	0.768	0.129	0.117	–	–	–	–
			推定値	0.777	0.156	0.067	–	–	–	–
	Ala	$[M-57]^+$	測定値	0.628	0.204	0.079	0.070	–	–	–
			推定値	0.644	0.209	0.071	0.072	–	–	–
	Asp	$[M-159]^+$	測定値	0.587	0.236	0.124	0.043	0.009	–	–
			推定値	0.603	0.223	0.120	0.038	0.010	–	–
	Asp	$[M-57]^+$	測定値	0.557	0.261	0.148	0.064	0.019	–	–
			推定値	0.564	0.218	0.156	0.053	0.013	–	–
	Gly	$[M-57]^+$	測定値	0.693	0.161	0.125	0.017	0.003	–	–
			推定値	0.719	0.138	0.115	0.019	0.000	–	–
	Glu	$[M-159]^+$	測定値	0.565	0.236	0.146	0.042	0.010	–	–
			推定値	0.595	0.210	0.131	0.050	0.017	–	–
	Glu	$[M-57]^+$	測定値	0.473	0.249	0.176	0.070	0.026	0.004	–
			推定値	0.510	0.236	0.169	0.065	0.014	0.005	–
	Ile	$[M-159]^+$	測定値	0.613	0.201	0.132	0.040	0.011	0.002	–
			推定値	0.628	0.204	0.126	0.028	0.014	0.000	–
	Ile	$[M-57]^+$	測定値	0.580	0.215	0.142	0.048	–	–	–
			推定値	0.609	0.202	0.152	0.040	–	–	–
	Leu	$[M-159]^+$	測定値	0.615	0.186	0.148	0.035	0.012	0.001	–
			推定値	0.644	0.186	0.141	0.020	0.010	0.000	–
	Leu	$[M-57]^+$	測定値	0.554	0.185	0.185	0.048	0.024	0.003	–
			推定値	0.648	0.142	0.172	0.023	0.014	0.000	–
	Phe	$[M-159]^+$	測定値	0.562	0.178	0.134	0.071	0.034	0.014	0.005
			推定値	0.571	0.200	0.125	0.061	0.032	0.009	0.003
	Phe	$[M-57]^+$	測定値	0.495	0.200	0.118	0.107	0.022	0.010	–
			推定値	0.571	0.225	0.109	0.098	0.045	0.014	–
	Thr	$[M-57]^+$	測定値	0.540	0.242	0.115	0.083	–	–	–
			推定値	0.596	0.242	0.102	0.059	–	–	–
	Val	$[M-159]^+$	測定値	0.664	0.143	0.145	0.033	0.012	0.002	–
			推定値	0.701	0.143	0.130	0.008	0.004	0.000	–
	Val	$[M-57]^+$	測定値	0.562	0.206	0.124	0.080	0.019	0.007	–
			推定値	0.608	0.191	0.119	0.064	0.015	0.004	–

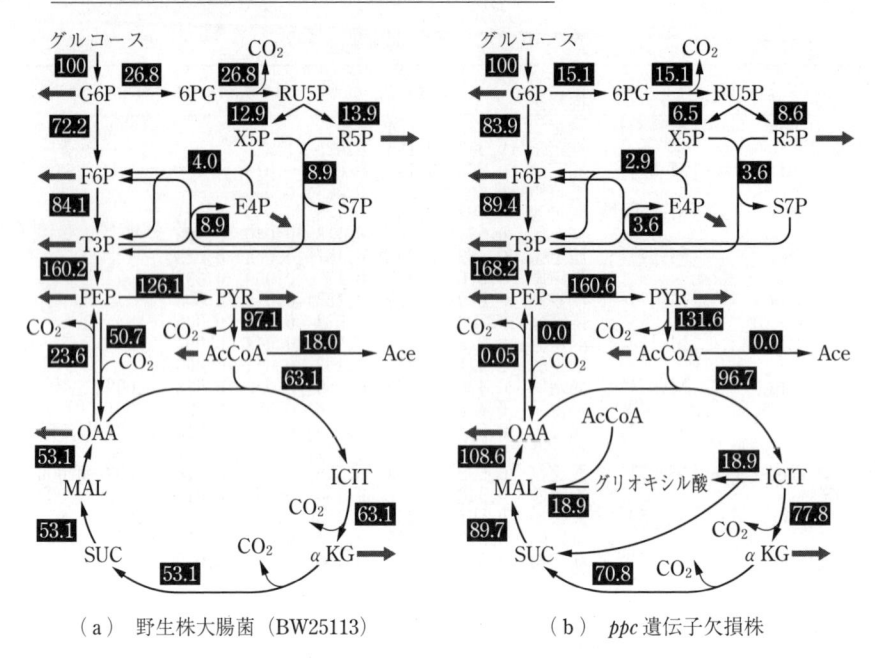

図7.10 希釈率 $0.2\,\mathrm{h}^{-1}$ での代謝フラックス分布[35]

(a) 野生株大腸菌（BW25113）
(b) ppc 遺伝子欠損株

フラックスがないことと符合している．さらに，ppc 遺伝子欠損株では，Phe2 の db 要素の量が小さくなっており，このことは Pck の反応による PEP 分子の C1-C2 結合断片が少ないことを意味している．

第2に ppc 遺伝子欠損株のフラックスをみてみると，18.9％がグリオキシル酸経路を利用して変換されていることがわかる．Asp2 の ^{13}C-^{13}C 結合マルチプレットパターンをみると，db の量が多くなっているが，これはグリオキシル酸経路が活性化されたために，C1-C2 および C3-C4 結合断片が過剰に生成されたからだと思われる[27],[52]．ただし，ppc 遺伝子欠損株では，TCA 回路の ICDH のフラックスは親株に比べても大きい．これは，細胞合成に必要な NADPH を，おもにこの経路で賄っているためと思われる．

第3に，野生株での酸化的ペントースリン酸経路のフラックスが 26.8％であるのに対し，ppc 遺伝子欠損株では 15.1％に低下していることがわかる．

(7) 代謝調節制御　図7.11 は，野生株に比べて ppc 遺伝子欠損株の酵素活性および代謝物濃度の変化を代謝図に書き込んだものである．大腸菌では，Ppc は PEP から OAA を補充する反応であるが[12]，図7.11 からもわかるように，ppc 遺伝子欠損株では OAA を別経路のグリオキシル酸経路で補充していることがわかる．グルコースを炭素源とした場合は，一般に aceBAK オペロンの発現は低く，グリオキシル酸経路は活性化されない[6]．aceBAK は arcA/B, fadR, iclR, cra (fruR), himA, himD 等の調節因子によって転写制御されると思われるが[7]，cra (fruR) は aceBAK オペロンを正に制御しているので[5]，遺

7.5 ppc 遺伝子欠損株の代謝解析　207

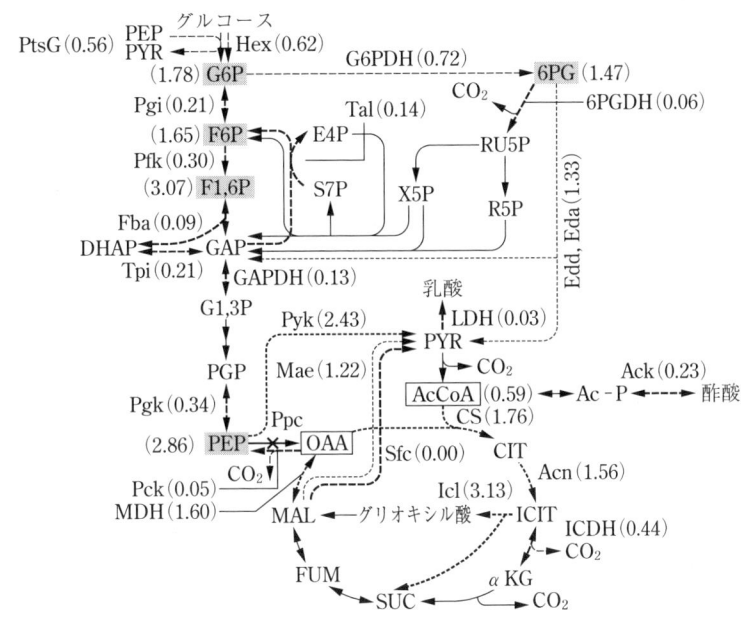

図 7.11 酵素活性および細胞内代謝物濃度からみた
ppc 遺伝子欠損株の代謝調節[35]

伝子発現の結果から，ppc 遺伝子欠損株では cra(fruR) の発現量が増加しており，このことによって部分的には aceBAK が活性化されたものと考えられる．また，ppc 遺伝子欠損株では，野生株に比べて TCA 回路の icd の遺伝子発現が増加しているが，これも cra (fruR) の発現量の増加と関係しているものと思われる．なぜなら，この遺伝子は，cra (fruR) によって正に調節されているからである[5]．

TCA 回路とグリオキシル酸経路の分岐点では，Icl の活性は遺伝子レベルで制御されている．このことは，ppc 遺伝子欠損株の aceA の遺伝子発現が野生株に比べて 2.97 倍であり，また，Icl の酵素活性は 3.13 倍と，ほぼ同じ値を示していることからもわかる．これに対して ICDH の活性は，ICDH のキナーゼ/ホスファターゼによって触媒される ICDH の可逆的なリン酸化/脱リン酸化によって調節されており，このことは，ppc 遺伝子欠損株の icd の遺伝子発現が野生株の 1.17 倍であるのに対し，ICDH の活性は 0.44 倍と，逆の傾向を示していることからもわかる（図 7.11 参照）．

リンゴ酸酵素の調節には，AcCoA 濃度の変化（低下）が関係しており，Mae（酵素名は Mez）は MAL から PYR を経由して AcCoA を供給する役割をもっているのに対し，Sfc は MAL のカタボリズムの役割，すなわち，細胞の C4-ジカルボキシル酸とアミノ酸生成に関与していることが知られている[29]．このため ppc 遺伝子欠損株では，野生株に比べて Mae の活性がわずかに増加し，Sfc の活性が大きく低下したと思われる．すなわち，ppc 遺伝子欠損株では，AcCoA 濃度が減少しており，MAL から細胞合成のために必要な OAA

が給されていると思われるからである。

PEPは大変重要な代謝物であり，大腸菌の場合はPTSのリン酸供与体としてだけではなく，いくつかの酵素のエフェクターとして代謝の調節制御に関与している。PEPはPgiとPfkの阻害物質であり[12]，ppc遺伝子欠損株でのPgiとPfk活性の著しい低下は，pgiとpfk遺伝子の低い発現と同時に，PEPの濃度上昇による阻害のためと思われる（図7.11参照）。ppc遺伝子欠損株では，このようにPgiやPfkが阻害され，その結果G6Pが蓄積するが，これはグルコース取込みの酵素であるHxkをアロステリックに阻害すると考えられる[13]。また，ppc遺伝子欠損株ではptsGの発現が低下しているが，これは解糖系の代謝物であるG6PやF6Pの蓄積に関係していると思われる。なぜなら，G6PやF6Pは，RNaseP酵素を活性化させてptsGのmRNAを分解させるからである[28]。

図7.11から，ppc遺伝子欠損株のPyk活性は，野生株に比べて2.45倍増加しているが，これはPEPの蓄積によって増加したPykのフラックスの増加とも対応している。ppc遺伝子欠損株では，増加したPEPとF1,6BPの濃度がPykの活性をアロステリックに活性化したものと思われる[12]。さらに，ppc遺伝子欠損株ではPckの活性が低下しているが，これは反応物であるPEPの濃度の上昇のためと思われる。なぜなら，Pckはヌクレオチド，ATPおよびPEPによって阻害されるからである[25]。

また，ペントースリン酸経路のG6PDHと6PGDHの活性はともに低下しており，特にppc遺伝子欠損株の6PGDHの活性は0.06倍と著しく低下している（図7.11参照）。G6PDHはF1,6BPとPRPPによってアロステリックに阻害され，グルコースによって誘導されるが，6PGDHはF1,6BP，PRPP，GAP，RU5P，E4PそしてNADPHによって阻害され，グルコン酸によって誘導されることがわかっている[46]。明らかに，ppc遺伝子欠損株では細胞内のF1,6BPが蓄積しており，二つの酵素の活性低下に一部つながっていると思われる。ppc遺伝子欠損株でのgnd遺伝子の発現量の低下は，増殖速度の低下とも関係していると思われる[34]。また，グリオキシル酸経路の活性化に伴って，AcCoA濃度が低下し，その結果，アセチルリン酸の濃度が低下したことがAckの活性低下に関係したと思われる。このことは，ppc遺伝子欠損株での酢酸生成の著しい低下，Ackの活性の著しい低下（0.23倍）からもわかる。

7.6　pyk遺伝子欠損株の代謝解析

簡単のために，PfkとFbaの反応は一つにしてAldの反応として考え，GAPDH，Pgi，Enoの反応もEnoに，またクエン酸シンターゼ（CS）とアコニターゼの反応はGltAに，αKGDH，SucCoAシンターゼ，コハク酸脱水素酵素（SDH），フマル酸還元酵素

(Frd)，フマラーゼ（Fum）の反応をまとめて Akd の一つの反応と考える。細胞合成の反応は，細胞組成をもとに導くことができる[32]。Eno と Pck の反応は両方向の反応と考え，Ald の後ろ向き反応は Fbp に，Pck の後ろ向き反応は Ppc の反応と考えている。結局，19個の代謝物に対して 21 個の反応が利用できるので，量論行列のランクは 19 であり，酸化的ペントースリン酸（PP）経路（G6PDH）とリンゴ酸酵素の経路（Mez）および 10 個の可逆反応の交換フラックスを求めることにする。

希釈率が $0.1\,h^{-1}$ と $0.5\,h^{-1}$ の場合について，野生株の大腸菌 K12 と，pykF 遺伝子欠損株の連続培養を行ったときの増殖パラメータを**表 7.11** に示す。この表から，希釈率が増加するにつれて，グルコース消費速度および CO_2 生成速度が増加することがわかる。なお，この実験では，10％［U-^{13}C］グルコースと，10％［1-^{13}C］グルコース，それに 80％の ^{13}C で標識されていない（naturally labeled）グルコースの混合物を基質として供給している。実際には，通常のグルコースで連続培養を開始し，CO_2 の生成速度や細胞濃度の時間変化を指標にして，定常状態が確認された後（1，2 日後）で，供給基質を前述の混合物に切り換え，滞留時間の倍の時間後に細胞のサンプルを採取し，GC-MS および NMR を利用して，細胞内アミノ酸の同位体分布を測定している。**表 7.12** と**表 7.13** に GC-MS と NMR の測定

表 7.11 pykF 遺伝子欠損株大腸菌の連続培養特性[44),45)]

増殖パラメータ	希釈率	
	$0.1\,h^{-1}$	$0.5\,h^{-1}$
細胞収率〔g g^{-1}〕	0.481	0.4
グルコース比消費速度〔mmol g^{-1} h^{-1}〕	1.81	6.94
CO_2 比生成速度〔mmol g^{-1} h^{-1}〕	3.7	16.8

表 7.12 pykF 遺伝子欠損株の GC-MS 測定データとシミュレーション結果[44),45)]

アミノ酸	断 片	実験値 測定値	m	$m+1$	$m+2$	アミノ酸	断 片	実験値 測定値	m	$m+1$	$m+2$
Ala	[M-57]$^+$	exp	0.699	0.181	0.099	Phe	[M-57]$^+$	exp	0.629	0.116	0.110
		cal	0.693	0.180	0.097			cal	0.627	0.113	0.097
Asp	[M-57]$^+$	exp	0.650	0.250	0.078	Phe	[M-159]$^+$	exp	0.568	0.112	0.077
		cal	0.666	0.043	0.031			cal	0.565	0.110	0.075
Gly	[M-57]$^+$	exp	0.744	0.160	0.096	Met	[M-57]$^+$	exp	0.608	0.041	0.029
		cal	0.735	0.156	0.093			cal	0.606	0.039	0.028
Glu	[M-57]$^+$	exp	0.540	0.170	0.162	Thr	[M-57]$^+$	exp	0.587	0.242	0.133
		cal	0.539	0.167	0.153			cal	0.586	0.238	0.127
Ile	[M-57]$^+$	exp	0.685	0.079	0.085	Tyr	[M-57]$^+$	exp	0.617	0.115	0.099
		cal	0.681	0.075	0.080			cal	0.616	0.111	0.095
Ile	[M-159]$^+$	exp	0.641	0.079	0.071	Tyr	[M-159]$^+$	exp	0.544	0.108	0.076
		cal	0.639	0.077	0.084			cal	0.543	0.106	0.072
Leu	[M-57]$^+$	exp	0.677	0.129	0.084	Val	[M-57]$^+$	exp	0.640	0.081	0.067
		cal	0.671	0.126	0.081			cal	0.642	0.078	0.063
Leu	[M-57]$^+$	exp	0.614	0.112	0.112						
		cal	0.610	0.102	0.106						

表 7.13 $pykF$ 遺伝子欠損株の NMR 測定データとシミュレーション結果[44),45)]

炭素原子	測定値				シミュレーション値			
	s	d_1	d_2	dd	s	d_1	d_2	dd
γ-Arg	0.39	0.61	-	-	0.35	0.63	-	-
α-Asp	0.39	0.61	-	-	0.38	0.52	-	-
α-Gly	0.34	0.66	-	-	0.32	0.60	-	-
α-Ile	0.19	0.11	0.61	0.09	0.17	0.01	0.62	0.02
δ-Ile	0.35	0.65	-	-	0.30	0.56	-	-
α-Leu	0.17	0.08	0.66	0.09	0.12	0.01	0.63	0.02
β-Leu	0.43	0.57	-	0.00	0.42	0.56	-	0.00
ε-Lys	0.32	0.68	-	-	0.34	0.63	-	-
α-Pro	0.11	0.15	0.19	0.55	0.08	0.12	0.14	0.55

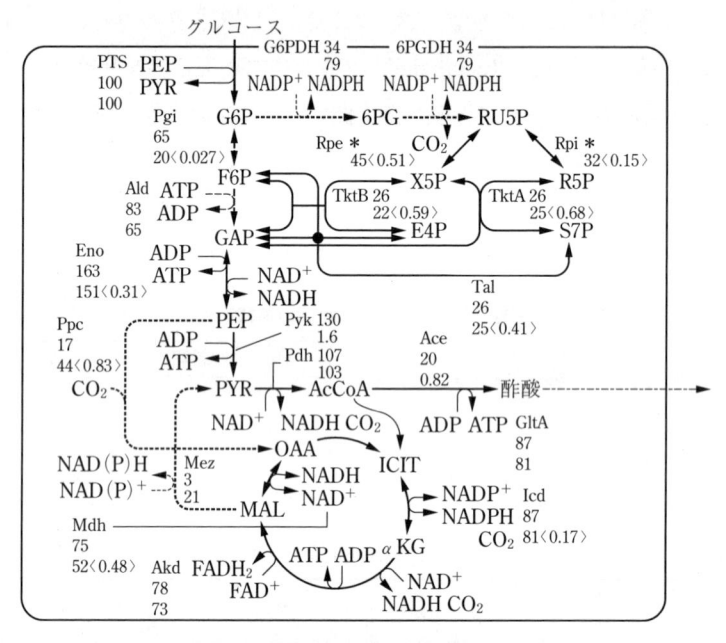

図 7.12 野生株大腸菌と比べた $pykF$ 遺伝子欠損株の代謝フラックス分布[44),45)] (上段の数字：野生株，下段の数字：$pykF$ 遺伝子欠損株)

データを示す．図 7.12 は，希釈率が $0.1\,h^{-1}$ のときに，前述の方法で細胞内代謝フラックス分布を求めた結果である．各代謝経路の上段の数字が野生株の代謝フラックス分布で，下段の数字が $pykF$ 遺伝子欠損株のフラックスを示している．なお，すべての代謝フラックス値は基質比消費速度で割って基準化してある．

図 7.12 から，まず PEP から PYR に至る Pyk のフラックスは，野生株の 130％に比べて，1.6％と，極端に低下していることがわかる．この結果，酢酸合成経路のフラックスが，野生株の 20％に比べて，欠損株では 0.82％と著しく低下している．また，$pykF$ 遺伝子欠損株では，PEP から OAA に至る補充反応の Ppc の経路のフラックスが 41％と，野生

株の17％に比べて著しく増加していることがわかる。この経路の可逆部分のフラックスである＜　＞内の数字も84％と高いということは，逆反応のPckのフラックスも高くなっていることを意味している。さらに，G6PからF6Pに至る解糖系のフラックスが，野生株の65％に比べて，$pykF$遺伝子欠損株では20％と著しく低下していることがわかる。ここでは，PgiとPfkの反応を一緒にして考えているので，実際にはPgiではなく，調節酵素のPfkが阻害され，フラックスが低下したものと考えられる。一方，酸化的ペントースリン酸経路のフラックスは，野生株が34％であるのに対し，$pykF$遺伝子欠損株では79％と増加していることがわかる。これは，$pykF$遺伝子欠損株ではPfkが阻害され，G6Pの蓄積がG6Pでの分岐点でのフラックスを，酸化的ペントースリン酸経路の方向に向けたものと考えられる。

Ohら[31]は，グルコースではなく酢酸を炭素源とした場合は，pfk，fba，ppc，pyk，zwf，gnd等の遺伝子発現が低下することを，DNAマイクロアレーによる解析で明らかにしている。グルコースを炭素源として細胞が増殖する場合，グルコース輸送の$ptsH$遺伝子はcAMP-CRP受容タンパク質によって正に調節され，$ptsI$オペロンの中のcrrプロモーターは，cAMP-CRPによって抑制調節される[11],[40]。これらの遺伝子は同じオペロンに存在し，グルコースがなくなると，Mlcがこのオペロンを抑制する[38]。糖新生の酵素Pckをコードしている遺伝子$pckA$はcAMPによって誘導されると考えられる。これは，Mezでも同様の傾向がある。Ohら[31]は酢酸を炭素源とした場合に，MezとPckは相関があることを示している。Ohらの報告によると，mezと$pckA$を破壊すると，細胞は酢酸を炭素源として増殖できないことを示している。ちなみに，TCA回路もcAMPやCRPによってカタボライト抑制を受けることが知られている[6]。

$pykF$遺伝子欠損株の$ptsG$の発現は野生株に比べて低下しており，グルコース消費速度の低下と符合している。これは，G6PやF6P等の蓄積と関係しており，これらの代謝物は酵素RNasePによって活性化される$ptsG$のmRNAの量を低下させる[28]。$cyaA$の発現量の低下もこのことと符合している。なぜなら，cAMPは$ptsG$の活性化因子であることが知られているからである。$pykF$遺伝子欠損株では，cra($fruR$)の発現量が野生株に比べて増加しているが，この遺伝子は解糖系の遺伝子を抑制し，糖新生経路関連の遺伝子を活性化させるので[39]，Pckの活性の増加とも符合している。また，fnrや$arcA$があまり変化していないことがわかる。

図7.13は遺伝子発現と酵素活性，酵素活性と代謝フラックスとの関係を示したもので，図7.13（a）から遺伝子発現と酵素活性はよい相関がみられるが，図（b）をみると，フラックス比はzwf，gnd，ppcの場合に高く，ackやldhの比は低くなっていることがわかる。これは，それぞれの反応の基質の濃度（zwfとgndについてはG6P，ppcについては

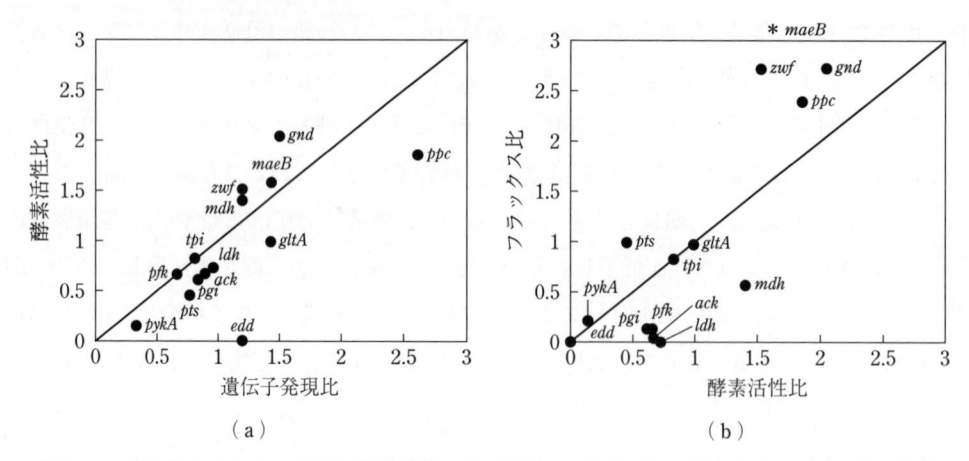

図7.13 野生株に対する *pykF* 遺伝子欠損株の遺伝子発現と酵素活性の比較（a），酵素活性と代謝フラックスの比較（b）[44),45)]

PEP）の濃度が上昇したためで，*ack* と *ldh* の比の低下は，PYR の濃度が低下したためと思われる。

7.7 *pfl* 遺伝子欠損株の代謝解析

（1）培養特性 大腸菌 BW 25113 とその *pfl* 遺伝子欠損株を微好気条件で培養した結果を図7.14に示す[54)]。この図から，野生株と *pfl* 遺伝子欠損株では，かなり増殖特性が異なることがわかる。野生株では蟻酸や酢酸が約 3 g/l 程度生成し，SUC（コハク酸）も生成していることがわかる。これに対して，*pflB* 遺伝子欠損株（*pflA* 遺伝子欠損株でも同様）では，乳酸だけが著しく生成されていることがわかる。このメカニズムについては後述する。

図7.15は，*pflA*～*pflD* のそれぞれの遺伝子欠損株を微好気条件で培養したときの Pfl の酵素活性を示している。この図から，*pflA* と *pflB* 遺伝子欠損株では，Pfl の酵素活性が著

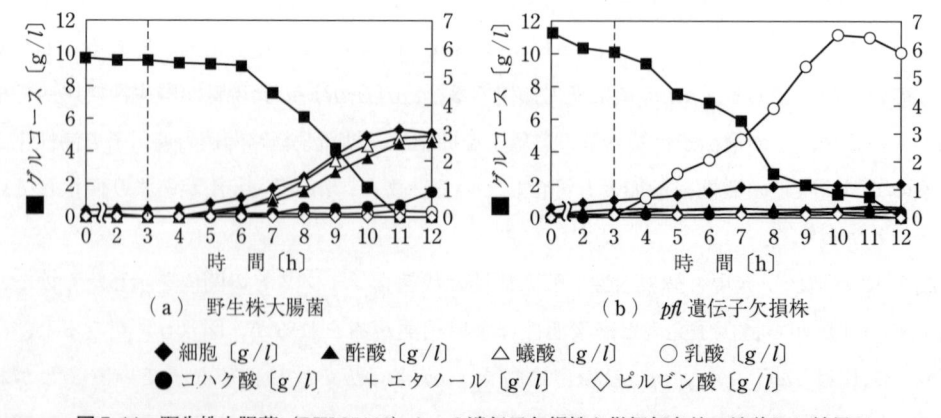

図7.14 野生株大腸菌（BW 25113）と *pfl* 遺伝子欠損株を微好気条件で培養した結果[54)]

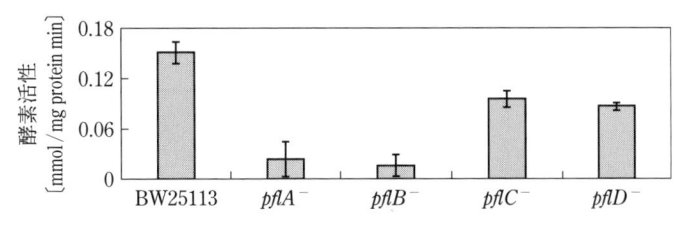

図 7.15 pfl 遺伝子欠損株の Pfl 活性[54]

しく低下しているが，pflC と pflD 遺伝子欠損株では，あまり低下していないことがわかる。これは，pfl 遺伝子は ArcA/B や Fnr によってプロモーター領域が調節されているが，pflA と pflB 遺伝子が pflC や pflD 遺伝子に比べておもに影響を受けていると思われる。

また，**表 7.14** および**表 7.15** には，pflA 遺伝子欠損株をさまざまな炭素源を用いて培養した結果が示してある。この結果から，PYR を炭素源とした場合以外は多くの乳酸が生成されることがわかる。PYR を炭素源とした場合は，酢酸が多く生成されている。また，グルコン酸を炭素源とした場合は，乳酸のつぎに酢酸が多く生成されている。フルクトースやグリセロールを炭素源とした場合の乳酸生成の収率は高いが，基質消費速度および乳酸生成速度は著しく小さいこともわかる。

（2）酵素活性 図 7.16 には，大腸菌の野生株（BW 25113），pflA 遺伝子欠損株，pflB 遺伝子欠損株のそれぞれについて，主代謝経路の酵素活性を測定した結果が示してあ

表 7.14 さまざまな炭素源を用いた場合の pfl 遺伝子欠損株の比速度[54]

炭素源	比速度* 〔mmol g DW h^{-1}〕					
	基 質	乳 酸	SUC	蟻 酸	酢 酸	エタノール
グルコース	8.15	11.01	0.0	0.0	0.27	0.2
グルコン酸	6.57	8.22	0.21	0.0	5.63	0.32
PYR	6.87	1.78	0.25	0.0	4.58	0.11
フルクトース	3.21	4.42	0.0	0.0	0.23	0.0
グリセロール	1.33	0.83	0.0	0.0	0.05	0.0

* 比速度は（対数）増殖期のデータを用いている。

表 7.15 さまざまな炭素源を用いた場合の収率の比較[54]

炭素源	炭素収率〔(g g^{-1})%〕*2						
	$Y_{x/s}$	$Y_{lac/s}$	$Y_{ace/s}$	$Y_{eth/s}$	$Y_{suc/s}$	$Y_{for/s}$	$Y_{pyr/s}$
グルコース	8.1	72.5	1.1	3.8	0.0	0.0	1.1
グルコン酸	8.1	57.4	26.2	1.1	1.9	0.0	1.0
PYR	5.9	26.5	45.4	0.2	1.3	0.0	—
フルクトース	9.7	69.0	3.7	0.0	0.0	0.0	1.2
グリセロール	0.0	61.1	2.6	0.0	0.0	0.0	0.0
グルコース (AN)*1	6.7	48.2	0.6	—	3.6	0.0	—

*1 グルコースを炭素源として，CO_2 を過剰供給した嫌気条件で pflA 遺伝子欠損株を培養した場合。
*2 収率は（対数）増殖期のデータをもとにして計算している。

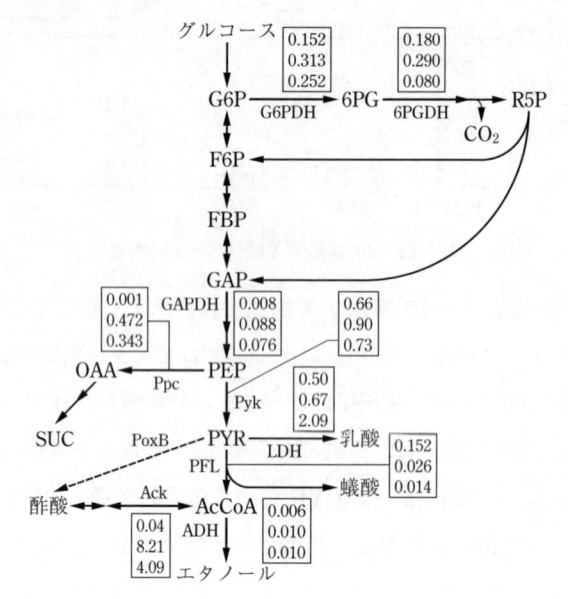

図7.16 酵素活性の比較〔枠内上段：野生株（BW 25113），中段：*pflB* 遺伝子欠損株，下段：*pflA* 遺伝子欠損株〕[54]

る．この結果から，*pflA* や *pflB* 遺伝子欠損株では，解糖系の GAPDH や Pyk の酵素活性が野生株に比べて増加しているが，これは基質消費速度が増加していることとも対応している．GAPDH の反応では NADH が生成され，これは再酸化される必要がある．図7.16 から，*pflA* 遺伝子欠損株の LDH 活性は，野生株に比べて約3倍増加しており，乳酸生成の著しい増加とも対応している．また，*pfl* 遺伝子欠損株の Ppc と Ack の酵素活性が著しく増加していることがわかる．Ppc は SUC 生成経路の最初の酵素であり，酵素活性の著しい増加は SUC の著しい生成につながると思われるが，結果としては，SUC の生成は野生株に比べてむしろ低くなっている．Ppc の反応には CO_2 が必要であるので，CO_2 を供給し，また，嫌気条件で培養すると，確かに SUC の生成が促進される（表7.15の一番下の段）が，それほど多くはない．このことは，反応基質である PEP の濃度があまり高くないことを示唆している．

表7.16 には，*pflA* 遺伝子欠損株をさまざまな炭素源を用いて培養した場合の酵素活性が示してある．この表から，GAPDH や LDH はほぼ同じ傾向を示していることがわかる．すなわち，GAPDH が高いと LDH の活性も高くなっているので，これらはカップリングしていることが示唆される．

他の興味深い現象は，用いる炭素源によって Ack の活性がかなり変化していることである．グルコースを用いた場合に比べて，グルコン酸やピルビン酸を基質として用いた場合は Ack の活性が10倍も高くなっているが，グリセロールやフルクトースを用いた場合は著し

表7.16 さまざまな炭素源を用いた場合の酵素活性の比較[54]

炭素源	酵素活性〔mmol min^{-1} (mg protein)$^{-1}$〕							
	G6PDH	6PGDH	GAPDH	Pyk	LDH	Ppc	Ack	ADH
グルコース	0.252 ±0.019	0.080 ±0.003	0.076 ±0.003	0.73 ±0.04	2.09 ±0.12	0.343 ±0.032	4.09 ±0.77	0.010 ±0.001
グルコン酸	0.449 ±0.02	0.244 ±0.009	0.126 ±0.005	0.90 ±0.04	4.38 ±0.42	0.084 ±0.010	38.15 ±2.5	N.D.
PYR	0.264 ±0.019	N.D.	N.D.	N.D.	0.42 ±0.04	N.D.	39.82 ±2.8	N.D.
フルクトース	0.170 ±0.019	0.066 ±0.004	0.030 ±0.006	0.88 ±0.09	0.6 ±0.07	0.013 ±0.001	0.036 ±0.006	0.015 ±0.002
グリセロール	0.141 ±0.013	0.098 ±0.005	0.026 ±0.002	0.44 ±0.03	0.52 ±0.10	0.025 ±0.002	0.072 ±0.009	0.006 ±0.001

く小さくなっている．Ppcの活性はグルコースを用いた場合が最も高く，グリセロールやフルクトースを用いた場合は著しく小さくなっている．また，ADHの活性は，いずれの炭素源を用いた場合も非常に低いことがわかる．

（3）　**細胞内代謝物濃度**　表7.17には，野生株と pfl 遺伝子欠損株を好気条件および嫌気条件で培養したときの細胞内代謝物濃度を示している．この表から，微好気条件では，$pflA$，$pflB$ 遺伝子欠損株ともにATP/ADP比が著しく低下していることがわかる．また，FBPとPYRの濃度が著しく増加し，NADH/NAD$^+$ 比が4～7倍，野生株に比べて高くなっていることがわかる．

表7.18は，微好気条件でさまざまな炭素源を用いて培養したときの細胞内代謝物濃度を示している．この表から，PYRとFBPの濃度には相関があり，PYRを炭素源とした場合は，FBPの濃度が非常に高く，グルコースを炭素源とした場合の約10倍高くなっている．NADH/NAD$^+$ 比はグリセロールを炭素源として用いた場合が最も高く，グルコン酸やPYRを用いた場合は最も低くなっている．

（4）　**代謝調節制御機構**　pfl 遺伝子欠損株によるD-乳酸生産については，すでにPascalら[33]やZhouら[53]によって報告されている．一般に，微好気あるいは嫌気条件下では，pfl 遺伝子の発現によってPYRが蟻酸とAcCoAを生成し，AcCoAはPta-Ackの反応で，1分子のATPを生成して酢酸を生成する．$pflA$ あるいは $pflB$ 遺伝子の破壊によってAcCoAが生成されにくくなり，実際に表7.17から，細胞内AcCoA濃度は著しく低下しており，酢酸生成も著しく低下している．しかし，図7.16から，Ackの酵素活性はむしろ増加している．これは，酢酸からAcCoAへの反応のためと思われる．嫌気条件でのおもなATP生成は解糖系においてであるが，全部で2分子しか生成されないので，嫌気条件ではグルコース消費速度が増加し，ATPの生成を促進させていると思われる[24]．pfl 遺伝子欠損株ではAcCoAの生成が低下し，Pta-Ackによる反応でのATP生成が低下するので，表

表7.17 グルコースを炭素源として,好気および嫌気(微好気)条件で培養したときの細胞内代謝物濃度の比較[54]

細胞内代謝物濃度 [μmol(g-DWT cell)$^{-1}$]	好気条件		嫌気(微好気)条件		
	BW 25113	pflB 遺伝子欠損株	BW 25113	pflB 遺伝子欠損株	pflA 遺伝子欠損株
G6P	0.591 ±0.001	0.753 ±0.050	0.049 ±0.009	0.133 ±0.020	1.093 ±0.006
FBP	1.347 ±0.010	35.89 ±0.12	4.593 ±0.021	41.32 ±0.11	16.41 ±0.11
PEP	1.35 ±0.30	0.67 ±0.11	0.32 ±0.12	0.84 ±0.14	0.12 ±0.04
PYR	0.53 ±0.01	34.60 ±0.20	8.21 ±0.01	67.97 ±0.20	25.49 ±0.01
AcCoA	0.144 ±0.006	0.012 ±0.001	0.066 ±0.002	0.070 +0.001	0.050 ±0.001
ATP	0.375 ±0.015	0.442 ±0.045	0.087 ±0.013	0.044 ±0.014	0.052 ±0.012
ADP	1.253 ±0.014	0.922 ±0.011	0.380 ±0.006	0.342 ±0.006	0.195 ±0.010
AMP	0.392 ±0.010	0.515 ±0.012	0.214 ±0.006	0.193 ±0.006	0.197 ±0.004
NADH	0.026 ±0.001	0.028 ±0.005	0.018 ±0.002	0.029 ±0.003	0.056 ±0.001
NAD$^+$	0.018 ±0.002	0.312 ±0.002	0.143 ±0.001	0.050 ±0.001	0.060 ±0.002
ATP/AMP	0.957	0.858	0.407	0.228	0.264
NADH/NAD$^+$	1.44	0.09	0.13	0.58	0.93

表7.18 異なる炭素源を用い,嫌気(微好気)条件で培養したときの細胞内代謝物濃度の比較[54]

細胞内代謝物濃度 [μmol(g-DWT cell)$^{-1}$]	炭素源				
	グルコース	グルコン酸	PYR	フルクトース	グリセロール
G6P	1.093 ±0.006	0.123 ±0.001	0.120 ±0.001	0.240 ±0.001	0.045 ±0.003
FBP	16.41 ±0.11	27.08 ±0.10	164.9 ±2.7	28.92 ±0.04	33.02 ±0.04
PEP	0.12 ±0.04	0.22 ±0.11	0.50 ±0.13	0.45 ±0.13	0.10 ±0.05
PYR	25.49 ±0.01	41.81 ±0.70	250.6 ±0.85	47.22 ±0.50	52.98 ±0.30
AcCoA	0.050 ±0.001	0.003 ±0.001	0.039 ±0.004	0.132 ±0.035	0.037 ±0.001
ATP	0.052 ±0.012	0.008 ±0.004	0.034 ±0.011	0.027 ±0.006	0.056 ±0.026
ADP	0.195 ±0.010	0.143 ±0.003	0.835 ±0.011	0.458 ±0.092	0.531 ±0.091
AMP	0.197 ±0.004	0.226 ±0.007	0.932 ±0.049	0.127 ±0.013	0.499 ±0.006
NADH	0.056 ±0.001	0.032 ±0.002	0.016 ±0.002	0.092 ±0.012	0.085 ±0.020
NAD$^+$	0.060 ±0.002	0.046 ±0.001	0.032 ±0.001	0.244 ±0.003	0.037 ±0.001
ATP/AMP	0.264	0.035	0.036	0.213	0.112
NADH/NAD$^+$	0.93	0.7	0.5	0.38	2.3

7.17から，ATP/AMP比が低くなっており，さらにATPを解糖系で獲得するために，グルコース消費速度が増加していることがわかる。

嫌気あるいは微好気条件では，GAPDHで生成されるNADHは，代謝物生成過程で再酸化されなければならない。まず，ADHによるエタノール生成について考えると，大腸菌では，AcCoAからエタノールを生成するが，*pfl*遺伝子欠損株ではAcCoA濃度が著しく低下するので，この可能性は限られる。

また，PEPからPpcを経てTCA回路のSUCを生成する経路も考えられるが，この経路ではNADHのほかにFADH$_2$も再酸化され，PEPからPpcの反応はPykによる反応とも競合する。この場合，Pykでは1分子のATPを生成し，PTSではPEPのリン酸基を利用してPYRを生成するので，この経路が優先されたと思われる。Ppcを増強するのではなく，他の生物由来のPyc（ピルビン酸カルボキシラーゼ）やリンゴ酸酵素を導入すると，前述のような競合がなくなり，結果として嫌気条件でSUCが過剰に生成できることになる[15),16),19),48)]。

*pfl*遺伝子欠損株では細胞内PYRの濃度が増加し，これが細胞外に放出される可能性も考えられるが，この場合はGAPDHで生成されるNADHの再酸化が行われないため，NADH/NAD$^+$収支の点からはあまり好ましくなく，実際にPYRの生成はあまりみられない。

*pfl*遺伝子欠損株では，蓄積したPYRはアロステリックにLDHの酵素活性を高め，乳酸生成はATP生成およびNADH/NAD$^+$収支の点からも好ましいと思われる。これらをまとめると，図7.17のようになる。

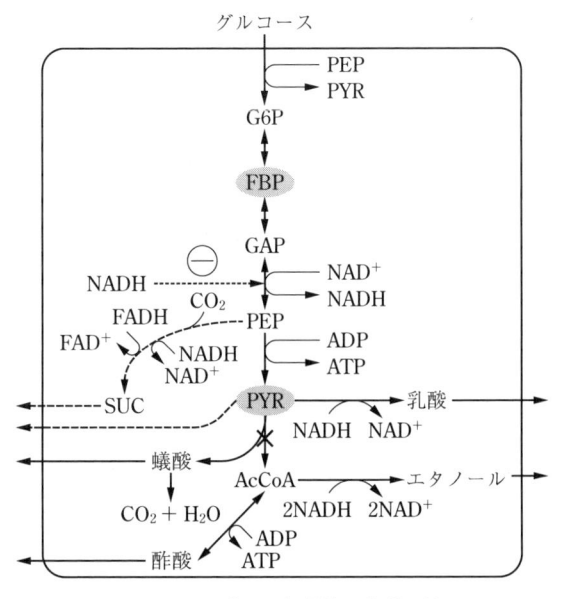

図7.17 *pfl*遺伝子欠損株の代謝調節[54)]

つぎに，さまざまな炭素源を用いて $pflA$ 遺伝子欠損株を培養した場合，表7.18からもわかるように，PYR と FBP の濃度が高くなっている．Pfl による反応の基質が PYR であるから，pfl 遺伝子欠損株では PYR が蓄積するのはよくわかるが，なぜ FBP が蓄積するのだろうか．表7.18から，pfl 遺伝子欠損株では，NADH/NAD$^+$ 比が高くなっているが，NADH は GAPDH を競争的に阻害するので[14]，このことが原因とも考えられる．

NADH/NAD$^+$ 比は代謝物生成パターンに影響を与える[41]．NADH は GAPDH で生成されるので，異なる炭素源によって NADH の生成パターンが異なる．すなわち，グルコン酸や PYR を炭素源とした場合は，NADH の生成が少ないことが考えられ，実際に表7.18から，NADH/NAD$^+$ 比はグルコースを用いた場合に比べて小さくなっている．グルコン酸を用いた場合は GAPDH の酵素活性が高くなっているが，これは，NADH による阻害が緩和されたためと思われる．このことは，グルコン酸や PYR を炭素源とした場合，グルコースを炭素源とした場合に比べて，乳酸生成が低くなっていることとも関係している．

つぎに ATP 生成に着目すると，グルコン酸や PYR を炭素源とした場合は，表7.18から，ATP/AMP 比が著しく小さくなっているが，これは Pyk による反応のフラックスが小さくなったためと思われる．グルコン酸を用いた場合は，エントナー-ドゥドロフ経路を利用して，一部は解糖系を通らずに直接 PYR を生成するからである．また，これらの炭素源を用いた場合，グルコースを用いた場合に比べて，Ack の酵素活性が10倍程度増加している．グルコン酸や PYR を炭素源とした場合は，酢酸が多く生成されているが，培養液中の蟻酸も CO_2 の生成もあまり多くないので，Pta-Ack によって酢酸が生成されたとは考えにくい．

一方，PoxB は PYR を直接酢酸に変換し，PoxB と Ack は相関があることが知られている[1]．すなわち，pfl 遺伝子欠損株では，PoxB によって PYR から酢酸が生成され，Pta-Ack あるいは Acs によって酢酸から AcCoA が補充されていることが示唆される．

グリセロールを炭素源とした場合は，NADH/NAD$^+$ 比は非常に高いが，Ack 活性は低く，この場合の酸化還元収支はあまり重要ではないことが示唆される．

引用・参考文献

1) Abdel-Hamid, A. M., Attwood, M. M. and Guest, J. R.：Pyruvate oxidase contributes to the aerobic growth efficiency of *E. coli*, Microbiology, **147**, pp.1483-1498（2001）
2) Boonstra, B., French, C. E., Wainwright, I. and Bruce, N. C.：The *udhA* gene of *E. coli* encodes a soluble pyrimidine nucleotide transhydrogenase, J. Bacteriol., **181**, pp.1030-1034（1999）
3) Canonaco, F., Hess, T. A., Heri, S., Wang, T., Szyperski, T. and Sauer, U.：Metabolic flux response of *pgi* knockout of *E. coli* and impact of overexpression of the soluble transhydrogenase UdhA, FEMS Microbiol. Lett., **204**, pp.247-252（2001）

4) Choi, I. Y., Sup, K. I., Kim, H. J. and Park, J. W.: Thermosensitive phenotype of *E. coli* mutant lacking NADP$^+$-dependent isocitrate dehydrogenase, Redox rep., **8**, pp.51-56 (2003)
5) Cozzone, A. J.: Regulation of acetate metabolism by protein phosphoylation in enteric bacteria, Annu. Rev. Microbiol. **52**, pp.127-164 (1998)
6) Cronan Jr, J. E. and LaPorte, D.: Tricarboxylic acid cycle and glyoxylate bypass, In Neidhardt, F. C. (ed.), *Escherichia coli* and *Salmonella* — Cellular and Molecular Biology, ASM, Mira Digital Publishing, Washington D. C. (1999)
7) Dauner, M. and Sauer, U.: Stoichiometric growth model for riboflavin-producing *Bacillus subtilis*, Biotechnol. Bioeng., **76**, pp.132-143 (2001)
8) Emmerling, M., Dauner, M., Ponti, A., Fiaux, J., Hochuli, M., Szyperski, T., Wuthrich, K. Bailey, J. E. and Sauer, U.: Metabolic flux responses to *pyk* knockout in *E. coli*, J. Bacteriol., **184**, pp.152-164 (2002)
9) Fiaux, J., Cakar, Z. P., Sonderegger, M., Wuthrich, K., Szyperski, T. and Sauer, U.: Metabolic-flux profiling of the yeast *S. cerevisae* and *P. stipitis*, Eukaryot., Cell, **2**, 170-180 (2003)
10) Fischer, E. and Sauer, U.: Metabolic-flux profiling of *E. coli* mutants in central carbon metabolism using GC-MS, J. Biochem., **279**, pp.880-891 (2003)
11) Fox, D. K., Presper, K. A., Adhya, S., Roseman, S. and Ganges, S.: Evidence of two promoters upstream of the pts operon — regulation by the cAMP receptor protein regulatory complex, Proc. Natl. Acad. Sci. USA, **89**, pp.7056-7059 (1992)
12) Frankel, D. G.: Glycolysis, In Neidhardt, F. C. (ed.): *Escherichia coli* and *Salmonella* — Cellular and Molecular Biology, ASM, Mira Digital Publishing, Washington D. C. (1999)
13) Frankel, D. G. and Levisohn, S. R.: Glucose and gluconate metabolism in an *E. coli* mutant lacking *pgi*, J. Bacteriol., **93**, pp.1571-1578 (1967)
14) Garrigues, C., Loubiere, P., Nic, D., Lindley, N. D. and Cocaign-Bousquet, M.: Control of the shift from homolactic acid to mixed-acid fermentation in *Lactococcus lactis* — Predominant role of the NADH/NAD$^+$ ratio, J. Bacteriol., **179**, pp.5282-5287 (1997)
15) Gokan, R. R., Altman, E. and Eiteman, M. A.: Metabolic analysis of *E. coli* in the presence of and absence of Pyc, Biotechnol. Lett., **20**, pp.795-798 (1998)
16) Gokan, R. R., Eiteman, M. A. and Altman, E.: Metabolic analysis of *E. coli* in the presence and absence of carboxylating enzyme Ppc and Pyc, Appl. Environ. Microbiol., **66**, pp.1844-1850 (2000)
17) Gonzalez-Flecha, B. and Demple, B.: Metabolic sources of hydrogen peroxide in aerobically growing *E. coli*, J. Biol. Chem., **270**, pp.13681-13687 (1995)
18) Holms, W. T.: The central metabolic pathways of *E. coli* — relationship between flux and control at a branch point, efficiency of conversion to biomass, and excretion of acetate, Curr. Top. Cell. Regul., **28**, pp.69-105 (1986)
19) Hong, S. H. and Lee, S. Y.: Metabolic flux analysis for succinic acid production by recombinant *E. coli* with amplified malic enzyme activity, Biotechnol., Bioeng., **74**, pp.89-95 (2001)
20) Hua, Q., Yang, C., Baba, T., Mori, H. and Shimizu, K.: Responses of the central metabolism in *E. coli* to Pgi and G 6 PDH knockout, J. Bacteriol., **185**, pp.7053-7067 (2003)
21) Izui, K., Taguchi, M., Morikawa, M. and Katsuki, H.: Regulation of *E. coli* Ppc by multiple effectors *in vivo* (II. Kinetic studies with a reaction system containing physiological concentrations of ligands, J. Biochem., **90**, pp.1321-1331 (1981)
22) Juhnke, H., Krems, B., Kotter, P. and Entian, K. D.: Mutants that show increased sensitivity to hydrogen peroxide reveal an important role for the pentose phosphate pathway in protection of yeast against oxidative stress, Mol. Gen. Genet., **252**, pp.456-464 (1996)
23) Kai, Y., Matsumura, H., Inoue, T., Terada, K., Nagara, Y., Yoshinaga, T., Kihara, A., Tsumura, K. and Izui, K.: Three-dimensional structure of Ppc — A proposed mechanism for allosteric inhibition, Proc. Natl. Acad. Sci. USA, **96**, pp.823-828 (1999)
24) Koebmann, B. J., Weaterhoff, H. V., Snoep, J. L., Nilsson, O. and Jensen, P. R.: The glycolytic flux in *E. coli* is controlled by the demand for ATP, J. Bacteriol., **184**, pp.3909-3916 (2002)
25) Krebs, A. and Bridger, W. A.: The kinetic properties of Pck of *E. coli*, Can. J. Biochem., **58**, pp.309-318 (1980)
26) Larsson, C., von Stockar, U., Marrison, I. and Gustafsson, L.: Growth and metabolism of *S. cerevisiae* in chemostat cultures under carbon-, nitrogen-, or carbon- and nitrogen-limiting condi-

tions, J. Bacteriol., **175**, pp.4808-4816 (1993)
27) Maaheimo, H., Fiaux, J., Cakar, Z. P., Bailey, J. E., Sauer, U. and Szyperski, T.: Central carbon metabolism of *Saccharomyces cerevisiae* expored by biosynthetic fractional of common amino acids, Eur. J. Biochem. **268**, pp.2464-2479 (2001)
28) Morita, T., Waleed, E., Yuya, T., Toshifumi, I. and Hiroji, A.: Accumulation of glucose 6-phosphate or fructose 6-phosphate is responsible for destabilization of glucose transporter mRNA in *Escherichia coli*, J. Biol. Chem., **278**, pp.15608-15264 (2003)
29) Murai, T., Tokushige, M., Nagai, J. and Katsuki, H.: Physiological function of NAD- and NADP-linked malic enzymes in *E. coli*, Biochem. Biophys. Res. Commun., **43**, pp.875-881 (1971)
30) Nakano, M., Zuber, P. and Sonenshein, A.: Anaerobic regulation of *Bacillus subtilis* krebs cycle gene, J. Bacteriol. **180**, pp.3304-3311 (1998)
31) Oh, M. K., Rohlon, L., Kao, K. and Liao, J. C.: Global expression profiling of acetate-grown *E. coli*, J. Biol. Chem., **277**, pp.13175-13183 (2002)
32) Neidhardt, F. C. and Umbarger, H. E.: Chemical composition of *E. coli*, In Neidhardt, F. C. et al. (eds.): *Escherichia coli* and *Salmonella typhimurium* — cellular and molecular biology, 2nd ed., ASM press, Washington D. C. (1999)
33) Pascal, M. C., Chippaux, M., Abou-Jaoude, A., Blaschkowski, H. P. and Knappe, J.: Mutants of *E. coli* K12 with defects in anaerobic pyruvate metabolism, J. Gen. Microbiol., **124**, pp.35-42 (1981)
34) Pease, A. J. and Wolfe Jr., R. E.: Determination of the growth rate-regulated steps in expression of the *E. coli* K-12 *gnd* gene, J. Bacteriol., **176**, pp.115-122 (1994)
35) Peng, L., Arauzo-Bravo, M. J. and Shimizu, K.: Metabolic flux analysis for a *ppc* mutant *Escherichia coli* based on ^{13}C-labeling experiments together with enzyme activity assays and intra cellular metabolite measurements, FEMS Microb. Lett., **235**, pp.17-23(2004) [Peng, L. and Shimizu, K.: Effect of *ppc* gene knockout on the metabolism of *Escherichia coli* in view of gene expressions, enzyme activities and intracellular metabolite concentrations, Private communication. (2004)]
36) Petersen, S., de Graaf, A. A., Eggeling, L., Mollney, M., Wiechert, W. and Sahm, H.: *In vivo* quantification of parallel and bidirectional fluxes in the anaplerosis of *C. glutamicum*, J. Biol. Chem., **275**, pp.35932-35841 (2000)
37) Petersen, S., Mmack, C., de Graaf, A. A., Riedel, C., Eikmanns, B. J. and Sahm, H.: Metabolic consequenses of altered Pck activity in *C. glutamicum* reveal analerotic regulation mechanisms *in vivo*, Metabolic Eng., **3**, pp.344-361 (2001)
38) Plumbridge, J.: Expression of the phosphotransferase system both mediates and is mediated by *mlc* regulation in *E. coli*, Mol. Microbiol., **33**, pp.260-273 (1999)
39) Ramseier, T. M., Bledig, S., Michotey, V., Feghali, R. and Saier Jr., M. H.: The global regulatory protein FruR modulates the direction of carbon flow in *E. coli*, Mol. Microbiol., **16**, pp.1157-1169 (1995)
40) Reuse, H. D. and Danchin, A.: The *ptsH*, *ptsI*, and *crr* genes of the *E. coli* phosphoenol pyruvate -dependent phosphotransferase system — a complex operon with several modes of transcription, J. Bacteriol., **170**, pp.3827-3837 (1988)
41) Riondet, C., Cachon, R., Wache, Y., Alcaraz, G. and Divies, C.: Extracellular oxidoreduction potential modifies carbon and electron flow in *E. coli*, J. Bacteriol., **182**, pp.620-626 (2000)
42) Sauer, U., Lasko, R. R., Fiaux, J., Hochuli, M., Szyperski, T., Wuthrich, K. and Bailey, J. E.: Metabolic flux ratio analysis of genetic and environmental modulations of *E. coli* central carbon metabolism, J. Bacteriol., **181**, pp.6679-6688 (1999)
43) Schmidt, K., Norregaad, L., Pedersen, B., Meissner, A., Duus, J. O., Nielsen, J. and Villadsen, J.: Quantification of intracellular metabolic fluxes from fractional enrichment and ^{13}C-^{13}C coupling constraints on the isotopomer distribution in labeled biomass components, Metabolic Eng., **1**, pp.166-179 (1999)
44) Siddiquee, K. A. Z., Arauzo-Bravo, M. and Shimizu, K.: Metabolic Flux Analysis of *pykF* gene knockout *Escherichia coli* based on ^{13}C-labeled Experiment together with Measurements of Enzyme activities and Intracellular Metabolite concentrations, Appl. Micobiol. Biotechnol., **63**, pp.407-417 (2004)
45) Siddiquee, K. A. Z., Arauzo-Bravo, M. and Shimizu, K.: Effect of pyruvate kinase (*pykF* gene) knockout mutation on the control of gene expression and metabolic fluxes in *Escherichia coli*,

FEMS Microbiol. Lett. **235**, pp.25-33 (2004)
46) Sugimoto, S. and Shiio, I.：Regulation of 6-phosphogluconate dehydrogenase in *Brevibacterium flavum*. Agric. Biol. Chem., **51**, pp.1257-1263 (1987)
47) Varma, A. and Palsson, B. O.：Parametric sensitivity of stoichiometric flux balance models applied to wild-type *E. coli* metabolism, Biotechnol. Bioeng., **45**, pp.69-79 (1995)
48) Vemuri, G. N., Eitman, M. A. and Altman, E.：Effects of growth mode and Ppc on succinic acid production by metabolically engineered strains *E. coli*, Appl. Environ., Microbiol., **68**, pp.1715-1727 (2002)
49) Voordouw, G., van der Vies, S. M. and Themmen, A. P. N.：Why are two different types of pyridine nucreotide transhydrogenase found in living organism?, Eur. J. Biochem., **131**, pp.527-533 (1983)
50) Walsh, K. and Koshland Jr., D. E.：Branch point control by the phosphorylation stste of isocitrate dehydrogenase, J. Biol. Chem., **260**, pp.8430-8437 (1985)
51) Yang, C., Hua, Q. and Shimizu, K.：Quantitative analysis of intracellular metabolic fluxes using GC-MS and two-dimensional NMR spectroscopy, J. Biosci. Bioeng., **93**, pp.78-87 (2002)
52) Yang, C., Hua, Q., Baba, T., Mori, H. and Shimizu, K.：Analysis of *E. coli* anaplerotic metabolism and its regulation mechanism from the metabolic response to altered dilution rates and pck knockout, Biotechnol. Bioeng., **84**, pp.129-144 (2003)
53) Zhou, S., Causey, T. B., Hasona, A., Shanmugam, K. T. and Ingram, L. O.：Production of optically pure D-lactic acid in mineral salts medium by metabolically engineered *E. coli* W 3110, Appl. Environ. Microbiol., **69**, pp.399-407 (2003)
54) Zhu, J. and Shimizu, K.：The effect of *pfl* gene knockout on the metabolism for optically pure D-lactate production by *E. coli*, Appl. Microbiol. Biotechnol., **64**, pp.367-375 (2004)

遺伝子発現の調節制御 8

8.1 はじめに

7章では，細胞内の特定の代謝物が，ある酵素の活性をアロステリックに調節する，いわゆる酵素レベルの調節について，いくつかの例を述べたが，本章では遺伝子レベルの発現制御について解説する。大腸菌のような微生物では，遺伝子の発現制御は主として転写レベルで行われていると考えられるが，転写調節因子のほとんどはタンパク質であり，その多くはDNA配列を特異的に認識する，いわゆるDNA結合タンパク質である。これらの転写調節タンパク質は，培養環境の変化に応じて発現し，DNA上の特定部位に結合して，RNAポリメラーゼによる転写の促進・抑制をする。この場合，いくつかのタンパク質が多くの遺伝子を同時に調節しており，これをコードしている遺伝子は，**調節遺伝子**（global regulatory gene）と呼ばれている。このように，数多くの遺伝子の発現制御を担う調節タンパク質としては，糖代謝を調節するCraやCrp，酸素のレベルに応じて，一群の遺伝子を支配するArcA/BやFnr，脂肪酸の合成と分解を制御するFadRやIclR等のほかに，ストレス応答に関するRpoSやSoxR/S等があり，大腸菌細胞の場合，100近くの調節遺伝子が同定されている。本章では，これらのうち代謝制御に関連したいくつかについて概要を説明する。

8.2 cAMP-CRPと糖消費

8.2.1 遺伝子発現制御

大腸菌をグルコース存在下で培養すると，ラクトースやマルトース等の他の炭素源の代謝に関与する酵素の合成が抑制される。この現象は，グルコース効果（glucose effect）あるいはカタボライト抑制（catabolite repression）と呼ばれている[54]。これは，cAMPとCRP〔cAMP受容タンパク質（CAPとも呼ばれている）〕による遺伝子発現調節が関与しており，グルコース存在下ではcAMP-CRP複合体レベルが低下し，このためグルコース以外の糖の代謝に関与する遺伝子群が抑制されることになる[64]。

cAMP-CRP は糖代謝だけではなく，アミノ酸やヌクレオチド代謝系，あるいは膜タンパク質合成等の種々の遺伝子の発現を制御している．CRP はそれ自身でも DNA への親和性をもっているが，cAMP の結合により立体配座が変化し，調節する遺伝子のプロモーター領域への（塩基配列特異的な）結合能が増大する．すなわち，CRP は低分子の cAMP がエフェクターで働く典型的なアロステリックタンパク質である[24),46),79)]．

ここまでは大腸菌のような微生物についてであるが，CRP の cAMP 結合ドメインのアミノ酸配列は真核細胞の cAMP 依存性プロテインキナーゼの調節サブユニットとよく類似していることが報告されている[77)]．すなわち，培養液あるいは血液中のグルコースレベルが低下した場合，微生物もヒトも cAMP レベルの上下によって，他のエネルギー源を利用したり，しなかったりしている．グルコースが枯渇した場合，微生物等では cAMP-CRP がグルコース以外の糖代謝関連遺伝子の発現を促進活性化させ，ヒトの場合は cAMP 依存性プロテインキナーゼの活性化をはじめとした，一連のリン酸化反応のカスケードを経てグリコーゲンを分解する．このように，cAMP はどちらの場合も，いわゆる「飢餓信号」として働いているとも考えられる．グルコースの濃度レベルが低下すると cAMP が上昇するが，これはアデニル酸シクラーゼが活性化するためである[1)]．

よく知られているように，大腸菌のプロモーターは転写開始点上流の -10 および -35 領域に共通の配列をもっている．RNA ポリメラーゼがプロモーター領域に結合し，転写が開始されるが，この機構は cAMP-CRP が DNA 上に結合することによって DNA の構造が変化し，RNA ポリメラーゼのプロモーターへの親和性が高まる．それと同時に，cAMP-CRP が DNA 上で RNA ポリメラーゼと相互作用し，その結果，ポリメラーゼのプロモーターへの親和性が高まると考えられる[20)]．

また，*lac* プロモーターに関する研究から，*lac* には第 2 のプロモーター（p_2）が第 1 のプロモーター（p_1）の 22 bp 上流にあり，p_2 と RNA ポリメラーゼ，および cAMP-CRP の相互作用が，p_1 の活性を支配していると考えられる[1)]．

さらに，*gal* オペロンに関する研究から[4)]，*gal* に近接する二つのプロモーター p_1 および p_2 をもった cAMP-CRP は，下流にある p_1 を活性化する一方で，p_2 を抑制することが実験的に証明されている．同様の機構は *lac* オペロンにも存在する．*crp* と *cya* のプロモーター近辺には，cAMP-CRP により特異的に認識される配列が存在しているが，この配列が転写開始点の下流に存在しており，cAMP-CRP はこれらの配列に結合し，転写開始を抑制している[1)]．

cAMP-CRP による *crp* および *cya* の転写抑制は，これらの遺伝子が**自己制御系**を形成していることを意味している．一般に自己制御は，必要なタンパク質を必要な量だけつくることを保障していると考えられている．*crp* や *cya* の場合は，このほかに栄養条件の変化にす

ばやく対応するための機構としても考えられる[1]。

グルコースが培養液中に存在すると，アデニル酸シクラーゼの活性が阻害されるため，cAMPレベルは低く，したがってcAMP-CRPレベルも低い。この状態では，*crp*および*cya*は相対的に抑制が解除され，比較的多量のCRPおよびアデニル酸シクラーゼが合成される。一方，グルコースが欠乏すると，アデニル酸シクラーゼ活性が抑制されなくなり，細胞はcAMPを盛んに合成する。この結果，cAMP-CRPレベルが上昇し，グルコース以外の糖代謝系遺伝子等の発現が促進される。同時に，必要以上のCRPおよびアデニル酸シクラーゼの合成を抑制するため，自己制御系が発動すると考えられる[1]。

8.2.2 グルコース抑制と cAMP モデル

グルコース抑制あるいはカタボライト抑制の典型的な例としては，モノー（Monod）によってジオキシ（dioxy）と呼ばれるようになった2段階増殖の場合がある。例えば，グルコースとラクトースが共存する培地で大腸菌を培養すると，培地中のグルコースがまず優先的に消費され，この間のラクトースの消費は抑制される。しかし，培地中のグルコースがなくなると，ラクトース代謝関連酵素が合成されて，ラクトースが消費され始め，この結果，2段階の増殖パターンがみられることになる。この現象はラクトースに限らず，他の炭素源についても同様のパターンがみられる。

ただし，一般にグルコース存在下では，細胞内cAMPレベルは低く，グルコースが枯渇するとcAMPが上昇するが，グルコース/ラクトース系におけるグルコース抑制は，グルコースの細胞内取込みに連動したラクトースの取込み阻害であることがわかってきている[40]。図8.1に，グルコース/ラクトース系におけるグルコース効果の様子を示している。この図を参照して，まず培地中にグルコースがなく，ラクトースだけの場合を考えると，ラクトースはラクトースパーミアーゼ（LacY）により細胞内に取り込まれ，一部はアロラクトースに転換される。アロラクトースは誘導体（inducer）としてリプレッサー LacI に結合し，これを不活性化するため，*lac*オペロンの転写が行われる。これに対して，培地中にグルコースが存在すると，PTSにより取り込まれた IIA^{glc} は脱リン酸化される。脱リン酸化型の IIA^{glc} は LacY の活性を阻害し，ラクトースの細胞内取込みを抑制する。この結果，LacI が

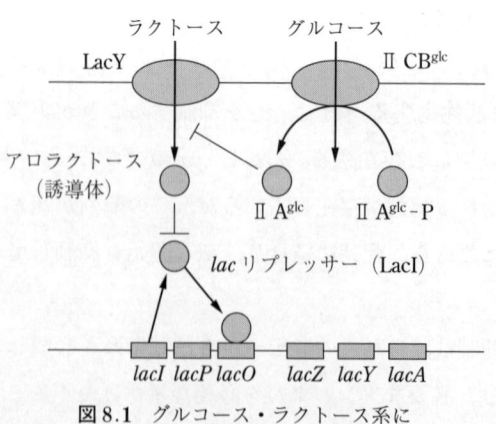

図8.1 グルコース・ラクトース系におけるグルコース抑制[2]

lac オペレーターに作用して *lac* オペロンの転写が抑制される。グルコースによるラクトースの細胞内取込み阻害は inducer exclusion と呼ばれている[2]。

8.2.3 PTS と解糖系

解糖系では，グルコースからピルビン酸（PYR）を生成し，細胞にエネルギーと生合成のための中間代謝物を供給するが，この最初のグルコースの取込み機構は大変重要である。大腸菌等のバクテリアでは，グルコースをはじめ，多くの単糖は PTS（phosphotransferase system）によって細胞内に取り込まれ，これらの糖は PTS 糖とも呼ばれている。一方，ラクトースやマルトースといったオリゴ糖等は，PTS ではない機構で細胞内に取り込まれ，非 PTS 糖と呼ばれる。PTS の特徴は，糖が ATP ではなく，PEP を利用したリン酸化によって取り込まれ，グルコースは G6P として細胞内に取り込まれることである。なお，例えばラクトース等の分解によって細胞内に生じたグルコースはグルコキナーゼによって ATP を利用してリン酸化される。PTS は 1964 年に Roseman によって発見されているが[65]，PTS は共通の成分である enzyme I（EI）と histidine phosphorylatable protein（HPr），および糖特異的な enzyme II（EII）から構成されている。EII は複数のタンパク質またはドメインからなり，糖の細胞内への取込みと，リン酸基の転移を直接担っている。グルコースの場合，EII は細胞質成分の IIA^{glc} と膜タンパク質でトランスポーターである $IICB^{glc}$ から構成され，リン酸基は PEP→EI→HPr→IIA^{glc}→$IICB^{glc}$→グルコースと転移される[2]（図 8.2 参照）。

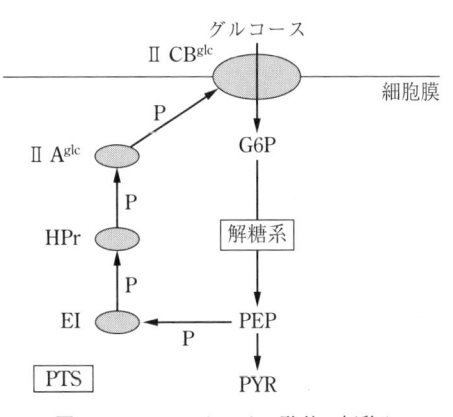

図 8.2 PTS によるリン酸基の転移[2]

8.2.4 グルコース抑制と PTS の制御機構

EI は *ptsI* によって，また HPr は *ptsH* によってコードされているが，これらの変異株では，リン酸基の EII への転写ができないために PTS 糖の代謝ができなくなるが，同時にラクトース等の非 PTS 糖も利用できないことがわかっている。IIA^{glc} は *crr*（carbohydrate repression resistance）遺伝子によってコードされているが，この変異株では非 PTS 糖を利用できることがわかっている。このことは，ラクトース等の糖の取込みが脱リン酸化型の IIA^{glc} によって阻害されていることを示している（inducer exclusion）。図 8.2 に示すように，グルコース取込みに際し，IIA^{glc} は脱リン酸化され，inducer exclusion によりラクトー

スパーミアーゼが阻害される。これが，グルコース/ラクトース系でのグルコース抑制である[2]。

$ptsH$ 変異株や crr 変異株では，グルコースが輸送されないが，それでも細胞内 cAMP は野生株の約 10％程度にまで低下する。このことから，リン酸化型 IIA^{glc} がアデニル酸シクラーゼの活性化因子として働いていると考えられ，また，グルコース存在下では細胞内の IIA^{glc} の脱リン酸化が進むため，cAMP の濃度が低下する。なお，cAMP 濃度の制御は cAMP-CRP によって行われており，これは，アデニル酸シクラーゼの転写および活性の自己制御による[2]。

8.2.5 グルコースによる遺伝子発現の促進

グルコース存在下では，グルコースの取込みが活性化されるが，これはグルコースが $IICB^{glc}$ をコードしている $ptsG$ の転写を活性化するためであり，この場合，mlc（making larger colonies）遺伝子が重要な役割を果たすことがわかってきている[44]。すなわち，グルコース存在下では Mlc は転写のリプレッサーとして機能しており，図 8.3 に示されるように，グルコース存在下では Mlc は不活性化される。Mlc は $ptsG$ のほかに，$ptsHI$，マンノース PTS の遺伝子（$manXYZ$），マルトース代謝遺伝子の調節遺伝子（$malT$）の発現，および mlc 自身の転写も抑制する。また，Mlc 調節因子は cAMP-CRP の制御も受けており，cAMP-CRP および Mlc という二つのグローバル転写因子がグルコース消費の転写制御に関与している[2]。

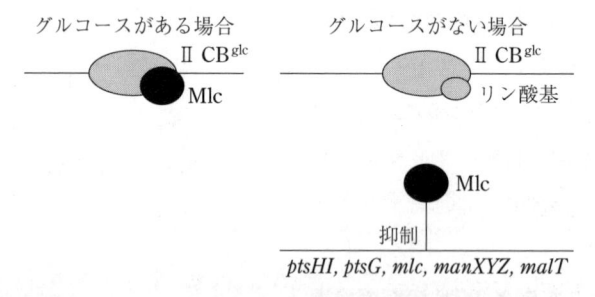

図 8.3　グルコースの存在状況に応じた Mlc の活性調節モデル[2]

8.2.6 膜タンパク質 $IICB^{glc}$ による Mlc の活性調節

リン酸のリレーができない $ptsI$ 遺伝子欠損株では Mlc が不活性で，$ptsG$ 遺伝子欠損株では活性化されているという実験事実から，$IICB^{glc}$ へのリン酸のリレーが遮断されると，$IICB^{glc}$ は Mlc の作用を抑制することが考えられ，図 8.3 に示されるように，グルコース存在下では Mlc は脱リン酸化された $IICB^{glc}$ と結合して膜に局在化する。その結果，Mlc は不活性化され，Mlc 調節因子の発現が速やかに誘導される。グルコース非存在下では，

IICB^{glc} はリン酸化されていて Mlc と相互作用できないため，Mlc は *ptsG*, *ptsHI* 等の標的遺伝子の転写を抑制することになる。

IICB^{glc} は N 末端側の膜の外側部分の領域 IIC と，C 末端側の細胞質ドメイン IIB からなっている[13]。IIB ドメインのみで Mlc と結合できることから，IIB ドメインが Mlc との相互作用部位と考えられる。一方，IIC ドメインはリン酸化部位を含み，グルコースとの結合と，その輸送に直接関与している。最近の研究から，Mlc と IIB ドメインとの結合自体が Mlc の活性変化を誘起するのではなく，IIB ドメインとの相互作用による Mlc の膜への局在が Mlc を不活性化していることがわかってきている[72]。この調節は，外界の栄養源を感知・輸送するトランスポーターが，同時に栄養源の存在状態に応じて，その栄養源の代謝制御に関与する因子の活性を制御しているということを意味している。膜タンパク質によるタンパク質の活性制御は，アンモニウム透過酵素による窒素代謝制御因子 GlnK の調節等，他の例も知られており，普遍性の高い調節機構と考えられる[2),11)]。

8.2.7 解糖系の阻害に応答した *ptsG* mRNA の不安定化

pgi あるいは *pfk* 変異株では，グルコース存在下でも IICB^{glc} のレベルが著しく低下し，グルコースの取込みが低下することがわかってきている。また，*ptsG* の転写の開始は正常であるが，転写された mRNA が著しく不安定になっており，これは，RNase E が関与していることもわかってきている。さらに，mRNA の不安定化の初期シグナルが，解糖系中間代謝物である G6P あるいは F6P の蓄積であることがわかってきている[58]。*pgi* あるいは *pfk* に変異がある場合，細胞内に取り込まれたグルコースのスムーズな代謝が阻害され，G6P や F6P が蓄積する。これらのリン酸化糖の蓄積は，細胞にとって負荷になると考えられ，実際に細胞増殖が阻害される[25]。G6P や F6P の蓄積に応答した mRNA の不安定化を伴う *ptsG* の発現制御は，解糖系でのフィードバック制御の一つである[2]。

8.3　Cra による代謝調節

FruR として従来から知られていた Cra（カタボライト抑制/活性タンパク質）は大腸菌等の微生物で，炭素の流れを制御する重要な役割を果たしている[69]。Cra は主要代謝経路の *ptsHI*, *pfkA*, *pykF*, *zwf*, *edd-eda* 等の遺伝子発現を抑制し，*fbp*, *ppsA*, *pckA*, *icd*, *aceA*, *aceB*, *cydA* 等の糖新生経路関連の遺伝子発現を促進している[57]。

図 8.4 は，Cra と *pck* や *pykF* との結合状況を示している。*pfkA*, *pykF* や *edd-eda* といった遺伝子は Cra 結合領域をもっており，RNAP 結合領域とオーバーラップするが，その下流にあることがわかっている[14),15),67),68)]。*cra* 遺伝子欠損株では，PYR や酢酸や乳酸等の

228   8. 遺伝子発現の調節制御

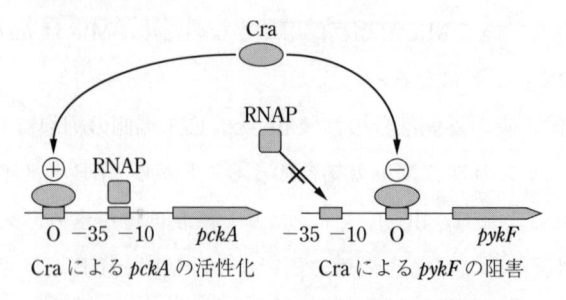

```
              Cra
         ↙         ↘
        ⊕            ⊖
      RNAP        RNAP
     O −35 −10 pckA    −35 −10 O pykF
   CraによるpckAの活性化      CraによるpykFの阻害
```

図8.4 Craのpckおよび pykF の遺伝子発現調節[69]

糖新生の基質では増殖できないことがわかっている[70]。

8.4 Fnr と ArcA/B システム

　FnrやArcA/Bシステムは，酸素欠乏や他の電子供与体の存在に応じて，多くの遺伝子群を調節している。Fnr（fumarate-nitrate respiration）はおもに嫌気条件で働き，ArcA/Bシステムは好気・嫌気条件下，特に微好気条件下で働くと考えられている[37]。ArcA/Bは2コンポーネントシステムであり，ArcBが膜結合のセンサキナーゼで酸化還元状態を検知し，ArcAをリン酸化することによって，ArcPが多くの遺伝子のプロモーター領域に結合して，それらの遺伝子発現を調節している[47]。ArcAがリン酸化されると，$gltA$，$acnA$，$acnB$，$icdA$，$sucABCD$，$sdhABCD$，$fumA$，mdh，$aceB$ 等といったTCA回路やグリオキシル酸経路関連の遺伝子発現が抑制される[41,52,60,61,62]。また，$glpD$，$lctPRD$，$lpdA$ といったおもな脱水素酵素遺伝子もArcAによって抑制される[18,42,53]。大腸菌等の微生物は，呼吸鎖に2種類の末端キノール酸化酵素をもっている。シトクロムoをコードしている遺伝子 $cyoABCD$ は酸素に対する親和性が低く，おもに好気条件で働くが，この遺伝子はArcAによって抑制されると考えられており，実際に $cyo-lacZ$ を用いた実験でも，好気条件で発現量が低下することが示されている[43,74]。また，酸素に対して高い親和性をもっているシトクロムdオキシダーゼをコードしている $cydAB$ は，通常は微好気条件でArcAによって活性化され，またPflをコードしている $foc-pfl$ 遺伝子も微好気条件でArcAによって活性化される[23,43,74]。なお，シトクロムoの酸素との反応では，$V_{max}=66\ \mu mmol\ of\ O_2 \cdot nmol\ of\ cytochlome\ o^{-1} \cdot h^{-1}$）で $K_m=0.2\ \mu MO_2$ であるのに対し，シトクロムdの場合は $V_{max}=42\ \mu mol\ of\ O_2 \cdot nmol\ of\ cytochlome\ o^{-1} \cdot h^{-1}$で，$K_m=0.024\ \mu MO_2$ であり，後者のほうが V_m は小さいが，酸素への親和性は高い[5]。

　$arcA$ 遺伝子欠損株を用いた最近の研究では，好気や嫌気条件よりも，微好気条件で代謝に影響を及ぼすことが報告されている[5]。

8.5 *fadR* 遺伝子と脂肪酸や酢酸の生成と分解

　一般に，大腸菌等を用いた高密度培養や有用物質生産等では，代謝生産物である酢酸等の生成をできるだけ抑えたい．この場合，酢酸合成経路の遺伝子 *pta* や *ackA* を破壊することも考えられるが，そうすると今度は PYR が蓄積してしまう[19]．また，酢酸の生成は，解糖系のフラックスと TCA 回路のフラックスがアンバランスのために生成される（いわゆるオーバーフロー現象）ことから，培地中のグルコース濃度を一定の低レベルに制御したり，グルコースアナログの MG（メチルグリオキシル酸）を添加することで，グルコース消費速度を低下させたり，あるいは TCA 回路を活性化させたり，グリオキシル酸経路を活性化させることが考えられる．グリオキシル酸経路は，前でも述べたように，*aceA* によってコードされた Icl，および *aceB* によってコードされた MS からなっているが，これらの遺伝子は *aceBAK* オペロンを形成している．ここで，*aceK* は ICDH のリン酸化/脱リン酸化をコードしている．このオペロンの転写制御には IclR, FadR, Cra(FruR), ArcA/B, HimAB 等が関与している[16]．*aceBAK* は，酢酸や脂肪酸を炭素源とした場合に誘導されるが，グルコースや PYR，グリセロールを炭素源とした場合は抑制される．ただし，このような炭素源であっても，*fadR* 変異株では *aceBAK* が発現するが[36),63)]，*aceBAK* が発現すると，TCA 回路の ICDH がリン酸化されて活性を失い，Icl によってグリオキシル酸経路が活性化される．

　FadR はヘリックスターンヘリックスモチーフをもった転写調節因子で[3]，脂肪酸の合成と分解，グリオキシル酸経路，およびアミノ酸合成を直接・間接に調節している[17),21),22),36)]．

　大腸菌の *fadR* 遺伝子欠損株代謝解析結果を 1 枚の代謝図にまとめると，図 8.5 のようになる[63]．図に示されるように，*fadR* 遺伝子欠損株ではグルコースを炭素源とした場合でも，グリオキシル酸経路が活性化され，AcCoA および PYR，さらに PEP の濃度が低下している（図中の四角）ことがわかるが，OAA や MAL，ICIT，αKG 等の濃度は増加している（図中の楕円）こともわかる．すなわち，*fadR* 遺伝子欠損株では，補充経路であるグリオキシル酸経路が活性化されて，AcCoA がこの経路で過剰に利用されたため，AcCoA 濃度が低下し，同様に酢酸合成速度も低下したと思われる．また，AcCoA は Ppc のエフェクターであるため，AcCoA 濃度の低下によって，Ppc の活性が低下したと思われる．また，AcCoA 濃度の低下は，さらに PYR および PEP の濃度を低下させ，これが解糖系の調節酵素の一つである Pfk の活性をやや増加させ，グルコース消費速度のわずかな向上につながったものと思われる．CS と Acn は同じように調節されていることが報告されているが[59]，これは CIT が Acn の活性化因子であるからであろう．

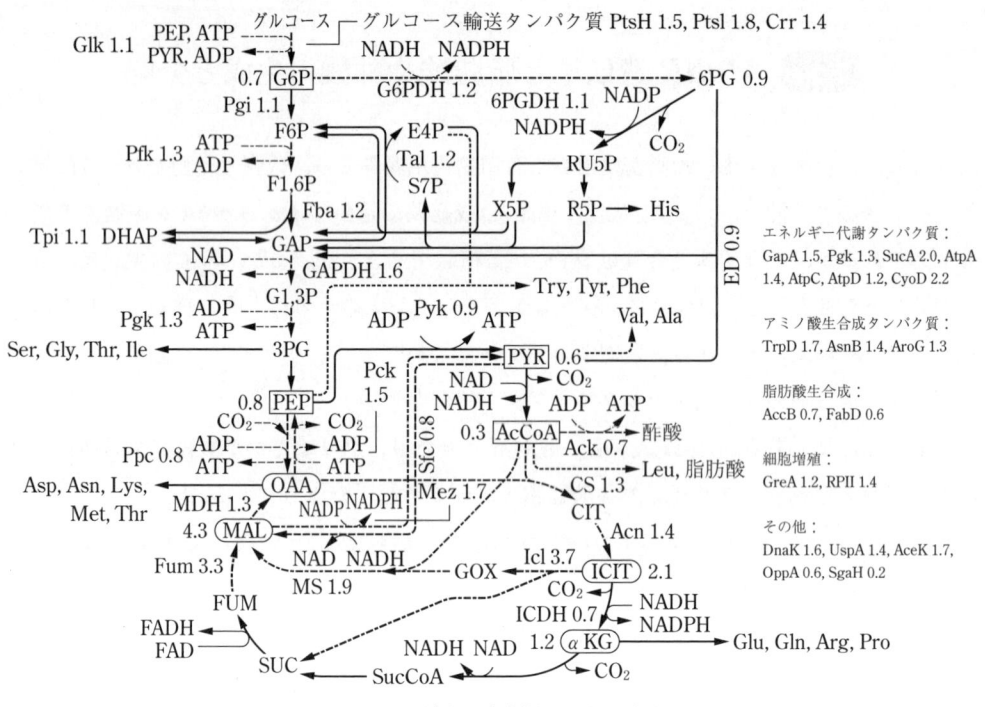

図8.5 fadR 遺伝子欠損株での代謝変化[63]

つぎに，細胞合成に不可欠な NADPH の収支について考えてみる．大腸菌等の微生物では，通常，好気条件で約 60 % が TCA 回路の ICDH で生成されるが[39]，fadR 遺伝子欠損株では ICDH の活性が低下しており，Mez が活性化されて NADPH の生成がバックアップされている．また，Mez の活性化は，低下した AcCoA を PYR を経由して供給するという意味もあると思われる．また，G6PDH もわずかに活性化されており，この経路でも NADPH の生成がバックアップされていると思われる．また，PYR から MAL を生成する反応の酵素 Sfc は，基質である PYR の低下により活性が低下したことが示唆される．

大腸菌の FadR は脂肪酸分解のリプレッサーとして働き，不飽和脂肪酸の合成を促進することがわかっている[12),26),36]．uspA は fadR 調節因子のメンバーであり，uspA の転写は，fadR 遺伝子欠損株では，抑制が解除される[26]．rpoS によって調節されている遺伝子や，アミノ酸のペリプラズム輸送体，代謝酵素等は，酢酸や低い pH で誘導されるが[7),45]，OppA の低下は，酢酸の蓄積低下を反映していると思われる．

8.6 rpoS 遺伝子による調節

大腸菌等の微生物を，グルコースを炭素源として好気条件で回分培養すると，グルコースが消費されるにつれて酢酸が生成され，グルコースが枯渇すると，今度は酢酸を炭素源とし

8.6 rpoS 遺伝子による調節

て利用する．さらに，酢酸が消費しつくされると，培地中のアミノ酸等を炭素源として利用し，停止期（stationary phase）でも生きている．このように，炭素源が豊富な環境から，次第に炭素源律速になっていくにつれて，細胞は増殖期から停止期に至るが，この期間に多くの遺伝子の発現パターンが変化し，非常に複雑な仕組みで細胞が生き残りの戦略を発揮する．有機酸やエタノール等の生成を除くと，多くの有用物質は，細胞増殖の停止する停止期に生成されるので，この代謝変動の機構を解明することは重要である．ここで，重要なマスター調節遺伝子であるのが rpoS である．rpoS は停止期の始まる時期や炭素源律速条件等，さまざまなストレス環境下で多くの遺伝子の発現を調節している，ストレス応答 RNA ポリメラーゼシグマ因子である[8),75),78)]．

rpoS は酸化ストレス条件化で katE，katG，sodC，dps 等の遺伝子発現を活性化させ，オスモティックストレス条件下で osmE，osmY 等の遺伝子発現を活性化させることが知られている．rpoS 遺伝子欠損株では gadA，gadB 等の酸耐性遺伝子や，nuv 等の近 UV 耐性遺伝子，酸ホスファターゼ遺伝子 appAR 等の遺伝子を発現させることができない．rpoS 自身はさまざまなストレスや培養環境によって増減しており，例えば rpoS の転写は増殖速度の低下によって促進され，翻訳はオスモティックショックや，低温，pH 低下等によって促進される．rpoS を制御している第3のメカニズムはタンパク質の加水分解によるものである．通常の条件下では，rpoS は ClpXP プロテアーゼによって急速に分解されるが，この酵素の分解活性は，ストレス条件下で著しく低下することがわかっている[9),27),51)]．

一般に，rpoS はストレス応答遺伝子と考えられているが，最近の研究では必ずしもストレス応答だけに限らず，DNA 修復や輸送タンパク質の合成，生合成，糖やアミノ酸および脂肪酸の代謝等に関与していることがわかってきている．例えば，rpoS は xthA によってコードされたエキソヌクレアーゼや eda によってコードされたメチルトランスフェラーゼ等のような DNA 修復酵素の発現や bolA によってコードされた，細胞の形態を決定する遺伝子を調節している．また，gabP，ugpEC 等といった輸送や結合タンパク質をコードしている遺伝子を調節している．これ以外にも，多くの未知のタンパク質の発現が rpoS によって影響を受けていることがわかってきている[48),76)]．

ここまで述べたように，rpoS 遺伝子は停止期や炭素源飢餓状態で重要な役割を果たす．とりわけ細胞増殖期から停止期に向けて，いくつかの遺伝子の発現が制御されている．例えば，PTS の遺伝子 crr，解糖系の fbaB，pfkB，非酸化的ペントースリン酸経路の talA や tktB，TCA 回路の acnA，fumC，sucA のほか，酢酸生成の poxB や酢酸消費の acs 等の遺伝子が制御されている．また，argH，aroM，yhgY 等のアミノ酸や，脂肪酸合成経路の遺伝子および narY，appB，ldcC 等のエネルギー代謝の遺伝子も rpoS によって調節されていることがわかってきている[48),75)]．一般に対数増殖期では，rpoS の発現はタンパク質分

解の制御によって低く抑えられていると考えられているが[8),56)]，rpoS が破壊されると，この期間でも影響を受けることがわかっている[55)]。

8.7 酸化ストレス応答

スーパーオキシド（O_2^-），H_2O_2，水酸化ラジカル OH 等といった酸素由来の物質は，好気条件で，分子状酸素から一重結合（monovalent）の還元によってカスケードに生成される有害な代謝副産物である。これらは一般にそれほど反応に富むわけではないが，O_2^- や H_2O_2 は細胞に大きなダメージを与える。Fe^{2+} とともに，H_2O_2 はフェントン反応によって OH を生成し，これはタンパク質，膜構成要素および DNA といったどんな高分子とも反応する[30),49)]。O_2^- はまた，NO と反応して非常に反応しやすい $ONOO^-$ を生成し，これから OH が生成されることも考えられる。これらのいわゆる ROS（reactive oxygen species）は，細胞にとって有害であるにもかかわらず，低濃度では細胞にとって重要な物質である。強力な細胞の基本的な防御システムは，ROS を無害なレベルに保っているが，ROS の急激な増加，すなわち急激な酸化ストレスに細胞は対応できない。

大腸菌のような微生物は，酸化ストレスに対して多くの遺伝子を発現させて対応している。2次元電気泳動によるタンパク質発現を調べた結果では，酸化ストレスに対して 80 以上のタンパク質の発現量が増加したと報告されている[33)]。発現量の増加したタンパク質の中には，スーパーオキシドディスムターゼやカタラーゼといった耐酸化ストレスのものが含まれている。酸化還元状態に応じて遺伝子のスイッチとして働く調節因子についての分子レベルの研究も報告されている[6),34),72)]。よく調べられている耐酸化ストレスの調節タンパク質は OxyR と SoxR である[66)]。この二つのタンパク質は，酸化ストレス状態を検知し，関連の遺伝子発現を制御している。このタンパク質は不活性状態で構成的に発現しており，酸化ストレスに応じて活性化される。OxyR と SoxR が活性化されると，転写レベルで多くの遺伝子群調節因子の発現を調節してオキシダントを除去したり，酸化によるダメージを防いだり，また，修復することによって酸化ストレスを緩和している[66)]。

SoxR は，鉄結合転写因子である MerR 族の一つであり，溶液中では ［2 Fe-2 S］ クラスターを含むそれぞれのサブユニットとホモダイマーとして存在する。これらのクラスターは，還元状態では不活性型の SoxR であり，酸化によって Sox を強力な転写因子として活性化させる[31)]。活性化された SoxR は soxS 遺伝子の転写を促進させる。soxS 遺伝子の産物である SoxS タンパク質は，fumC 等の遺伝子発現を活性化させている DNA 結合転写因子の AraC/XylS 族に属しているが，その活性は発現レベルに依存している[6)]。最近の研究では，SoxS は 17 の遺伝子あるいはオペロンを活性化させることがわかっている[29),32),35),49),50)]。

8.8 遺伝子発現調節構造

一つひとつの代謝関連遺伝子のプロモーター領域には複数の転写活性・抑制因子が結合する場合が多く[10]（図8.6参照），これらの因果関係をもとに遺伝子発現解析を行い[38]，これらの情報をもとにモデル化を行うことによって，今後は細胞マシンがコンピュータ上に再現されることが期待される。

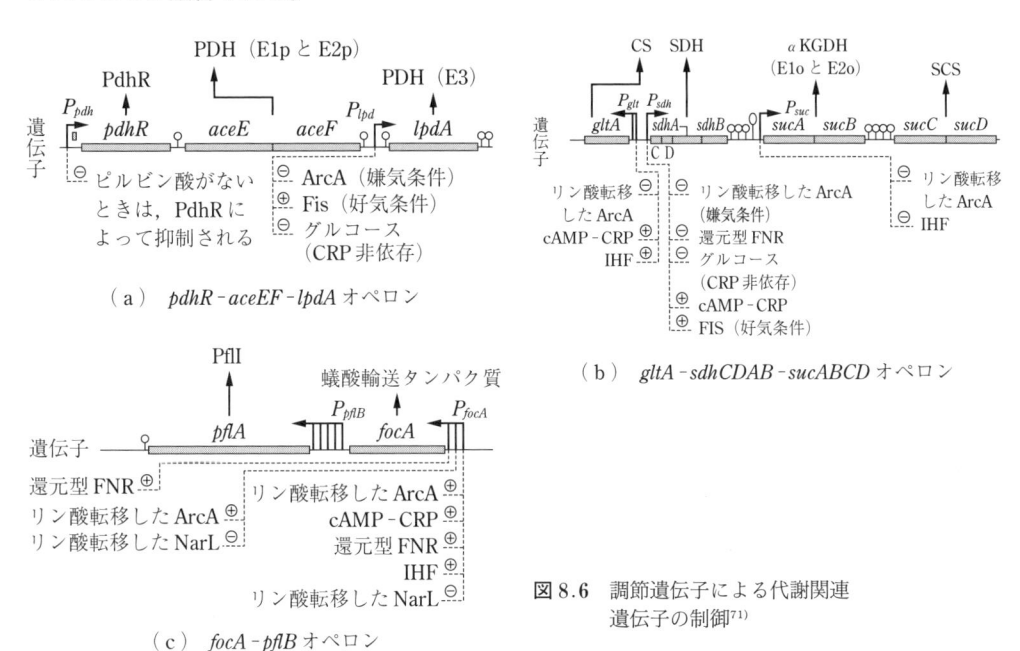

図8.6 調節遺伝子による代謝関連遺伝子の制御[71]

(a) pdhR-aceEF-lpdA オペロン
(b) gltA-sdhCDAB-sucABCD オペロン
(c) focA-pflB オペロン

引用・参考文献

1) 饗場弘二：転写調節の分子機構，細胞工学（大腸菌の遺伝学），**14**，pp.1122-1134（1985）
2) 森田鉄兵，饗場弘二：グルコース応答と代謝制御ネットワークの新しい世界，化学と生物，**43**，pp.222-228（2005）
3) van Aalten, D. M., DiRusso, C. C. and Knudsen, J.：The structural basis of acyl coenzyme A-dependent regulation of the transcription factor FadR, EMBO Journal, **20**, pp.2041-2050（2001）
4) Aiba, H., Adhya, S. and de Crombrugghe, B.：Evidence for two functional *gal* promoters in intact *E. coli* cells, J. Biol. Chem., **256**, pp.11905-11910（1981）
5) Alexeeva, S., Hellingwerf, K. J. and de Mattos, M. J. T.：Requirement of ArcA for redox Regulation in *Escherichia coli* under microaerobic but not anaerobic or aerobic conditions, J. Bacteriol., **185** pp.204-209（2003）
6) Amabile-Cuevas, C. F. and Demple, B.：Molecular characterization of the *soxRS* genes of *Escherichia coli* — two genes control a superoxide stress regulon, Nucleic Acids Res., **19**, pp.4479-4484（1991）
7) Arnold, C. N., McElhanon, J., Lee, A., Leonhard, R. and Siegele, D. A.：Global analysis of

Escherichia coli gene expression during the acetate-induced acid tolerance response. J. Bacteriol., **183**, pp.2178-2186 (2001)

8) Aronis, H. R.: Signal transduction and regulatory mechanisms involved in control of the σ^s (RpoS) subunit of RNA polymerase, Microbiol. and Mol. Microbiol. Rev., **66**, pp.373-395 (2002 a)
9) Aronis, H. R., Lange, R., Heneberg, N. and Fischer, D.: Osmotic regulation of *rpoS*-dependent genes in *Escherichia coli*, J. Bacteriol., **175**, pp.259-265 (1993)
10) Babu, M. M. and Teichmann, S. A.: Evolution of transcription factors and the gene regulatory network in *E. coli*, Nucleic Acids Res., **31**, pp.1234-1244 (2003)
11) Bohm, A. and Boos, W.: Curr. Opin. Microbiol., **7**, p.151 (2004)
12) Campbell, J. W. and Cronan Jr., J. E.: *Escherichia coli fadR* positively regulates transcription of the *fabB* fatty acid biosynthetic gene, J. Bacteriol., **183**, pp.5982-5990 (2001)
13) Carpousis, A. J.: The *Escherichia coli* RNA degradosome: structure, function and relationship to other ribonucleolytic multienzyme complexes, Biochem. Soc. Trans., **30**, pp.150-155 (2002)
14) Chin, A. M., Feldheim, D. A. and Saier Jr., M. H.: Altered transcription patterns affecting several metabolic pathways in strains of *S. typhimurium* which overexpress the fructose regulon, J. Bacteriol., **171**, pp.2424-2334 (1989)
15) Cortay, J. C., Negre, D., Scarabel, M., Ramseier, T. M., Vartak, N. B., Reizer, J., Saier Jr., M. H. and Cozoone, A.: *in vitro* asymmetric binding of the pleiotropic regulatory protein, FruR, to the ace operator controlling glyoxylate shunt enzyme synthesis, J. Biol. Chem., **269**, pp.14885-14891 (1994)
16) Cronan Jr., J. E. and LaPorte, D.: Tricarboxylic acid cycle and glyoxylate bypass. In Neidhardt, F. (ed.): *Escherichia coli* and *Salmonella* — Cellular and Molecular Biology, AMS, Mira Digital Publishing, Washington D. C. (1999)
17) Cronan Jr., J. E. and Subrahmanyam, S.: FadR, transcriptional co-ordination of metabolic expediency, Mol. Microbiol., **29**, pp.937-944 (1998)
18) Cunningham, L., Georgellis, D., Green, J. and Guest, J. R.: Co-regulation of lipoamide dehydrogenase and 2-oxoglutarate dehydrogenase synthesis in *Escherichia coli* — characterization of an ArcA binding site in the *lpd* promoter, FEMS Microbiol. Lett., **169**, pp.403-408 (1998)
19) Diaz-Ricci, J. C., Regan, L. and Bailey, J. E.: Effect of alteration of the acetic acid synthesis pathway on the fermentation pattern of *Escherichia coli*, Biotechnol. Bioeng., **38**, pp.1318-1324 (1991)
20) Dickson, R. C., Abelson, J., Barnes, W. M. and Reznikoff, W. S.: Genetic regulation — the Lac control region, Science, **187**, pp.27-35 (1975)
21) DiRusso, C. C., Heimert, T. L. and Metzger, A. K.: Characterization of FadR, a global transcriptional regulator of fatty acid metabolism in *Escherichia coli*, J. Bio. Chem., **267**, pp.8685-8691 (1992)
22) DiRusso, C. C. and Nystrom, T.: The fats of *Escherichia coli* during infancy and old age — regulation by global regulators, alarmones and lipid intermediates, Mol. Microbiol., **27**, pp.1-8 (1998)
23) Drapal, N. and Sawers, G.: Promoter 7 of the *Escherichia coli pfl* operon is a major determinant in the anaerobic regulation of expression by ArcA, J. Bacteriol., **177**, pp.5338-5341 (1995)
24) Eilen, E., Pampeno, C. and Krakow, J. S.: Production and properties of the *a*kore derived from the cyclic adenosine monophosphate receptor protein of *E. coli*, Biochem., **17**, pp.2469-2473 (1978)
25) El-Kazzaz, W., Morita, T., Tagami, H., Inada, T. and Aiba, H.: Metabolic block at early stages of the glycolytic pathway activities the Rcs phosphorelay system via increased sysnthesis of dTDP-glucose in *Escherichia coli*, Mol. Microbiol., **51**, pp.1117-1128 (2004)
26) Farewell, A., Diez, A. A., DiRusso, C. C. and Nystrom, T.: Role of the *Escherichia coli* FadR regulator in stasis survival and growth phase-dependent expression of the *uspA*, *fad*, and *fab* genes. J. Bacteriol., **178**, pp.6443-6450 (1996)
27) Farrel, M. J., and Finkel, S. E.: The growth advantage in stationary-phase phenotype conferred by *rpoS* mutations is dependent on the pH and nutrient environment, J. Bacteriol., **185**, pp.7044-7052 (2003)
28) Farewell, A., Kvint, K. and Nystrom, T.: Negative regulation by RpoS — a case of sigma factor competition, Mol. Microbiol., **29**, pp.1039-1051 (1998)

29) Fawcett, W. P. and Wolf, R. J.: Genetic definition of the *Escherichia coli zwf* 'soxbox', the DNA binding site for SoxS-mediated induction of glucose-6-phosphate dehydrogenase in response to superoxide, J. Bacteriol., **177**, pp.1742-1750 (1995)

30) Flint, D. H., Tuminello, J. F. and Emptage, M. H.: The inactivation of Fe-S cluster containing hydrolyases by superoxide, J. Biol. Chem., **268**, pp.22369-22376 (1993)

31) Gaudu, P. and Weiss, B.: SoxR, a [2 Fe-2 S] transcription factor, is active only in its oxidized form, Proc. Natl. Acad. Sci. USA., **93**, pp.10094-10098 (1996)

32) Gaudu, P. and Weiss, B.: Flavodoxin mutants of *Escherichia coli* K-12, J. Bacteriol., **182**, pp.1788-1793 (2000)

33) Greenberg, J. T. and Demple, B.: A global response induced in *Escherichia coli* by redox-cycling agents overlaps with that induced by peroxide stress, J. Bacteriol., **171**, pp.3933-3939 (1989)

34) Greenberg, J. T., Monach, P., Chou, J. H., Josephy, P. D. and Demple, B.: Positive control of a global antioxidant defense regulon activated by superoxide-generating agents in *Escherichia coli*, Proc. Natl. Acad. Sci. USA., **87**, pp.6181-6185 (1990)

35) Gruer, M. J. and Guest, J. R.: Two genetically-distinct and differentially-regulated aconitases (AcnA and AcnB) in *Escherichia coli*, Microbiol., **140**, pp.2531-2541 (1994)

36) Gui, L., Sunnarborg, A. and LaPorte, D. C.: Regulated expression of a repressor protein — FadR activates *iclR*, J. Bacteriol., **178**, pp.4704-4709 (1996)

37) Gunsalus, R. P.: Control of electron flow in *Escherichia coli* — coordinated transcription of respiratory pathway genes, J. Bacteriol., **174**, pp.7069-7074 (1992)

38) Gutierrez-Rios, R. M. et al.: Regulatory network of *E. coli* — consistency between literature knowledge and microarray profile, Gen. Res., pp.2435-2443 (2003)

39) Hua, Q., Yang, C., Baba, T., Mori, H. and Shimizu, K.: Response of the central metabolism in *Escherichia coli* to phosphoglucose isomerase and glucose-6-phosphate dehydrogenase knockouts, J. Bacteriol., **185**, pp.7053-7067 (2004)

40) Inada, T., Kimata, K. and Aiba, H.: Mechanism responsible for glucose-lactose diauxie in *E. coli* — challenge to the cAMP model, Genes Cells, **1**, pp.293-301 (1996)

41) Iuchi, S. and Lin, E. C. C.: *arcA*(*dye*), a global regulatory gene in *Escherichia coli* mediating repression of enzyme in aerobic pathways, Proc. Natl. Acad. Sci. USA, **85** pp.1888-1892 (1988)

42) Iuchi, S., Cole, S. T. and Lin, E. C. C.: Multiple regulatory elements for the *glpA* operon Encoding anaerobic glycerol-3-phosphate dehydrogenase and the *glpD* operon encoding aerobic glycerol-3-phosphate dehydrogenase in *Escherichia coli* — Further characterization of respiratory control. J. Bacteriol., **172**, pp.179-184 (1990 a)

43) Iuchi, S., Chepuri, V., Fu, H. A., Gennis, R. B. and Lin, E. C. C.: Requirement for terminal cytochromes in generation of the aerobic signal for the *arc* regulatory system in *Escherichia coli* — study utilizing deletions and *lac* fusions of *cyo* and *cyd*., J. Bacteriol., **172**, pp.6020-6025 (1990 b)

44) Kimata, K., Inada, H., Tagami, H. and Aiba, H.: A global repressor (Mlc) is involved in glucose induction of the *ptsG* gene encoding glucose transporter in *E. coli*, Mol. Microbiol., **29**, pp.1509-1519 (1998)

45) Kirkpatrick, C., Maurer, M., Oyelakin, N., Yoncheva, Y. N., Maurer, R. and Slonczewski, J. L.: Acetate and formate stress — opposite responses in the proteome of *Escherichia coli*, J. Bacteriol., **183**, pp.6466-6477 (2001)

46) Krakow, J. S. and Pastan, I.: Cyclic adenosine monophosphate receptor — loss of cAMP-dependent DNA binding activity after proteolysis in the presence of cyclic adenosine monophosphate, Proc. Natl. Acad. Sci. USA, **70**, pp.2529-2533 (1973)

47) Kwon, O., Georgellis, D. and Lin, E. C. C.: Phosphorelay as the sole physiological route of signal transmission by the Arc two-component system of *Escherichia coli*, J. Bacteriol. **182**, pp.3858-3862 (2000)

48) Lacour, S. and Landini, P.: σ^S-dependent gene expression at the onset of stationary phase in *Escherichia coli* — function of σ^S-dependent genes and identification of their promoter sequences, J. Bacteriol., **186**, pp.7186-7195 (2004)

49) Liochev, S. I. and Fridovich, I.: Fumarase C, the stable fumarase of *Escherichia coli*, is controlled by the *soxRS* regulon, Proc. Natl. Acad. Sci. USA., **89**, pp.5892-5896 (1992)

50) Liochev, S. I., Hausladen, A. and Fridovich, I.: Nitroreductase A is regulated as a member of the

soxRS regulon of *Escherichia coli*, Proc. Natl. Acad. Sci. USA, **96**, pp.3537-3539 (1999)

51) Lowen, P. C., Ossowski, I. V., Switala, J. and Mulvey, M. R. : KatF (σ^s) synthesis in *Escherichia coli* is subject to posttranscriptional regulation, J. Bacteriol., **175**, pp.2150-2153 (1993)

52) Lynch, A. S. and Lin, E. C. C. : Response to molecular oxygen. In Neidhardt, F. C. Curtiss Ⅲ, R., Ingraham, J. L., Lin, E. C. C., Low, K. B., Magasanik, B., Reznikoff, W. S., Riley, M., Schacchter, M. and Umbarger, H. E. (eds.) : *Escherichia coli* and *Salmonella* — Cellular and molecular biology. 2nd ed. (CD) ASM Press, Washington, D. C. (1999)

53) Lynch, A. S. and Lin, E. C. C. : Transcriptional control mediated by the ArcA two-component response regulator protein of *Escherichia coli* — characterization of DNA binding at target promoters. J. Bacteriol., **178**, pp.6238-6249 (1996 b)

54) Magasanik, B. : Catabolite repression, Cold Spring Harbor Symp. Quant. Biol., **26**, pp.249-256 (1961)

55) Mahabuba, R., Hasan, M. R., Oba, T. and Shimizu, K. : Effect of *rpoS* gene knockout on the metabolism of *Escherichia coli* during exponential growth phase and early stationary phase based on gene expressions, enzyme activities and intracellular metabolite concentrations, Biotechnol. Bioeng., **74**, pp.585-595 (2006)

56) Mandel, M. J., Silhavy, T. J. : Starvation for different nutrients in *Escherichia coli* results in differential modulation of RpoS levels and stability, J. Bacteriol., **187**, pp.434-442 (2005)

57) Moat, G. A., Foster, J. W. and Spector, M. P. : Microbiol physiology, 4th ed. John Wiley & Sons, Inc. Publ. (2002)

58) Morita, T., El-Kazzaz, W., Tanaka, Y., Inada, T. and Aiba, H. : Accumulation of glucose 6-phosphate or fructose 6-phosphate is responsible for destabilization of glucose of glucose transporter mRNA in *Escherichia coli*, J. Biol. Chem., **278**, pp.15608-15614 (2003)

59) Nakano. M. M., Zuber, P. and Sonenshein, A. : Anaerobic regulation of *Bacillus subtilis* krebs cycle gene. J. Bacteriol., **180**, pp.3304-3311 (1998)

60) Park, S. J., McCabe, J. Turna, J. and Gunsalus, R. P. : Regulation of the citrate synthase (*gltA*) gene of *Escherichia coli* in response to anaerobiosis and carbon supply — role of the *arcA* gene product, J. Bacteriol., **176**, pp.5086-5092 (1994)

61) Park, S. J. Tseng, Ch. P. and Gunsalus, R. P. : Regulation of succinate dehydrogenase (*sdhCDAB*) operon expression in *Escherichia coli* in response to carbon supply and anaerobiosis — role of ArcA and Fnr. Mol. Microbiol. **15**, pp.473-482 (1995 a)

62) Park, S. J., Chao, G. and Gunsalus, R. P. : Aerobic Regulation of the *sucABCD* Genes of *Escherichia coli*, which encode α-ketoglutarate dehydrogenase and succinyl coenzyme A synthetase — roles of ArcA, Fnr, and the upstream *sdhCDAB* promoter, J. Bacteriol., **179**, pp.4138-4142 (1997)

63) Peng, L. and Shimizu, K. : Effect of *fadR* gene knockout on the metabolism of *Escherichia coli* based on analyses of protein expressions, enzyme activities and intracellular metabolite concentrations, Enzyme Microbiol. Technol., **38**, pp.512-520 (2006)

64) Perlman, R. L., de Crombrugghe, B. and Pastan, I. : Cyclic AMP regulates catabolite and transient repression in *E. coli*, Nature, **223**, pp.810-812 (1969)

65) Postma, P. W., Lengele, J. W. and Jacobson, G. R. : Phosphenolpyruvate Carbohydrate Phosphotransferase Systems, In Niedhardt, F. C. (ed.) : *Escherichia coli* and *Salmonella typhimurium* — Cellular and Molecular biology, ASM Press, Washington D. C. p.1149 (1999)

66) Pomposiello, P. J. and Demple, B. : Redox-operated genetic switches — the *soxR* and *oxyR* transcription factors, Trends Biotechnol., **19**, pp.109-114 (2001)

67) Ramseier, T. M., Chien, S. Y. and Saier Jr., M. H. : Cooperative interaction between Cra and Fnr in the regulation of the *cydAB* operon in *E. coli*, Curr. Microbiol., **33**, pp.270-274 (1996)

68) Ramseier, T. M., Bledig, S., Michotey, V., Fegahali, R. and Saier Jr., M. H. : The global regulatory protein FruR modulates the direction of carbon flow in *E. coli*, Mol. Microbiol., **16**, pp.1157-1169 (1995)

69) Saier Jr., M. H. and Ramseier, T. : The catabolite repressor/activator (Cra) protein of Enteric bacteria, J. Bacteriol., **178**, pp.3411-3417 (1996)

70) Saier, Jr., M. H., Ramseier, T. and Reizer, J. : Regulation of carbon utilization. In Neidhardt, F. C. (ed.) *Escherichia coli* and *Salmonella typhimurium* — cellular and molecular biology, ASM Press, Washington D. C. (1997)

71) Salgado, H., Peralta-Gil, A. M., Garcia-Alonso, D., Jimenez-Jacinto, V., Santos-Zavaleta, A., Gama-Castro, S., Martinez-Antonio, A., Diaz-Peredo, E., Sanchez-Solano, F., Perez-Pueda, E., Bonavides-Martinez, C., and Collado-Vides, J.：RegulonDB (version 4.0), transcriptional regulation, operon organization and growth condition in *Escherichia coli* K-12, Nucleic Acids Res., **29**, pp.72-74 (2004)

72) Storz, G., Tartaglia, L. A. and Ames, B. N.：Transcriptional regulator of oxidative stress-inducible genes — direct activation by oxidation, Science, **248**, pp.189-194 (1990)

73) Tanaka, Y., Itoh, F., Kimata, K. and Aiba, H.：Membrane localization itself but not binding to II CB^{Glc} is directly responsible for the inactivation of the global repressor Mlc in *Escherichia coli*, Mol. Microbiol., **53**, pp.941-951 (2004)

74) Tseng, C. P., Albrecht, J. and Gunsalus, R. P.：Effect of microaerophilic cell growth conditions on expression of the aerobic (*cyoABCDE* and *cydAB*) and anaerobic (*narGHJI*, *frdABCD*, and *dmsABC*) respiratory pathway genes in *Escherichia coli*, J. Bacteriol., **178**, pp.1094-1098 (1996)

75) Vijaykumar, S. R. V., Kirchhof, M. G., Patten, C. L., Schellhorn, H. E.：RpoS-regulated genes of *Escherichia coli* identified by random *lacZ* fusion mutagenesis, J. Bacteriol., **186**, pp.8499-8507 (2004)

76) Weber, H., Polen, T., Heuveling, J., Wendisch, V. F. and Hengge, R.：Genome-wide analysis of the general stress response network in *Escherichia coli* —σ^S-dependent genes, promoters, and sigma factor selectivity. J. Bacteriol., **187**, pp.1591-1603 (2005)

77) Weber, I. T., Takio, K., Titani, K. and Steitz, T. A.：The cAMP-binding domains of the regulatory subunit of cAMP-dependent protein kinase and the catabolite gene activator protein are homologous, Proc. Natl. Acad. Sci., **79**, pp.7679-7683 (1982)

78) Wei. B., Shin, S., LaPorte, D., Wolfe, A. J. and Romeo, T.：Global regulatory mutations in *csrA* and *rpoS* cause severe central carbon stress in *Escherichia coli* in the presence of acetate, J. Bacteriol., **182**, pp.1632-1640 (2000)

79) Wu, F. Y. H., Nath, K. and Wu, C. W.：Conformational transitions of cyclic adenosine monophosphate receptor protein of *Escherichia coli*. Fluorescent probe study, Biochem., **13**, pp.2567-2572 (1974)

9 バイオインフォマティクスとシステム生命科学からみた代謝解析

9.1 はじめに

　実験技術や分析技術，さらにはコンピュータの性能向上に伴って，生命科学の分野では，日々多くの情報が蓄積されている。代謝解析に関連して，このような膨大な情報をいかに活用するかが重要になってきており，とりわけバイオインフォマティクスやシステム生物学，あるいはシステム生命科学に関する研究が注目されてきている。これらの研究分野は，生命科学とコンピュータ科学，それにシステム科学や数理科学等が結びついた学際領域[2),3)]であるだけに，今後の発展が期待される。本章では，データベースやネットワークについて簡単に触れ，システム生命科学の点から，代謝の最適化や設計・制御，さらにモデリングやシミュレーションについて解説する。

9.2 データベースとネットワーク

　ゲノムデータベースに代表されるように，膨大な量のデータが，日々さまざまな形で蓄積されており[4)]，代謝関連データベースについても，代謝物質データベース LIGAND，酵素データベース ENZYME，化合物データベース COMPOUND 等がある[5)]。
　また，生命科学関連の情報を整理したさまざまなデータベースが利用できるようになってきたが，これらを統合して利用できる環境づくりが必要になってきている。一般に，「データベース：エントリー」といった形でデータベース名とエントリー名（またはアクセス番号）の組を与えると，世界中の数多くのデータベースを統合的に参照することができるが，一般的にはデータベース相互に関連するエントリー間にリンクをはることも行われており，例えばリンク情報データベース LinkDB では数十種類のデータベースからリンク情報だけを集めている。リンク情報を利用した実用的な統合データベースシステムの例として，DBGET システムがあり，DBGET はデータベース名とエントリー名の組で，数多くのデータベースを統一的に検索できること，リンクをたどって関連するデータを異なるデータベー

スから容易に取得できることが大きな特色である[5]。

また，代謝ネットワークの解析には，グラフを利用できる側面が大きく，有田[8]は酵素反応と化学構造の情報から代謝経路を自動生成するアルゴリズムを開発している。

9.3 代謝信号選図とその応用

生化学や分子生物学の分野では，代謝に関する情報が数多く蓄積されているが，そのほとんどは局所的で静的な情報である。工学的な観点からは，大域的な代謝ネットワーク情報や動的情報が必要とされ，それらの情報をどう利用するかが問題となる。生物反応システムを解析する上で，変数の結合関係，すなわちその構造を解析して，因果関係を明らかにすることは非常に重要である。このためには複雑なシステムを図式表現することが考えられ，信号伝達線図あるいはシグナルフロー線図（signal flow diagram：SFD あるいは signal flow gragh：SFG）が有効である[6]。

生物反応をプロセスの立場から考えてみると，栄養源，特にグルコース等の炭素源や酸素を取り込んで，生物自身の増殖に利用すると同時に，二酸化炭素（CO_2）やエタノール，酢酸等の代謝物を放出する過程ということができる。すなわち，生物をプロセスとみなすと，入力物質はグルコースおよび酸素であり，出力物質は菌体構成物質，CO_2，エタノール，酢酸等と考えることができ，これらの入出力関係を単位時間，単位細胞量当りの摂取または放出される物質の量で表すことにする。すなわちグルコース比消費速度（specific glucose consumption rate）ν，酸素比消費速度（specific oxygen consumption rate）q_{O_2} は入力変数であり，菌体比増殖速度（specific growth rate）μ，CO_2 比生成速度（specific CO_2 production rate）q_{CO_2}，エタノール比生成速度（specific ethanol production rate）ρ は出力変数である。このプロセスの入出力関係を数式表現するとつぎのようになる。

$$\mu = C_{11}\nu + C_{12}q_{O_2} \tag{9.1a}$$

$$q_{CO_2} = C_{21}\nu + C_{22}q_{O_2} \tag{9.1b}$$

$$\rho = C_{31}\nu \tag{9.1c}$$

ここで，C_{ij} はいわゆる伝達関数（transfer function）であり，ここでは特に**代謝係数**（metabolic coefficient）と呼ぶことにする[1]。式（9.1a）の両辺を μ で割り，式（9.1b）を q_{CO_2} で割って整理すると次式が得られる。

$$\frac{C_{11}}{Y_{X/S}} + \frac{C_{12}}{Y_{O_2}} = 1 \tag{9.2a}$$

$$\frac{C_{21}}{CQ} + \frac{C_{22}}{RQ} = 1 \tag{9.2b}$$

ここで，$Y_{X/S}=\mu/\nu$，$Y_{O_2}=\mu/q_{O_2}$，$CQ=q_{CO_2}/\nu$，$RQ=q_{CO_2}/q_{O_2}$ である。

さて，式 (9.2) について考えてみよう。いま，ある生物を培養し，μ，ν，q_{O_2}，q_{CO_2} 等の培養データが測定できるとする。これらのデータを，式 (9.2) で $Y_{X/S}$，Y_{O_2}，CQ，RQ に変換し，この値を $Y_{X/S}$ vs Y_{O_2} 平面，および CQ vs RQ 平面にプロットしてみる。このとき，ある培養期間のデータが，ある直線上にのったとき，この直線の両軸への切片から，C_{ij}（$i=1,2 ; j=1,2$）を求めることができる。実際には，培養の各期間（フェーズ）によって異なった直線が得られ，培養期間ごとに異なった C_{ij} の値が得られる。

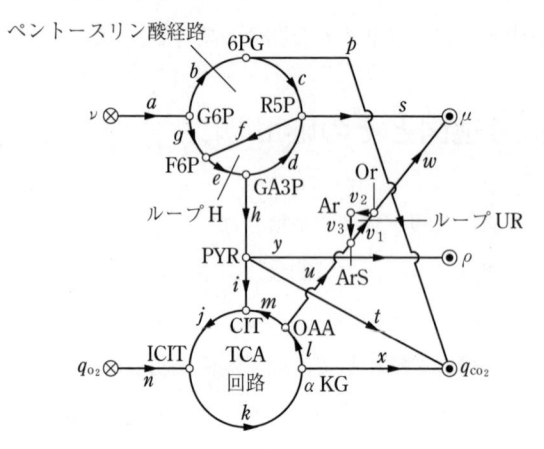

図 9.1 酵母の代謝信号線図

さて，信号伝達線図を用いれば，代謝経路網は**図9.1**で示すような代謝信号伝達線図（metabolic signal flow diagram：MSFD）で書き表すことができる。図9.1で，各中間代謝物質を結ぶ線の矢印は代謝の方向を示し，$a,b,c,\cdots$ は素代謝係数と呼び，物質間のフラックス比を示している。このように表すことで，循環的な代謝反応過程や，分岐・合流する過程が視覚的に明白になる。特に循環代謝過程の素代謝係数の積，例えば図中のTCA回路で，積 $jklm$ を L_{TCA} で表し，ループ代謝係数と呼ぶことにする[1]。すなわち

$$C_{11}=\frac{a}{1-L_H}\left\{(bc+ged)s+\frac{(bcf+g)ehijkluv_1w}{(1-L_{TCA})(1-L_{UR})}\right\} \tag{9.3a}$$

$$C_{12}=\frac{nkluv_1w}{(1-L_{TCA})(1-L_{UR})} \tag{9.3b}$$

$$C_{21}=\frac{a}{1-L_H}\left\{(1-L_H)bp+(bcf+g)eh\left(t+\frac{ijkx}{1-L_{TCA}}\right)\right\} \tag{9.3c}$$

$$C_{22}=\frac{knx}{1-L_{TCA}} \tag{9.3d}$$

$$C_{31}=\frac{a(bcf+g)ehy}{1-L_H} \tag{9.3e}$$

ここで，$L_{TCA}=jklm$，$L_H=def$，$L_{UR}=v_1v_2v_3$ である。

式 (9.3) の意味は，入出力関係を細胞内部の代謝経路網と結びつけた点にあり，入出力データから逆に特定の代謝反応経路が活性化されているかどうかを同定することが期待できることになる。**図9.2**に示すように，プロセスの入出力データから C_{ij} を求め，C_{ij} の値をもとに，式 (9.3) の関係から，それぞれの培養期間でどのような代謝経路が活性化される

9.3 代謝信号選図とその応用　241

(a)

(b)

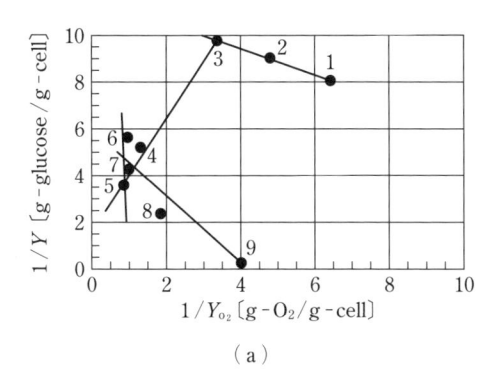

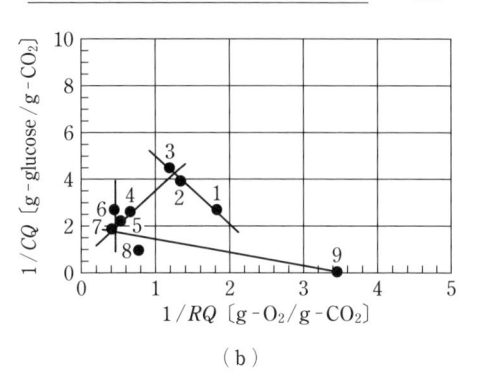

図 9.2　酵母の回分培養データのプロット

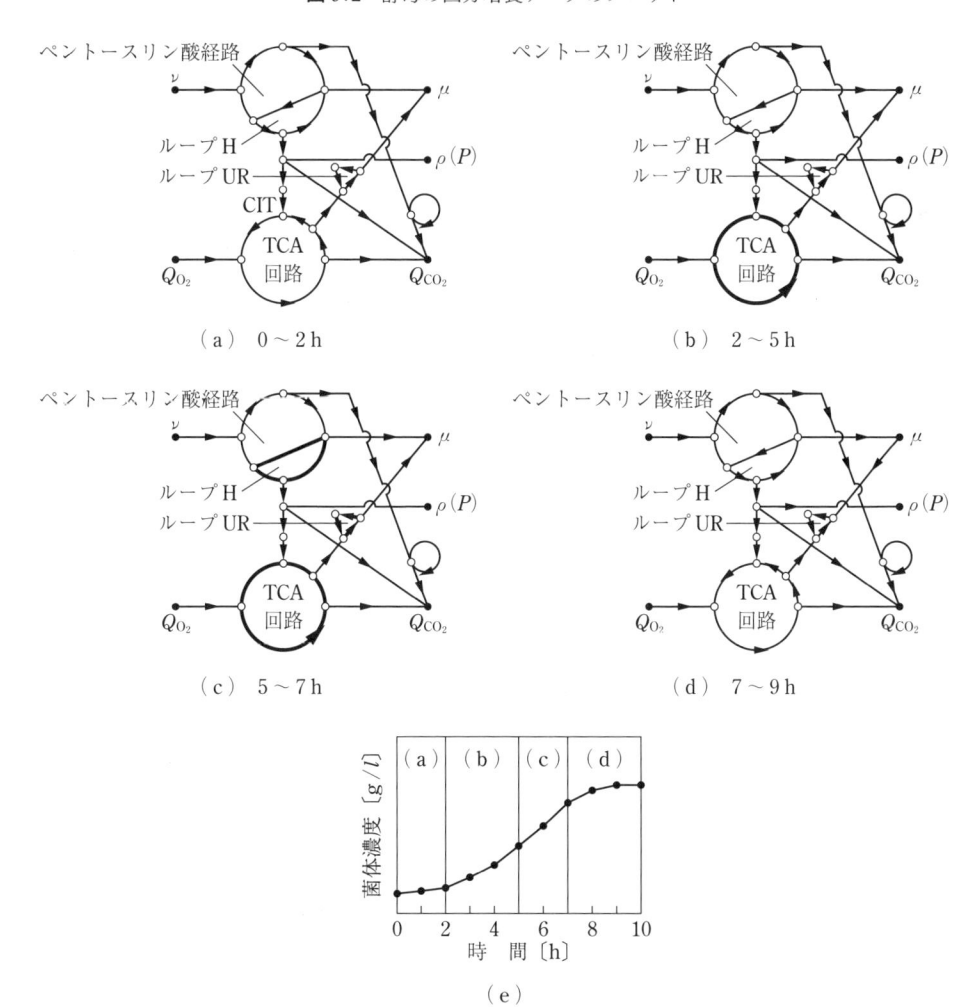

(a) 0〜2 h

(b) 2〜5 h

(c) 5〜7 h

(d) 7〜9 h

(e)

図 9.3　代謝経路の活性化と培養期間の分割

かといった，工学的に有用な情報が大まかに得られる[6]（図9.3参照）。

9.4 代謝フラックス分布の最適化と遺伝子組換え大腸菌によるPHB合成

ある生物細胞の代謝変換機能を利用して，特定の基質を目的の代謝産物に変換させる場合について考えてみよう。この場合，工業的には基質を効率よく，目的とする代謝産物に変換することが望まれる。すなわち，副代謝産物の生成を抑えて，目的とする代謝産物を選択的に生成することが望まれる。これを数学的に定式化すると，代謝量論式の制約のもとで，目的代謝産物の対基質収率を最大化する問題と考えられ，これは数理計画法等を利用して解くことができる。このためには，異なる代謝経路をリストアップするアルゴリズム[39]や，代謝経路の合成に関するアルゴリズム[29]等が開発されている。

3章でも述べたように，PHBを合成するにはアセチルCoA（AcCoA）から三つの酵素，β-ケトチオラーゼ，アセトアセチルCoA（AcAcCoA）リダクターゼ，PHB合成酵素が必要であるが，特にAcAcCoAリダクターゼによって触媒される反応には，補酵素NADPHが必要であり，PHBを効率よく合成するには，このNADPHをペントースリン酸経路（あるいはTCA回路のICDHの反応）で過剰生成させ，この反応を促進させる必要がある。このため，ただ単にPHB合成遺伝子を大腸菌に組み込んで形質転換させても，この反応に必要なNADPHが供給されない限り，ねらいどおりのPHB合成は期待できない。

図9.4は，この遺伝子組換え大腸菌について，PHB合成の収率を最大にするために，代謝フラックス分布の最適化を行った結果である[40]。この場合の最大収率はモル基準で0.92であり，これが実現できれば工業的には非常に価値がある。しかし，図9.4の結果では，AcCoAからTCA回路および酢酸生合成へのフラックスは0となっており，実際に実現するには工夫がいる。例えば，pta遺伝子およびack遺伝子を破壊した組換え菌を作成し，AcCoAから酢酸合成への経路をブロックすることも考えられるが，この経路をブロックすると，他の代謝副産物である乳酸やピルビン酸（PYR）が培養液中にあふれ出てしまう可能性があるので注意が必要である[40]。

また，グルコース-6-リン酸（G6P）からペントースリン酸経路に分岐する割合が46％になっており，これはPHB合成経路のAcAcCoAからの反応に必要なNADPHを，ペントースリン酸経路で最大限供給できると考えた場合の数字である。しかし，野生株の大腸菌を，グルコースを炭素源として培養した場合，G6Pからペントースリン酸経路に向かう割合はせいぜい30％くらいであり，さらに，ペントースリン酸経路で生成されたNADPHは，アミノ酸合成等の細胞構成成分の合成に利用されるため，実際にPHB合成経路で利用できる量はかなり限られてくる。ともかく，最適フラックス分布が計算できたら，つぎはど

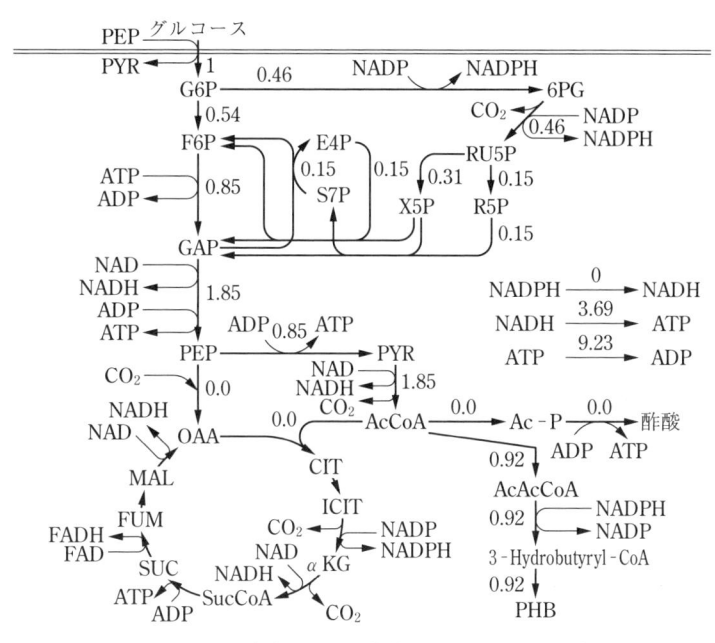

図 9.4 PHB 合成のための代謝ネットワークの最適化

のようにして代謝フラックス分布を実現させるかである。

NADPH を酸化的ペントースリン酸経路で過剰生成させるためには，G6P から解糖系に至る最初の経路の遺伝子 *pgi* を破壊することが考えられる。*pgi* 遺伝子欠損株の特性については，すでに 7 章で述べたが，*pgi* 遺伝子を破壊すると，NADPH が過剰生成されるため，G6PDH がフィードバック阻害を受け，グルコース消費速度が低下し，細胞増殖速度が著しく低下する〔この場合，グルコースではなく，グルコン酸を炭素源とし，解糖系ではなく，エントナー–ドゥドロフ（ED）経路を利用させれば細胞増殖は回復できるが，NADPH の生成は低下することになる〕。しかし，*pgi* 遺伝子欠損株に *phb* 遺伝子を組み込んだ場合は，酸化的ペントースリン酸経路で過剰生成された NADPH が，一部 PHB 合成経路で利用されるため，NADPH による G6PDH の阻害が緩和され，細胞増殖が回復することになる[25),26)]。

9.5 逆フラックス解析による代謝律速経路の探索

9.5.1 基礎式の導出

工学的な観点からは，目的とする代謝物を生成するために，どの代謝経路が律速になっているかを調べ，関連の遺伝子操作を行うことが求められる。このためには，次節で述べる代謝制御解析（MCA）法等が利用できるが，MCA 法を用いるには，代謝反応を精度よく記

述した数式モデルの開発が前提である．ここで述べる逆フラックス解析（Inverse Flux Analysis, IFA）は，3章で述べた代謝量論式に基づく代謝フラックス分布と，その感度を計算することで，律速となる代謝経路を求めようとするものである．酵素反応速度等は必要ないので簡単に利用できるが，実際の応用に際しては，その限界をよく理解しておく必要がある[11]．まず，3章で述べたような代謝量論式から代謝フラックスを求めるが，これは回分培養のある時点での物質収支から求められ，つぎのような式が得られる．

$$\frac{d\boldsymbol{x}}{dt}=A\boldsymbol{r} \tag{9.4}$$

ここで，$\boldsymbol{x}$ は m 次元濃度ベクトル，$\boldsymbol{r}$ は r 次元反応速度ベクトル，t は時間，A は代謝量論行列であり，i 行 j 列は，反応 j での物質 i に関する量論係数である．いま，細胞内代謝物濃度が擬定常状態（pseudo steady state）にあると仮定すると，式（9.4）はつぎのようになる．

$$A\boldsymbol{J}=0 \tag{9.5}$$

ここで，$\boldsymbol{J}$ は $\boldsymbol{r}$ の定常状態ベクトルとする．式（9.5）を満足するベクトル $\boldsymbol{J}$ は，数学的には A のカーネルまたは null space である．null space の次元は，このシステムの自由度に等しい．もし，A のランクが m_0（$m_0 \leq m \leq r$）だとすると，$r-m_0$ は式（9.5）を，測定できるフラックス J_m と測定できないフラックス J_u に分け，対応する量論行列も A_m と A_u に分けて表すと，式（9.5）はつぎのように表せる．

$$\begin{bmatrix}A_u & A_m\end{bmatrix}\begin{bmatrix}J_u \\ J_m\end{bmatrix}=0 \tag{9.6}$$

式（9.6）から

$$A_u J_u = -A_m J_m \tag{9.7}$$

が得られる．もし，A_u がフルランクになるように，J_m のフラックスを適当に選べば，唯一の解 J_u を次式から求めることができる．

$$J_u = -A_u^{+} A_m J_m \tag{9.8}$$

ここで，A_u^{+} は A_u の擬逆行列（pseudo inverse matrix）で，$A_u^{+} A_u = I$（I は単位行列）を満たしている．また，J_m として測定できる比速度を考えると，式（9.8）は3章で述べた代謝フラックスを求める式である．ここで，J_m のフラックスに細胞内のフラックスを含めると，IFA の基礎式となる．いま，式（9.8）を J_m で微分すると，J_u の J_m に関する感度をつぎのように求めることができる．

$$\frac{\partial J_u}{\partial J_m} = -A_u^{+} A_m \tag{9.9}$$

行列 $\partial J_u / \partial J_m$ は $(r-r_m) \times r_m$ の行列で，(i,j) 要素の $\partial J_{u,i} / \partial J_{m,j}$ は J_m の j 番目の要素に関

する J_u の i 番目の感度を表しており,ここではこれをフラックス分布感度(flux distribution sensitivity:FDS)と呼ぶことにする[11]。式(9.9)に J_m を掛け,式(9.8)を用いると,次式が得られる。

$$\frac{\partial J_u}{\partial J_m} J_m = J_u \tag{9.10}$$

いま,正規化した感度係数を F_j^i とすると

$$F_j^i = \left(\frac{J_{m,j}}{J_{u,i}}\right)\left(\frac{\partial J_{u,i}}{\partial J_{m,j}}\right) \tag{9.11}$$

となり,式(9.10)から,次式が成り立っていることがわかる。

$$\frac{1}{J_{u,i}} \sum_{j=1}^{r_m} J_{m,j} \frac{\partial J_{u,i}}{\partial J_{m,j}} = \sum_{j=1}^{r_m} F_j^i = 1 \tag{9.12}$$

FDSは $J_{m,j}$ が微少変化したときの J_u の変化量を表している。また,式(9.8)から次式が得られる。

$$\Delta J_u = -A_u^+ A_m \Delta J_m \tag{9.13}$$

式(9.13)は, J_m のいくつかが同時に変化したときの J_u の変化量を表している。

9.5.2 大腸菌への応用

図9.5の代謝経路について考えてみよう。いくつかの仮定[11]のもとに,代謝量論係数行列は**表9.1**のようになる。ここでは,19の代謝物に対して23の反応式がある。ここで,グ

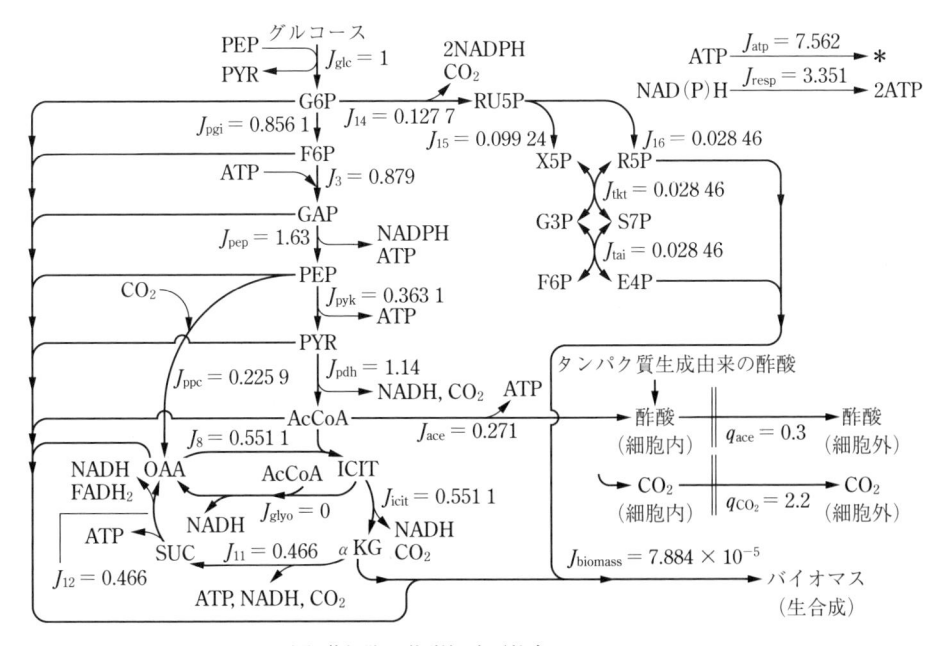

図9.5 大腸菌細胞の代謝経路(数字は $J_{glc}=1$, $q_{ace}=0.3$, $q_{CO2}=2.2$ のときの定常状態フラックス)[11]

表9.1 大腸菌の代謝量論行列[11]

	J_{glc}	J_{pgi}	J_3	J_{pep}	J_{pyk}	J_{pdh}	J_{ace}	J_8	J_{icit}	J_{glyox}	J_{11}	J_{12}
G6P	1	−1	0	0	0	0	0	0	0	0	0	0
F6P	0	1	−1	0	0	0	0	0	0	0	0	0
GAP	0	0	2	−1	0	0	0	0	0	0	0	0
PEP	−1	0	0	1	−1	0	0	0	0	0	0	0
PYR	1	0	0	0	1	−1	0	0	0	0	0	0
AcCoA	0	0	0	0	0	1	−1	−1	0	−1	0	0
OAA	0	0	0	0	0	0	0	−1	0	2	0	1
ICIT	0	0	0	0	0	0	0	1	−1	−1	0	0
KG	0	0	0	0	0	0	0	0	1	0	−1	0
SUC	0	0	0	0	0	0	0	0	0	0	1	−1
RU5P	0	0	0	0	0	0	0	0	0	0	0	0
R5P	0	0	0	0	0	0	0	0	0	0	0	0
X5P	0	0	0	0	0	0	0	0	0	0	0	0
S7P	0	0	0	0	0	0	0	0	0	0	0	0
E4P	0	0	0	0	0	0	0	0	0	0	0	0
NAD(P)H	0	0	0	1	0	1	0	0	1	1	1	1
ATP	0	0	−1	1	1	0	1	0	0	0	1	1
CO_2	0	0	0	0	0	1	0	0	1	0	1	0
酢酸	0	0	0	0	0	0	1	0	0	0	0	0

	J_{ppc}	J_{14}	J_{15}	J_{16}	J_{tkt}	J_{tal}	J_{resp}	J_{atp}	q_{CO_2}	q_{ace}	$J_{biomass}$
G6P	0	−1	0	0	0	0	0	0	0	0	−205
F6P	0	0	0	0	0	1	0	0	0	0	−70.9
GAP	0	0	0	0	1	−1	0	0	0	0	−1 625
PEP	−1	0	0	0	0	0	0	0	0	0	−519.1
PYR	0	0	0	0	0	0	0	0	0	0	−2 832.8
AcCoA	0	0	0	0	0	0	0	0	0	0	−4 028.8
OAA	1	0	0	0	0	0	0	0	0	0	−1 786.7
ICIT	0	0	0	0	0	0	0	0	0	0	0
KG	0	0	0	0	0	0	0	0	0	0	−1 078.9
SUC	0	0	0	0	0	0	0	0	0	0	0
RU5P	0	1	−1	−1	0	0	0	0	0	0	0
R5P	0	0	1	0	−1	0	0	0	0	0	−897.7
X5P	0	0	0	1	−1	0	0	0	0	0	0
S7P	0	0	0	0	1	−1	0	0	0	0	0
E4P	0	0	0	0	0	1	0	0	0	0	−361
NAD(P)H	0	2	0	0	0	0	−1	0	0	0	−14 678
ATP	0	0	0	0	0	0	2	−1	0	0	−18 485
CO_2	−1	1	0	0	0	0	0	0	−1	0	1 793
酢酸	0	0	0	0	0	0	0	0	0	−1	387

ルコースとバイオマス（生合成）は便宜上細胞外の物質と考えて，A には含まれていない．PTSによるグルコース輸送は S の第1列である．CO_2 と酢酸は，はじめに細胞内で生成され，q_{CO_2}，q_{ace} の速度で細胞外に排出されると考えている．A の最後の列は $J_{biomass}$ に対応している．表9.1の A のランク m_0 は19で，自由度は $r-m_0=4$ である．このため，四つの独立な代謝フラックスを固定すれば，ほかは自動的に決まってしまうことになる．

9.5.3 代謝量論に基づく代謝フラックス解析

測定できる四つのフラックスとしては,グルコース比消費速度,CO_2 比生成速度,酢酸比生成速度,および細胞比増殖速度が考えられるが,全体の収支から,このうち三つだけが独立である。これは,補充反応の Ppc とグリオキシル酸経路を同時に考えているからである。このため,これらのどれかを除くことにする。前者は A の 10 列目を,後者は 13 列目を除くことに対応している。これらのうちのどちらかを除くと,ランクは 18 で自由度は 3 になる。いま,グリオキシル酸経路を省き,測定できるグルコース比消費速度,CO_2 比生成速度,酢酸比生成速度から他のフラックスを求めることを考える。グルコース比消費速度で基準化し,$q_{CO_2}/J_{glc}=2.2$,$q_{ace}/J_{glc}=0.3$ というように収率を用いることにする。

A_m は表 9.1 の行列 A で,J_{glc},q_{CO_2},q_{ace} の列を抜き取ったものであり,1,21,22 列である。未知のフラックスは,式 (9.8) を使って,つぎのように求められる[11]。

$$J_u = -A_u^+ A_m J_u = \begin{bmatrix} J_{pgl} \\ J_3 \\ J_{pep} \\ J_{pyk} \\ J_{pdh} \\ J_{ace} \\ J_8 \\ J_{icit} \\ J_{11} \\ J_{12} \\ J_{ppc} \\ J_{14} \\ J_{15} \\ J_{16} \\ J_{tkt} \\ J_{tal} \\ J_{resp} \\ J_{atp} \\ J_{biomass} \end{bmatrix} = \begin{bmatrix} 0.856 \\ 0.879 \\ 1.63 \\ 0.363 \\ 1.14 \\ 0.271 \\ 0.551 \\ 0.551 \\ 0.466 \\ 0.466 \\ 0.226 \\ 0.128 \\ 0.0992 \\ 0.0285 \\ 0.0285 \\ 0.0285 \\ 3.351 \\ 7.562 \\ 0.00007884 \end{bmatrix} \quad (9.14)$$

ここで

$$J_m = \begin{bmatrix} J_{\text{glc}} \\ q_{\text{ace}} \\ q_{CO_2} \end{bmatrix} = \begin{bmatrix} 1 \\ 0.3 \\ 2.2 \end{bmatrix} \tag{9.15}$$

である。式（9.14）の値を図9.5に示してある。

9.5.4　逆フラックス解析

前述したように，このシステムの自由度は3であるので，ここまでに得られた代謝フラックスのいくつかを固定することを考える。まず，J_{glc}は基準化して1に固定しておく。つぎに，呼吸速度J_{resp}も式（9.14）から3.351に固定する。さらにPpcのフラックスも固定し，J_{ppc}が5％だけ増加した場合（0.2259 → 0.2379）を考えるとつぎのようになる[11]。

$$J_m = \begin{bmatrix} J_{\text{glc}} \\ J_{\text{ppc}} \\ J_{\text{resp}} \end{bmatrix} = \begin{bmatrix} 1 \\ 0.2732 \\ 3.351 \end{bmatrix} \tag{9.16}$$

その他のフラックスは式（9.14）から，つぎのように求められる[11]。

$$J_u = \begin{bmatrix} J_{\text{pgi}} \\ J_3 \\ J_{\text{pep}} \\ J_{\text{pyk}} \\ J_{\text{pdh}} \\ J_{\text{ace}} \\ J_8 \\ J_{\text{icit}} \\ J_{11} \\ J_{12} \\ J_{\text{ppc}} \\ J_{14} \\ J_{15} \\ J_{16} \\ J_{\text{tkt}} \\ J_{\text{tal}} \\ J_{\text{resp}} \\ J_{\text{atp}} \\ J_{\text{biomass}} \end{bmatrix} = \begin{bmatrix} 0.849 \\ 0.873 \\ 1.61 \\ 0.331 \\ 1.097 \\ 0.174 \\ 0.590 \\ 0.590 \\ 0.500 \\ 0.500 \\ 0.134 \\ 0.104 \\ 0.0300 \\ 0.0300 \\ 0.0300 \\ 7.415 \\ 2.232 \\ 0.204 \\ 0.00008278 \end{bmatrix} \tag{9.17}$$

式 (9.17) から，Ppc のフラックスが 5％増加すると，酢酸合成が 30％ ($0.3 \to 0.2042$) 低下することがわかる．また，すべてのフラックスを J_m を使って表すことができ，例えば J_pgi はつぎのようになる[11]．

$$J_\mathrm{pgi} = J_\mathrm{glc} - 0.6368 J_\mathrm{ppc} \tag{9.18}$$

$J_3, \cdots, J_\mathrm{biomass}$ も同様に導かれる．また，代謝物生成速度については

$$q_\mathrm{CO_2} = -0.667 J_\mathrm{glc} + 0.667 J_\mathrm{resp} + 2.8 J_\mathrm{ppc} \tag{9.19 a}$$

$$q_\mathrm{ace} = 3.333 J_\mathrm{glc} - 0.333 J_\mathrm{resp} - 8.482 J_\mathrm{ppc} \tag{9.19 b}$$

$$J_\mathrm{biomass} = 0.000349 J_\mathrm{ppc} \tag{9.19 c}$$

となる．式 (9.19) から，酢酸合成速度はグルコース消費速度を低下させるか，呼吸鎖のフラックスを増やせば低下できることがわかる．Ppc は補充反応であるので，つぎに別の補充反応であるグリオキシル酸経路について考えてみる．

このために，グリオキシル酸経路の式を量論式に再度導入すると，自由度は一つだけ増加する．このため，四つのフラックスを指定する必要があり，つぎのようにする[11]．

$$J_m = \begin{bmatrix} J_\mathrm{glc} \\ J_\mathrm{ppc} \\ J_\mathrm{resp} \\ J_\mathrm{glyo} \end{bmatrix} = \begin{bmatrix} 1 \\ 0.226 \\ 3.351 \\ 0.017 \end{bmatrix} \tag{9.20}$$

ここで，J_glc，J_ppc，J_resp は式 (9.14) で求めた値である．J_glyo は適当に小さな値を入れてある．未知のフラックス J_u は式 (9.20) と同様にして計算でき，グリオキシル酸経路が活性化されると，酢酸合成を低下できることがわかる．

9.5.5 代謝フラックス感度解析

前項の解析では，J_m のうち Ppc やグリオキシル酸経路等を適当に選んで解析したが，例えば酢酸合成に最も大きな影響を与える代謝経路を求めることもできるはずである．これを行うには，J_m の変化に対する J_u の代謝フラックスの感度解析を行えばよい．これは，式 (9.17) に対して，式 (9.11) の感度を計算すればよい．この結果を**表 9.2** に示す．

この結果から，酢酸生成を少なくするには，① 解糖系のフラックスを低下させる，② ペントースリン酸経路のフラックスを増加させる，③ TCA 回路のフラックスを増加させる，④ 酢酸合成経路のフラックスを低下させる，⑤ ATP のターンオーバー速度を低下させる，⑥ Ppc やグリオキシル酸経路等の補充反応を活性化させることが必要であることがわかる[11]．

細胞合成に関する感度も**表 9.3** のように計算でき，細胞合成を向上させるための戦略も検討できる．ただし，これらの結果を導くには，代謝量論式に代表されるいくつかの仮定に基

表 9.2 いくつかのフラックスの変化が酢酸生成速度 q_{ace} に及ぼす影響（感度）[11]

J_x	$\dfrac{J_x}{q_{ace}}\dfrac{\partial J_{ace}}{\partial J_x}$	J_x	$\dfrac{J_x}{q_{ace}}\dfrac{\partial J_{ace}}{\partial J_x}$
J_{pgi}	38.5	J_{12}	−4.4
J_3	46.4	J_{ppc}	−6.4
J_{pep}	28.1	J_{14}	−6.4
J_{pyk}	3.6	J_{15}	−6.4
J_{pdh}	8.5	J_{16}	−6.4
J_{ace}	0.89	J_{tkt}	−6.4
J_8	−4.6	J_{tal}	−6.4
J_{icit}	−4.6	J_{atp}	16.5
J_{11}	−4.4		

表 9.3 いくつかのフラックスの変化が細胞合成 $J_{biomass}$ に及ぼす影響（感度）[11]

J_x	$\dfrac{J_x}{J_{biomass}}\dfrac{\partial J_{biomass}}{\partial J_x}$	J_x	$\dfrac{J_x}{J_{biomass}}\dfrac{\partial J_{biomass}}{\partial J_x}$
J_{pgi}	−6.0	J_{12}	0.68
J_3	−7.3	J_{ppc}	1
J_{pep}	−4.4	J_{14}	1
J_{pyk}	−0.57	J_{15}	1
J_{pdh}	−1.3	J_{16}	1
J_{ace}	−0.14	J_{tkt}	1
J_8	0.72	J_{tal}	1
J_{icit}	0.72	J_{atp}	−2.6
J_{11}	0.68		

づいているので，結果の扱いには注意が必要である。

9.6 代謝制御解析とリジン生産のための律速代謝経路

9.6.1 代謝制御解析

遺伝子組換えによって代謝経路を制御したい場合，どの代謝経路（遺伝子あるいは酵素活性）の反応をブロックしたり，増強したりすればよいかをみつけなければならない。このための理論的手法として，いわゆる代謝制御解析（metabolic control analysis：MCA）による手法が開発されており，これは Kacser と Burns[27] および Heinrich と Rapoport[19] によって独立に開発されたものである。MCA に関しては，過去に非常に多くの研究成果が報告されているが，その多くは理論的研究もしくはシミュレーション結果であり，実際の培養系に適用するには，後述する精度のよいモデルの開発が前提となる。

MCA では三つのタイプの係数，すなわち FCC（flux control coefficients，フラックス制御係数），CCC（concentration control coefficients，濃度制御係数），EC（elasticity coefficients）が定義され，これらの値をもとに代謝解析を行う。

まず，FCC はつぎ式で定義される。

$$C_{iJ_k} = \frac{dJ_k}{de_i}\frac{e_i}{J_k} = \frac{d\ln J_k}{d\ln e_i} \tag{9.21}$$

ここで，J_k は酵素 E_k に関与する反応の（擬）定常状態でのフラックスを表しており，e_i は酵素 E_i の濃度を表している。FCC の値は，酵素 E_i の濃度変化がどの程度 J_k に影響を及ぼすかの尺度を示している。この基準化した感度に対してはつぎの総和定理（summation theorem）が成り立っている。

$$\sum_{i=1}^{N} C_{iJ_k} = 1 \tag{9.22}$$

また，CCC は同様に次式で定義される。

$$C_{ik}=\frac{dx_k}{de_i}\frac{e_i}{x_k}=\frac{d \ln x_k}{d \ln e_i} \tag{9.23}$$

ここで，x_k は（擬）定常状態での k 番目の代謝物の濃度を表しており，CCC の値は酵素 E_i の濃度変化がどの程度 x_k に影響を及ぼすかを示している。さらに，EC は次式で定義される。

$$\varepsilon_{ki}=\frac{\partial v_i}{\partial x_k}\frac{x_k}{v_i}=\frac{\partial \ln v_i}{\partial \ln x_k} \tag{9.24}$$

ここで，v_i は酵素 E_i の関与する反応の反応速度であり，EC は x_k 以外の濃度は変化せず，x_k のみが変化したときの v_i に及ぼす影響を示したものである。

また，FCC と EC との間には，つぎの結合定理（connection theorem）が成り立っている。

$$\sum_{i=1}^{N} C_{iJ_k}\varepsilon_k{}^i = 0 \qquad (i=1,2,\cdots,K) \tag{9.25}$$

FCC を計算するには，行列法が利用できる[13),50)]。この方法は，総和定理と結合定理に基づいており，FCC を足しあわせると 1 になり，FCC と EC の掛け算の和は 0 になることを利用している。EC を含む行列の逆行列を求めると FCC が求められ，これらを利用して代謝制御解析ができる[31),46)]。

前述の三つの係数は，いわゆる感度であり，FCC と CCC は大域的な感度であり，EC は局所的な感度である。これらの感度を計算するためには，数式モデルが必要となるが，細胞内の遺伝子発現機構はまだわかっていないことが多く，特に *in vivo* で酵素活性がどのように培養環境の影響を受けるかを精度よくモデル化することは現状では非常に困難である。ただし，モデル不確定性を念頭において解析すれば，それなりの成果は期待できる。また，代謝反応をいくつかにグループ分けし，簡略化したモデルを利用する方法や，多くの実験データから直接これらの係数を求める方法も提案されている。

9.6.2 リジン合成経路のモデリング

図 9.6 は，アスパラギン酸（Asp）からリジン（Lys）までの代謝経路を表したものであるが[52)]，リジンはジアミノピメリン酸（DAP）経路を経て生成される。まず，TCA 回路の OAA から Asp がアミノ転移（transamination）によって生成され，Asp はアスパルトキナーゼによってリン酸化され，NADPH による還元力を利用して，L-aspartate semialdehyde が合成される。L-aspartate semialdehyde は，代謝の分岐点になっており，一つは NADPH の還元力を利用して，ホモセリン脱水素酵素によって，メチオニン，トレオニン，イソロイシンを生成する経路で，もう一つがリジン合成に向かう経路である。この経路では

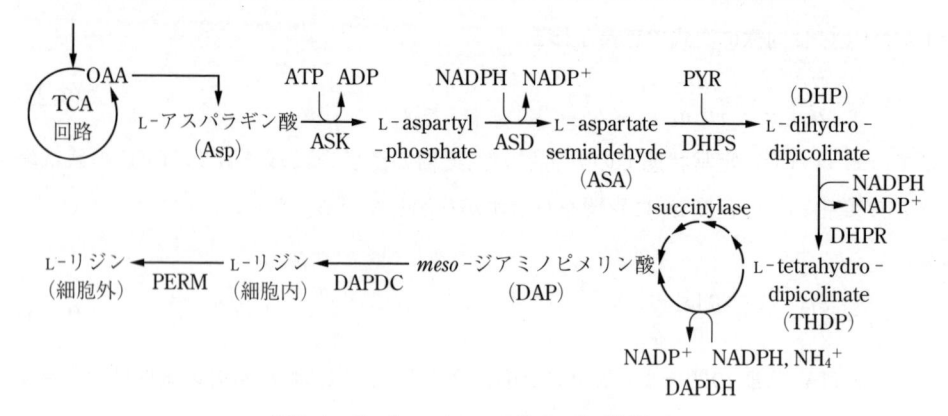

図9.6 *C. glutamicum* のリジン合成経路[50]

まず，L-aspartate semialdehyde が DHPS（dihydrodipicolinate synthase）によって L-dihydro-dipicolinate が生成され，NADPH の還元力を利用して DHPR（dihydrodipicolinate reductase）によって THDP（L-tetrahydro-dipicolonate）が生成される。THDP から meso-DAP が生成される経路は三つあり，succinylase と acetylase による経路では N-succinylated あるいは N-acetylated 中間体が生成され，第3の経路では NADPH を利用した脱水素反応である。コリネ型細菌の *C. glutamicum* では，脱水素反応経路と succinylase 経路が同時に働いていると考えられている[38),41]。このようにして合成された meso-DAP は，細胞壁の合成に利用されるか，DAPDC（diaminopimelate decarboxylase）脱炭酸反応によって L-リジンが生成される。リジンの蓄積に伴い，リジン輸送システムによってリジンが細胞外に一部放出される。

ここでは，例として *C. glutamicum* ATCC 21253 によるリジン合成を考えるが，これはホモセリンおよびロイシン要求株（オキソトロフ）である。このため，ホモセリン脱水素酵素による経路は無視できる。また，モデル化に当って，ASD と DHPR の反応は平衡に近いと考えられている[42)]ので無視でき，それぞれの前の反応，すなわち ASD を ASK に，また DHPR の反応を DHPS に組み込んで考えてもよい。

それぞれの中間代謝物に関して物質収支をとると次式が導かれる。

$$\frac{dC_{\text{ASA}}}{dt} = r_{\text{ASK}} - r_{\text{DHPS}} - \mu C_{\text{ASA}} \tag{9.26 a}$$

$$\frac{dC_{\text{THDP}}}{dt} = r_{\text{DHPS}} - r_{\text{DAPDH}} - r_{\text{succinylase}} - \mu C_{\text{THDP}} \tag{9.26 b}$$

$$\frac{dC_{\text{DAP}}}{dt} = r_{\text{DAPDH}} + r_{\text{succinylase}} - r_{\text{DAPDC}} - \mu C_{\text{DAP}} \tag{9.26 c}$$

$$\frac{dC_{\text{Lys-in}}}{dt} = r_{\text{DAPDC}} - r_{\text{permease}} - \mu C_{\text{Lys-in}} \tag{9.26 d}$$

$$\frac{dC_{\text{Lys-out}}}{dt} = r_{\text{permease}} \nu X \tag{9.26 e}$$

ここで，r_i は酵素 i による反応速度や輸送速度を表している。μ は比増殖速度で，それぞれの式で μ のついている項は，増殖速度に伴う細胞の体積増加による細胞内代謝物の希釈を考慮したものである。式（9.26 e）の ν は細胞の比体積で，後のシミュレーションでは 1.9 ml/g-DCW を仮定する[9]。X は乾燥菌体重量で，C_i は代謝物 i の細胞内濃度を表している。酵素反応モデル式は文献 50) を参照されたい。

9.6.3 培養特性

図 9.7 に *C. glutamicum* ATCC 21253 を回分培養した結果を示す。図 9.7 から，トレオニンの濃度が低下した培養開始 18 時間目からリジンが合成され，細胞増殖が低下していることがわかる。図 9.8 に示すように，リジン合成ではトレオニン濃度は 1 mM 以下に保たれている。

リジン合成では NADPH の供給が重要である。図 9.9 に示すように，リジン合成の細胞

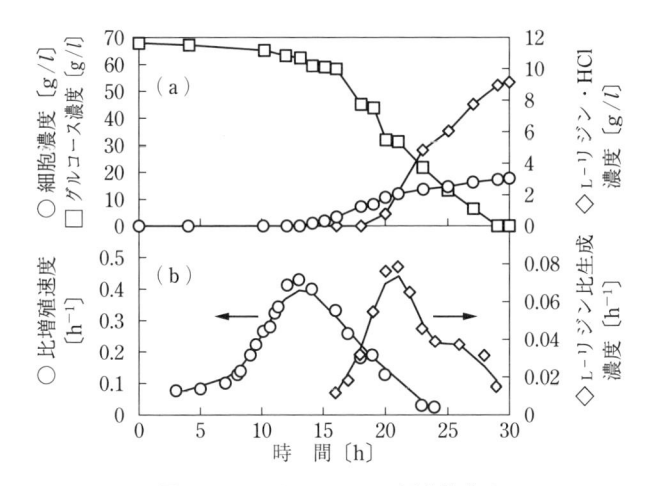

図 9.7　*C. glutamicum* の回分培養[50]

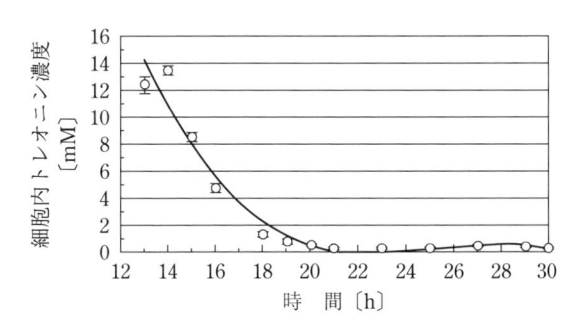

図 9.8　細胞内 L-トレオニンの時間変化[50]

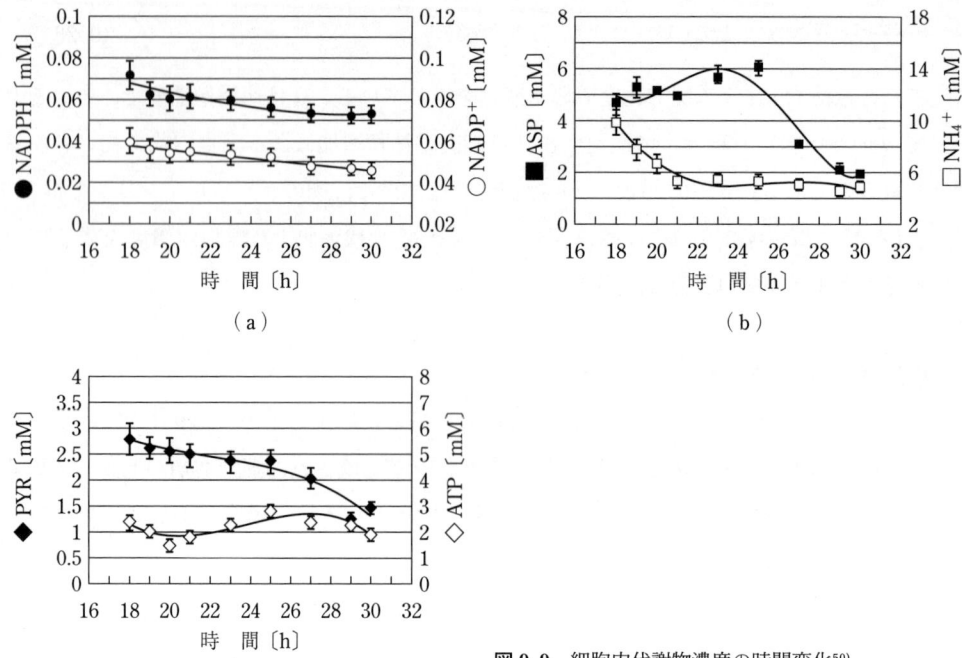

図 9.9 細胞内代謝物濃度の時間変化[50]

内 NADPH と NADP$^+$ はわずかに減少しているが，NADPH/(NADP$^+$+NADPH) の比[7]はほぼ一定であることがわかる[14]。図 9.9 に示すように，細胞内 NH$_3$ 濃度はリジン合成初期に低下し，その後は約 5 mM 程度の低い値に保たれているが，これは細胞増殖の低下によるものと思われる。脱水素酵素と succinylase 変異株のフラックス分布はおもに，脱水素酵素反応で利用できる NH$_3$ に依存しているが[41]，この両経路のフラックス比は一定と考えてモデル化してもよいと思われる。

in vivo でのホモセリン脱水素酵素経路のフラックスは，この経路で生成される細胞内のトレオニン，メチオニン，イソロイシンの濃度を考慮することで推定できる。同化に利用さ

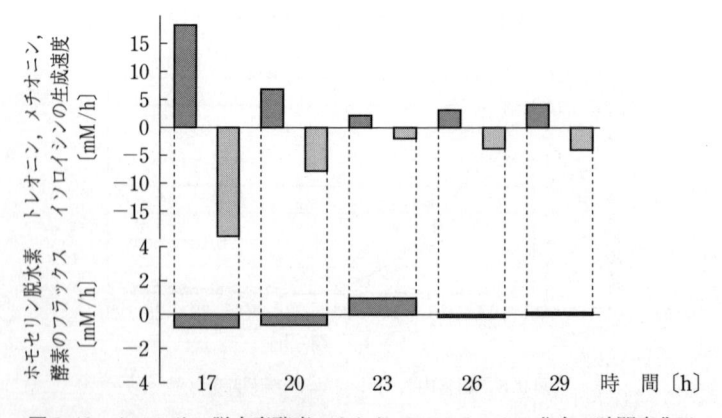

図 9.10 ホモセリン脱水素酵素のまわりでのフラックス分布の時間変化[50]

れるこれらのアミノ酸の量[46]に基づいて，細胞合成のためのこれらの消費速度を計算すると，図9.10上のグラフの左側のバーで示されるようになる．また，真ん中の黒いバーはこれらの蓄積速度の和であり，一番右側のバーは，培養液から細胞内へ，これらの三つのアミノ酸が取り込まれた量を表している．右側の二つのバーは，実験データによるものである．ホモセリン脱水素酵素のフラックスは，これらを足しあわせて，図9.10の下のグラフに示されている．この図から，同化のための三つのアミノ酸はすべて培地中から得られていることがわかり，ホモセリン脱水素酵素による反応のフラックスはきわめて低いことがわかる．

9.6.4 モデルパラメータの推定

モデルパラメータの同定は一般に，その数が多くなるにつれて困難になるが，ここでは段階を追ってパラメータの同定を行う分解法について説明する[34]．まず，次式で表されるモデル式を考える．

$$\frac{dC_i}{dt} = r_{i-1}(C_{i-1}, C_i, \boldsymbol{p}) - r_i - \mu C_i \tag{9.27}$$

ここで，C_iはi番目の酵素に影響を及ぼす前駆体やコファクター等の細胞内濃度で，$\boldsymbol{p}$は$(i-1)$番目の反応のモデルパラメータを表し，C_{i-1}とC_iは，反応r_{i-1}の基質と反応物の濃度である．式(9.27)では，r_iが必要になるので，推定はトップダウン方式になる．

リジンパーミアーゼによって触媒される反応の速度r_5は測定したリジン合成速度に等しいので，これは測定値を使える．C_iとC_{i-1}がわかっていると仮定すると，$(i-1)$番目の酵素の反応速度式のパラメータベクトル$\boldsymbol{p}$は，この代謝物iの収支式を積分し，C_iの濃度を予測し，これと測定値との差が最小になるように，最適点探索法を利用して求めればよい．この方式を段階的に上向きに使えば，反応速度式のパラメータを，それぞれの反応について独立に求めることができる．さらに，分解法に起因する誤差の伝播を防ぐために，それぞれの式のK_s等の重要なパラメータは，すべてが求まったつぎのステップで求めるようにすればよい．

図9.11は，最適化を行って求めた表9.4のモデルパラメータを用いてシミュレーションを行った結果で，実験データとよくフィットしているが，一部（例えばASAやTHDP等）は不安定なために測定値との差が目立っている．これは，モデル式の導出に当って，導入した仮定が不適当であったか，反応速度式が実際の反応メカニズムをあまり反映していないこと等が考えられる．

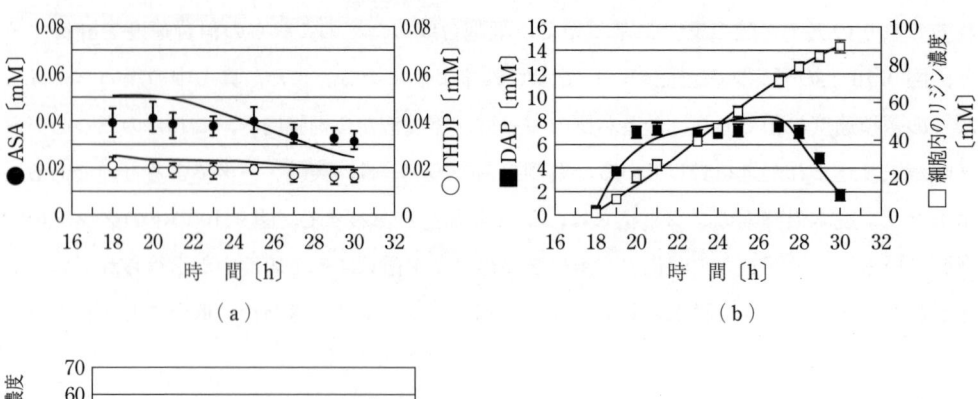

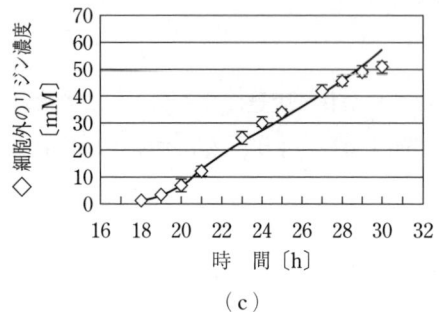

図 9.11 細胞内代謝物濃度の実験データとシミュレーション結果[50]

表 9.4 *C.glutamicum* によるリジン合成モデルのキネティクスパラメータ[50]

【ASK】
$r_{ASK}^{max} = 351.4$ mM/h ; $K'_{eq,ASK} = 7.68$; $K_{ASP} = 0.0474$ mM ;
$K_{ATP} = 0.0115$ mM ; $K_{ADP} = 2.03 \times 10^7$ mM ; $K'_{BAP} = 4.68 \times 10^8$ mM ;
$L_{Lys-Thr} = 1.20$; $K_{Lys-Thr} = 3.15 \times 10^3$ mM^2

【DHPS】
$r_{DHPS}^{max} = 183.2$ mM/h ; $K_{m,ASA} = 8.45 \times 10^{-4}$ mM ; $K_{m,Pyr} = 0.0635$ mM ;
$K_{i,ASA} = 7.27 \times 10^4$ mM ; $K'_{i,DHP} = 4.88 \times 10^6$ mM

【DAPDH】
$r_{DAPDH}^{max} = 52.2$ mM/h ; $K_{NADPH} = 3.97 \times 10^{-4}$ mM ; $K_{NH_4^+} = 0.0378$ mM ;
$K_{THDP} = 1.92 \times 10^{-3}$ mM

【succinylase 経路】
$r_{succinylase}^{max} = 122.6$ mM/h ; $K_{m,THDP} = 2.4 \times 10^{-3}$ mM

【DAPDC】
$r_{DAPDC}^{max} = 154.9$ mM/h ; $K_{m,DAP} = 0.0127$ mM

【パーミアーゼ】
$P_0 = 1.58 \times 10^5$ h^{-1} ; $P_C = 11.3$ h^{-1} ; $K_{Lys-out} = 55.4$ mM ;
$\beta = 157.8$; $K_{Lys-in} = 2.48$ mM ; $C = 78.1$ mM

9.6.5 リジン発酵の代謝制御解析

リジン合成において求めた FCC の値を**図 9.12**（a）に示す。比較のために，リジンのフラックスも図（a）に示す。また，図（b）には，FCC の時間変化をわかりやすく図示し

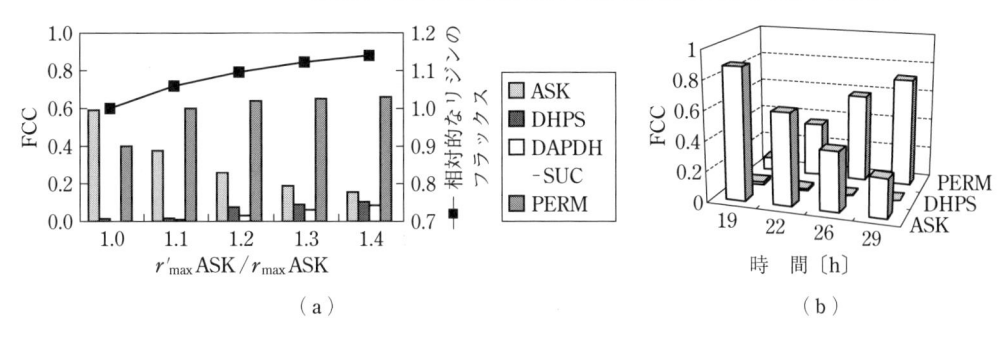

9.6 代謝制御解析とリジン生産のための律速代謝経路

図 9.12 *C. glutamicum* によるリジン合成経路の FCC[50]

である。この図から，リジン合成の初期では，アスパルトキナーゼ（ASK）の FCC が高い値を示しており，また後期では，パーミアーゼ（PERM）の FCC が高い値を示しており，それぞれ，これらの反応が律速になっていることを示している。すなわち，リジン合成の初期には，OAA からリジン合成経路の最初の反応が律速になっており，細胞内のリジン濃度が高くなるにつれて，輸送過程が律速になっていることがわかる。また，DHPS や DAPDH-SUC，DAPDC の FCC の値は非常に小さいので，これらはリジン合成の律速にはなっていないことがわかる。

つぎに，この結果を実験的に検証するために，FCC の値が高かった ASK を過剰発現させることを考える。このために，この遺伝子を組み込んだプラスミド pJC 33 を導入して形質転換させた変異株 21253-33 と，比較のために，FCC の値が小さかった DHPS をコードしている遺伝子 *dapA* を過剰発現させた変異株 21253-33 を構築し，表 9.5 には，親株とこれら二つの変異株の酵素活性を測定した結果を示してある[22]。この結果をみると，実際に 21253-33 株では ASK の活性が，また 21253-23 株では DHPS の活性が，親株に比べて著しく高くなっていることがわかる。これらを培養した結果を図 9.13 に示すが，明らかに FCC の値が高かった ASK の活性を高くした細胞が，高いリジン生産性を示していることがわかる。リジン収率を比較してみると，親株が 13.4 %，21253-33 株は 17.4 %，21253-23 株は 14.1 % である。

表 9.5 *C. glutamicum* ATCC 21253 および変異株 21253-33 と 21253-23 の酵素活性[22]

酵 素	酵素活性（U/mg protein）		
	21253	2125-33	21253-23
ASK	0.03±0.01	0.35±0.05	0.05±0.02
DHPS	0.07±0.01	0.10±0.03	0.61±0.08

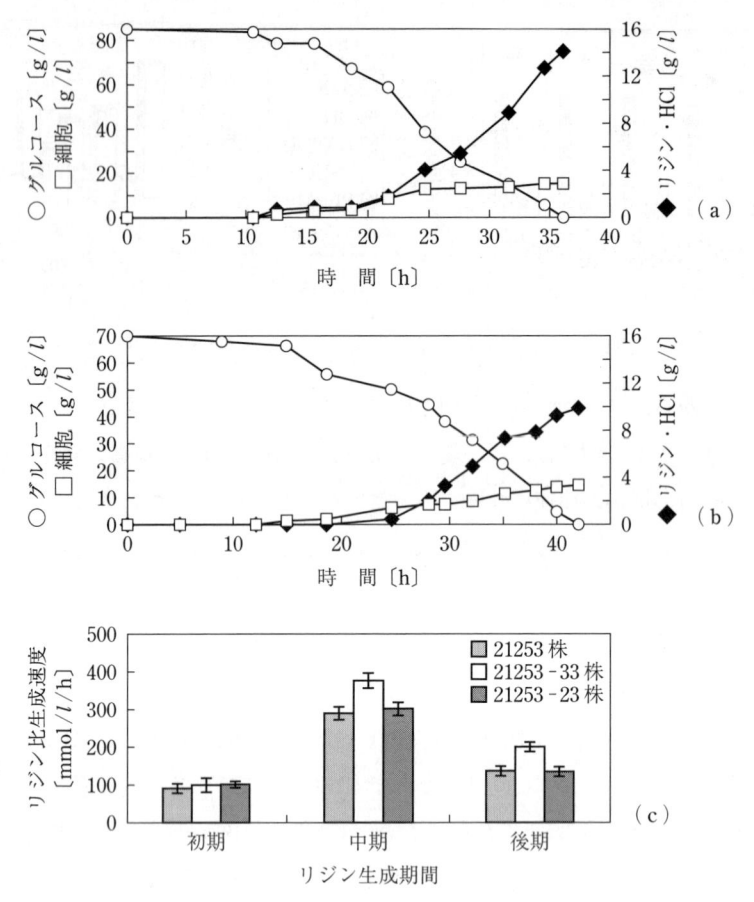

図 9.13　*C. glutamicum* ATCC 21253 と ASK を増強した 21253-33 株と DHPS を増強した 21253-23 株の培養特性[22]

9.7　代謝調節構造の最適化（設計）

9.7.1　基礎式の導出

　代謝の最適化に関しては，従来，あらかじめ設定した目的関数を最大化することが行われてきた[15),28),46)]。よく用いられる別の最適化は，いわゆる S-システムによってキネティックモデルを利用するアプローチである[35),36)]。これらのアプローチでは，代謝調節の構造最適化ということは考えていないが，外部入力の最適操作を考慮できる[16)~18),32),48)]。代謝調節の構造最適化に当っては，各反応経路の酵素反応モデルが必要である。これらの反応は，一般に非線形であるので，対数線形化（log-linearized）によって線形化するのが効果的である[16)~18)]。この対数線形化したモデルは，通常の線形化に比べて，もとの非線形モデルをよく近似できることがわかっている[18)]。本項では，この対数線形化モデルに対して，混合整数

9.7 代謝調節構造の最適化（設計）

線形計画法（mixed integer linear programming method）によって最適代謝調節の構造を求める方法について説明する。

一般に，代謝反応が次式で表されるものとする。

$$\frac{dx}{dt} = f[v(x,p), x, p, t] \tag{9.28}$$

ここで，x は n 次元の代謝物濃度ベクトル，f は物質収支から得られる関数ベクトル，v は m 次元の酵素反応速度ベクトル，p は s 次元パラメータベクトルである。また，出力あるいは測定ベクトルは次式で表されるものとする。

$$h = h[v(x,p), x, p, t] \tag{9.29}$$

前節で述べた *C. glutamicum* ATCC 21253 によるリジン合成のモデルを，少し簡略化して考える（図 9.14 参照）。前節で述べたモデル式では，リジンやトレオニンによる ASK のわずかな阻害も考慮していたが，ここでは（ホモセリン濃度が非常に小さいので），そのようなあまり影響の大きくないものは省いて，もとのモデル式を簡略化するとつぎのようになる[23]。

$$v_1 = v_{ASK}$$
$$= v_1^m \frac{[ASP][ATP]}{(0.0474+[ASP])(0.0115+[ATP])(1.023+0.000325[Lys][Thr])^8} \tag{9.30a}$$

$$v_2 = v_{DHPS} = v_2^m \frac{[ASA][PYR]}{(0.000845+[ASA])(0.0635+[PYR])} \tag{9.30b}$$

$$v_3 = v_{DAPDH} = v_3^m \frac{[THDP][NH_4^+][NADPH]}{(0.00192+[THDP])(0.0378+[NH_4^+])(0.000397+[NADPH])} \tag{9.30c}$$

$$v_4 = v_{SUC} = v_4^m \frac{[THDP]}{0.0024+[THDP]} \tag{9.30d}$$

$$v_5 = v_{DAPDC} = v_5^m \frac{[DAP]}{0.0127+[DAP]} \tag{9.30e}$$

また，物質収支式は次式で表される。

$$f_1 = v_1 - v_2 - v_1' \quad (ASA) \tag{9.31a}$$

$$f_2 = v_2 - v_3 - v_4 - v_2' \quad (THDP) \tag{9.31b}$$

$$f_3 = v_3 + v_4 - v_5 - v_3' - v_5' \quad (DAP) \tag{9.31c}$$

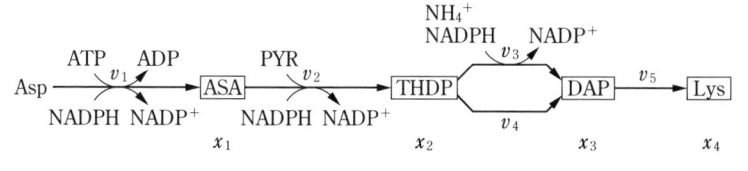

図 9.14 簡略化したリジン合成経路[23]

$$f_4 = v_5 - v_6 - v_4' - v_6' \quad \text{(Lys)} \tag{9.31 d}$$

ここで，v_6 は細胞内リジンの細胞外への放出速度を示している．細胞増殖に伴う希釈を次式で考慮する．

$$v_1' = \mu[ASA], \quad v_2' = \mu[THDP], \quad v_3' = \mu[DAP], \quad v_4' = \mu[Lys]$$

細胞内 DAP と Lys の消費速度は細胞増殖を考慮して，つぎのように表す．

$$v_5' = \mu C y_{DAP}, \quad v_6' = \mu C y_{Lys}$$

ここで，C は細胞濃度 $[g/l]$ で，y は細胞合成に使われる中間代謝物の量である．ここでは，$y_{DAP} = 0.30$ mmol/g-cell, $y_{Lys} = 0.33$ mmol/g-cell を仮定する．

(x_0, p_0) のまわりで線形化したモデル式は次式で与えられる．

$$\frac{dz}{dt} = NEz + Kz + N\prod q + Aq \tag{9.32 a}$$

$$w = \Xi Ez + Hz + \Xi\prod q + \Theta q \tag{9.32 b}$$

ここで z, q, w は，それぞれ対数線形化した代謝物濃度，操作パラメータ，出力変数であり $z_i \equiv \ln(x_i/x_{i0})$, $q_k \equiv \ln(p_k/p_{k0})$, $w_l \equiv \ln(h_l/h_{l0})$ である．式（9.30）の定常状態は次式で与えられる．

$$w = Cq \tag{9.33}$$

ここで，$C \equiv -(\Xi E + H)(NE + K)^{-1}(N\prod + \Lambda) + \Xi\prod + \Theta$ であり，また，E は elasticity 行列で，細胞内代謝物濃度が代謝ネットワークの酵素反応にどのような影響を及ぼすかを示すものである．すなわち

$$E = \left\{ \varepsilon_{j,i} \middle| \varepsilon_{j,i} = \frac{x_{i,0}}{x_{j,0}} \left(\frac{\partial v_j}{\partial x_i} \right)_{x_0, p_0} \right\} \tag{9.34}$$

となる．ここでは，前節で述べたリジン合成の，三つの異なる時点での擬定常状態を考える．このときの細胞内代謝物濃度を**表9.6**に示す．

ここでは，五つの酵素活性と六つの前駆体あるいはコファクターのレベル（v_1^m, v_2^m,

表 9.6 リジン合成経路の細胞内代謝物濃度[22]

生成期	代謝物濃度 [mM]						
	ASA	THDP	DAP	Lys	NADPH	NADP$^+$	Asp
初 期	0.045	0.02	6.0	20	0.06	0.055	5.0
中 期	0.04	0.02	7.5	40	0.06	0.05	5.6
後 期	0.035	0.02	8.0	70	0.05	0.05	3.0

生成期	代謝物濃度 [mM]					
	NH$_4^+$	PYR	ATP	ADP[*1]	Thr	μ[*2]
初 期	5.5	2.5	1.5	0.3	0.5	0.002 5
中 期	5.5	2.4	2.2	0.3	0.5	0.000 8
後 期	5.5	2.0	2.5	0.3	0.5	0.001 7

*1 文献44），*2 μ : [min^{-1}]

$v_3{}^m$, $v_4{}^m$, $v_5{}^m$, ASP, ATP, PYR, $NH_4{}^+$, NADPH, THR) を操作変数と考える。なお，酵素レベル ($p_1 \sim p_5$) だけを操作変数とすると，式 (9.32) の行列はつぎのようになる。

$$N = \begin{bmatrix} 66.67 & -66 & 0 & 0 & 0 \\ 0 & 132 & -39.17 & -91.25 & 0 \\ 0 & 0 & 0.1045 & 0.2433 & -0.3436 \\ 0 & 0 & 0 & 0 & 0.0644 \end{bmatrix} \quad (9.35\text{a})$$

$$E = \begin{bmatrix} 0 & 0 & 0 & 0 \\ 0.0207 & 0 & 0 & 0 \\ 0 & 0.0876 & 0 & 0 \\ 0 & 0.1071 & 0 & 0 \\ 0 & 0 & 0.0024 & 0 \end{bmatrix} \quad (9.35\text{b})$$

$$K = \begin{bmatrix} -0.83 \times 10^{-3} & 0 & 0 & 0 \\ 0 & -0.83 \times 10^{-3} & 0 & 0 \\ 0 & 0 & -0.83 \times 10^{-3} & 0 \\ 0 & 0 & 0 & -0.83 \times 10^{-3} \end{bmatrix} \quad (9.35\text{c})$$

$$\Pi = \begin{bmatrix} 1 & 0 & 0 & 0 & 0 & 0.0084 & 0.0052 & 0 & 0 & 0 & -0.0505 \\ 0 & 1 & 0 & 0 & 0 & 0 & 0 & 0.00258 & 0 & 0 & 0 \\ 0 & 0 & 1 & 0 & 0 & 0 & 0 & 0 & 0.0068 & 0.0066 & 0 \\ 0 & 0 & 0 & 1 & 0 & 0 & 0 & 0 & 0 & 0 & 0 \\ 0 & 0 & 0 & 0 & 1 & 0 & 0 & 0 & 0 & 0 & 0 \end{bmatrix}$$
$$(9.35\text{d})$$

$$A = [0]_{4 \times 11} \quad (9.35\text{e})$$

代謝物 ASA の線形化モデルは式 (9.35 a)～(9.35 e) を線形化してつぎのように求められる。

$$\frac{dz_1}{dt} = -1.367 z_1 + 66.67 q_1 - 66.00 q_2 \quad (9.36)$$

ここで，$z_i \equiv \ln(ASA/ASA_0)$，$q_1 \equiv \ln(v_1{}^m/v_{1,0}{}^m)$，$q_2 \equiv \ln(v_2{}^m/v_{2,0}{}^m)$ である。他の式も同様に得られる。つぎに細胞内のリジン合成のフラックスを最大化することを考える。実際はリジンの膜輸送も重要であるが，ここでは考えないことにする。具体的にはつぎのようになる。

$$w_{v_5} \equiv \ln\left(\frac{v_5{}^{\text{opt}}}{v_{50}}\right) \quad (9.37)$$

この目的関数の線形式に関係した行列はつぎのようになる。

$\Xi = [0\ 0\ 0\ 0\ 1]$
$H = [0]_{1\times 4}$
$\Theta = [0]_{1\times 11}$

9.7.2 代謝調節構造の最適化

線形化したモデル式が得られたら，つぎは線形計画法を利用して，最適調節構造を求めることになる．酵素活性を操作変数と考えると，elasticity 行列 E に正や負の項を導入することは，代謝ネットワークに，それぞれ活性化あるいは阻害型の調節ループを導入することを意味している．同様に，行列 E の項を除くことは，ある調節ループを不活性化させることを意味する．つぎに，代謝設計の目的は，それぞれの酵素と関係する操作パラメータの値を決めて，適当な調節制御構造を構築することである．これを実行する場合，物質収支式やパラメータの上下限，それぞれの酵素に割り当てられる可能な調節ループの数等の制約条件を満たす必要がある．さらに，調節ループの存在の有無や，操作パラメータを使うか使わないかといった離散的な変数も導入する必要がある．これは，混合整数線形計画（mixed integer linear programming：MILP）法を利用して解くことができる[17),18)]．

9.7.3 酵素活性の影響

はじめに，酵素阻害の調節について考える．ここでは，2種類の阻害程度，すなわち強い阻害（行列 E の対応する項は-0.5と仮定する）と，弱い阻害（E の項は-0.05とする）を考える．この場合は，ある酵素反応を阻害し，その阻害の程度や発現レベルが，リジン合成のフラックスを最大にするような代謝物をみつけることである．最適な調節構造をみつけるために，つぎのような制約条件を設ける．すなわち，代謝物（z_i）の対数変動は-2と$+2$の間に限られる．酵素レベルの連続変数（q_k）については，下限は0で，上限は$\ln(2)$とする．それぞれの酵素について，最大で代謝物による2までの調節が可能と仮定し，最大で三つの酵素活性を同時に操作できるものとする．リジン合成経路の四つの代謝物は，五つの酵素をそれぞれ調節できるものとする．すなわち，一つの代謝物による最大の調節数は5である．

この場合，もとの数学的定式化では61の連続変数，51の2進（離散）変数，そして214の制約条件がある．最適解を求めると，出力変数 w_{v_5} の対数偏差は0.2098である．これは，DAPからリジン合成のフラックスが，基準値から約23.34％向上することを示している．この値は，ただ一つの調節ループを仮定した場合であるが，二つあるいはそれ以上の調節ループを仮定しても同様の結果が得られる（**図9.15**参照）．また，このときの対応する調節変数 x_i と p_i を**表9.7**に示す．このことから，すべての可能な構造に対して三つの酵素活

9.7 代謝調節構造の最適化（設計）

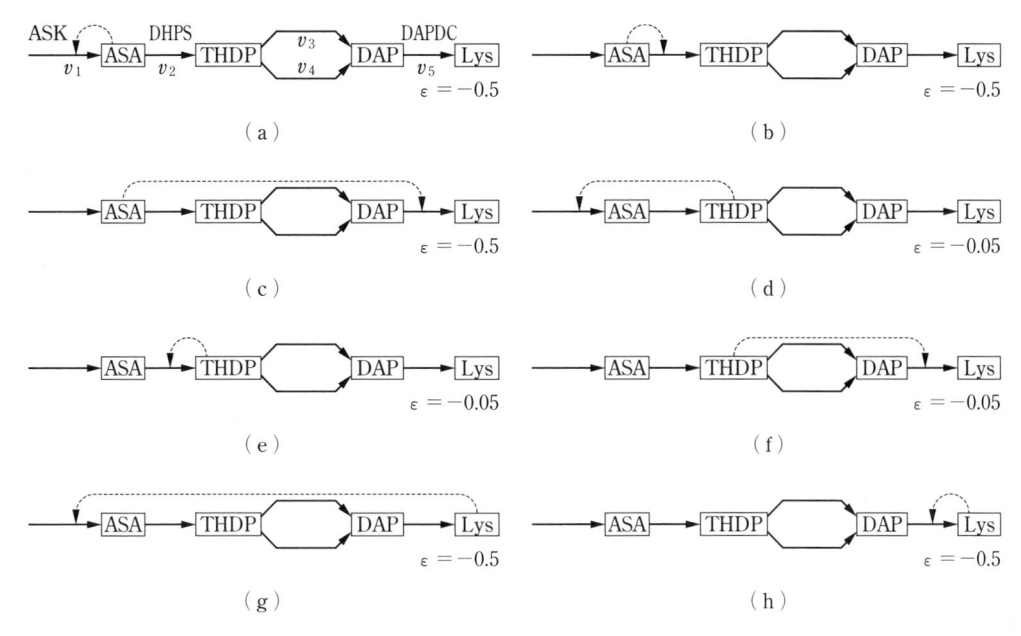

図 9.15 代謝物による酵素阻害を考えた場合の最適調節構造[23]

表 9.7 酵素阻害の場合の最適調節構造[23]

	最適化前				構造 (a)		構造 (b)		構造 (c)	
i		x_i		p_i	x_i	p_i	x_i	p_i	x_i	p_i
1	ASA	0.04	ASK	3.412	0.108	6.824	0.112	4.160	0.104	4.160
2	THDP	0.02	DHPS	2.768	0.148	3.313	0.148	5.536	0.148	3.315
3	DAP	7.50	DAPDH	0.870	1.015	0.870	1.015	0.870	1.015	0.870
4	Lys	40.0	SUC	2.043	5.413	2.043	5.413	2.043	5.413	2.043
5			DAPDC	2.582		3.200		3.200		5.164

	構造 (d)		構造 (e)		構造 (f)		構造 (g)		構造 (h)	
i	x_i	p_i	x_i	p_i	x_i	p_i	x_i	p_i	x_i	p_i
1	0.296	4.599	0.005	4.160	0.296	4.160	0.296	6.824	0.296	4.160
2	0.148	3.244	0.148	3.895	0.148	3.244	0.148	3.244	0.148	3.244
3	1.015	0.870	1.015	0.870	1.015	0.870	1.015	0.870	1.015	0.870
4	5.413	2.043	5.413	2.043	5.413	2.043	107.6	2.043	104.2	2.043
5		3.200		3.200		3.537		3.200		5.164

性，すなわち v_1（ASK），v_2（DHPS），v_5（DAPDC）の反応を触媒する酵素の活性を過剰発現させるべきことを示している．一方，三つの酵素のうちの一つを ASA，THDP，Lys のうちの一つの代謝物によって調節されるように，遺伝子操作すべきことを示している．THDP による調節ループの elasticity（ε）は -0.05 で，ASA や Lys による調節グループは -0.5 と強いことがわかる．

9.7.4 酵素の活性化

前項で述べたことと同様に，強い場合（$\varepsilon_{j,i} = +0.5$）と弱い場合（$\varepsilon_{j,i} = +0.05$）の二つ

のレベルの酵素の活性状態を考える。ほかは前述と同様である。酵素阻害の場合と違って，この場合は調節ループの数が増えると目的関数の値も向上する。実用的な応用を考えると，なるべく簡単なほうがよいので，ここでは一つあるいは二つの調節ループをもつ場合について考える。図 9.16（a）は，一つの酵素活性を考えた場合の最適な二つの目的関数値を与える構造である。この場合の最適値は，（ⅰ）と（ⅱ）が 0.700 8 で，（ⅲ）〜（ⅵ）が 0.697 9 である。この場合の連続変数の値を**表 9.8** に示す。同様にして二つの調節ループを考えると，図 9.16（b）の結果が得られ，最適値は（ⅰ）と（ⅱ）については 0.757 4 で，（ⅲ）〜（ⅴ）については 0.749 1 である。図 9.16 のすべての構造の調節 ε は 0.5 である。明らかに酵素阻害の場合よりも酵素活性の場合のほうが，高い目的関数の値を示している。これらの結果から，反応 1（ASK）と 5（DAPDC）を触媒する酵素は，ほとんどの場合で活性化

（a） 1 調節ループの場合

（b） 2 調節ループの場合

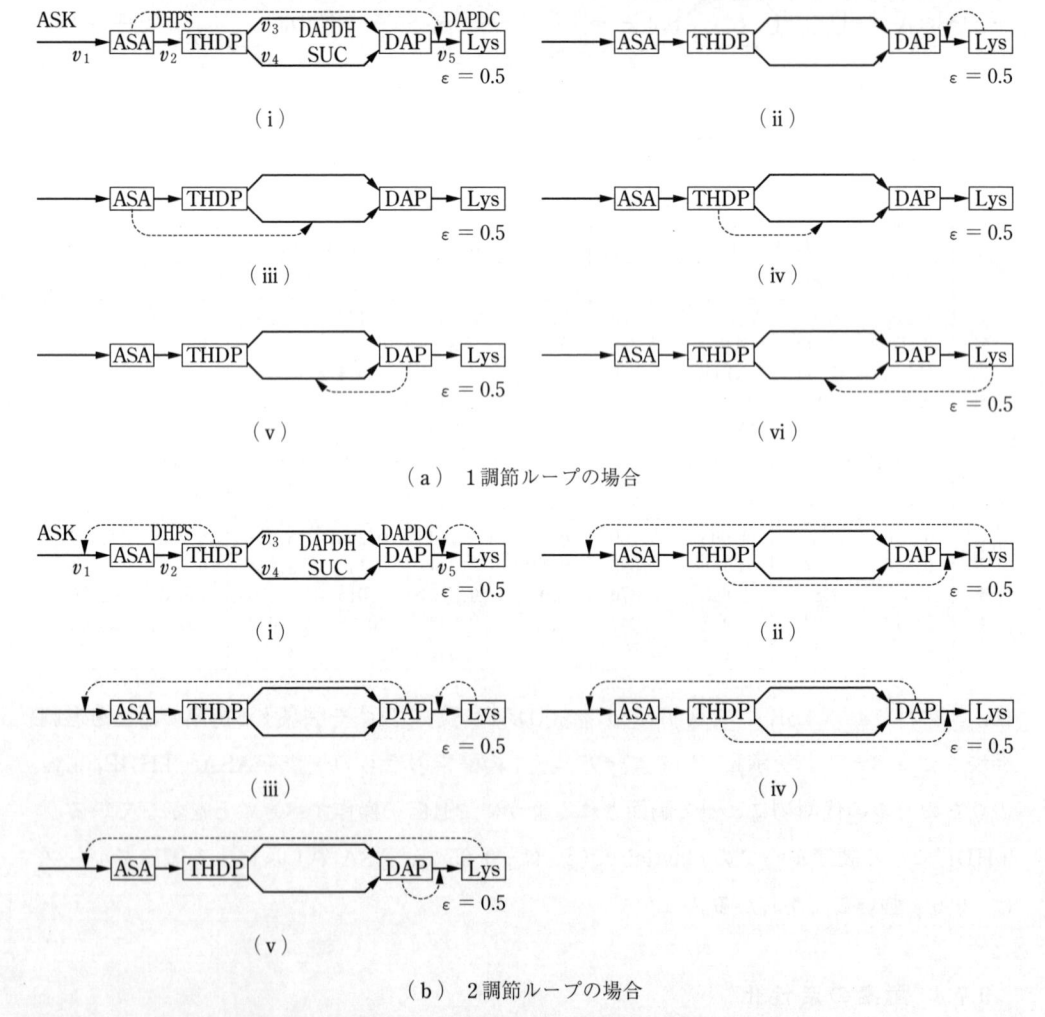

図 9.16 代謝物による酵素活性を考えた場合の最適調節構造[23]

表 9.8 酵素活性化の場合の最適調節構造[23]

	最適化前				構造 (i)		構造 (ii)	
i	x_i			p_i	x_i	p_i	x_i	p_i
1	ASA	0.04	ASK	3.412	0.164	6.685	0.020	6.684
2	THDP	0.02	DHPS	2.768	0.148	5.302	0.148	5.536
3	DAP	7.50	DAPDH	0.870	1.015	0.870	1.015	0.870
4	Lys	40.0	SUC	2.043	5.413	4.086	308.0	4.086
5			DAPDC	2.582		2.582		2.582

	構造 (iii)		構造 (iv)		構造 (v)		構造 (vi)	
i	x_i	p_i	x_i	p_i	x_i	p_i	x_i	p_i
1	0.163	6.729	0.296	6.729	0.028	6.729	0.028	6.729
2	0.148	5.338	0.093	5.273	0.019	5.536	0.019	5.536
3	55.40	0.870	55.40	0.870	55.40	0.870	55.40	0.870
4	5.413	2.043	5.413	2.043	5.413	2.043	554.0	2.043
5		5.164		5.164		5.164		5.164

させたほうがよいことがわかる〔図9.16 (a) の (iii)〜(vi) の場合は例外で，この場合は反応4が活性化されるべきとなっている〕。一つの調節ループの場合は酵素 1, 2, 4 (ASK, DHPS, SUC) あるいは 1, 2, 5 (ASK, DHPS, DAPDC) を操作すべきことを示しており，二つの調節ループを考えると，酵素 2, 3, 4 (DHPS, DAPDH, SUC) を考えるべきことを示している。

9.8 細胞のモデリングとシミュレーション

9.8.1 モデリングやシミュレーションへの取組み

細胞のシミュレーション自体は以前から行われているが，それらのほとんどは細胞の一部の機能や動特性に着目したものである。最近では，ゲノムの解読がさまざまな生物で進んできたこともあり，細胞全体をコンピュータでシミュレーションしようとする試み（whole cell simulation）が始まっている。代表的な例として，Palsson ら[30]による仮想細胞の構築や，冨田らによる E-Cell プロジェクトがある[45]。E-Cell では，各遺伝子の発現量を表すモニターが用意されており，各遺伝子と酵素の関係を記述し，中間代謝物に関する物質収支を利用して動特性を表す挙動を微分方程式で表し，これを解いている。例えば，ATP やグルコースの量を変化させて，その細胞の挙動をリアルタイムで観察できるようになっている。

Palsson らは，大腸菌 K12 株について，720 の代謝反応，436 の代謝物，587 の酵素を含む全細胞モデルを構築し，代謝関連遺伝子を破壊した場合の，細胞増殖に及ぼす影響をシミュレーションによって調べている。その結果，調べた 48 個のうち，32 個の遺伝子を破壊しても，バックアップ経路が存在しているために，増殖が可能であることを示している[37]。

また，大腸菌の野生株（MG 1655）についても同様の解析を行っており，多くの遺伝子は

破壊されても，増殖に大きな影響を与えないことがわかっている。このことは，ある遺伝子を破壊してもバックアップ経路が働いて，ロバストになっていることを示している。例えば，一般に生合成，特にアミノ酸合成にはNADPHが必要であるが，これは通常はペントースリン酸経路で生成される。このためzwfを破壊すると，この経路からのNADPHの供給は停止することになるが，TCA回路で生成されるNADHをtranshydrogenase（水素転移酵素）によってNADPHに（pntによって）変換し，これを利用することも考えられる。また，zwfとpntをともに破壊すると，Mezによって触媒されるリンゴ酸からピルビン酸に至る経路が活性化され，この経路で生成されるNADPHが利用できる。

このように全細胞シミュレーションによって，多くのコンピュータ実験を短時間で行うことができ，その中で重要な結果のみを実験によって検証すればよいことになる。この意味で，今後全細胞モデリングとシミュレーションは生命科学に大きく貢献すると思われる[12]。

9.8.2　大腸菌細胞のモデリング

全細胞のシミュレーション，特に代謝のシミュレーションを行うには，各代謝経路のモデルが不可欠である。代謝反応は酵素反応であり，この反応速度はpHや温度等の培養環境のほか，補因子や特定の代謝物等によって影響を受けるため，これを正しく反映したモデリングが必要になってくる。このため，各酵素反応を $in\ vitro$ で検討することも考えられるが，$in\ vitro$ と $in\ vivo$ では大きく条件が異なっており，注意が必要である。また，ある代謝物の蓄積に伴うフィードバック阻害，さらにはそのことに起因する振動現象等のダイナミクスを正確に表現するには，パルス応答実験等による秒単位の細胞内代謝物濃度の測定が必要になってくる。Reussらのグループは，迅速サンプリング装置を開発し，細胞内代謝物濃度の時間変化を測定して，モデル化を行っている[34),43)]。本項では，大腸菌の代謝モデリング[9)] について説明する。

（1）解糖系　ホスホトランスフェラーゼシステム（phosphotransferase system：PTS）によって触媒される反応 Glc＋PEP→G6P＋PYR の反応速度式はつぎのように表される。

$$r_{\text{PTS}} = \frac{r_{\text{PTS}}^{\max} C_{\text{Glc}}^{\text{extra}} \dfrac{C_{\text{PEP}}}{C_{\text{PYR}}}}{\left(K_{\text{PTS},a_1} + K_{\text{PTS},a_2} + \dfrac{C_{\text{PEP}}}{C_{\text{PYR}}} + K_{\text{PTS},a_3} C_{\text{Glc}}^{\text{extra}} + C_{\text{Glc}}^{\text{extra}} \dfrac{C_{\text{PEP}}}{C_{\text{PYR}}}\right)\left(1 + \dfrac{C_{\text{G6P}}^{n_{\text{PTS,G6P}}}}{C_{\text{PTS,G6P}}}\right)} \quad (9.38)$$

ここで，rは反応速度，$r^{\max}$は最大反応速度（パラメータ），Cは下つき文字で示される代謝物の濃度，そしてKはモデルパラメータである。またC^{extra}は細胞外の濃度で，それ以外は細胞内の濃度である。

つぎに，Pgiによって触媒される可逆反応はミカエリス-メンテン式で表現でき[33)]，Pfk

によって触媒される反応は，PEP や ATP によってアロステリックに調節され[20]，反応速度式はつぎのように表せる

$$r_{\text{Pfk}} = \frac{r_{\text{Pfk}}^{\max} C_{\text{ATP}} C_{\text{F6P}}}{\left\{ C_{\text{ATP}} + K_{\text{Pfk,ATP,s}}\left(1 + \frac{C_{\text{ATP}}}{K_{\text{Pfk,ADP,c}}}\right) \right\} \left(C_{\text{F6P}} + K_{\text{Pfk,F6P,s}} \frac{A}{B} \right) \left\{ 1 + \frac{L_{\text{Pfk}}}{\left(1 + C_{\text{F6P}} + \frac{B}{K_{\text{Pfk,F6P,s}} A}\right)^{n_{\text{Pfk}}}} \right\}}$$

$$A = 1 + \frac{C_{\text{PEP}}}{K_{\text{Pfk,PEP}}} + \frac{C_{\text{ATP}}}{K_{\text{Pfk,ADP,b}}} + \frac{C_{\text{AMP}}}{K_{\text{Pfk,AMP,b}}}$$

$$B = 1 + \frac{C_{\text{ATP}}}{K_{\text{Pfk,ADP,a}}} + \frac{C_{\text{AMP}}}{K_{\text{Pfk,AMP,a}}} \tag{9.39}$$

Fba によって触媒される反応は ordered uni-bi 機構と考えられ[33]，Tpi によって触媒される可逆反応はミカエリス-メンテン型反応である[33]。また，Pgk によって触媒される可逆反応は 2 基質ミカエリス-メンテン式で表現でき，GAPDH によって触媒される可逆反応は 2 基質ミカエリス-メンテン型で表され，反応速度式は次式で表される。

$$r_{\text{GAPDH}} = \frac{r_{\text{Pgk}}^{\max} \left(C_{\text{GAP}} C_{\text{NAD}} - \frac{C_{\text{GAP}} C_{\text{NADH}}}{K_{\text{GAPDH,eq}}} \right)}{\left\{ K_{\text{GAPDH,GAP}}\left(1 + \frac{C_{\text{GAP}}}{K_{\text{GAPDH,GAP}}}\right) + C_{\text{GAP}} \right\} \left\{ K_{\text{GAPDH,NAD}}\left(1 + \frac{C_{\text{NADH}}}{K_{\text{GAPDH,NADH}}}\right) + C_{\text{NAD}} \right\}}$$

$$\tag{9.40}$$

Pgm で触媒される反応および Eno によって触媒される反応はそれぞれ，可逆ミカエリス-メンテン式で表される[10]。Pyk によって触媒される反応は FDP や ATP 等によってアロステリックに調節されており，反応速度式はつぎのように表される[24]。

$$r_{\text{Pyk}} = \frac{r_{\text{Pyk}}^{\max} C_{\text{PEP}} \left(\frac{C_{\text{PEP}}}{K_{\text{Pyk,PEP}}} + 1 \right)^{(n_{\text{Pyk}}-1)} C_{\text{ADP}}}{K_{\text{Pyk,PEP}} \left\{ L_{\text{Pyk}} + \left(\frac{1 + \frac{C_{\text{ATP}}}{C_{\text{Pyk,ATP}}}}{\frac{C_{\text{FDP}}}{K_{\text{Pyk,FDP}}} + \frac{C_{\text{AMP}}}{K_{\text{Pyk,AMP}}} + 1} \right)^{n_{\text{Pyk}}} + \left(\frac{C_{\text{PEP}}}{K_{\text{Pyk,PEP}}} + 1 \right)^{n_{\text{Pyk}}} \right\} (C_{\text{ADP}} + K_{\text{Pyk,ADP}})}$$

$$\tag{9.41}$$

なお，PDH によって触媒される反応は Hill 方程式で表せる[10]。

（2）ペントースリン酸（PP）経路 G6PDH によって触媒される非可逆反応は 2 基質ミカエリス-メンテン式で表現でき[47]，反応速度式は次式で表される。

$$r_{\text{G6PDH}} = \frac{r_{\text{G6PDH}}^{\max} C_{\text{G6P}} C_{\text{NADP}}}{(C_{\text{G6P}} + K_{\text{G6PDH,G6P}})\left(1 + \frac{C_{\text{NADPH}}}{K_{\text{G6PDH,NADPH,G6P}_{\text{inh}}}}\right) \left\{ K_{\text{G6PDH,NADPH}}\left(1 + \frac{C_{\text{NADPH}}}{K_{\text{G6PDH,NADPH,NADP}_{\text{inh}}}}\right) + C_{\text{NADP}} \right\}}$$

$$\tag{9.42}$$

Rpe で触媒される反応と Rpi で触媒される反応は可逆質量作用則（mass action law）に従い，TktA で触媒される可逆反応は質量作用則に従うとして導ける[10]。Tal によって触媒

される可逆反応は質量作用則に従い[10]，TktBによって触媒される可逆反応も質量作用則に従う[10]と仮定してモデル化することができる。

このようなモデルを使ってシミュレーションを行うと，なかなか実験では解析が困難なダイナミクスの解析が可能になる（図9.17参照）。しかし，式（9.42）でもわかるように，数多くのモデルパラメータをどのように正確に同定するかといった大きな課題も抱えている。

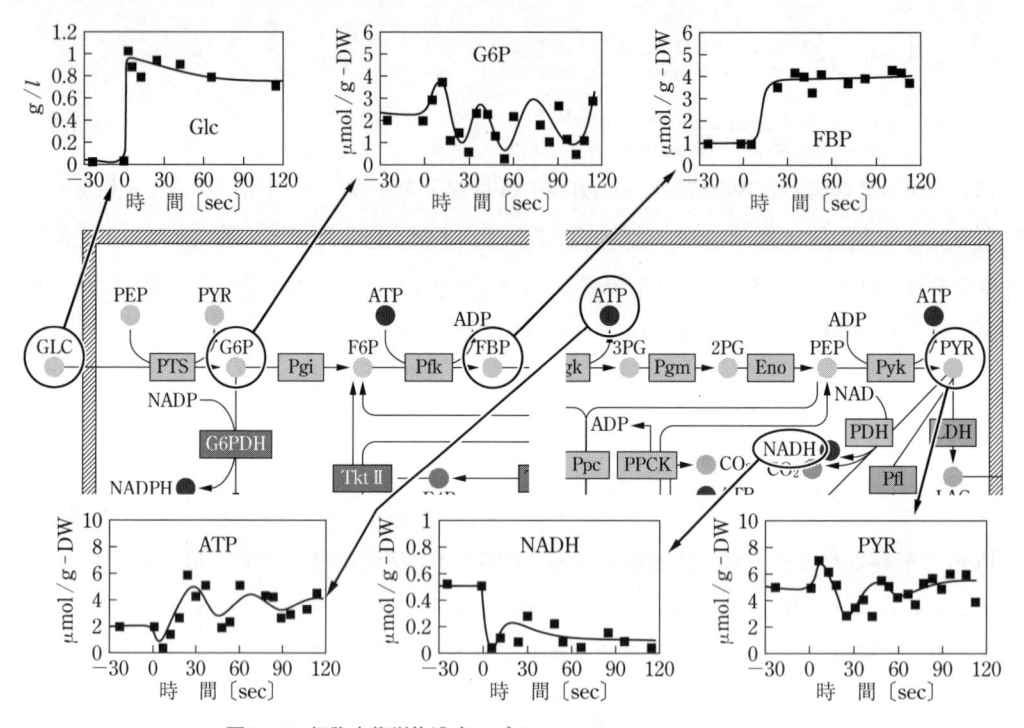

図9.17 細胞内代謝物濃度のダイナミックシミュレーション[21]

引用・参考文献

1) 遠藤　勲, 井上一郎：回分培養系における酵母代謝機能, 化学工学論文集, **2**, pp.416-421（1976）
2) 北野宏明：システムバイオロジー, 秀潤社（2001）
3) 北野宏明 編：システムバイオロジーの展開, シュプリンガーフェアラーク東京（2001）
4) 高木利久, 金久 實：ゲノムネットのデータベース利用法, 共立出版（1998）
5) 金久 實：ゲノム情報への招待, 共立出版（1996）
6) 清水和幸：バイオプロセス解析法—システム解析原理とその応用—, コロナ社（1997）
7) Andersen, K. B. and von Meyenburg, K.：Charges of nicotinamide adenine nucleotides and adenylate energy change as regulatory parameters of the metabolism of *Escherichia coli*, J. Biol. Chem., **252**, pp.4151-4156（1976）
8) Arita, M.：In silico Atomic tracing by substrate-product relationships, in *Escherichia coli* intermediary metabolism, Genome Research, **13**, pp.2455-2466（2003）
9) Broer, S., Eggeling, L. and Kramer, R.：Strains of *C. glutamicum* with different lysine productivities may have different lysine excretion systems, Appl. Environ. Microbiol., **59**, pp.316-321（1993）
10) Chassagnole, C., Rizzi, N. N., Schmid, J. W., Mauch, K. and Reuss, M.：Dynamic modeling of the

central carbon metabolism of *Escherichia coli*, Biotechnol. Bioeng., **79**, pp.53-73 (2002)
11) Delgado, J. and Liao, J. C. : Inverse flux analysis for reduction of acetate excretion in *E. coli*, Biotech. Prog., **13**, pp.361-367 (1997)
12) Edwards, J. and Palsson, B. O. : The *E. coli* MG1655 in silico metabolic genotype — its definition, characteristics and capabilities, Proc. Nat. Acad. Sci. USA, **97**-10, pp.5528-5533 (2000)
13) Fell, D. A. and Sauro, A. : Metabolic control and its analysis, Eur. J. Biochem., **148**, pp.555-561 (1985)
14) Fuhrer, L., Kubicek, C. P. and Rohr, M. : Pyridine nucleotide levels and ratios in *A. niger*, Can. J. Microbiol., **26**, pp.405-408 (1980)
15) van Gulik, W. M. and Heijnen, J. J. : A metabolic network stoichiometry analysis of microbial growth and product formation, Biotech. Bioeng., **48**, pp.681-698 (1995)
16) Hatzimanikatis, V., Floudas, C. A. and Bailey, J. E. : Optimization of regulatory architechtues in metabolic reaction networks, Biotech. Bioeng., **52**, pp.485-500 (1996)
17) Hatzimanikatis, V., Floudas, C. A. and Bailey, J. E. : Analysis and design of metabolic reaction networks via mixed-integer linear optimization, AIChE J., **42**, pp.1277-1292 (1996)
18) Hatzimanikatis, V. and Bailey, J. E. : MCA has more to say, J. Theor. Biol., **182**, pp.233-242 (1996)
19) Heinrich, R. and Rapoport, T. A. : A linear steady state treatment of enzymatic chains. General properties, control and effector strength, Eur. J. of Biochem., **42**, pp.89-95 (1974)
20) Hofmann, E. and Hopperschlager, G., In Wood, W. A. (ed.) : Methods of enzymology, Academic Press, New York, pp.49-60 (1982)
21) Hua, Q. : Private communication (2003)
22) Hua, Q., Yang, C. and Shimizu, K. : Metabolic control analysis of lysine synthesis using *C. glutamicum* and experimental verification, J. Biosci. Bioeng., **90**, pp.184-192 (2000)
23) Hua, Q., Yang, C. and Shimizu, K. : Design of metabolic regulatory structures for enhanced lysine synthesis flux using (log) linearized kinetic models, Biochem. Eng. J., **9**, pp.49-57 (2001)
24) Johannes, K.-J., Hess, B. : Allosteric kinetics of pyruvate kinase of *Saccharomyces cerevisiae*, J. Mol. Biol., **76**, pp.181-205 (1973)
25) Kabir, M. and K. Shimizu : Fermentation characteristics and protein expression patterns for recombinant *E. coli* mutant lacking *pgi* for PHB production, Appl. Microbiol. Biotech. **62**, pp.244-255 (2003)
26) Kabir, M. and K. Shimizu : Gene expression patterns for metabolic pathway in *pgi* knockout *E. coli* with and without *phb* genes based on RT-PCR, J. Biotechnol., **105**, pp.11-31 (2003)
27) Kacser, H. and Burns, J. : The control of flux, In Davies, D. D. (ed.) : Rate control of biological processes, Cambridge Univ. Press, Cambridge, pp.65-104 (1973)
28) Majewski, R. A. and Domach, M. M. : Simple constrained-optimization view of acetate overflow in *E. coli*, Biotech. Bioeng., **35**, pp.732-738 (1990)
29) Mavrovouniotis, M. L., Stephanopoulos, George and Stephanopoulos, Greg : Computer-aided sysnthesis of biochemical pathways, Biotech. Bioeng., **36**, pp.1119-1132 (1990)
30) Palsson, B., Nature Biotechnol., **18**, pp.1147-1150 (2000)
31) Pissara, P. N., Nielsen, J. and Bazin, M. J. : Pathway kinetics and metabolic control analysis of a high-yielding train of *P. chrisogenum* during fed batch cultivations, Biotech. Bioeng., **51**, pp.168-176 (1996)
32) Regan, L., Bogle, D. and Dunnill, P. : Simulation and optimization of metabolic pathways, Comp. Chem. Eng., **17**, pp.627-637 (1993)
33) Richter, O., Betz, A., Giersch, C., Biosystems, **7**, pp.137-146 (1975)
34) Rizzi, M., Baltes, M. Theobald, U. and Reuss, M. : *In vivo* analysis of metaolic dynamics in *S. cerevisiae* (II. Mathematical model), Biotech. Bioeng., **55**, pp.592-608 (1997)
35) Savageau, M. A., Viot, E. O. and Invine, D. H. : Biochemical systems theory and metabolic control theory (1. Fundamental similarities and differences), Math. Biosci., **86**, pp.127-145 (1987 a)
36) Savageau, M. A., Viot, E. O. and Invine, D. H. : Biochemical systems theory and metabolic control theory (2. The role of summation and connectivity relationships), Math. Biosci., **86**, pp.147-169 (1987 b)
37) Schilling, C. H., Edwards, J. S. and Palsson, B. O. : Towards metabolic phenomics — Analysis of genomic data using flux balances, Biotechnol. Prog., **15**, pp.288-295 (1999)

38) Schrumpf, B., Schwarzer, A., Kalinowski, J., Puhler, A., Eggeling, L. and Sahm, H. : A functionally split pathway for lysine sysnthesis in *C. glutamicum*, J. Bacteriol., **174**, pp.4510-4516 (1991)
39) Seressiotis, A., Bailey, J. E. : MPS — An artificially intelligent software system for the analysis and synthesis of metabolic pathways, Biotech. Bioeng., **31**, pp.587-602 (1988)
40) Shi, H., Nikawa, J. and Shimizu, K. : Effect of modifying metabolic network on PHB biosynthesis in recombinant *E. coli*, J. Biosci. Bioeng., **87**, pp.666-677 (1999)
41) Sonntag, K., Eggeling, L., de Graaf, A. A. and Sahm, H. : Flux partitioning in the split pathway of lysine synthesis in *C. glutamicum*. Quantification by ^{13}C- and ^{1}H- NMR spectroscopy, Eur. J. Biochem., **213**, pp.1325-1331 (1993)
42) Tamir, H. : Dihydrodipicolinic acid reductase (*E. coli*), In Tabor, H. and Tabor C. W. (eds.) Mehods in enzymology, **17B**, Academic Press, New York, pp.134-139 (1971)
43) Theobald, U., Mailinger, W., Baltes, M., Rizzi, M. and Reuss, M. : Biotech. Bioeng., **55**, pp.305-316 (1997)
44) Tomita, M., Hashimoto, K., Takahashi, K., Shimizu, T. S., Matsuzaki, Y., Miyoshi, F., Saito, K., Tanida, S., Yugi, K., Venter, J. C. and Hutchinson, C. A. : E-CELL — software environment for whole-cell simulation, Bioinformatics, **15**, pp.72-84 (1999)
45) Vallino, J. J. and Stephanopoulos, G. : Metabolic flux distributions in *C. glutamicum* during growth and lysine overproduction, Biotech. Bioeng., **41**, pp.633-648 (1993)
46) Varma, A. and Palsson, B. O. : Metabolic flux balancing — basic concepts, Scientific and practical use, Biotechnol., **12**, pp.994-998 (1994)
47) Vaseghi, S., Baumeister, A., Rizzi, M. and Reuss, M., Metab. Eng., **1**, pp.128-140 (1999)
48) Voit, E. O. : Optimization in integrated biochemical systems, Biotech. Bioeng., **40**, pp.572-582 (1992)
49) Westerhoff, H. V. and Kell, D. B. : Matrix method for determining steps most rate limiting to metabolic fluxes in biotechnological processes, Biotech. Bioeng., **30**, pp.101-107 (1987)
50) Yang, C., Hua, Q. and Shimizu, K. : Development of a kinetic model for L-lysine biosynthesis in *C. glutamicum* and its application to metabolic control analysis, J. Biosci. Bioeng., **88**, pp.393-403 (1999)

付　録

A　化合物の命名法

同位体を利用した代謝解析では，各代謝反応において，反応基質のどの原子，特にどの炭素原子が，反応物のどの（炭素）原子になるかをトレースする必要がある。このため有機化合物の炭素原子に，ある一般的なルールに従って番号をつける必要がある。国際純正応用化学連合（International Union of Pure and Applied Chemistry：IUPAC）は，有機化合物の系統的名称を与えるための規則を定めている。ここでは，このルールについて簡単に説明する。

直鎖状飽和炭化水素はアルカンと呼ばれ，その化合物を構成する炭素数によって命名されるが，分岐状アルカンは，この分子内で最も長い炭素鎖に相当する直鎖状アルカンの誘導体として命名される。この場合，最も長い炭素鎖以外の基は，すべて主鎖の置換基として命名される。また，置換基の位置は，下図に示すように，置換基の結合している炭素原子が，できるだけ小さい番号になるように，主鎖の炭素原子に番号をつけて表す[†]。

$$\underset{3\text{-メチルヘキサン}}{\underset{\underset{CH_3}{|}}{CH_3\overset{1}{C}H_2\overset{2}{C}H\overset{3}{C}H\overset{4}{C}H_2\overset{5}{C}H_2\overset{6}{C}H_3}}$$
(4-メチルヘキサンや，2-メチルペンタンではない)

$$\underset{4\text{-エチル-2-メチルヘキサン}}{\underset{\underset{CH_3}{|}\quad\underset{CH_2CH_3}{|}}{CH_3\overset{1}{C}H_2\overset{2}{C}H\overset{3}{C}H_2\overset{4}{C}H\overset{5}{C}H_2\overset{6}{C}H_3}}$$

アルケンの場合は，二重結合の位置は，二重結合の最初の炭素原子の番号で示し，番号をつけるときは，できるだけその数が小さくなるように選ぶ（下図参照）。

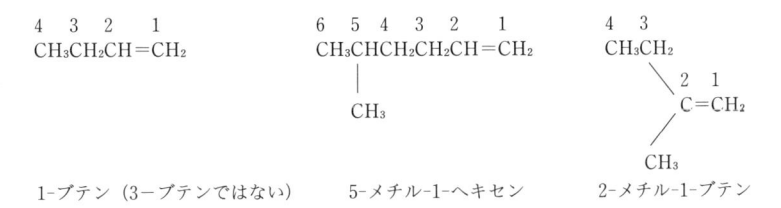

$$\underset{1\text{-ブテン（3-ブテンではない）}}{\overset{4}{C}H_3\overset{3}{C}H_2\overset{2}{C}H=\overset{1}{C}H_2}$$

$$\underset{5\text{-メチル-1-ヘキセン}}{\underset{\underset{CH_3}{|}}{\overset{6}{C}H_3\overset{5}{C}H\overset{4}{C}H_2\overset{3}{C}H_2\overset{2}{C}H=\overset{1}{C}H_2}}$$

$$\underset{2\text{-メチル-1-ブテン}}{\underset{\underset{CH_3}{|}}{\overset{4}{C}H_3\overset{3}{C}H_2\overset{2}{C}=\overset{1}{C}H_2}}$$

アルキル置換基がついたアルケンは，対応する飽和化合物の場合と同様にして命名する。ただし，主鎖には，それがたとえ最長炭素鎖でなくても，つねに二重結合が含まれるように選ぶ。この場合，二重結合の位置が，できるだけ小さい番号になるように番号をつける。アルキンの場合もアルケンの場合と同様であり，三重結合の位置ができるだけ小さい番号となるように炭素原子に番号をつける。さまざまな官能基を含む場合は，カルボキシル基（-COOH）に結合している炭素の番号を小さくつける。

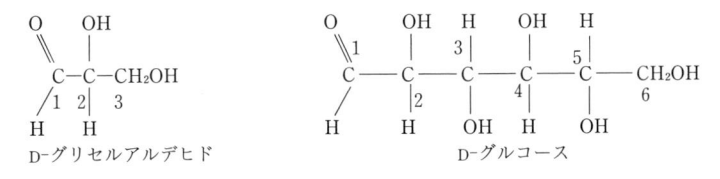

D-グリセルアルデヒド

D-グルコース

[†] Ryles, A. P., Smith, K. and Ward, R. S.：Essential organic chemistry for students of the life sciences, JohnWiley & Sons Inc. (1980)〔芝　哲夫，乾　利成，広津順弘，楠本正一　訳：ライフサイエンス有機化学（付録），化学同人（1982）〕

B 代謝物の炭素原子の番号

【解糖系】

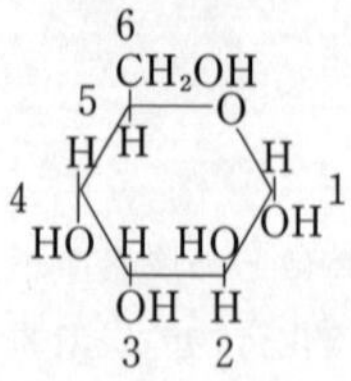

グルコース

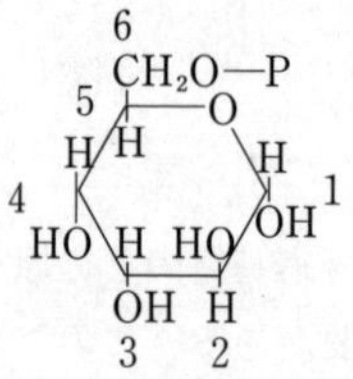

グルコース-6-リン酸

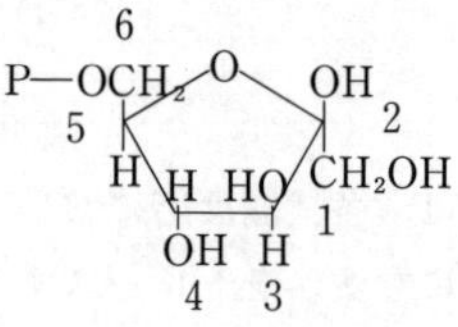

フルクトース-6-リン酸

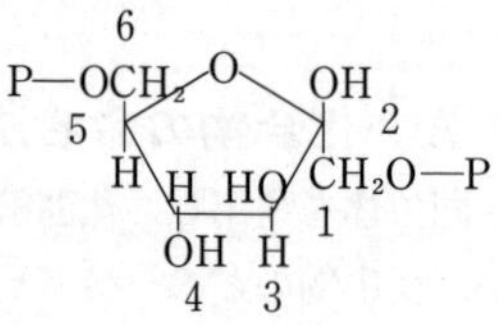

フルクトース-1,6-ビスリン酸

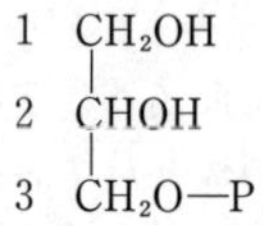

1 CH_2OH
2 $CHOH$
3 CH_2O-P

グリセロール-3-リン酸

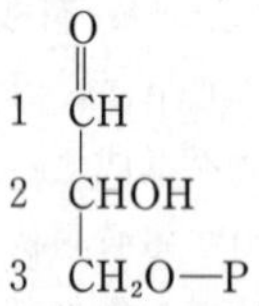

1 CHO
2 $CHOH$
3 CH_2O-P

グリセルアルデヒド-3-リン酸

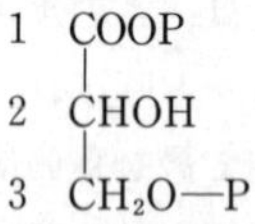

1 $COOP$
2 $CHOH$
3 CH_2O-P

1,3-ビスホスホグリセリン酸

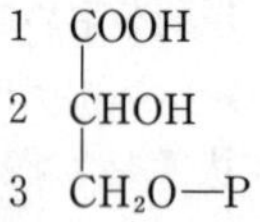

1 $COOH$
2 $CHOH$
3 CH_2O-P

3-ホスホグリセリン酸

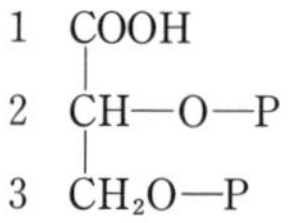

1 $COOH$
2 $CH-O-P$
3 CH_2O-P

2-ホスホグリセリン酸

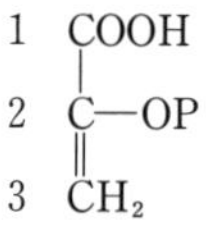

1 $COOH$
2 $C-OP$
3 CH_2

ホスホエノールピルビン酸

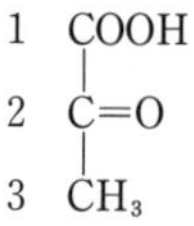

1 $COOH$
2 $C=O$
3 CH_3

ピルビン酸

$SCoA$
1 $HC=O$
2 CH_3

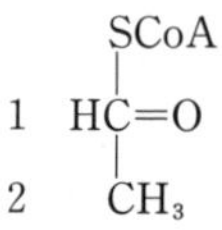

アセチル CoA

【ペントースリン酸経路】

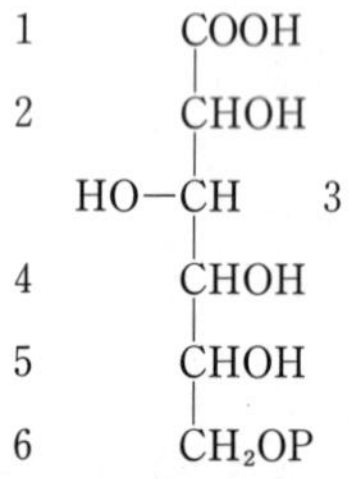

1 $COOH$
2 $CHOH$
3 $HO-CH$
4 $CHOH$
5 $CHOH$
6 CH_2OP

6-ホスホグルコン酸

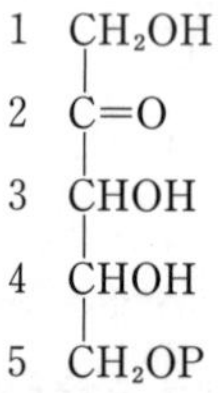

1 CH_2OH
2 $C=O$
3 $CHOH$
4 $CHOH$
5 CH_2OP

リブロース-5-リン酸

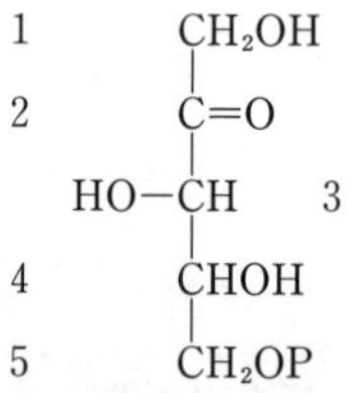

1 CH_2OH
2 $C=O$
3 $HO-CH$
4 $CHOH$
5 CH_2OP

キシロース-5-リン酸

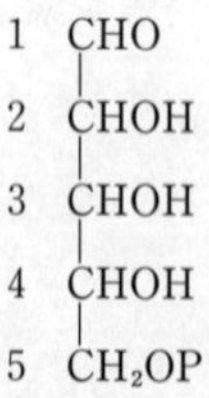

1 CHO
2 $CHOH$
3 $CHOH$
4 $CHOH$
5 CH_2OP

リボース-5-リン酸

1 CH_2OH
2 $C=O$
3 $HO-CH$
4 $CHOH$
5 $CHOH$
6 $CHOH$
7 CH_2OP

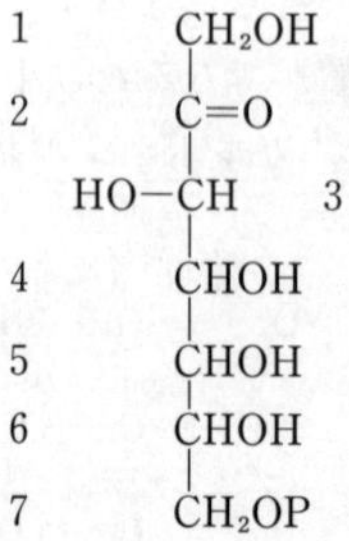

セドヘプツロース-7-リン酸

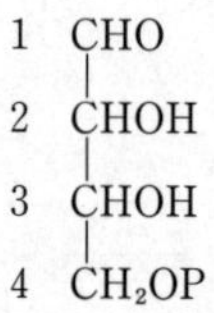

1 CHO
2 $CHOH$
3 $CHOH$
4 CH_2OP

エリトロース-4-リン酸

【TCA 回路】

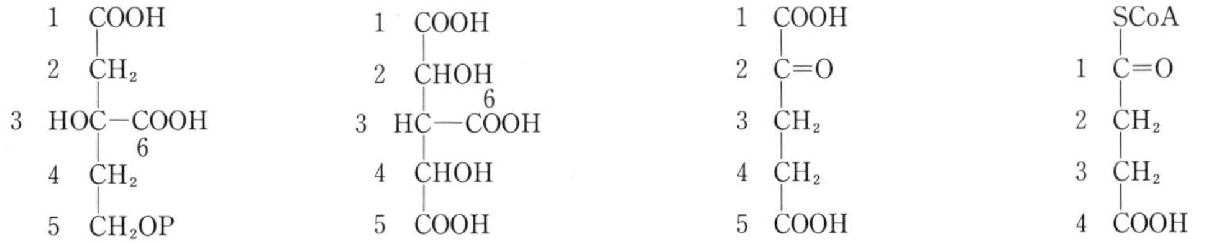

```
1  COOH            1  COOH            1  COOH            SCoA
2  CH₂             2  CHOH            2  C=O          1  C=O
3  HOC-COOH        3  HC-COOH         3  CH₂          2  CH₂
      6                 6
4  CH₂             4  CHOH            4  CH₂          3  CH₂
5  CH₂OP           5  COOH            5  COOH         4  COOH
  クエン酸            イソクエン酸         α-ケトグルタル酸       スクシニル CoA


1  COOH            1  COOH            1  COOH            1  COOH
2  CH₂             2  CH              2  CHOH            2  C=O
3  CH₂             3  CH              3  CH₂             3  CH₂
4  COOH            4  COOH            4  COOH            4  COOH
  コハク酸              フマル酸             リンゴ酸            オキサロ酢酸
```

C 反応による炭素原子の位置の変化（文字表現）

【PTS】
Glc＋PEP＞G6P＋PYR：♯ABCDEF＋abc＞ABCDEF＋abc

【解糖系（EMP 経路）】
G6P＜＞F6P：♯ABCDEF＜＞ABCDEF
F6P＞DHAP＋GAP：♯ABCDEF＞CBA＋DEF
GAP＜＞PEP：♯ABC＜＞ABC
PEP＞PYR：♯ABC＞ABC

【PP 経路】
G6P＞6PG：♯ABCDEF＞ABCDEF
6PG＞RU5P＋CO₂：♯ABCDEF＞BCDEF＋A
RU5P＜＞R5P：♯ABCDE＜＞ABCDE
RU5P＜＞X5P：♯ABCDE＜＞ABCDE
R5P＋X5P＜＞S7P＋GAP：♯ABCDE＋abcde＜＞abABCDE＋cde
E4P＋X5P＜＞F6P＋GAP：♯ABCD＋abcde＜＞abABCD＋cde
S7P＋GAP＜＞F6P＋E4P：♯ABCDEFG＋abc＜＞ABCabc＋DEFG

【TCA 回路】
PYR＞AcCoA＋CO₂：♯ABC＞BC＋A
AcCoA＋OAA＞ICIT：♯AB＋abcd＞abcABd
ICIT＜＞αKG＋CO₂：♯ABCDEF＜＞ABCDE＋F
αKG＞SUC＋CO₂：♯ABCDE＞BCDE＋A
0.5×SUC＋0.5×SUC＞0.5×FUM＋0.5×FUM：♯ABCD＋abcd＞ABCD＋dcba

FUM＜＞MAL：＃ABCD＜＞ABCD
MAL＜＞OAA：＃ABCD＜＞ABCD
PEP+CO₂＜＞OAA：＃ABC+D＜＞ABCD
MAL＞PYR+CO₂：＃ABCD＞ABC+D

【発酵経路】
PYR＞LAC：＃ABC＞ABC
AcCoA＞Ace：＃AB＞AB

D　細胞合成に必要な前駆体の量

前駆体	量	化学定量												
		G6P	F6P	R5P	E4P	GAP	3PG	PEP	PYR	AcCoA	OAA	αKG	CO₂	NADPH	ATP	NADH
Ala	488								1					1		
Arg	281											1	1	4	7	−1
Asn	229										1			1	3	
Asp	229										1			1		
Cys	87						1							5	3	−1
Gln	250											1		1	1	
Glu	250											1		1		
Gly	582						1							1		−1
His	90			1										1	4	−2
Ile	276								1		1		−1	5	2	
Leu	428								2	1			−2	2		−1
Lys	326								1		1		−1	4	2	
Met	146										1			8	6	−1
Phe	176				1			2					−1	2	1	
Pro	210											1		3	1	
Ser	205						1							1		−1
Thr	241										1			3	2	
Trp	54			1	1			1					−1	2	4	−2
Tyr	131				1			2					−1	1	1	
Val	402								2				−1	2		
タンパク質				144	361		874	668	2 750	428	1 447	991	−1 940	11 338	27 144	−2 017
RNA	630			630			368				262		368	1 163	6 540	−1 366
DNA	100			100			50				50		50	274.6	1 001.6	−200
脂質	129					161	97			1 842			−97	2 821	2 100	64
LPS	8.4	34	25	76			17			302			−17	521	462	−42
ペプチドグリカン	27		54					27	81	54	27	27		189	270	27
グリコーゲン	154	154													154	
ポリアミン	41											41	−41	123	82	
前駆体	量	G6P	F6P	R5P	E4P	GAP	3PG	PEP	PYR	AcCoA	OAA	αKG	CO₂	NADPH	ATP	NADH
計		188	79	950	361	161	1 406	695	2 831	2 626	1 786	1 059	−1 677	16 429	37 754	−3 534

E 誘導体化に伴うアミノ酸の自然標識の補正

原子組成（formula_TBDMS）

	H	C	N	O	Si	S
TBDMS	15	6	0	0	1	0

TBDMS の数（num_TBDMS）

Ala	2	Gly	2	Lys	3	Ser	3
Arg	4	His	3	Met	2	Thr	3
Asp	3	Ile	2	Phe	2	Tyr	3
Glu	3	Leu	2	Pro	2	Val	2

原子組成（formula_AA）

	H	C	N	O	Si	S		H	C	N	O	Si	S
Ala	7	3	1	2	0	0	Lys	14	6	2	2	0	0
Ala M-57	26	8	1	2	2	0	Lys M-57	47	14	2	2	3	0
Ala M-159	20	6	1	0	1	0	Lys M-159	41	12	2	0	2	0
Arg	14	6	4	2	0	0	Met	11	5	1	2	0	1
Arg M-57	61	20	4	2	4	0	Met M-57	30	8	1	2	2	1
Arg M-159	55	18	4	0	3	0	Met M-159	24	6	1	0	1	1
Asp	7	4	1	4	0	0	Phe	11	9	1	2	0	0
Asp M-57	40	14	1	4	3	0	Phe M-57	30	8	1	2	2	0
Asp M-159	34	12	1	2	2	0	Phe M-159	24	6	1	0	1	0
Glu	9	5	1	4	0	0	Pro	9	5	1	2	0	0
Glu M-57	42	14	1	4	3	0	Pro M-57	28	8	1	2	2	0
Glu M-159	36	12	1	2	2	0	Pro M-159	22	6	1	0	1	0
Gly	5	2	1	2	0	0	Ser	7	3	1	3	0	0
Gly M-57	24	8	1	2	2	0	Ser M-57	40	14	1	3	3	0
Gly M-159	18	6	1	0	1	0	Ser M-159	34	12	1	1	2	0
His	9	6	3	2	0	0	Thr	9	4	1	3	0	0
His M-57	42	14	3	2	3	0	Thr M-57	42	14	1	3	3	0
His M-159	36	12	3	0	2	0	Thr M-159	36	12	1	1	2	0
Ile	13	6	1	2	0	0	Tyr	11	9	1	3	0	0
Ile M-57	32	8	1	2	2	0	Tyr M-57	44	14	1	3	3	0
Ile M-159	26	6	1	0	1	0	Tyr M-159	38	12	1	1	2	0
Leu	13	6	1	2	0	0	Val	11	5	1	2	0	0
Leu M-57	32	8	1	2	2	0	Val M-57	30	8	1	2	2	0
Leu M-159	26	6	1	0	1	0	Val M-159	24	6	1	0	1	0

誘導化された M-57（formula_57）と M-159（formula_159）の原子組成を求める式
formula_AA(C)=0 ← アミノ酸の炭素は除く
formula_57=formula_AA+num_TBDMS×formula_TBDMS−num_TBDMS×H−9×H−4×C
formula_159=formula_AA+(num_TBDMS−1)×formula_TBDMS−num_TBDMS×H−2×O

【アラニンの補正】

ALA M-57 (H は 26 個)

質量	^{1}H	^{2}H	存在比	計算式	記号化
0	26	0	0.997 01	$=26! \times [\{a^{26}/26!\} \times \{b^0/0!\}]$	$=H(m+0)$
1	25	1	0.002 981 4	$=26! \times [\{a^{25}/25!\} \times \{b^1/1!\}]$	$=H(m+1)$
2	24	2	4.29×10^{-6}	$=26! \times [\{a^{24}/24!\} \times \{b^2/2!\}]$	$=H(m+2)$
3	23	3	3.94×10^{-9}	$=26! \times [\{a^{23}/23!\} \times \{b^3/3!\}]$	$=H(m+3)$
4	22	4	2.61×10^{-12}	$=26! \times [\{a^{22}/22!\} \times \{b^4/4!\}]$	$=H(m+4)$
5	21	5	1.32×10^{-15}	$=26! \times [\{a^{21}/21!\} \times \{b^5/5!\}]$	$=H(m+5)$
6	20	6	5.31×10^{-19}	$=26! \times [\{a^{20}/20!\} \times \{b^6/6!\}]$	$=H(m+6)$
7	19	7	1.75×10^{-22}	$=26! \times [\{a^{19}/19!\} \times \{b^7/7!\}]$	$=H(m+7)$
8	18	8	4.77×10^{-26}	$=26! \times [\{a^{18}/18!\} \times \{b^8/8!\}]$	$=H(m+8)$
9	17	9	1.10×10^{-29}	$=26! \times [\{a^{17}/17!\} \times \{b^9/9!\}]$	$=H(m+9)$
10	16	10	2.14×10^{-33}	$=26! \times [\{a^{16}/16!\} \times \{b^{10}/10!\}]$	$=H(m+10)$
11	15	11	3.59×10^{-37}	$=26! \times [\{a^{15}/15!\} \times \{b^{11}/11!\}]$	$=H(m+11)$
12	14	12	5.16×10^{-41}	$=26! \times [\{a^{14}/14!\} \times \{b^{12}/12!\}]$	$=H(m+12)$
13	13	13	6.39×10^{-45}	$=26! \times [\{a^{13}/13!\} \times \{b^{13}/13!\}]$	$=H(m+13)$
14	12	14	6.82×10^{-49}	$=26! \times [\{a^{12}/12!\} \times \{b^{14}/14!\}]$	$=H(m+14)$
15	11	15	6.28×10^{-53}	$=26! \times [\{a^{11}/11!\} \times \{b^{15}/15!\}]$	$=H(m+15)$
16	10	16	4.96×10^{-57}	$=26! \times [\{a^{10}/10!\} \times \{b^{16}/16!\}]$	$=H(m+16)$
17	9	17	3.36×10^{-61}	$=26! \times [\{a^9/9!\} \times \{b^{17}/17!\}]$	$=H(m+17)$
18	8	18	1.93×10^{-65}	$=26! \times [\{a^8/8!\} \times \{b^{18}/18!\}]$	$=H(m+18)$
19	7	19	9.35×10^{-70}	$=26! \times [\{a^7/7!\} \times \{b^{19}/19!\}]$	$=H(m+19)$
20	6	20	3.77×10^{-74}	$=26! \times [\{a^6/6!\} \times \{b^{20}/20!\}]$	$=H(m+20)$
21	5	21	1.24×10^{-78}	$=26! \times [\{a^5/5!\} \times \{b^{21}/21!\}]$	$=H(m+21)$
22	4	22	3.23×10^{-83}	$=26! \times [\{a^4/4!\} \times \{b^{22}/22!\}]$	$=H(m+22)$
23	3	23	6.47×10^{-88}	$=26! \times [\{a^3/3!\} \times \{b^{23}/23!\}]$	$=H(m+23)$
24	2	24	9.30×10^{-93}	$=26! \times [\{a^2/2!\} \times \{b^{24}/24!\}]$	$=H(m+24)$
25	1	25	8.56×10^{-98}	$=26! \times [\{a^1/1!\} \times \{b^{25}/25!\}]$	$=H(m+25)$
26	0	26	3.79×10^{-103}	$=26! \times [\{a^0/0!\} \times \{b^{26}/26!\}]$	$=H(m+26)$

ALA M-57 (C は 8 個)

質量	^{12}C	^{13}C	存在比	計算式	記号化
0	8	0	0.917 54	$=8! \times [\{a^8/8!\} \times \{b^0/0!\}]$	$=C(m+0)$
1	7	1	0.079 391	$=8! \times [\{a^7/7!\} \times \{b^1/1!\}]$	$=C(m+1)$
2	6	2	0.003 005 3	$=8! \times [\{a^6/6!\} \times \{b^2/2!\}]$	$=C(m+2)$
3	5	3	6.50×10^{-5}	$=8! \times [\{a^5/5!\} \times \{b^3/3!\}]$	$=C(m+3)$
4	4	4	8.79×10^{-7}	$=8! \times [\{a^4/4!\} \times \{b^4/4!\}]$	$=C(m+4)$
5	3	5	7.60×10^{-9}	$=8! \times [\{a^3/3!\} \times \{b^5/5!\}]$	$=C(m+5)$
6	2	6	4.11×10^{-11}	$=8! \times [\{a^2/2!\} \times \{b^6/6!\}]$	$=C(m+6)$
7	1	7	1.27×10^{-13}	$=8! \times [\{a^1/1!\} \times \{b^7/7!\}]$	$=C(m+7)$
8	0	8	1.72×10^{-16}	$=8! \times [\{a^0/0!\} \times \{b^8/8!\}]$	$=C(m+8)$

ALA M-57 (N は 1 個)

質量	^{14}N	^{15}N	存在比	計算式	記号化
0	1	0	0.996 32	$=1!\times[\{a^1/1!\}\times\{b^0/0!\}]$	$=\mathrm{N}(m+0)$
1	0	1	0.003 68	$=1!\times[\{a^0/0!\}\times\{b^1/1!\}]$	$=\mathrm{N}(m+1)$

ALA M-57 (O は 2 個)

質量	^{16}O	^{17}O	^{18}O	存在比	計算式	合計存在化	記号化
0	2	0	0	0.995 15	$=2!\times[\{a^2/2!\}\times\{b^0/0!\}\times\{c^0/0!\}]$	0.995 15	$=\mathrm{O}(m+0)$
1	1	1	0	0.000 758 2	$=2!\times[\{a^1/1!\}\times\{b^1/1!\}\times\{c^0/0!\}]$	0.000 758 2	$=\mathrm{O}(m+1)$
2	0	2	0	1.44×10^{-7}	$=2!\times[\{a^0/0!\}\times\{b^2/2!\}\times\{c^0/0!\}]$	0.004 090 2	$=\mathrm{O}(m+2)$
2	1	0	1	0.004 09	$=2!\times[\{a^1/1!\}\times\{b^0/0!\}\times\{c^1/1!\}]$		
3	0	1	1	1.56×10^{-6}	$=2!\times[\{a^0/0!\}\times\{b^1/1!\}\times\{c^1/1!\}]$	1.56×10^{-6}	$=\mathrm{O}(m+3)$
4	0	0	2	4.20×10^{-6}	$=2!\times[\{a^0/0!\}\times\{b^0/0!\}\times\{c^2/2!\}]$	4.20×10^{-6}	$=\mathrm{O}(m+4)$

ALA M-57 (Si は 2 個)

質量	^{28}Si	^{29}Si	^{30}Si	存在比	計算式	合計存在化	記号化
0	2	0	0	0.850 63	$=2!\times[\{a^2/2!\}\times\{b^0/0!\}\times\{c^0/0!\}]$	0.850 63	$=\mathrm{Si}(m+0)$
1	1	1	0	0.086 386	$=2!\times[\{a^1/1!\}\times\{b^1/1!\}\times\{c^0/0!\}]$	0.086 386	$=\mathrm{Si}(m+1)$
2	0	2	0	0.002 193 2	$=2!\times[\{a^0/0!\}\times\{b^2/2!\}\times\{c^0/0!\}]$	0.059 14	$=\mathrm{Si}(m+2)$
2	1	0	1	0.056 946	$=2!\times[\{a^1/1!\}\times\{b^0/0!\}\times\{c^1/1!\}]$		
3	0	1	1	0.002 891 6	$=2!\times[\{a^0/0!\}\times\{b^1/1!\}\times\{c^1/1!\}]$	0.002 891 6	$=\mathrm{Si}(m+3)$
4	0	0	2	0.000 953 1	$=2!\times[\{a^0/0!\}\times\{b^0/0!\}\times\{c^2/2!\}]$	0.000 953 1	$=\mathrm{Si}(m+4)$

$$CM\_H = \begin{pmatrix} \mathrm{H}(m+0) & 0 & 0 & 0 \\ \mathrm{H}(m+1) & \mathrm{H}(m+0) & 0 & 0 \\ \mathrm{H}(m+2) & \mathrm{H}(m+1) & \mathrm{H}(m+0) & 0 \\ \mathrm{H}(m+3) & \mathrm{H}(m+2) & \mathrm{H}(m+1) & \mathrm{H}(m+0) \\ \vdots & \vdots & \vdots & \vdots \\ \mathrm{H}(m+26) & \mathrm{H}(m+25) & \mathrm{H}(m+24) & \mathrm{H}(m+23) \\ 0 & \mathrm{H}(m+26) & \mathrm{H}(m+25) & \mathrm{H}(m+24) \\ 0 & 0 & \mathrm{H}(m+26) & \mathrm{H}(m+25) \\ 0 & 0 & 0 & \mathrm{H}(m+26) \end{pmatrix} \quad (30\times 4)$$

$$CM\_C = \begin{pmatrix} \mathrm{C}(m+0) & 0 & 0 & \cdots \\ \mathrm{C}(m+1) & \mathrm{C}(m+0) & 0 & \cdots \\ \mathrm{C}(m+2) & \mathrm{C}(m+1) & \mathrm{C}(m+0) & \cdots \\ \vdots & \vdots & \vdots & \ddots \\ \mathrm{C}(m+8) & \mathrm{C}(m+7) & \mathrm{C}(m+6) & \cdots \\ 0 & \mathrm{C}(m+8) & \mathrm{C}(m+7) & \cdots \\ 0 & 0 & \mathrm{C}(m+8) & \cdots \\ 0 & 0 & 0 & \cdots \\ \vdots & \vdots & \vdots & \ddots \\ 0 & 0 & 0 & \cdots \end{pmatrix} \quad (38\times 30)$$

$$CM\_N = \begin{pmatrix} N(m+0) & 0 & 0 & \cdots \\ N(m+1) & N(m+0) & 0 & \cdots \\ 0 & N(m+1) & N(m+0) & \cdots \\ 0 & 0 & N(m+1) & \cdots \\ 0 & 0 & 0 & \ddots \\ \vdots & \vdots & \vdots & \cdots \\ 0 & 0 & 0 & \cdots \end{pmatrix} \quad (39 \times 38)$$

$$CM\_O = \begin{pmatrix} O(m+0) & 0 & 0 & \cdots \\ O(m+1) & O(m+0) & 0 & \cdots \\ O(m+2) & O(m+1) & O(m+0) & \cdots \\ O(m+3) & O(m+2) & O(m+1) & \cdots \\ O(m+4) & O(m+3) & O(m+2) & \cdots \\ 0 & O(m+4) & O(m+3) & \cdots \\ 0 & 0 & O(m+4) & \cdots \\ 0 & 0 & 0 & \cdots \\ \vdots & \vdots & \vdots & \ddots \\ 0 & 0 & 0 & \cdots \end{pmatrix} \quad (43 \times 39)$$

$$CM\_Si = \begin{pmatrix} Si(m+0) & 0 & 0 & \cdots \\ Si(m+1) & Si(m+0) & 0 & \cdots \\ Si(m+2) & Si(m+1) & Si(m+0) & \cdots \\ Si(m+3) & Si(m+2) & Si(m+1) & \cdots \\ Si(m+4) & Si(m+3) & Si(m+2) & \cdots \\ 0 & Si(m+4) & Si(m+3) & \cdots \\ 0 & 0 & Si(m+4) & \cdots \\ 0 & 0 & 0 & \cdots \\ \vdots & \vdots & \vdots & \ddots \\ 0 & 0 & 0 & \cdots \end{pmatrix} \quad (47 \times 43)$$

$$CM\_ALA\_M57 = CM\_Si \times CM\_O \times CM\_N \times CM\_C \times CM\_H \quad (47 \times 4)$$

$$CM\_ALA\_M57 = \begin{pmatrix} 0.771\,53 & 0 & 0 & 0 \\ 0.150\,85 & 0.771\,53 & 0 & 0 \\ 0.067\,214 & 0.150\,85 & 0.771\,53 & 0 \\ 0.008\,666 & 0.067\,214 & 0.150\,85 & 0.771\,53 \\ 0.001\,597 & 0.008\,666 & 0.067\,214 & 0.150\,85 \\ 0.000\,131 & 0.001\,597 & 0.008\,666 & 0.067\,214 \\ 9.47 \times 10^{-6} & 0.000\,131 & 0.001\,597 & 0.008\,666 \\ 5.19 \times 10^{-7} & 9.47 \times 10^{-6} & 0.000\,131 & 0.001\,597 \end{pmatrix} \quad (8 \times 4)$$

F 代 謝 反 応

	酵素	遺伝子	代謝反応
解糖系	PTS	*pstH, I*	$Glc+PEP \rightarrow PYR+G6P$
	Pgi	*pgi*	$G6P \longleftrightarrow F6P$
	Pfk	*pfkA, B*	$F6P+ATP \rightarrow F1,6BP+ADP$
	Fbp	*fbp*	$F1,6BP+P_i \rightarrow F6P$
	Fba	*fba*	$F1,6BP \longleftrightarrow GAP+DHAP$
	Tpi	*tpi*	$GAP \longleftrightarrow DHAP$
	GAPDH	*gapA, C*	$GAP+P_i+NAD^+ \rightarrow 1,3BPG+NADH$
	Pgk	*pgk*	$1,3BPG+ADP \longleftrightarrow 3PG+ATP$
	Pgm	*pgm*	$3PG \longleftrightarrow 2PG$
	Eno	*eno*	$2PG \longleftrightarrow PEP$
	Pyk	*pykF, A*	$PEP+ADP \rightarrow PYR+ATP$
	PDH	*aceE, F, lpdA*	$PYR+CoA+NAD^+ \rightarrow AcCoA+CO_2+NADH$
	Ppc	*ppc*	$PEP+CO_2 \rightarrow OAA+P_i$
	Pck	*pckA*	$OAA+ATP \rightarrow PEP+CO_2+ADP$
	Pps	*ppsA*	$PYR+ATP \rightarrow PEP+AMP+P_i$
ペントース リン酸経路	G6PDH	*zwf*	$G6P+NADP^+ \rightarrow 6PGL+NADPH$
	6Pgl	*pgl*	$6PGL \rightarrow 6PG$
	6PGDH	*gnd*	$6PG+NADP^+ \rightarrow RU5P+NADPH+CO_2$
	Rpi	*rpiA, B*	$RU5P \leftarrow : \rightarrow R5P$
	Rpe	*rpe*	$RU5P \leftarrow : \rightarrow X5P$
	Tkt1	*tktA*	$R5P+X5P \longleftrightarrow GAP+S7P$
	Tal	*tal*	$GAP+S7P \longleftrightarrow E4P+F6P$
	Tkt2	*tktB*	$X5P+E4P \longleftrightarrow F6P+GAP$
エントナー -ドゥドロ フ経路	6PGDH	*edd*	$6PG \rightarrow KDPG$
	KDPG	*eda*	$KDPG \rightarrow GAP+PYR$
ピルビン酸 からの発酵 経路	LDH	*ldh*	$PYR+NADH \longleftrightarrow NAD+LAC$
	ADH	*adh*	$AcAld+NADH \longleftrightarrow NAD+エタノール$
	AcAlDH	*adh*	$ACE+NADH \longleftrightarrow NADH+AcAld$
	Pfl	*pfl*	$PYR+CoA \rightarrow AcCoA+蟻酸$
	Pta	*pta*	$AcCoA+P_i \longleftrightarrow AcP+CoA$
	Ack	*ackA*	$AcP+ADP \longleftrightarrow ATP+酢酸$
	Fhl	*fhl*	$蟻酸 \rightarrow CO_2$
TCA回路 とグリオキ シル酸経路	CS	*gltA*	$AcCoA+OAA \rightarrow CoA+CIT$
	Acn	*acn*	$CIT \rightarrow ICIT$
	ICDH	*icdA*	$ICIT+NAD \rightarrow CO_2+NAD(P)H+\alpha KG$
	αKGDH	*sucAB*	$\alpha KG+NAD+CoA \rightarrow CO_2+NADH+SucCoA$
	SCS	*sucCD*	$SucCoA+GDP(ATP)+P_i \longleftrightarrow GTP(ATP)+CoA+SUC$
TCA回路 とグリオキ シル酸経路	SDH	*sdhABCD*	$SUC+FAD \rightarrow FADH_2+FUM$
	Frd	*frdABCD*	$FUM+FADH_2 \rightarrow SUC+FAD$
	Fum	*fumABC*	$FUM \longleftrightarrow MAL$
	MDH	*mdh*	$MAL+NAD \longleftrightarrow NADH+OAA$
	Mez	*meg*	$MAL+NADP \rightarrow CO_2+NADPH+PYR$
	Sfc	*sfc*	$MAL+NAD \rightarrow CO_2+NADH+PYR$
	Icl	*aceA*	$ICIT \rightarrow GOX+SUC$
	MS	*aceB*	$AcCoA+GOX \rightarrow CoA+MAL$

索　引

【あ】

アイソザイム	6
アコニターゼ	10
アコニット酸ヒドラターゼ	10
アシル CoA	35
アシル CoA シンターゼ	35
アシルキャリヤタンパク質	36
アスパラギン	30
アスパラギン酸	30
アスパルトキナーゼ	251
アセチル CoA	99
アデニル酸シクラーゼ	224
アミノ基	27
アミノ酸合成	27
アミノ酸生合成制御機構	31
アラニン	28
アルギニン	29
アルコール脱水素酵素	20
アロステリック酵素	37
暗期	23
暗反応	23

【い】

異化	3
異化経路	1
イソクエン酸脱水素酵素	10,192
イソ酵素	6
イソロイシン	28
位置表記	126
イノシン酸	34

【う】

ウリジル酸	34

【え】

エタノール発酵	20
エネルギーチャージ	5
エノラーゼ	7
エントナー-ドゥドロフ経路	21,98

【お】

応用フラックス座標系	129
重み付きパラメータ感度行列	166
オルニチン	29

【か】

解糖系	5,94
解糖速度	39
化学シフト	87
可逆的リン酸化	192
核磁気共鳴	86
確率係数	91
確率係数行列	105
ガスクロマトグラフィー-マススペクトロメトリー	112
カタボライト抑制	51,222
カタラーゼ	232
カーボンニュートラル	21
カルバミルリン酸シンターゼ	34
カルビン-ベンソン回路	23
還元的ペントースリン酸	23
感度	174

【き】

気孔	24
基質レベルのリン酸化	7
（擬）定常状態	61
キナーゼ	5
キナーゼ/ホスファターゼ	52

【く】

クエン酸シンターゼ	10,51
グリオキシル酸経路	52
グリコーゲン	186
グリシン	33
グリセルアルデヒド-3-リン酸脱水素酵素	7
グリセロール	48
グルコキナーゼ	6
グルコース-6-リン酸脱水素酵素	17
グルコース効果	222
グルコース/ラクトース系	224
グルコース律速	195
グルコノラクトナーゼ	18
グルコン酸	47
グルタミン	29
グルタミン酸	29
クロレラ細胞	65
——の代謝反応	68
クロロフィル	24

【け】

結合定理	251
ゲノムデータベース	238
嫌気的呼吸	6
嫌気的代謝	19
原子写像行列	126
原子推移行列	131
原子推移係数行列	160

【こ】

交換フラックス	129
光期	23
好気的呼吸	6
光合成	22
酵素活性	264
酵素阻害	264
酵母の代謝経路	59
呼吸活性	195
呼吸反応	14
国際純正応用化学連合	271
コハク酸脱水素酵素複合体	10
コハク酸チオキナーゼ	10
コリスミン酸	32
コリネ型細菌	193
混合整数線形計画法	258

【さ】

最適調節構造	262
細胞合成	27
細胞収率	200
酸化ストレス	232
酸化的ペントースリン酸経路	18,48
酸化的リン酸化	14

【し】

シアノバクテリア	88
ジオキシ	224

シキミ酸	32	
シグナルフロー線図	239	
システイン	33	
システム生物学	238	
自然フラックス座標系	129	
シチジル酸	34	
質量同位体	115, 166	
質量同位体分布	115	
質量同位体分布ベクトル	115	
質量分析	112	
質量分布ベクトル	142	
シトクロム	24	
シトクロム c	15	
シトクロム c オキシダーゼ	15	
シトルリン	29	
脂肪酸の生合成	36	
脂肪酸の β 酸化	35	
出力感度	165	
シングレット	89	
信頼区間	159	
信頼領域	162	

【す】

水素細菌	60
水素転移酵素	199
水素転移反応	187
数値計算フラックス座標系	130
スキャンモード	112
スケーリングファクタ	172
ストレス応答 RNA ポリメラーゼシグマ因子	231
ストレス応答遺伝子	231
スーパーオキシド	232
スーパーオキシドディスムターゼ	232
スピン-スピン結合	87

【せ】

生合成	27
セリン	33
線形化モデル	261
選択イオン検出	112

【そ】

相対強度	88
総和定理	250
素代謝係数	240

【た】

代謝経路	1
代謝信号伝達線図	240
代謝制御解析	250
代謝フラックス	59
代謝フラックス比	120
代謝フラックス分布	125
代謝量論係数行列	61
対数線形化	258
大腸菌	185
ダブレット	89
炭酸固定経路	25
炭素同位体収支式	131
タンパク質	186

【ち】

チアミン	70
逐次制御	32
調節遺伝子	222
チラコイド膜	23
チロシン	32

【て】

デオキシアラビノヘプツロン酸リン酸シンターゼ	32
電子イオン化	112
電子伝達系	14
伝達関数	239

【と】

同位体写像行列	136
同位体の分率	135
同位体標識分率	161
同位体標識ベクトル	160
同位体分布ベクトル	135
同化経路	1
糖新生	18
トップダウン方式	255
トランスアルドラーゼ	18
トランスケトラーゼ	18
トランスフェラーゼ	4
トリプトファン	32
トリメチルシリル	113
トレオニン	31

【に】

ニコチン酸	70
二重ダブレット	89
乳酸生成	80
乳酸脱水素酵素	21
乳酸発酵	20

【は】

バイオインフォマティクス	238
パスツール効果	38
発酵	8
パーミアーゼ	256
バリン	28

【ひ】

非 PTS 糖	225
ビオチン	70
光栄養生物	22
光呼吸	25
光リン酸化	24
非酸化的ペントースリン酸経路	18, 48
ヒスチジン	34
比速度	56
非定常補正	145
標識度	128
標識度ベクトル	126
ピリドキシン	70
ピリミジン系核酸の生合成	34
ピルビン酸	8
ピルビン酸カルボキシラーゼ	12
ピルビン酸キナーゼ	8
ピルビン酸脱水素酵素	8, 39
ピルビン酸脱炭酸酵素	20
ピルビン酸発酵	70

【ふ】

フィッシャー情報行列	177
フェニルアラニン	32
フェレドキシン	24
フマラーゼ	11
フマル酸ヒドラターゼ	11
ブラックボックスモデル	59
プリン系核酸の生合成	34
フルクトース-1,6-ビスホスファターゼ	19
フルクトース-1,6-ビスリン酸アルドラーゼ	7
プロピオニル CoA	36
プロリン	29
分解法	255

【へ】

ヘキソキナーゼ	6, 47
ヘキソースモノホスフェート経路	17
ベンケイソウ型有機酸代謝	26
ペントースリン酸経路	17, 94

【ほ】

芳香族アミノ酸　32
補充反応　12
ホスホグルコースイソメラーゼ　6
ホスホグルコムターゼ　7
ホスホトランスフェラーゼ
　システム　46
ホスホフルクトキナーゼ　7
ホスホリボシルトランス
　フェラーゼ　34
ホスホリボシルピロリン酸　34
補正行列　115
ホメオスタシス　194
ポリ-β-ヒドロキシ酪酸　62

【ま】

マルチバレント制御　29
マルチプレットパターン　144
マロン酸　11

【む】

無益回路　39, 189

ムターゼ　7

【め】

明反応　23
メチオニン　31
メチルマロニル CoA　36

【も】

モンテカルロ法　159

【ゆ】

誘導体化　113
ユビキノールシトクロム c
　オキシドレダクターゼ　14
ユビキノン　15

【よ】

葉緑体　23

【ら】

酪酸　62

【り】

リアーゼ　19

リガーゼ　12
リジン　30
リブロース-5-リン酸
　エピメラーゼ　18
リブロース-1,5-ビスリン酸
　カルボキシラーゼ-オキシ
　ゲナーゼ　24
リブロース-5-リン酸
　イソメラーゼ　18
リボースリン酸
　ピロホスホキナーゼ　34
量論係数行列　56
リンゴ酸脱水素酵素　11
リン酸のリレー　226

【る】

ルビスコ　24

【ろ】

ロイシン　28

【A】

AcCoA シンテターゼ　50
aceBAK　193
ACP　36
acs　50
ADH　20
adhE 遺伝子欠損株　78
ADP　4
AMM　126
AMP　4
ArcA/B システム　228
ASD　252
ASK　252
ATP　1
ATP 収支　16

【C】

C1 代謝　98
C_3 化合物　26
C_4 経路　25
C_4 植物　26
Calvin-Benson 回路　23
CAM　26
cAMP　222

cAMP-CRP　51, 211
cAMP-CRP 複合体　222
CCC　25
CM　115
CMP　34
concentration control
　coefficients　250
connection theorem　251
correction matrix　115
cra　47
Cra　227
CRP　222
crr　225
CS　10, 51
cyaA　211
cydAB　228
cyoABCD　228

【D】

DHPR　252
DHPS　252
dioxy　224
D-最適化基準　171

【E】

EC　250
E-Cell　265
ED 経路　21
elasticity coefficients　250
EMP 経路　5
Eno　7
EI　225
EII　225

【F】

F_0F_1ATP シンターゼ　16
Fba　7
Fbp　19
FCC　250
flux control coefficients　250
Fnr　228
fruR　47
FruR　227
futile cycle　39

【G】

G6PDH　17
GAPDH　7

GC-MS	112	NADPH	17	Rpi	18
【H】		NH₃ 律速	195	*rpoS*	231
		NMR	86	【S】	
HMQC	88	NMR スペクトル	105		
HPr	225	【P】		SDH 複合体	10
【I】				Sfc	230
		pck 遺伝子欠損株	185	SucCoA シンテターゼ	10
ICDH	10, 52, 192	PDC	20	SUC-ユビキノンオキシド	
IDV	135	PDH	8, 39	レダクターゼ	14
IFA	244	PE	167	summation theorem	250
IMM	136	PEP	208	【T】	
IMP	34	PEP カルボキシラーゼ	12		
inducer exclusion	225	PEP シンテターゼ	18	Tal	18
Inverse Flux Analysis	243	Pfk	7	TBDMS	113
IUPAC	271	Pgi	6	TCA 回路	9, 99
【L】		Pgk	7	──の調節酵素	11
		Pgm	7	Tkt	18
lac オペロンの転写	225	PHB	62, 242	TMS	113
LDH	21	positional enrichment	167	*Torulopsis glabrata*	70
【M】		PoxB	218	transhydrogenase reaction	187
		P/O 比	16, 189	*t*-ブチルジメチルシリル	113
MAV	126	*ppc* 遺伝子欠損株	77	【U】	
MCA	250	Pps	18		
MDH	11	*pta* 遺伝子欠損株	77	UMP	34
MDV	115, 142	PTS	46, 266		
Mez	230	*ptsG*	226	αKGDH 複合体	10, 51
MI	166	Pyc	12	α 炭素	27
MID	115	Pyk	8	β 酸化	36
MILP	262	*pykF* 遺伝子欠損株	77	β 炭素	35
mlc	226	PYR	8	χ^2 誤差評価関数	159
MP	166	*pflA* 遺伝子欠損株	77	IIA^{glc}	225
multiplet	166	【R】		IICB^{glc}	225
【N】				2 DE	41
		RNA	186	2 次元電気泳動	41
NADH/NAD⁺ 比	218	RNAP	227	3-ホスホグリセリン酸キナーゼ	
NADH-ユビキノンオキシド		ROS	232		7
レダクターゼ	14	Rpe	18	6PGDH	18

―― 著者略歴 ――

- 1972年　名古屋大学工学部化学工学科卒業
- 1974年　名古屋大学大学院修士課程修了（化学工学専攻）
- 1981年　Ph. D.（ノースウェスタン大学（米国））
- 1981年　名古屋大学助手
- 1990年　名古屋大学助教授
- 1991年　九州工業大学教授
　　　　　現在に至る
- 2001年
　〜現在　慶應義塾大学（先端生命科学研究所）教授を兼任
- 2006年
　〜現在　日本学術会議連携会員を兼任

細胞の代謝システム
― システム生命科学による統合的代謝制御解析 ―
Metabolic Systems of a Cell
― Integrated Metabolic Regulation Analysis Based on Systems Biology ―
© Kazuyuki Shimizu　2007

2007年10月30日　初版第1刷発行

| 検印省略 |

著　者　清　水　和　幸
発行者　株式会社　コロナ社
　　　　代表者　牛来辰巳
印刷所　萩原印刷株式会社

112-0011　東京都文京区千石 4-46-10
発行所　株式会社　コロナ社
CORONA PUBLISHING CO., LTD.
Tokyo　Japan
振替 00140-8-14844・電話(03)3941-3131(代)

ホームページ　http://www.coronasha.co.jp

ISBN 978-4-339-06740-8　（齋藤）　（製本：愛千製本所）
Printed in Japan

無断複写・転載を禁ずる
落丁・乱丁本はお取替えいたします